中国科学技术大学本科教材出版专项经费支持

一流规划教材

一流学科教材

计算机类

Python
科学计算基础

FUNDAMENTALS OF
SCIENTIFIC COMPUTING IN PYTHON

罗奇鸣　编著

中国科学技术大学出版社

内 容 简 介

本书是中国科学技术大学核心通识课程"Python科学计算基础"的教材,主要面向理工科各专业的本科生。前半部分介绍了Python语言的语法、语义和标准库,包括内置数据类型及其运算、分支和迭代、函数和模块、类和继承、文件读写和图形用户界面。后半部分简要介绍了科学计算扩展库(NumPy、SciPy、SymPy、Matplotlib 和 Scikit-learn),包括二维和三维图示、NumPy 数组和矩阵计算、符号计算、数值计算(插值、积分、代数方程求解和常微分方程求解)、统计计算(随机数生成、假设检验和线性回归)、最优化方法(非线性最优化问题的解析求解和数值求解、线性最优化问题的求解和混合整数线性最优化问题的求解)和多种机器学习算法。本书还介绍了程序设计的基本方法(多种算法设计策略和一些图算法)和实用技术(设断点调试、测试、测量程序运行时间和改进运行效率)。

本书适合作为理工科各专业 Python 科学计算相关课程的教材,也可供科学技术工作者参考。

图书在版编目(CIP)数据

Python科学计算基础/罗奇鸣编著 .—合肥:中国科学技术大学出版社,2024.1
ISBN 978-7-312-05817-2

Ⅰ.P… Ⅱ.罗… Ⅲ.软件工具—程序设计—高等学校—教材 Ⅳ.TP311.561

中国国家版本馆CIP数据核字(2024)第016558号

Python科学计算基础

Python KEXUE JISUAN JICHU

出版 中国科学技术大学出版社
安徽省合肥市金寨路96号,230026
http://press.ustc.edu.cn
https://zgkxjsdxcbs.tmall.com

印刷 安徽省瑞隆印务有限公司

发行 中国科学技术大学出版社

开本 787 mm×1092 mm 1/16

印张 19.75

字数 493千

版次 2024年1月第1版

印次 2024年1月第1次印刷

定价 69.00元

前　　言

随着近几十年来计算机科学技术的飞速发展,计算机科学与其他学科的交叉融合不断向深度和广度发展。计算机科学技术对于其他学科的发展发挥了重要作用。这一作用首先体现在计算机不断增长的计算能力提升了工作效率。近年来人工智能和大数据等计算机应用领域取得了技术上的重大突破。这一作用更是体现在对于科学技术工作的方法和策略产生了深远影响。

科学计算是以数学和计算机科学为基础形成的交叉学科,旨在利用计算机的计算能力解决科学和工程问题。理论分析、实验和科学计算并称为当今科学发现的三大支柱。Python语言是一种简单易学、功能强大的开源计算机程序设计语言,也是目前使用最为广泛的语言之一。Python 语言及其众多的扩展库 (NumPy、SciPy、SymPy 和 Matplotlib 等) 所构成的开发环境十分适合开发科学计算应用程序。

本书的写作宗旨是提供一本利用 Python 语言解决科学计算问题的基础课教材。前半部分介绍了 Python 语言的语法、语义和标准库,以及程序设计的基本方法 (算法设计策略) 和技术 (设断点调试和测试);后半部分介绍了科学计算的一些重要领域的问题求解方法和相关扩展库的基本用法。本书的主要特色包括:

(1) 通过精心挑选的案例程序介绍 Python 语言和科学计算问题的求解方法。这些案例程序取材广泛,有助于开阔读者的视野和激发读者的兴趣。

(2) 注重问题求解的思维方法的详细介绍。对于数值算法,介绍了迭代方法。对于非数值算法,介绍了以下算法设计策略:问题分解、穷举、回溯、递归、贪心法、动态规划和分支定界等。掌握这些思维方法有助于读者提升解决新问题的能力。

(3) 注重基本原理的严谨陈述。对于问题所在领域的基本原理的透彻了解是解决问题的前提。在有限的篇幅内,本书涵盖了以下课程的一些基础内容:算法设计与分析、数值分析 (计算方法)、最优化方法、数理统计和机器学习等。参考文献部分提供了相关的经典书籍,供读者深入学习。

(4) 内容的组织上尽量符合系统性要求,便于读者构建自己的知识体系,并可作为一本工具书供查阅。

(5) 设计了难度适宜的程序设计实验,便于读者通过实践有效学习。

本书是中国科学技术大学核心通识 (自由选修) 课程 "Python 科学计算基础" 的教材。从 2021 年秋季学期编者首次开设该课程以来,已连续开设五个学期。本书在编写过程中根据选课学生的意见和建议进行了多次修改。希望本书的出版有助于提升学生的计算机应用能力。

感谢中国科学技术大学教务处 2022 年度校级本科 "十四五" 规划教材项目的资助! 由于编者水平有限,错误疏漏之处在所难免,敬请读者批评指正。

编者

目　　录

第1章 绪 论

1.1 科 学 计 算

科学计算 (scientific computing) 是以数学和计算机科学为基础形成的交叉学科, 是利用计算机的计算能力求解科学和工程问题的数学模型所需的理论、技术和工具的集合。[①] 随着计算机的计算能力的不断提升, 科学计算也得到了迅速发展。理论分析、实验和科学计算并称为当今科学发现的三大支柱。

数值分析 (numerical analysis) 是科学计算的重要组成部分, 其特点包括: 计算对象是连续数值; 被求解的问题一般没有解析解或理论上无法在有限步求解。例如一元 $N(N \geqslant 5)$ 次方程和大多数非线性方程不存在通用的求根公式, 需要使用数值方法迭代求解。数值分析的目标是寻找计算效率高和稳定性好的迭代算法。

1.2 利用计算机解决问题

计算机是能够自动对数据进行计算的电子设备。计算机的优势是运算速度快。以下举例说明。

(1) 1946 年诞生的世界上第一台通用计算机 ENIAC 每秒能进行 5000 次加法运算 (据测算人最快的运算速度仅为每秒 5 次加法运算) 和 400 次乘法运算。人工计算一条弹道需要 20 多分钟时间, ENIAC 仅需 30 秒!

(2) 2018 年投入使用的派–曙光是首台应用中国国产卫星数据, 运行我国自主研发的数值天气预报系统 (GRAPES) 的高性能计算机系统。该系统峰值运算速度达到每秒 8189.5 万亿次, 内存总容量达到 690432 GB。近年来, 我国台风路径预报 24 小时误差稳定在 70 公里左右, 各时效预报全面超过美国和日本, 达国际领先水平。同样, 降水、雷电、雾霾、沙尘等预报预测准确率也整体得到提升。

为了利用计算机解决问题, 必须使用某种程序设计语言把解决问题的详细过程编写为程序, 即一组计算机能识别和执行的指令。计算机通过运行程序解决问题。

---

① https://www.scicomp.uni-kl.de/about/scientific-computing.

1.3　程序设计语言的分类

程序设计语言可分为三类：机器语言、汇编语言和高级语言。早期的计算机只能理解机器语言。机器语言用 0 和 1 组成的二进制串表示 CPU(处理器) 指令和数据。之后出现的汇编语言用易于理解和记忆的符号来代替二进制串，克服了机器语言难以理解的缺点。机器语言和汇编语言的共同缺点是依赖于 CPU，用它们编写的程序无法移植到不同的 CPU 上。1956 年投入使用的 Fortran 语言是第一种高级语言。高级语言采用接近自然语言和数学公式的方式表达解决问题的过程，不再依赖于 CPU，实现了可移植性。

近几十年来，高级语言不断涌现，数量达到几百种。高级语言按照编程范式 (programming paradigm) 可划分为以下几个类别：

(1) 命令式 (imperative)：使用命令的序列修改内存状态，例如 C、C++、Java 和 Python 等。

(2) 声明式 (declarative)：仅指明求解的结果，而不说明求解的过程，例如 SQL 等。

(3) 过程式 (procedural)：可进行过程调用的命令式，例如 C、C++、Java 和 Python等。

(4) 函数式 (functional)：不修改内存状态的函数互相调用，例如 Lisp、ML、Haskell 和 Scala 等。

(5) 逻辑式 (logic)：基于已知事实和规则推断结果，例如 Prolog 等。

(6) 面向对象 (object-oriented)：有内部状态和公开接口的对象互相发送消息，例如 Simula 67、C++、Java 和 Python 等。

这些编程范式并非互斥，一种语言可同时支持多种范式。

1.4　过程式编程范式

过程式的特点是基于输入和输出将一个较复杂的问题逐步分解成多个子问题。如果分解得到的某个子问题仍然较复杂，则继续对其分解，直至所有子问题都易于解决为止。过程式的程序由多个过程构成，每个过程解决一个子问题。这些过程形成一个树状结构。每个过程内部均由顺序、选择和循环三种基本结构组成。在软件维护时，如果需要修改软件使用的数据，则处理数据的过程也需要进行修改。过程式的缺点是软件需求发生变化时的维护代价较高，也不易实现代码复用，因此不适于开发大型软件。

以下通过一个实例说明过程式编程范式：根据年和月输出日历。程序的运行结果见程序1.1。

程序 1.1　运行模块 calendar.py 的示例

```
1  In[2]: run month_calendar.py --year 2022 --month 10
2  2022 10
3  --------------------------
4  Sun Mon Tue Wed Thu Fri Sat
5                            1
```

6	2	3	4	5	6	7	8
7	9	10	11	12	13	14	15
8	16	17	18	19	20	21	22
9	23	24	25	26	27	28	29
10	30	31					

采用过程式编程范式进行问题分解,得到以下设计方案:

(1) 读取用户输入的年和月。

(2) 输出日历的标题。

(3) 输出日历的主体。

(3.1) 怎样确定指定的某年某月有多少天?

(3.1.1) 如果是 2 月,怎样确定指定年是否是闰年?

(3.2) 怎样确定这个月的第一天是星期几? 用 $w(y, m, d)$ 表示计算 y 年 m 月 d 日是星期几的函数,函数值 $0, 1, \cdots, 6$ 依次表示周日、周一……周六。已知有公式可以计算指定的某年 y 的 1 月 1 日是星期几:

$$w(y, 1, 1) = (y + \lfloor (y-1)/4 \rfloor - \lfloor (y-1)/100 \rfloor + \lfloor (y-1)/400 \rfloor) \% 7 \tag{1.1}$$

其中 $\lfloor x \rfloor$ 表示不大于实数 x 的最大整数,% 7 表示除以 7 得到的余数。用 $v(y_1, m_1, d_1, y_2, m_2, d_2)$ 表示计算从 y_1 年 m_1 月 d_1 日到 y_2 年 m_2 月 d_2 日经历了多少天的函数,则易知

$$w(y_2, m_2, d_2) = (w(y_1, m_1, d_1) + v(y_1, m_1, d_1, y_2, m_2, d_2)) \% 7 \tag{1.2}$$

对于 y 年 1 月 1 日和 y 年 m 月 1 日使用以下公式:

$$w(y, m, 1) = (w(y, 1, 1) + v(y, m, 1, y, 1, 1)) \% 7 \tag{1.3}$$

剩余的问题就是计算从 y 年 1 月 1 日到 y 年 m 月 1 日所经历的总天数。

(3.2.1) 怎样确定任意指定的某年某月有多少天? 已由 (3.1) 解决。

1.5 面向对象编程范式

面向对象编程范式的特点如下:

(1) 将客观事物直接映射到软件系统的对象。对象是将数据及处理数据的过程封装在一起得到的整体,用以表示客观事物的状态和行为。从同一类型的对象中抽象出其共同的属性和操作,形成类。类是创建对象的模板,对象是类的实例。例如在一个实现学生选课功能的软件系统中,每位学生是一个对象。从所有学生对象中提取出共同的属性 (学号、姓名、所在系等) 和操作 (选课、退课等),形成学生类。

(2) 每个类作为一个独立单元进行开发、测试和维护。如果需要修改类的实现细节,只要不改变类的接口就不会影响使用该类的外部代码,使软件系统更易于维护。

(3) 通过继承可以重复利用已有类的代码,并根据需要进行扩展,从而提升了软件系统的开发效率。

(4) 程序由多个类构成。程序在运行时由各个类创建一些对象,对象之间通过明确定义的接口进行交互,完成软件系统的功能。

面向对象编程范式的优点是易于开发和维护大型软件,缺点是在程序的运行效率上不如过程式程序设计方法。

1.6　学习 Python 语言的理由

TIOBE 指数由荷兰 TIOBE 公司自 2001 年开始每月定期发布,用于评估程序设计语言的流行度。近几年 Python 语言的流行度快速攀升,目前已跃居榜首 (图1.1)。

Google 公司的决策是 "Python where we can, C++ where we must.",即仅在性能要求高和需要对内存进行精细管理的场合使用 C++,而在其他场合都使用 Python。原因是用 Python 语言开发软件的效率更高,并且易于维护和复用。

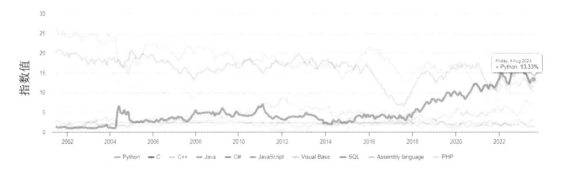

图 1.1　TIOBE 指数 (截至 2023 年 8 月)

1.7　Python 语言的发展历史

Python 由荷兰程序员 Guido van Rossum 于 1989 年基于 ABC 教学语言设计和开发,其命名是源于 BBC 的喜剧节目 "Monty Python's Flying Circus"。Guido 发现像他这样熟练掌握 C 语言的人,在用 C 实现功能时也不得不耗费大量的时间。shell 作为 UNIX 系统的解释器已经长期存在,它可以像胶水一样将 UNIX 的许多功能连接在一起。许多需要用上百行语句的 C 语言程序实现的功能只需几行 shell 语句就可以完成。然而,shell 的本质是调用命令,并不是一种通用语言。所以 Guido 希望有一种语言可以兼具 C 和 shell 的优点。Guido 总结的设计目标列举如下:

(1) 一种简单直观的语言,并与主要竞争者一样强大;

(2) 代码像纯英语那样容易理解;

(3) 适用于短期开发的日常任务;

(4) 开源,以便任何人都可以为它做贡献。

Python 软件基金会 (Python Software Foundation, https://www.python.org/psf/) 是

Python 的版权持有者,致力于推动 Python 开源技术和发布 Python 的新版本。2008 年 12 月,Python3.0 发布,这是一次重大的升级,与 Python2.x 不兼容。2019 年 10 月,Python3.8 发布。2020 年 10 月, Python3.9 发布。2021 年 10 月,Python3.10 发布。2022 年 10 月, Python3.11 发布。

1.8　Python 语言的特点

Python 是一种简单易学、动态类型、功能强大、面向对象、解释执行、易于扩展的开源通用型语言。Python 的主要特点如下:

(1) 语法简单清晰,程序容易理解。

(2) 使用变量之前无需声明其类型,变量的类型由运行时系统推断。

(3) 标准库提供了数据结构、系统管理、网络通信、文本处理、数据库接口、图形系统、XML 处理等丰富的功能。

(4) Python 社区提供了大量的第三方模块,使用方式与标准库类似。它们的功能覆盖科学计算、图形用户界面、Web 开发、系统管理等多个领域。

(5) 面向对象,适于大规模软件开发。

(6) 解释器提供了一个交互式的开发环境,程序无需编译和链接即可执行。

(7) 如果需要一段关键代码运行得更快或者不希望公开某些代码,可以把这部分代码用 C 或 C++ 编写并编译成扩展库,然后在 Python 程序中使用它们。

(8) 与 C 等编译执行的语言相比,Python 程序的运行效率更低。

1.9　Python 科学计算环境

科学计算使用的程序设计语言主要包括 Fortran、C、C++、MATLAB 和 Python。前三种语言称为低层语言,后两种称为高层语言。用低层语言开发的程序比用高层语言开发的程序运行效率更高,但开发耗时更长,软件维护代价也更高。由于人力成本不断上升而硬件成本不断下降,当前趋势是用高层语言开发程序,并通过接口访问用低层语言开发的软件库。

Python 语言及其众多的扩展库 (NumPy、SciPy、SymPy 和 Matplotlib 等) 所构成的开发环境十分适合开发科学计算应用程序。NumPy 提供了 N 维数组类型以及数组常用运算的高效实现。SciPy 基于 NumPy 实现了大量的数值计算算法,包括矩阵计算、插值、数值积分、代数方程求解、最优化方法、常微分方程求解、信号和图像处理等。SymPy 实现了一种进行符号计算的计算机代数系统,可以进行矩阵计算、表达式展开和化简、微积分、代数方程求解和常微分方程求解等。Matplotlib 提供了丰富的绘图功能,可绘制多种二维和三维图示,直观地呈现科学计算的输入数据和输出结果。

和美国公司开发的付费商业软件 MATLAB 相比,Python 科学计算环境的优势是免费开源并且没有国际政治风险。

1.10 实验 1：安装和使用 Python 开发环境

实验目的

本实验的目的是安装 Python 开发环境，熟悉其基本功能。

实验内容

1. 安装 Python 开发环境

安装 Python 开发环境的方式有两种：

• 下载和安装 Anaconda：Anaconda 是一个开源的 Python 发行版本，包含 Python 解释器、集成开发环境 spyder、包管理器 conda 和多个科学计算扩展库（NumPy、SciPy 等），可运行在 Windows、Linux 和 Mac OS 系统上。可从国内镜像网站①或 Anaconda 官网②下载 Anaconda。安装过程中可指定安装路径，路径中不可包含中文字符。

• 下载和安装 Miniconda③：Miniconda 是 Anaconda 的精简版本，仅包含 Python 解释器和包管理器 conda 等必需软件。然后使用 conda 根据自己的需要安装扩展库。本课程需要安装的扩展库有：NumPy、SciPy、SymPy、Matplotlib 和 spyder 等。为了安装这些库，首先在程序文件夹中打开 Anaconda Powershell Prompt(Mini)(图1.2(a))，然后依次输入如程序 1.2 所示命令 (图1.2(b))。

(a) 打开 Anaconda Powershell Prompt(Mini)

(b) 安装扩展库

图 1.2　打开 Anaconda Powershell Prompt 和安装扩展库

程序 1.2　安装扩展库

```
1  conda install numpy
2  conda install scipy
3  conda install sympy
```

---

① https://mirrors.tuna.tsinghua.edu.cn/anaconda/archive/.

② https://www.anaconda.com/products/individual.

③ https://docs.conda.io/en/latest/miniconda.html.

```
4  conda install matplotlib
5  conda install spyder
```

2. 设置开发环境参数

安装完成以后, 在 Windows 系统中从已安装程序的列表中可以找到 Anaconda 文件夹下的 spyder 的图标, 点击此图标即可运行 spyder。也可以通过在命令行 (控制台) 输入命令 "spyder" 运行 spyder。如果需要设置 spyder 开发环境的参数, 可以点击 Tools 菜单的 Preference 菜单项, 此时出现一个对话框 (图1.3)。对话框左边的列表列举了可以修改的参数的所属类别。其中 Appearance 表示界面的外观。选中 Appearance, 此时对话框中间的 "Syntax highlighting theme"部分有一个下拉列表, 其中的每个选项对应一种背景和语法高亮的颜色方案; "Fonts"部分可以设置字体类型和大小。

图 1.3 设置 spyder 参数

3. 运行 Python 程序

在 spyder(图1.4) 中运行 Python 代码的方式有两种, 分别适用于简短和较长的程序:

(1) 在右下角的 IPython 窗口中输入一条或多条语句, 然后回车。

(2) 在左边的编辑窗口中输入一个完整的程序, 点击 Run 菜单的 Run 菜单项执行。运行结果显示在 IPython 窗口中。

IPython 可以作为一个计算器使用, 例如程序1.3。其中 In[1] 指示用户输入的第一条命令, 这是一个进行四则运算的表达式, # 号右边是注释。Out[1] 指示用户输入的第一条命令的运行结果。

程序 1.3 使用 IPython

```
1  In[1]: (2+3*7-3)/(13-7) # 四则运算
2  Out[1]: 3.3333333333333335
```

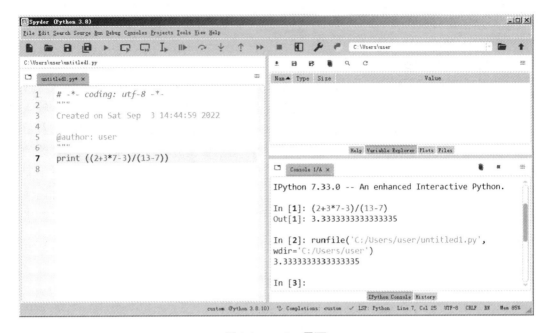

图 1.4 spyder 界面

第 2 章　内置数据类型及其运算

Python 语言支持面向对象编程范式，Python 程序中的数据都是对象。每个对象包括的属性有：身份 (identity，例如内存地址)，类型 (type) 和值 (value)。类型规定了数据的存储形式和可以进行的运算。例如整数类型可以进行四则运算和位运算，而浮点类型可以进行四则运算但不能进行位运算。

本章介绍 Python 语言的常用内置 (built-in) 数据类型及其运算。Python 语言的官方文档 (PythonDoc) 详细说明了所有内置数据类型及其运算。

2.1　变量和类型

变量是计算机内存中存储数据的标识符，根据变量名称可以获取内存中存储的数据。变量的类型由其存储的数据决定。变量名只能是字母、数字或下划线的任意组合。变量名的第一个字符不能是数字。程序 2.1 演示的 Python 关键字不能声明为变量名。

程序 2.1　Python 关键字

```
1    and as assert break class continue def del elif else
2    except False finally for from global if import in is
3    lambda None nonlocal not or pass raise return True try
4    with while yield
```

和 C、Java 等静态类型语言不同，Python 是一种动态类型语言，变量的类型在使用前无需声明，而是在程序运行的过程中根据变量存储的数据自动推断。动态类型的益处是程序的语法更简单，付出的代价是程序的运行效率不如静态类型语言 (如 C 和 Java 等) 程序。原因包括：无法进行编译时的优化；类型推断占用了程序运行的时间。

Python 赋值语句的语法形式是"变量 = 表达式"，其中的等号是赋值运算符而非数学中的相等运算符。该语句将表达式的求值结果设置为变量的值。例如赋值语句 x=1 运行完成以后，变量 x 的值为 1 并且其类型为整数类型 int，因为 x 存储的数据 1 是整数。赋值运算符可以和二元运算符组合在一起形成复合赋值运算符，如 x+=1 等同于 x=x+1。

2.2 数 值 类 型

数值类型包括 int(整数)、float(浮点数) 和 complex(复数)。

2.2.1 int 类型

int 类型表示任意精度的整数, 可以进行的运算包括相反 (−)、加 (+)、减 (−)、乘 (∗)、除 (/)、整数商 (//)、取余 (%)、乘方 (∗∗) 和各种位运算。两个整数进行的位运算包括按位取或 (|)、按位取与 (&) 和按位取异或 (^)。单个整数进行的位运算包括按位取反 (~)、左移 (<<) 和右移 (>>)。

程序2.2演示了 int 类型的运算, 其中 x 和 y 通过赋值运算符 (=) 分别被赋予了整数值, 因此都是 int 类型的变量。表达式是对数据进行运算的语法形式。当一个表达式中出现多种运算时, 这些运算的运行次序由运算符的优先级 (precedence) 和结合性 (associativity) 确定。优先级高的运算先运行。若多个运算的优先级相同, 则根据结合性从左到右或从右到左确定次序。括号的优先级最高, 其次是乘方, 再次是乘除, 之后是加减。以上这些运算中, 除了乘方的结合性是从右到左以外, 其余运算的结合性都是从左到右。

程序 2.2 int 类型的运算

```
 1  In[1]: (2**2**3+4)/(7*(9-5))
 2  Out[1]: 9.285714285714286
 3  In[2]: (2**2**3+4)//(7*(9-5))
 4  Out[2]: 9
 5  In[3]: (2**2**3+4)%(7*(9-5))
 6  Out[3]: 8
 7  In[4]: (32+4)/(2*(9-5))
 8  Out[4]: 4.5
 9  In[5]: (32+4)//(23-13)
10  Out[5]: 3
11  In[6]: (32+4)%(23-13)
12  Out[6]: 6
13  In[7]: x=3795164009068119306380014896080
14  In[8]: x**2
15  Out[8]: 14403269855725999960788611056075536297317147641997319936 6400
16  In[9]: y=120557357903313594474425 38767
17  In[10]: 991*y**2
18  Out[10]: 14403269855725999960788611056075536297317147641997319936 6399
19  In[11]: Out[10]-Out[8]
20  Out[11]: -1
21  In[12]: x**2-991*y**2-1
22  Out[12]: 0
23  In[13]: bin(367), bin(1981)  # 内置函数bin显示一个整数的二进制形式
24  Out[13]: ('0b101101111', '0b11110111101')
```

```
25  In[14]: bin(367 | 1981), bin(367 & 1981), bin(367 ^ 1981)
26  Out[14]: ('0b11111111111', '0b100101101', '0b11011010010')
27  In[15]: bin(~1981), bin(1981 << 3), bin(1981 >> 3)
28  Out[15]: ('-0b11110111110', '0b11110111101000', '0b11110111')
```

2.2.2　float 类型

float 类型根据 IEEE754 标准定义了十进制实数在计算机中如何表示为二进制浮点数。64 位二进制浮点数表示为 $(-1)^s(1+f)2^{e-1023}$。s 占 1 位表示正数和负数的符号。f 占 52 位，$1+f$ 为小数部分。e 占 11 位，$e-1023$ 为指数部分。$e=2047, f=0, s=\pm1$ 表示正无穷和负无穷。$e=2047, f\neq0$ 表示非数值 (如 0/0)。四舍五入的相对误差为 $\frac{1}{2}2^{-52}=2^{-53}\approx1.11\times10^{-16}$，因此 64 位二进制浮点数对应的十进制实数的有效数字的位数为 15。

标准库以模块作为组成单位，使用某一模块之前需要用 import 语句将其导入。标准库的 sys 模块的 float_info 属性提供了 float 类型的取值范围 (max, min) 和有效数字位数 (dig) 等信息。绝对值超过 max 的数值表示为 inf(正无穷) 或–inf(负无穷)。In[1] 行用 import 语句导入 sys 模块 (程序 2.3)。

程序 2.3　float 类型

```
1  In[1]: import sys
2  In[2]: sys.float_info
3  Out[2]: sys.float_info(max=1.7976931348623157e+308, max_exp=1024,
4          max_10_exp=308, min=2.2250738585072014e-308,
5          min_exp=-1021, min_10_exp=-307, dig=15, mant_dig=53,
6          epsilon=2.220446049250313e-16, radix=2, rounds=1)
```

float 类型可以进行相反 (−)、加 (+)、减 (−)、乘 (∗)、除 (/)、整数商 (//)、取余 (%) 和乘方 (∗∗) 等运算。由于需要进行进制转换和表示位数的限制，实数在计算机中的表示可能存在误差，称为舍入误差 (rounding error)。例如十进制的 0.1 表示为二进制无限循环小数 $0.0001\overline{1100}$，在截断后导致舍入误差。舍入误差在计算过程中可能不断积累，导致最终计算结果出现较大的误差。例如：1991 年 2 月 25 日海湾战争期间，爱国者导弹防御系统运行 100 个小时以后积累了 0.3422 秒的误差，导致其未能拦截来袭导弹，造成 28 名美军士兵死亡[①]。因此，在需要高精度计算结果的场合，进行浮点数计算时必须对误差的产生和积累进行严密的分析和控制。由于误差的存在，在计算过程中比较两个浮点数是否相等的方法是判断这两个数的差的绝对值是否小于一个预先确定的较小的正数值 (例如 10^{-10})。

程序2.4演示了 float 类型的运算，其中 max 通过赋值运算符 (=) 被赋予了浮点数值，因此是 float 类型的变量。In[4] 行包含了多条语句，语句之间用分号 (;) 分隔，最后一条语句用来输出 max 的值。float 类型的数值的表示形式有两种：十进制和科学计数法。科学计数法用 e 或 E 表示指数部分，例如 1.2345678909876543e38 表示 $1.2345678909876543\times10^{38}$。

---

① https://www-users.cse.umn.edu/~arnold/disasters/patriot.html.

程序 2.4　float 类型的运算

```
1   In[1]: 10000*(1.03)**5
2   Out[1]: 11592.740743
3   In[2]: (327.6-78.65)/(2.3+0.13)**6
4   Out[2]: 1.2091341548676164
5   In[3]: 4.5-4.4
6   Out[3]: 0.09999999999999964  # 精确值应当是0.1
7   In[4]: import sys; max = sys.float_info.max; max
8   Out[4]: 1.7976931348623157e+308
9   In[5]: max*1.00001
10  Out[5]: inf  # 向上溢出(overflow)导致结果是无穷大
11  In[6]: sys.float_info.min*1e-10
12  Out[6]: 2.225074e-318
13  In[7]: 1.234567890987654321e38
14  Out[7]: 1.2345678909876543e+38  # 有效数字的位数不能超过15
15  In[8]: import numpy as np
16  In[9]: (2**(2046-1023))*((1 + sum(0.5**np.arange(1, 53))))
17  Out[9]: 1.7976931348623157e+308
18  In[10]: (2**(1-1023))*(1+0)
19  Out[10]: 2.2250738585072014e-308
```

2.2.3　complex 类型

complex 类型表示实部和虚部为 float 类型的复数,可以进行相反 (−)、加 (+)、减 (−)、乘 (*)、除 (/) 和乘方 (**) 等运算。

程序2.5演示了 complex 类型的运算,其中 x 和 y 通过赋值运算符 (=) 分别被赋予了复数值,因此是 complex 类型的变量。

程序 2.5　complex 类型的运算

```
1   In[1]: x = 3 - 5j
2   In[2]: y = -(6 - 21j)
3   In[3]: (x+y)/(x - y**2)*(x**3 + y - 3j)
4   Out[3]: (-2.7021404738144748-6.422968879823101j)
5   In[4]: x.real
6   Out[4]: 3.0
7   In[5]: x.imag
8   Out[5]: -5.0
9   In[6]: x.conjugate()
10  Out[6]: (3+5j)
```

2.2.4　数值类型的内置函数

对于一个整数或实数,abs 函数获取其绝对值。对于一个复数,abs 函数获取其模。int 和 float 函数可以进行这两种类型的相互转换。complex 函数从两个 float 类型的数值生成一个 complex 类型的数值。pow 计算乘方,等同于 ** 运算符。

程序2.6演示了这些函数的使用。

程序 2.6 数值类型的内置函数

```
1   In[1]: x = -15.6
2   In[2]: y = int(x); y
3   Out[2]: -15
4   In[3]: type(y)
5   Out[3]: int
6   In[4]: x=float(y); x
7   Out[4]: -15.0
8   In[5]: type(x)
9   Out[5]: float
10  In[6]: z = complex(abs(x),(2 - y)); z
11  Out[6]: (15+17j)
12  In[7]: abs(z)
13  Out[7]: 22.671568097509265
14  In[8]: pow(z, 1.28)
15  Out[8]: (25.35612170271214+48.0468434395756j)
16  In[9]: pow(1.28, z)
17  Out[9]: (-20.006681963602528-35.28791909603722j)
```

2.2.5 math 模块和 cmath 模块

math 模块定义了圆周率 math.pi、自然常数 math.e 和以实数作为自变量与因变量的常用数学函数。cmath 模块定义了以复数作为自变量和因变量的常用数学函数。

表2.1列出了 math 模块的部分函数。

表 2.1 math 模块的部分函数

函数名称	函数定义和示例
math.ceil(x)	大于等于 x 的最小整数: math.ceil(-5.3) 值为-5
math.floor(x)	小于等于 x 的最大整数: math.floor(-5.3) 值为-6
math.factorial(x)	x 的阶乘: math.factorial(5) 值为 120
math.sqrt(x)	x 的平方根: math.sqrt(3) 值为 1.7320508075688772
math.exp(x)	以自然常数 e 为底的指数函数: math.exp(2) 值为 7.38905609893065
math.log(x)	以自然常数 e 为底的对数函数: math.log(7.38905609893065) 值为 2.0
math.log(x, base)	以 base 为底的对数函数: math.log(7.38905609893065, math.e) 值为 2.0
math.log2(x)	以 2 为底的对数函数: math.log2(65536) 值为 16.0
math.log10(x)	以 10 为底的对数函数: math.log10(1e-19) 值为-19.0
三角函数	math.sin(x) math.cos(x) math.tan(x)
反三角函数	math.asin(x) math.acos(x) math.atan(x)
双曲函数	math.sinh(x) math.cosh(x) math.tanh(x)
反双曲函数	math.asinh(x) math.acosh(x) math.atanh(x)

程序2.7演示了求解一元二次方程 $ax^2 + bx + c = 0$ $(a \neq 0)$ 的根。当判别式 $\Delta = b^2 - 4ac$ 为负时两个根为复数,使用 math 模块的求平方根函数 (sqrt) 会报错 (ValueError)。此时需要使用 cmath 模块的求复数平方根的函数。

程序 2.7　求解一元二次方程

```
1  In[1]: import math; a=2; b=6; c=1
2  In[2]: r1 = (-b + math.sqrt(b**2 - 4*a*c))/(2*a); r1
3  Out[2]: -0.17712434446770464
4  In[3]: r2 = (-b - math.sqrt(b**2 - 4*a*c))/(2*a); r2
5  Out[3]: -2.8228756555322954
6  In[4]: a=2; b=6; c=8
7  In[5]: r1 = (-b + math.sqrt(b**2 - 4*a*c))/(2*a); r1
8  ValueError: math domain error
9  In[6]: import cmath
10 In[7]: r1 = (-b + cmath.sqrt(b**2 - 4*a*c))/(2*a); r1
11 Out[7]: (-1.5+1.3228756555322954j)
12 In[8]: r2 = (-b - cmath.sqrt(b**2 - 4*a*c))/(2*a); r2
13 Out[8]: (-1.5-1.3228756555322954j)
```

2.3　bool 类型

int 类型和 float 类型的数据可以使用以下这些关系运算符进行比较: >(大于)、<(小于)、>=(大于等于)、<=(小于等于)、==(等于)、! =(不等于)。比较的结果属于 bool 类型,只有两种取值:True 和 False。bool 类型的数据可以进行三种逻辑运算,按优先级从高到低依次为 not(非)、and(与) 和 or(或)。表2.2列出了逻辑运算的规则。

表 2.2　逻辑运算的规则

x	y	x and y	x or y	not x
True	True	True	True	False
True	False	False	True	False
False	True	False	True	True
False	False	False	False	True

程序2.8演示了使用比较运算符和逻辑运算符判断一个年份是否是闰年。

程序 2.8　bool 类型的运算

```
1  In[1]: year = 1900
2  In[2]: (year % 4 == 0 and year % 100 != 0) or year % 400 == 0
3  Out[2]: False
4  In[3]: year = 2020
5  In[4]: (year % 4 == 0 and year % 100 != 0) or year % 400 == 0
6  Out[4]: True
```

```
7  In[5]: year = 2022
8  In[6]: (year % 4 == 0 and year % 100 != 0) or year % 400 == 0
9  Out[6]: False
```

2.4　NoneType 类型

NoneType 类型只有一个值 None,表示空值。

2.5　序 列 类 型

序列类型 (sequence types) 可以看成一个存储数据元素的容器,这些元素是有序的,每个元素对应一个索引值。用 n 表示序列的长度,则索引值是区间 $[-n-1, n-1]$ 内的所有整数。序列中的第 $k(1 \leqslant k \leqslant n)$ 个元素对应的索引值有两个: $k-1$ 和 $k-n-1$。例如,索引值 0 和 $-n$ 都对应第 1 个元素,索引值 $n-1$ 和 -1 都对应第 n 个元素。

序列类型包括 list(列表)、tuple(元组)、range(范围)、str(字符串)、bytes、bytearray 和 memoryview 等 (PythonDoc)。range 通常用于 for 语句 (第 3 章)。bytes、bytearray 和 memoryview 是存储二进制数据的序列类型。

2.5.1　list(列表) 和 tuple(元组)

列表和元组通常用来存储若干同一类型的元素。列表的语法是用方括号括起的用逗号分隔的若干元素,例如 [2,3,5,7,11] 是一个存储了五个质数的列表。元组的语法是用圆括号括起的用逗号分隔的若干元素,例如 (2,3,5,7,11) 是一个存储了五个质数的元组。列表是可变的,即可对其存储的元素进行插入、删除和修改。元组是不可变的。表2.3列出了列表和元组的共有运算。每种运算运行之前参数 s 的初始值为 [2,3,5,7,11],参数 t 的值为 [13,17]。

表 2.3　列表和元组的共有运算:每种运算运行之前参数 s 的初始值为 [2,3,5,7,11],参数 t 的值为 [13,17]

运算名称	运算定义和示例
x in s	若 s 中存在等于 x 的元素,则返回 True,否则返回 False。 例: 5 in s 值为 True
x not in s	若 s 中不存在等于 x 的元素,则返回 True,否则返回 False。 例: 7 not in s 值为 False
s + t	返回将 s 和 t 连接在一起得到的序列。 例: s + t 值为 [2,3,5,7,11,13,17]
s*n 或 n*s	返回将 s 重复 n 次得到的序列。 例: s*3 值为 [2,3,5,7,11,2,3,5,7,11,2,3,5,7,11]
s[n]	返回 s 中索引值为 n 的元素。 例: s[4] 值为 11

续表

运算名称	运算定义和示例
s[i:j]	返回 s 中索引值从 i 到 j(不包含 j) 的所有元素构成的序列。 例: s[1:4] 值为 [3,5,7]
s[i:]	返回 s 中索引值从 i 开始到最后的所有元素构成的序列。 例: s[1:] 值为 [3,5,7,11]
s[:j]	返回 s 中索引值从 0 开始到 j(不包含 j) 的所有元素构成的序列。 例: s[:3] 值为 [2,3,5]
s[i:j:k]	返回 s 中索引值属于从 i 到 j(不包含 j) 且公差为 k 的等差数列的所有元素构成的序列。 例: s[1:4:2] 值为 [3,7]
len(s)	返回 s 的长度。 例: len(s) 值为 5
min(s)	返回 s 中的最小元素。 例: min(s) 值为 2
max(s)	返回 s 中的最大元素。 例: max(s) 值为 11
s.index(x)	若 s 中存在元素 x,则返回 x 在 s 中第一次出现的索引值,否则报错。 例: s.index(7) 值为 3
s.index(x, i)	若 s[i:] 中存在元素 x,则返回 x 在 s 中第一次出现的索引值,否则报错。 例: s.index(7,1) 值为 3
s.index(x, i, j)	若 s[i:j] 中存在元素 x,则返回 x 在 s 中第一次出现的索引值,否则报错。 例: s.index(7,1,4) 值为 3
s.count(x)	返回 x 在 s 中出现的次数。 例: s.count(8) 值为 0

表2.4列出了列表的特有运算。每种运算运行之前参数 s 的初始值为 [2,7,5,3,11],参数 t 的值为 [13,21,17]。

表 2.4　列表的特有运算:每种运算运行之前参数 s 的初始值为 [2,7,5,3,11],参数 t 的值为 [13,21,17]

运算名称	运算定义和示例
s[i] = x	将 s 中索引值为 i 的元素修改为 x。 例: 运行 s[3] = 8 后 s 的值为 [2,7,5,8,11]
s[i:j] = t	将 s 中索引值从 i 到 j(不包含 j) 的所有元素构成的序列修改为 t。 例: 运行 s[1:4] = t 后 s 的值为 [2,13,21,17,11]
del s[i:j]	删除 s 中索引值从 i 到 j(不包含 j) 的所有元素构成的序列。 例: 运行 del s[2:4] 后 s 的值为 [2,7,11]
s[i:j:k] = t	将 s 中索引值属于从 i 到 j(不包含 j) 且公差为 k 的等差数列的所有元素构成的序列修改为 t。 例: 运行 s[0:5:2] = t 后 s 的值为 [13,7,21,3,17]
del s[i:j:k]	删除 s 中索引值属于从 i 到 j(不包含 j) 且公差为 k 的等差数列的所有元素构成的序列。 例: 运行 del s[0:5:2] 后 s 的值为 [7,3]

续表

运算名称	运算定义和示例
s.append(x)	添加元素 x 到列表 s 中使其成为最后一个元素,即追加元素 x。 例: 运行 s.append(13) 后 s 的值为 [2,7,5,3,11,13]
s.clear()	删除 s 中所有元素。 例: 运行 s.clear() 后 s 的值为 []
s.copy()	返回 s 的一个副本。 例: s.copy() 返回 [2,7,5,3,11]
s.extend(t)	将序列 t 添加到 s 的后面,即追加序列 t。 例: 运行 s.extend(t) 后 s 的值为 [2,7,5,3,11,13,21,17]
s += t	同上
s *= n	修改 s 为将 s 重复 n 次得到的序列。 例: 运行 s*= 3 后 s 的值为 [2,7,5,3,11,2,7,5,3,11,2,7,5,3,11]
s.insert(i, x)	添加元素 x 到列表 s 中使其成为索引值为 i 的元素。 例: 运行 s.insert(2,19) 后 s 的值为 [2,7,19,5,3,11]
s.pop(i)	删除 s 中索引值为 i 的元素并将其返回。 例: 运行 s.pop(2) 返回 5,且 s 的值为 [2,7,3,11]
s.remove(x)	删除 s 中第一次出现的元素 x。 例: 运行 s.remove(11) 后 s 的值为 [2,7,5,3]
s.reverse()	将 s 中所有元素的次序反转。 例: 运行 s.reverse() 后 s 的值为 [11,3,5,7,2]
s.sort()	将 s 中所有元素按从小到大的次序排序。 例: 运行 s.sort() 后 s 的值为 [2,3,5,7,11]
s.sort(reverse =True)	将 s 中所有元素按从大到小的次序排序。 例: 运行 s.sort(reverse=True) 后 s 的值为 [11,7,5,3,2]

程序2.9演示了列表和元组的一些运算。其中组成列表 d 的每个元素 (a 和 b) 本身也是一个列表,类似 d 这样的列表称为嵌套列表。获取 d 中的数据需要使用两层索引。对于 d 而言,d[0] 等同于 a,d[1] 等同于 b。因此,d[0][4] 等同于 a[4],d[1][0:5:2] 等同于 b[0:5:2]。

程序 2.9 列表和元组的运算

```
1   In[1]: a=[1,3,5,7,9]; b=[2,4,6,8,10]
2   In[2]: c=a+b; c
3   Out[2]: [1, 3, 5, 7, 9, 2, 4, 6, 8, 10]
4   In[3]: c.sort(); c
5   Out[3]: [1, 2, 3, 4, 5, 6, 7, 8, 9, 10]
6   In[4]: d=[a,b]; d
7   Out[4]: [[1, 3, 5, 7, 9], [2, 4, 6, 8, 10]]
8   In[5]: c[2:10:3]
9   Out[5]: [3, 6, 9]
10  In[6]: c[-1:-9:-4]
11  Out[6]: [10, 6]
12  In[7]: d[0][4]
13  Out[7]: 9
```

```
14  In[8]: d[1][0:5:2]=d[0][2:5]; d
15  Out[8]: [[1, 3, 5, 7, 9], [5, 4, 7, 8, 9]]
16  In[9]: b
17  Out[9]: [5, 4, 7, 8, 9]
18  In[10]: b.clear(); b
19  Out[10]: []            # b是空列表
20  In[11]: f = (); (type(f), id(f)) # f是空元组
21  Out[11]: (tuple, 8912936)
22  In[12]: f = (3,); (f, id(f))
23  Out[12]: ((3,), 182697528)      # f是含有一个元素的元组
24  In[13]: f += (4, 5); (f, id(f))
25  Out[13]: ((3, 4, 5), 187247080)
26  In[14]: f[2] = 6       # 元组中存储的元素不可以被修改, 所以报错
27  TypeError: 'tuple' object does not support item assignment
```

2.5.2 str 类型 (字符串)

str 类型表示不可变的使用 Unicode 编码的字符构成的序列, 即字符串。Unicode 是一个字符编码的国际标准, 为人类语言中的每个字符设定了统一并且唯一的二进制编码。ord 函数可获取一个字符对应的 Unicode 编码值, 例如 ord('A') 值为 65。chr 函数可获取一个 Unicode 编码值对应的字符, 例如 chr(90) 值为 Z。UTF-8 是一种广泛使用的 Unicode 实现方式, 即用一个或多个字节存储二进制编码。字符串可用单引号、双引号或三个相同的单引号或双引号括起。单引号和双引号可以相互嵌套。用三引号括起的字符串可以包含程序中的多行语句 (包括其中的换行符和空格), 常作为函数和模块的注释。

字符串除了提供表2.3列出的运算以外, 还提供了一些特有运算。它们分为两类: 返回字符串的运算和不返回字符串的运算。由于字符串是不可变的, 第一类运算不会修改作为参数输入的字符串。如果一种运算返回的字符串的字符序列和参数不同, 则返回的字符串是该运算新创建的。

表2.5列出了返回字符串的部分特有运算。每种运算运行之前参数 s 的值为 'abc123abc', 参数 t 的值为 bc, 参数 u 的值为 BC。

程序2.10演示了字符串的一些运算。

程序 2.10 str 类型的运算

```
1   In[1]: a = 'allows embedded "double" quotes'; a
2   Out[1]: 'allows embedded "double" quotes'
3   In[2]: b = "allows embedded 'single' quotes"; b
4   Out[2]: "allows embedded 'single' quotes"
5   In[3]: c = """a=[1,3,5,7,9]; b=[2,4,6,8,10]
6      ...: c=a+b
7      ...: c.sort(); c"""
8   In[4]: c
9   Out[4]: 'a=[1,3,5,7,9]; b=[2,4,6,8,10]\nc=a+b\nc.sort(); c'
10  In[5]: d = [a.startswith('allow'), a.startswith('allou')]; d
```

表 2.5　返回字符串的部分特有运算:每种运算运行之前参数 s 的值为 abc123abc,参数 t 的值为 bc,参数 u 的值为 BC

运算名称	运算定义和示例
s.lstrip(t)	若 s 有某个完全由 t 中的字符组成的最长前缀,则返回一个字符串,其字符序列等于从 s 中删除此前缀得到的字符序列;否则返回 s。若 t 缺失或值为 None,则在以上操作中将 t 解释为空白字符。 例: s.lstrip(t) 的值为 abc123abc
s.rstrip(t)	与 s.lstrip(t) 类似,区别在于前缀改为后缀。 例: s.rstrip(t) 的值为 abc123a
s.strip(t)	等同于先运行 s.lstrip(t),再运行 s.rstrip(t)
s.replace(t, u)	若 s 中存在子串 t,则返回一个字符串,其字符序列等于将 s 中出现的所有子串 t 替换成 u 得到的字符序列;否则返回 s。 例: s.replace(t,u) 的值为 aBC123aBC
s.replace(t,u,k)	与 s.replace(t,u) 的区别是仅替换 s 的前 k 个子串 t。 例: s.replace(t,u,1) 的值为 aBC123abc
s.split(t)	以 t 作为分隔符,将 s 分割成若干子串,再返回由这些子串构成的列表。若 t 缺失或值为 None,则将 t 解释为空白字符。 例: s.split(t) 的值为 ['a', '123a', ''],其中'' 表示空串
t.join(ss)	将列表 ss 中包含的所有字符串以 t 作为分隔符连接在一起,再返回连接的结果。t 可以是空串。 例: t.join(['a', '123a', '']) 的值为 abc123abc

```
11  Out[5]: [True, False]
12  In[6]: e = [a.startswith('embee', 7), a.endswith('quo', 3, -3)]; e
13  Out[6]: [False, True]
14  In[7]: f = [a.find('em', 3, 6), a.find('em', 7)]; f
15  Out[7]: [-1, 7]
16  In[8]: g = ' hello?!!'
17  In[9]: h = [g.lstrip(), g.rstrip('!?'), g.strip(' !')]; h
18  Out[9]: ['hello?!!', ' hello', 'hello?']
19  In[10]: a.replace('e', 'x', 1)
20  Out[10]: 'allows xmbedded "double" quotes'
21  In[11]: a.replace('e', 'yy', 3)
22  Out[11]: 'allows yymbyyddyyd "double" quotes'
23  In[12]: a.split('e')
24  Out[12]: ['allows ', 'mb', 'dd', 'd "doubl', '" quot', 's']
```

　　字符串的 % 运算符可以使用多种转换说明符为各种类型的数值生成格式化输出。% 左边是一个字符串,其中可包含一个或多个转换说明符。% 右边包含一个或多个数值,这些数值必须和转换说明符一一对应。如果有多个数值,这些数值必须置入一个元组中。

　　程序2.11中的"%-16.8f"中的负号表示左对齐(无负号表示右对齐),16 表示所生成的字符串的长度,在点以后出现的 8 表示输出结果在小数点以后保留 8 位数字。

程序 2.11　格式化输出

```
1  In[1]: "%-16.8f" % 345.678987654321012
2  Out[1]: '345.67898765    '
3  In[2]: "%16.8g" % 3.45678987654321012e34
4  Out[2]: '     3.4567899e+34'
5  In[3]: "%16X %-16d" % (345678987654, 987654321012)
6  Out[3]: '    507C12C186 987654321012    '
```

表2.6列出了常用的转换说明符及其定义。

表 2.6　常用的转换说明符

转换说明符名称	转换说明符定义
%d、%i	转换为带符号的十进制整数
%o	转换为带符号的八进制整数
%x、%X	转换为带符号的十六进制整数
%e、%E	转换为科学计数法表示的浮点数
%f、%F	转换为十进制浮点数
%g、%G	智能选择使用%f 或%e 格式 (%F 或%E 格式)
%c	将整数转换为单个字符的字符串
%r	使用 repr() 函数将表达式转换为字符串
%s	使用 str() 函数将表达式转换为字符串

表2.7列出了不返回字符串的部分特有运算。每种运算运行之前参数 s 的值为 abc123abc，参数 t 的值为 bc。

表 2.7　不返回字符串的部分特有运算：每种运算运行之前参数 s 的值为 abc123abc，参数 t 的值为 bc

运算名称	运算定义和示例
s.startswith(t)	若 s 以 t 为前缀，则返回 True，否则返回 False。例：s.startswith(t) 的值为 False
s.startswith(t, start)	若 s[start:] 以 t 为前缀，则返回 True，否则返回 False。例：s.startswith(t, 7) 的值为 True
s.startswith(t, start, end)	若 s[start:end] 以 t 为前缀，则返回 True，否则返回 False。例：s.startswith(t, 7, 9) 的值为 True
s.endswith(t)	若 s 以 t 为后缀，则返回 True，否则返回 False。例：s.endswith(t) 的值为 True
s.endswith(t, start)	若 s[start:] 以 t 为后缀，则返回 True，否则返回 False。例：s.endswith(t, 4) 的值为 True
s.endswith(t, start, end)	若 s[start:end] 以 t 为后缀，则返回 True，否则返回 False。例：s.endswith(t, 4, 8) 的值为 False
s.find(t)	若 s 中存在子串 t，则返回 t 在 s 中第一次出现的索引值，否则返回-1。例：s.find(t) 的值为 1
s.find(t, start)	若 s[start:] 中存在子串 t，则返回 t 在 s 中第一次出现的索引值，否则返回-1。例：s.find(t, 2) 的值为 7

运算名称	运算定义和示例
s.find(t, start, end)	若 s[start:end] 中存在子串 t,则返回 t 在 s 中第一次出现的索引值,否则返回-1。例: s.find(t, 2, 8) 的值为-1
s.rfind(t[, start[, end]])	若 s(或 s[start:] 或 [start:end]) 中存在子串 t,则返回 t 在 s 中最后一次出现的索引值,否则返回-1
str.isalpha(s)	若 s 中包含至少一个字符并且所有字符都是字母,则返回 True,否则返回 False。例: str.isalpha(s) 的值为 False
str.isdecimal(s)	若 s 中包含至少一个字符并且所有字符都是数字,则返回 True,否则返回 False。例: str.isdecimal(s) 的值为 False
str.isalnum(s)	若 s 中包含至少一个字符并且所有字符都是字母或数字,则返回 True,否则返回 False。例: str.isalnum(s) 的值为 True
str.islower(s)	若 s 中包含至少一个字母并且所有字母都是小写,则返回 True,否则返回 False。例: str.islower(s) 的值为 True
str.isupper(s)	与 str.islower(s) 类似,区别在于判断是否所有字母都是大写

2.6　set 类型 (集合)

集合可以看成一个存储数据元素的容器,存储的元素是无序且不可重复的,类似于数学中定义的集合。集合的语法是用大括号括起的用逗号分隔的若干数据。例如 {2,3,5,7,11} 是一个存储了五个质数的集合。frozenset 类型是不可变的 set 类型。表2.8列出了集合的常用运算,frozenset 类型可进行表中除了 add 和 remove 以外的运算。

表 2.8　集合的常用运算

运算名称	运算定义和示例
len(s)	返回 s 的长度,即其中存储了多少个元素
x in s	若 s 中存在等于 x 的元素,则返回 True,否则返回 False
x not in s	若 s 中存在等于 x 的元素,则返回 False,否则返回 True
s.isdisjoint(t)	若 s 和 t 的交集非空,则返回 True,否则返回 False
s.issubset(t)	若 s 是 t 的子集,则返回 True,否则返回 False
s<=t、s<t	若 s 是 t 的子集 (真子集),则返回 True,否则返回 False
s.issuperset(t)	若 s 是 t 的超集,则返回 True,否则返回 False
s>=t、s>t	若 s 是 t 的超集 (真超集),则返回 True,否则返回 False
s.union(t)	返回 s 和 t 的并集
s.intersection(t)	返回 s 和 t 的交集
s.difference(t)	返回 s 和 t 的差集
s.add(x)	向 s 中添加元素 x。若 s 中存在 x,则 s 不发生变化
s.remove(x)	从 s 中移除元素 x。若 s 中不存在 x,则报错

程序2.12演示了集合的一些运算。

程序 2.12　set 类型的运算

```
1  In[1]: l = [2,3,5,3,9,2,7,8,6,3]; (l, type(l))
2  Out[1]: ([2, 3, 5, 3, 9, 2, 7, 8, 6, 3], list)
3  In[2]: s = set(l); (s, type(s))
4  Out[2]: ({2, 3, 5, 6, 7, 8, 9}, set)
5  In[3]: t = set([11, 2, 7, 3, 5, 13])
6  In[4]: s.union(t)
7  Out[4]: {2, 3, 5, 6, 7, 8, 9, 11, 13}
8  In[5]: s.intersection(t)
9  Out[5]: {2, 3, 5, 7}
10 In[6]: s.difference(t)
11 Out[6]: {6, 8, 9}
12 In[7]: t.clear(); t
13 Out[7]: set()      # t是空集合
```

2.7　dict 类型 (字典)

字典可以看成一个存储数据元素的容器, 存储的每个元素由两部分组成: 键 (key) 和其映射到的值 (value)。键的类型必须是可以求哈希值的 (包括但不限于 int、str、tuple、frozenset 和用户自定义的类等), 但不能是可变的 (包括但不限于 list、set 和 dict 等)。字典的语法是用大括号括起的多个元素, 每个元素内部用冒号分隔键和值, 元素之间用逗号分隔。例如 {2:4, 3:9, 5:25, 7:49, 11:121} 是一个存储了五个元素的字典, 每个元素的键是一个整数, 其映射到的值是键的平方。

表2.9列出了字典的常用运算。

表 2.9　字典的常用运算

运算名称	运算定义
len(d)	返回 d 的长度, 即其中存储了多少个元素
key in d	若 s 中存在键等于 key 的元素, 则返回 True, 否则返回 False
key not in d	若 s 中存在键等于 key 的元素, 则返回 False, 否则返回 True
d[key] = value	若 d 中存在键等于 key 的元素, 则将其对应的值修改为 value。否则在 d 中添加一个元素, 其键和值分别为 key 和 value
del d[key]	若 d 中存在键等于 key 的元素则将其删除, 否则报错
clear()	删除所有元素
get(key[, default])	若 d 中存在键等于 key 的元素则返回其对应的值, 否则返回 default。若未提供 default, 则返回 None
pop(key[, default])	若 d 中存在键等于 key 的元素则将其删除, 然后返回其对应的值, 否则返回 default。若未提供 default, 则返回 None
items()	返回 d 中所有元素, 对于每个元素返回一个由键和值组成的元组

运算名称	运算定义
keys()	返回 d 中所有元素的键
values()	返回 d 中所有元素的值

程序2.13以一个通讯录为实例演示了字典的一些运算。通讯录的每个元素的键是一个联系人的姓名,其映射到的值是该联系人的电话号码。

程序 2.13　dict 类型的运算

```
1   In[1]: contacts={"Tom":12345, "Jerry":54321, "Mary":23415}
2   In[2]: contacts
3   Out[2]: {'Tom': 12345, 'Jerry': 54321, 'Mary': 23415}
4   In[3]: contacts["Jerry"]=54123; contacts
5   Out[3]: {'Tom': 12345, 'Jerry': 54123, 'Mary': 23415}
6   In[4]: contacts["Betty"]=35421; contacts
7   Out[4]: {'Tom': 12345, 'Jerry': 54123, 'Mary': 23415, 'Betty': 35421}
8   In[5]: contacts.keys()
9   Out[5]: dict_keys(['Tom', 'Jerry', 'Mary', 'Betty'])
10  In[6]: ['Tommy' in contacts, 'Betty' in contacts]
11  Out[6]: [False, True]
12  In[7]: (contacts.pop('Jerry'), contacts)
13  Out[7]: (54123, {'Tom': 12345, 'Mary': 23415, 'Betty': 35421})
14  In[8]: (contacts.pop('Tommy', None), contacts)
15  Out[8]: (None, {'Tom': 12345, 'Mary': 23415, 'Betty': 35421})
16  In[9]: contacts.clear(); contacts
17  Out[9]: {}        # contacts是空字典
```

update 运算和 | 运算符都可合并两个字典。程序2.14中的 In[2] 行的语句 d1.update(d2) 合并了 d1 和 d2 这两个字典,并将合并的结果保存在 d1 中。如果 d1 和 d2 中存在两个键相同但值不同的元素,结果中只保留 d2 中的对应元素。In[4] 行的语句 d1 | d2 合并了 d1 和 d2 这两个字典,并返回合并的结果。果 d1 和 d2 中存在两个键相同但值不同的元素,结果中只保留 d2 中的对应元素。d1 和 d2 都不会被修改。In[5] 行的语句 d2 | d1 合并了 d2 和 d1 这两个字典,并返回合并的结果。果 d2 和 d1 中存在两个键相同但值不同的元素,结果中只保留 d1 中的对应元素。

程序 2.14　合并两个字典

```
1   In[1]: d1 = {'u':8, 'v':6, 'w':4, 'x':2}; d2 = {'x':1, 'y':3, 'z':5}
2   In[2]: d1.update(d2); d1
3   Out[2]: {'u': 8, 'v': 6, 'w': 4, 'x': 1, 'y': 3, 'z': 5}
4   In[3]: d1 = {'u':8, 'v':6, 'w':4, 'x':2}; d2 = {'x':1, 'y':3, 'z':5}
5   In[4]: d1 | d2
6   Out[4]: {'u': 8, 'v': 6, 'w': 4, 'x': 1, 'y': 3, 'z': 5}
7   In[5]: d2 | d1
8   Out[5]: {'x': 2, 'y': 3, 'z': 5, 'u': 8, 'v': 6, 'w': 4}
9   In[6]: d1
```

```
10   Out[6]: {'u': 8, 'v': 6, 'w': 4, 'x': 2}
11   In[7]: d2
12   Out[7]: {'x': 1, 'y': 3, 'z': 5}
```

2.8   实验 2：内置数据类型及其运算

实验目的

本实验的目的是掌握常用的类型 (float 和 list) 的运算。

实验内容

1. float 类型的计算

等额本息是一种分期偿还贷款的方式，即借款人每月按相等的金额偿还贷款本息，每月还款金额 P 可根据贷款总额 A、年利率 r 和贷款月数 n 计算得到，公式为

$$P = \frac{\frac{r}{12}A}{1 - (1 + \frac{r}{12})^{-n}}$$

计算当贷款金额为 1000000 元，贷款时间为 30 年，年利率分别为 4%, 5% 和 6% 时的每月还款金额和还款总额。

答案：

(4774.152954654538, 1718695.0636756336)

(5368.216230121398, 1932557.8428437035)

(5995.505251527569, 2158381.890549925)

2. math 模块的运算

定义三个变量"a=3; b=6; c=7"表示一个三角形的三条边的长度，使用公式

$$a^2 = b^2 + c^2 - 2bc\cos\alpha$$

$$b^2 = a^2 + c^2 - 2ac\cos\beta$$

$$c^2 = a^2 + b^2 - 2ab\cos\gamma$$

分别计算三个内角 (α, β, γ) 的度数，然后检验等式 $\alpha + \beta + \gamma = 180°$ 是否成立。

答案：

25.208765296758365 58.41186449479884 96.37937020844281

3. list 类型的运算

定义两个列表"s=[2,4,0,1,3,9,5,8,6,7]; t=[2,6,8,4]"，对于表2.4中的每种运算，先手工计算其结果，然后在 IPython 中运行并记录输出结果。若某个运算修改了 s，在运行下一个运算之前需要再设置 s=[2,4,0,1,3,9,5,8,6,7]。若某个运算需要一些参数 (如 i, j 和 x 等)，可自行设定。

第 3 章　分支和迭代

分支和迭代是程序中常用的流程控制结构。分支的语义根据若干条件是否满足从多个分支中选择一个运行,由 if 语句和 if-else 表达式实现。迭代的语义是当某一条件满足时反复运行一个语句块,由 for 语句、while 语句和推导式实现。

本章介绍分支和迭代的几种实现方式,并举例说明穷举和回溯方法。

3.1　if 语句和 if-else 表达式

if 语句可以根据若干条件是否满足从多个分支中选择一个运行。if 语句可以有多种形式,以计算整数的绝对值为例说明。根据绝对值的定义,可以有以下三种实现方式:程序3.1,3.2和3.3。这三个程序的第 1 行使用内建函数 input 提示用户输入一个整数,提示信息是"Please enter an integer: "。int 函数将用户的输入 (字符串) 转换为 int 类型值后赋值给变量 x。内建函数 print 输出字符串表达式"The absolute value of %d is %d" %(x, y) 的值。

程序3.1的第 3 行至第 4 行只有一个分支的 if 语句,当条件表达式 (x<0) 的值为 True 时运行 if 后面的分支。程序3.2的第 2 行至第 5 行是有两个分支的 if 语句,当表达式 (x<0) 的值为 True 时运行 if 后面的分支,值为 False 时运行 else 后面的分支。程序3.3的第 2 行右侧是一个 if-else 表达式,它实现了同样的功能。

程序 3.1　单分支 if 语句计算绝对值

```
1  x = int(input("Please enter an integer: "))
2  y = x
3  if x < 0:
4      y = -x
5  print("The absolute value of %d is %d" %(x, y))
6  # The absolute value of -32 is 32
```

程序 3.2　多分支 if 语句计算绝对值

```
1  x = int(input("Please enter an integer: "))
2  if x < 0:
3      y = -x
4  else:
5      y = x
6  print("The absolute value of %d is %d" %(x, y))
```

程序 3.3　if-else 表达式计算绝对值

```
1  x = int(input("Please enter an integer: "))
2  y = -x if x < 0 else x
3  print("The absolute value of %d is %d" %(x, y))
```

程序3.4利用多分支 if 语句将百分制成绩转换为等级分。第 2 行将等级分的默认值设置为'F'。第 3 行判断用户输入的百分制成绩是否在有效范围内。若不在,则第 4 行将等级分设置为一个特殊标记'Z'。第 5 行的条件等价于 90<=x<=100,如果此条件成立,则第 6 行将等级分设置为'A'。如果第 5 行的条件不成立,则继续判断第 7 行的条件,该条件等价于 80<=x<90。如果此条件成立,则第 8 行将等级分设置为'B'。如果第 7 行的条件不成立,则继续判断第 9 行的条件,该条件等价于 70<=x<80。如果此条件成立,则第 10 行将等级分设置为'C'。如果第 9 行的条件不成立,则继续判断第 11 行的条件,该条件等价于 60<=x<70。如果此条件成立,则第 12 行将等级分设置为'D'。如果第 11 行的条件不成立,x 必然满足 0<=x<60,此时无需给 grade 赋值,因为 grade 的值为默认值'F'。

if 语句包含的每个分支可以是一条语句,也可以是多条语句组成的语句块。这些分支相对 if 语句必须有四个空格的缩进。唯一的例外情形是一个分支的 if 语句,例如程序3.1的第 3 行至第 4 行可以写成一行: if x < 0: y = -x 。

程序 3.4　百分制成绩转换为等级分

```
1  x = int(input("Please enter a score within [0, 100]: "))
2  grade = 'F'        # 默认值设置为'F'
3  if x > 100 or x < 0:
4      grade = 'Z'    # 特殊标记'Z'表示输入的百分制成绩不在有效范围内
5  elif x >= 90:
6      grade = 'A'    # x满足条件: 90≤x≤100
7  elif x >= 80:
8      grade = 'B'    # x满足条件: 80≤x<90
9  elif x >= 70:
10     grade = 'C'    # x满足条件: 70≤x<80
11 elif x >= 60:
12     grade = 'D'    # x满足条件: 60≤x<70
13 print("The grade of score %d is %c" %(x, grade))
14 # The grade of score 81 is B
```

3.2　for 语句

for 语句包含循环变量、可迭代对象和一个语句块。for 语句是一种循环语句,它的语句块可以反复运行。第 2 章介绍的所有序列类型 (包括 list、tuple、range 和 str 等) 和 set、dict 等类型的对象称为可迭代对象 (iterable),即可以通过 for 语句访问其包含的所有元素,在每次迭代时循环变量的值等于一个元素。以下举例说明。

程序3.5输出 1 到 10 之间的所有自然数的和,第 2 行的 range(1, n+1) 生成一个 range

类型的序列 (1,2,3,...,n)。

程序 3.5　for 语句输出 1 到 10 之间的所有自然数的和

```
1  sum = 0; n = 10
2  for i in range(1, n+1):
3      sum += i
4  print("The sum of 1 to %d is %d" % (n, sum))
5  # The sum of 1 to 10 is 55
```

程序3.6输出 100 到 120 之间的所有偶数,第 2 行的 range(lb, ub+1, 2) 生成一个 range 类型的序列 (100,102,...,120), 第 3 行的 print 函数的参数 (end='') 的作用是在每输出一个数之后输出一个空格,而不是换行。

程序 3.6　for 语句输出 100 到 120 之间的所有偶数

```
1  lb = 100; ub = 120
2  for i in range(lb, ub+1, 2):
3      print(i, end=' ')
4  # 100 102 104 106 108 110 112 114 116 118 120
```

程序3.7输出一个由整数组成的集合中所包含的 3 的倍数。

程序 3.7　for 语句输出一个由整数组成的集合中所包含的 3 的倍数

```
1  nums = {25, 18, 91, 365, 12, 78, 59}
2  for i in nums:
3      if i % 3 == 0: print(i, end=' ')
4  # 12 78 18
```

程序3.8实现了和程序3.7相同的功能。区别在于第 3 行如果确认 i 不是 3 的倍数,则使用 continue 语句跳过本次循环的剩余语句并开始下一次循环,否则在第 4 行输出 i。

程序 3.8　for 语句输出一个由整数组成的集合中所包含的 3 的倍数

```
1  nums = {25, 18, 91, 365, 12, 78, 59}
2  for i in nums:
3      if i % 3 != 0: continue
4      print(i, end=' ')
```

程序3.9采用两种方式输出一个通讯录中的每个联系人的姓名和其对应的电话号码。

程序 3.9　for 语句输出一个通讯录中的每个联系人的姓名和其对应的电话号码

```
1  contacts = {"Tom":12345, "Jerry":54321, "Mary":23415}
2
3  for name, num in contacts.items():
4      print('%s -> %d' % (name, num), end='; ')
5  # Tom -> 12345; Jerry -> 54321; Mary -> 23415;
6  print()
7  for name in contacts.keys():
8      print('%s -> %d' % (name, contacts[name]), end='; ')
9  # Tom -> 12345; Jerry -> 54321; Mary -> 23415;
```

程序3.10使用 for 语句输出一个字符串中的所有字符和其对应的 Unicode 编码值。

程序 3.10   for 语句输出一个字符串中的所有字符和其对应的 Unicode 编码值

```
1  s = 'Python'
2  for c in s:
3      print('(%s : %d)' % (c, ord(c)), end=' ')
4  # (P : 80) (y : 121) (t : 116) (h : 104) (o : 111) (n : 110)
```

程序3.11计算一个列表中的所有元素的最大值和最小值。

程序 3.11   计算最大值和最小值

```
1  s = [21, 73, 6, 67, 99, 60, 77, 5, 51, 32]
2  max = s[0]; min = s[0]
3  for i in range(1, len(s)):
4      if max < s[i]: max = s[i]
5      if min > s[i]: min = s[i]
6  print(max, min) # 99 5
```

3.3   while 语句

while 语句包含一个条件表达式和一个语句块。while 语句是一种循环语句, 它的语句块可以反复运行。while 语句的运行过程如下:

(1) 对条件表达式求值。

(2) 若值为 False, 则 while 语句运行结束。

(3) 若值为 True, 则运行语句块, 然后跳转到 1。

程序3.12用 while 语句实现了和程序3.5相同的功能。

程序 3.12   while 语句输出 1 到 10 之间的所有自然数的和

```
1  sum = 0; n = 10; i = 1
2  while i <= n:
3      sum += i
4      i += 1
5  print("The sum of 1 to %d is %d" % (n, sum))
```

程序3.13用 while 语句实现了和程序3.6相同的功能。

程序 3.13   while 语句输出 100 到 120 之间的所有偶数

```
1  i = lb = 100; ub = 120
2  while i <= ub:
3      print(i, end=' ')
4      i += 2
```

for 语句常用于循环次数已知的情形, 而 while 语句适用于循环次数未知的情形。程序3.14用 while 语句实现了辗转相减法求两个正整数的最大公约数。

程序 3.14 辗转相减法求两个正整数的最大公约数

```
1  a = 156; b = 732
2  str = 'The greatest common divisor of %d and %d is ' % (a, b)
3  while a != b:
4      if a > b:
5          a -= b;
6      else:
7          b -= a;
8  print(str + ('%d' % a))
9  # The greatest common divisor of 156 and 732 is 12
```

3.4 推 导 式

list、dict 和 set 等容器类型都提供了一种称为推导式 (comprehension) 的紧凑语法，可以通过迭代从已有容器创建新的容器。

程序3.15演示了推导式的用法。第 2 行创建一个列表 multiplier_of_3，由集合 nums 中 3 的倍数构成。第 4 行创建一个集合 square_of_odds，由 nums 中的奇数的平方构成。第 8 行基于从列表 s 转换到的集合 set(s) 创建一个字典 sr，sr 中的每个元素由集合中的每个数和其除以 3 得到的余数组成。第 10 行从字典 sr 创建另一个字典 tr，由 sr 中 3 的倍数组成。

程序 3.15 推导式的用法

```
1   nums = {25, 18, 91, 365, 12, 78, 59}
2   multiplier_of_3 = [n for n in nums if n % 3 == 0]
3   print(multiplier_of_3) # [12, 78, 18]
4   square_of_odds = {n*n for n in nums if n % 2 == 1}
5   print(square_of_odds) # {133225, 3481, 625, 8281}
6
7   s = [25, 18, 91, 365, 12, 78, 59, 18, 91]
8   sr = {n:n%3 for n in set(s)}
9   print(sr) # {18: 0, 25: 1, 91: 1, 59: 2, 12: 0, 365: 2, 78: 0}
10  tr = {n:r for (n,r) in sr.items() if r==0}
11  print(tr) # {18: 0, 12: 0, 78: 0}
```

3.5 穷举和回溯

穷举 (exhaustive search) 和回溯 (backtracking) 是解决问题的两种基本方法。穷举法的基本思想是：当问题的解属于一个规模较小的有限集合时，可以通过逐一列举和检查集合中的所有元素找到解。对于一些较复杂的问题，穷举的过程由多个步骤组成，在每一步存在多种选择,后面的步骤所能做出的选择的范围依赖于前面的步骤已经做出的选择。对于这类问题,需要记住每一步已经做出的选择,以避免在该处出现重复的选择。若对于某一步的所有选择都进行了检查,则需要退回到上一步做出其他可行的选择,直至所有步骤的所有选择都已经检查完毕。这种方法称为回溯。以下通过一些典型问题介绍这两种方法。

3.5.1 穷举法求解 100 到 200 之间的所有质数

100 到 200 之间的所有质数都是自然数。解决本问题的方法是:列举 100 到 200 之间的所有自然数,逐一检查每个自然数是否是质数。本问题比我们之前所解决的问题更加复杂。当问题比较复杂时,在编写程序之前应提出一个设计方案,这样便于对解决问题的策略和步骤进行深入而细致的思考,避免错误。此外,还可以在保证正确性的前提下选择最优解决方案,提高程序的运行效率并降低资源使用量。

本问题的设计方案如下:

1. 列举给定区间内的所有自然数。

(1.1) 对于每个自然数 i,判断其是否是质数。对于每个从 2 到 $i-1$ 的自然数 j:

(1.1.1) 检查 i 是否可以被 j 整除。

(1.2) 若存在这样的 j,则 i 非质数。否则 i 为质数,输出 i。

根据质数的定义,这个设计方案是正确的,而且每个步骤都易于实现,但是在运行效率上还有改进的余地。在步骤 1 列举自然数时,只需列出奇数,因为偶数肯定不是质数。在步骤 1(1.1) 查找 i 的因子 j 时,j 的取值范围的上界可以缩小为 $\lceil\sqrt{i}\rceil$。因为若 $i = j \times k$,则 j 和 k 中至少有一个不大于 $\lceil\sqrt{i}\rceil$。

基于以上改进的设计方案,可以使用嵌套 for 语句写出程序3.16。第 5 行开始的外循环用 range 类型列举所有奇数。第 7 行至第 10 行的内循环检查 i 是否有因子,如果有则将 isPrime 的值设为 False,并使用 break 语句跳出内循环。第 11 行根据 isPrime 的值决定是否输出 i。第 7 行至第 10 行的内循环作为一个整体相对于第 5 行的 for 必须有四个空格的缩进。

程序 3.16　**for 语句和 break 语句输出 100 到 200 之间的所有质数**

```
1   import math
2   lb = 100; ub = 200
3   if lb % 2 == 0: lb += 1
4   if ub % 2 == 0: ub -= 1
5   for i in range(lb, ub + 1, 2):
6       isPrime = True
7       for j in range(2, math.ceil(math.sqrt(i)) + 1):
8           if i % j == 0:
9               isPrime = False
10              break
11      if isPrime: print(i, end=' ')
12  #  101 103 107 109 113 127 ... 199
```

3.5.2　穷举法求解 3-sum 问题

3-sum 问题 (Sedgewick, Wayne, 2011) 的描述如下：给定一个整数 x 和一个由整数构成的集合 S，从 S 中找一个由三个元素构成的子集，该子集中的三个元素之和必须等于 x。使用穷举法列举 S 的所有由三个元素构成的子集，逐个检查其是否满足条件。

程序3.17实现了穷举法求解 3-sum 问题，其中列表 S 表示 S。三重循环的循环变量 i,j 和 k 依次表示组成的子集的三个元素的索引值，它们满足严格递增关系。

程序 3.17　穷举法求解 3-sum 问题

```
1  S = [21, 73, 6, 67, 99, 60, 77, 5, 51, 32]
2  n = len(S)
3  x = 152
4  for i in range(n - 2):
5    for j in range(i + 1, n - 1):
6      for k in range(j + 1, n):
7        if S[i] + S[j] + S[k] == x:
8          print(S[i], S[j], S[k]) # (21, 99, 32)
```

3.5.3　穷举法求解 subset-sum 问题

subset-sum 问题的描述如下：给定一个整数 x 和一个由整数构成的集合 S，从 S 中找一个子集，该子集中的所有元素之和必须等于 x。使用穷举法列举 S 的所有子集，逐个检查其是否满足条件。设 S 包含 n 个元素，则 S 的每个子集 T 和 n 位二进制数存在一一映射。n 位二进制数的第 k 位为 1 表示第 k 个元素在子集 T 中，为 0 则表示不在。

程序3.18实现了穷举法求解 subset-sum 问题。第 7 行的表达式"i >> j"使用整数的比特移位运算符将 i 的二进制形式向右移动 $j(0 \leqslant j \leqslant n-1)$ 次，然后判断其是否是奇数。如果是，则从右边数的第 j 位为 1，将第 j 个元素追加到子集中。例如设 $S = \{1, 2, 3, 4\}$，10 的二进制形式是 1010，其对应的子集是 $S = \{1, 3\}$。

程序 3.18　穷举法求解 subset-sum 问题

```
1  S = [21, 73, 6, 67, 99, 60, 77, 5, 51, 32]
2  n = len(S)
3  x = 135
4  for i in range(1, 2 ** n):
5    T = []
6    for j in range(n-1,-1,-1):
7      if (i >> j) % 2 == 1: T.append(S[j])
8    if sum(T) == x:
9      print(T, end = ' ') # [73, 6, 5, 51] [21, 77, 5, 32]
```

3.5.4　回溯法求解全排列问题

全排列问题即对于给定的一个大小为 n 的集合,输出其包含的元素的所有 $n!$ 种排列。这里设集合由整数 $0, 1, 2, \cdots, n-1$ 构成,生成的每个排列是这 n 个互不相同的整数按照先后顺序组成的一个序列。例如 $n = 3$ 时,全排列包括 $[0, 1, 2]$、$[0, 2, 1]$、$[1, 0, 2]$、$[1, 2, 0]$、$[2, 0, 1]$ 和 $[2, 1, 0]$。用一个长度为 n 的列表 p 存储生成的每个排列,则需要 n 个步骤以确定 p 的 n 个元素,"p[i]"表示第 $i(0 \leqslant i \leqslant n-1)$ 步做出的选择。第 0 步可以有 n 种选择,第 1 步可以有 $n-1$ 种选择……第 $n-1$ 步只有 1 种选择。若对于某一步的所有选择都进行了检查,则需要退回到上一步做出其他可行的选择。若退回到第 0 步并且该步的所有选择已经检查完毕,则所有步骤的所有选择都已经检查完毕,程序结束。

程序3.19由多层循环组成。第 5 行开始的循环的循环变量 step 表示当前步骤的编号,取值范围是 $0, 1, 2, \cdots, n-1$。第 5 行至第 15 行的循环在当前步骤试图确定 p 的索引值为 step 的元素,它不能和 p 中已经存在的元素发生重复。若找到了 (found 的值为 True),则继续下一个步骤。若未能找到 (found 的值为 False),则退回到上一步尝试其他选择,直至第 0 个步骤的所有选择都已经检查完毕为止。

程序 3.19　回溯法求解全排列问题

```
1   n = 3              # n表示集合的大小
2   p = [-1] * n       # 列表p存储生成的每个排列
3   step = 0           # step表示当前步骤的编号，初值为0
4   num_sol = 0        # num_sol表示当前找到的解的编号，初值为0
5   while step >= 0:
6       # step<0时所有步骤的所有选择都已经检查完毕，程序结束
7       found = False # found表示是否找到了索引值为step的元素
8       for choice in range(p[step] + 1, n): # choice表示当前步骤的选择
9           # p[step] + 1保证了在当前步骤将要做出的选择不同于已做出的选择
10          repeated = False # repeated表示当前选择是否发生重复
11          for i in range(0, step):
12              if choice == p[i]:
13                  repeated = True # 发生了重复
14                  break
15          if not repeated:
16              found = True       # 未发生重复，已找到
17              break
18      if found:
19          p[step] = choice
20          if step < n - 1:
21              step += 1          # 继续下一个步骤
22              p[step] = -1       # 下一个步骤的选择的起始值是-1+1=0
23          else:
24              num_sol += 1       # 已经完成所有步骤
25              print(num_sol, p) # 输出得到的一个排列
26      else:
```

```
27          step -= 1            # 退回到上一个步骤
28
29  # 1 [0, 1, 2]
30  # 2 [0, 2, 1]
31  # 3 [1, 0, 2]
32  # 4 [1, 2, 0]
33  # 5 [2, 0, 1]
34  # 6 [2, 1, 0]
```

3.5.5 回溯法求解八皇后问题

国际象棋的棋盘由 8 行 8 列的方格组成,棋子放置于方格内。八皇后问题是指在棋盘上放置 8 个皇后,使得任意两个皇后不能互相攻击。互相攻击的规则列举如下:

- 两个皇后位于同一行上,例如图3.1(a) 中的 A 和 B;
- 两个皇后位于同一列上,例如图3.1(a) 中的 B 和 E;
- 两个皇后的连线平行于主对角线 (从棋盘的左上角到右下角的斜线),例如图3.1(a) 中的 A 和 D;
- 两个皇后的连线平行于副对角线 (从棋盘的左下角到右上角的斜线),例如图3.1(a) 中的 C 和 B。

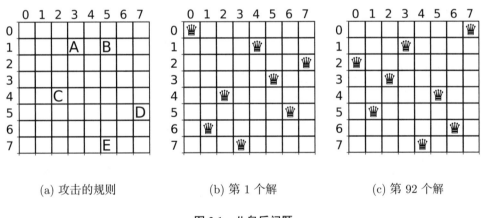

(a) 攻击的规则   (b) 第 1 个解   (c) 第 92 个解

图 3.1 八皇后问题

将棋盘的每行和每列用数字编号,如图3.1(a) 所示。根据前 2 个攻击的规则,八皇后问题的每个解将 8 个皇后放置在不同的行和不同的列上,每行上恰有 1 个皇后,每列上也恰有 1 个皇后。如果记录每个解中 8 个皇后所在位置的列编号,则这些编号构成了一个从 0 到 7 的所有整数的全排列。但是,并非所有的排列都可以避免后 2 个规则定义的斜线攻击。因此,八皇后问题的解的集合是全排列问题的解的集合的子集,也可以用回溯法求解。区别在于,在每步做出选择时需要考虑后 2 个规则,它们可以用一个公式表示:$|r_1 - r_2| = |c_1 - c_2|$,其中 r_1 和 r_2 分别表示两个皇后的行编号,c_1 和 c_2 分别表示两个皇后的列编号,$|\cdot|$ 表示绝对值。

程序3.20的结构和程序3.19类似,主要区别在于第 10 行增加的斜线攻击规则。列表 loc

存储每行的皇后的列编号。外循环的循环变量 row 表示要放置皇后的当前行的编号。内循环的循环变量 col 表示在当前行要放置的皇后的列编号。图3.1(b) 和图3.1(c) 分别显示了第 1 个解和第 92 个 (最后一个) 解。

程序 3.20   回溯法求解八皇后问题

```
1   n = 8
2   loc = [-1] * n
3   row = 0
4   num_sol = 0
5   while row >= 0:
6       found = False
7       for col in range(loc[row] + 1, n):
8           attacked = False
9           for i in range(0, row):
10              if col == loc[i] or abs(row - i) == abs(col - loc[i]):
11                  attacked = True
12                  break
13          if not attacked:
14              found = True
15              break
16      if found:
17          loc[row] = col
18          if row < n - 1:
19              row += 1
20              loc[row] = -1
21          else:
22              num_sol += 1
23              print(num_sol, loc)
24      else:
25          row -= 1
26
27  # 1 [0, 4, 7, 5, 2, 6, 1, 3]
28  # 2 [0, 5, 7, 2, 6, 3, 1, 4]
29  # ......
30  # 91 [7, 2, 0, 5, 1, 4, 6, 3]
31  # 92 [7, 3, 0, 2, 5, 1, 6, 4]
```

3.6   实验 3：分支和迭代

实验目的

本实验的目的是掌握分支和迭代的语句。

实验内容

1. 考拉兹猜想 (Collatz conjecture)

定义一个从给定正整数 n 构建一个整数序列的过程如下：开始时序列只包含 n。如果序列的最后一个数 m 不为 1 则根据 m 的奇偶性向序列追加一个数。如果 m 是偶数，则追加 $m/2$，否则追加 $3 \times m + 1$。考拉兹猜想认为从任意正整数构建的序列都会以 1 终止。编写程序读取用户输入的正整数 n，然后在 while 循环中输出一个以 1 终止的整数序列。输出的序列显示在一行，相邻的数之间用空格分隔。例如用户输入 17 得到的输出序列是"17 52 26 13 40 20 10 5 16 8 4 2 1"。

2. 字符串加密

编写程序实现基于偏移量的字符串加密。加密的过程是对原字符串中的每个字符对应的 Unicode 值加上一个偏移量，然后将得到的 Unicode 值映射到该字符对应的加密字符。用户输入一个不小于–15 的非零整数和一个由大小写字母或数字组成的字符串，程序生成并输出加密得到的字符串。例如用户输入 10 和字符串"Attack at 1600"得到的加密字符串是"K~~kmu*k~*;@::"。需要思考的问题是：怎样对加密得到的字符序列进行解密？怎样改进这个加密方法 (例如对每个字符设置不同的偏移量)？

3. 推导式转换为 for 语句

将程序3.15中的所有推导式转换为 for 语句。

第4章 函数和模块

函数是一组语句, 可以根据输入参数计算输出结果。把需要多次运行的代码写成函数, 可以实现代码的重复利用。以函数作为程序的组成单位使程序更易理解和维护。模块是一个包含了若干函数和语句的文件。一个模块实现了某类功能, 易于重复利用代码。本章通过实例介绍函数的定义和调用方法、递归方法和模块的使用方法。

4.1 定义和调用函数

函数的定义包括函数头和函数体两部分。例如程序3.14可以改写成一个函数 gcd, 它接受两个自然数作为输入值 (即形参, formal parameters), 计算其最大公约数并返回。在程序4.1中, 函数 gcd 的定义包括前 8 行语句。第 1 行是函数头, 以关键字 def 开始, 之后是空格和函数的名称 (gcd)。函数名称后面是一对圆括号, 括号内可为空 (表示无形参) 或包含一些形参。如果形参的数量超过一个, 它们之间用逗号分隔。第 2 行至第 8 行构成函数体, 相对函数头需要有四个空格的缩进。函数体由一条或多条语句构成, 完成函数的功能。函数头后面通常写一个由三个 (单或双) 引号括起的字符串作为函数的注释。注释的内容包括函数的形参、实现的功能、返回值和设计思路等。第 9 行的 return 语句将变量 a 的值作为运行结果返回。

调用函数的语法是在函数的名称后面加上一对圆括号, 括号内可为空 (表示无实参) 或包含一些实参 (argument)。如果实参的数量超过一个, 它们之间用逗号分隔。这些实参必须和函数的形参在数量上相同, 并且在顺序上一一对应。第 10 行用参数 156 和 732 调用函数 gcd, 实参 156 赋值给了函数的形参 a, 实参 732 赋值给了函数的形参 b, 函数的返回值是 12。第 11 行用参数 1280 和 800 调用函数 gcd, 函数的返回值是 160。

程序 4.1 定义一个辗转相减法求两个正整数的最大公约数的函数

```
1  def gcd(a, b):
2      """ 辗转相减法求两个正整数a和b的最大公约数 """
3      while a != b:
4          if a > b:
5              a -= b;
6          else:
7              b -= a;
8      return a
```

```
9
10  print(gcd(156, 732)) # 12
11  print(gcd(1280, 800)) # 160
```

　　函数可以返回多个结果,这些结果之间用逗号分隔,构成一个元组。例如程序4.2的第 1 行至第 6 行定义了一个函数 max_min,它接受两个数作为参数,返回它们的最大值和最小值。

程序 4.2　定义一个求最大值和最小值的函数

```
1  def max_min(a, b):
2      """ 计算a和b的最大值和最小值 """
3      if a > b:
4          return a, b
5      else:
6          return b, a
7
8  print(max_min(156, 34)) # (156, 34)
9  print(max_min(12, 800)) # (800, 12)
```

4.2　局部变量和全局变量

　　函数的形参和在函数体内定义的变量称为局部变量。局部变量只能在函数体内访问,在函数运行结束时即被销毁。在函数体外定义的变量称为全局变量。全局变量在任何函数中都可以被访问,除非某个函数中定义了同名的局部变量。

　　例如程序4.3的前两行定义的变量 b 和 c 是全局变量。第 3 行函数 f 的形参 a 和第 4 行定义的变量 b 是函数 f 的局部变量。在函数 f 中可以访问第 2 行定义的全局变量 c,但无法访问第 1 行定义的全局变量 b。第 6 行的输出结果表明第 5 行中出现的 b 是第 4 行定义的局部变量。第 7 行的输出结果表明第 4 行是给局部变量 b 赋值,而不是给第 1 行定义的全局变量 b 赋值。

程序 4.3　局部变量和全局变量

```
1  b = 10
2  c = 15
3  def f(a):
4      b = 20
5      return a + b + c
6  print(f(5)) # 40
7  print('b = %d' % b) # b = 10
```

　　如果需要在函数体中修改某个全局变量,需要用 global 声明它。例如程序4.4的第 4 行用 global 声明了全局变量 b。第 8 行的输出结果表明第 5 行是给全局变量 b 赋值。

程序 **4.4**   函数中修改全局变量

```
1  b = 10
2  c = 15
3  def f(a):
4      global b
5      b = 20
6      return a + b + c
7  print(f(5)) # 40
8  print('b = %d' % b) # b = 20
```

4.3   默认值形参和关键字实参

函数头可以给一个或多个形参赋予默认值,这些形参称为默认值形参 (default parameters)。这些默认值形参的后面不能出现普通的形参。

在调用函数的语句中,可以在一个或多个实参的前面写上其对应的形参的名称。这些实参称为关键字实参 (keyword arguments)。此时实参的顺序不必和函数头中的形参的顺序保持一致。

程序4.5的第 2 行至第 14 行定义了一个函数 get_primes,它接受两个自然数作为形参,并返回以这两个自然数为下界和上界的区间中的所有质数。这里表示上界的形参 ub 设置了默认值100,所以第 18 行的调用 get_primes(80) 等同于 get_primes(80, 100)。第 19 行的调用 get_primes(ub=150, lb=136) 使用了两个关键字实参,即和实参 150 对应的形参是 ub 并且和实参 136 对应的形参是 lb,这里关键字实参的顺序和函数头中的形参顺序并不一致。

这个函数的返回值有多个而且数量未知,对于类似的情形可以把所有需要返回的结果存储在一个容器 (例如列表) 中,最后返回整个容器。第 4 行定义了一个空列表 primes。第 13 行确认 isPrime 为 True 时将 i 追加到 primes 中。第 14 行返回列表 primes。

程序 **4.5**   定义一个求解给定取值范围内的所有质数的函数

```
1  import math
2  def get_primes(lb, ub=100):
3      """ 求解给定取值范围[lb, ub]内的所有质数 """
4      primes = []
5      if lb % 2 == 0: lb += 1
6      if ub % 2 == 0: ub -= 1
7      for i in range(lb, ub + 1, 2):
8          isPrime = True
9          for j in range(2, math.ceil(math.sqrt(i)) + 1):
10             if i % j == 0:
11                 isPrime = False
12                 break
```

```
13      if isPrime: primes.append(i)
14    return primes
15
16 print(get_primes(40, 50)) # [41, 43, 47]
17 print(get_primes(120, 140)) # [127, 131, 137, 139]
18 print(get_primes(80)) # [83, 89, 97]
19 print(get_primes(ub=150, lb=136)) # [137, 139, 149]
```

4.4　可变数量的实参

　　函数可以接受未知数量的位置实参和关键字实参。程序4.6的第 1 行至第 4 行定义了一个函数 fun。形参 args 是一个元组,可接受未知数量的位置实参。形参 kwargs 是一个字典,可接受未知数量的关键字实参。

程序 4.6　未知数量的位置实参和关键字实参

```
1 def fun(*args, **kwargs):
2    print(type(args), type(kwargs))
3    print('The positional arguments are', args)
4    print('The keyword arguments are', kwargs)
5
6 fun(1, 2.3, 'a', True, u=6, x='Python', f=3.1415)
7 # <class 'tuple'> <class 'dict'>
8 # The positional arguments are (1, 2.3, 'a', True)
9 # The keyword arguments are {'u': 6, 'x': 'Python', 'f': 3.1415}
```

4.5　函数式编程

　　Python 语言支持函数式编程 (functional programming) 范式的基本方式是函数具有和其他类型 (如 int、float 等) 同样的性质: 被赋值给变量;作为实参传给被调用函数的形参;作为函数的返回值。

4.5.1　函数作为实参

　　内置函数 sorted 可以对一个可遍历对象 (iterable) 中的元素进行排序,排序的结果存储在一个新创建的列表中。关键字实参 key 指定一个函数,它从每个元素生成用于排序的比较值。关键字实参 reverse 的默认值为 False,若设为 True 则表示从大到小的次序排序。

　　程序4.7演示了用函数作为实参调用 sorted 函数。In[1] 行定义了由字符串构成的列表。In[2] 行对其排序, Out[2] 行显示了输出结果,默认的排序方式是按照两个字符串的字符序列的 Unicode 编码值从小到大排序,即首先比较两个字符串的第一个字符的 Unicode 编码值, 若不等则已确定顺序, 若相等则再比较第二个字符, 以此类推。In[3] 行在调用 sorted 函数时设置了关键字实参 key 为求字符串长度的内置函数 len, Out[3] 行显示了输出结果, 即按照字符串的长度从小到大排序。In[4] 行和 In[3] 行的区别在于设置了关键字实参 reverse 为 True, Out[4] 行显示了输出结果, 即按照字符串的长度从大到小排序。In[5] 行定义了一个函数 m1, 它返回一个字符串中的所有字符的 Unicode 编码值的最小值。In[6] 行在调用 sorted 函数时设置了关键字实参 key 为 m1, Out[6] 行显示了输出结果, 即按照字符串的所有字符的 Unicode 编码值的最小值从小到大排序。In[7] 行定义了一个函数 m2, 它返回一个元组, 由一个字符串中的所有字符的 Unicode 编码值的最小值 (以下简称为最小编码值) 和字符串的长度组成。元组在排序时看成组成元组的元素的序列, 即先比较两个元组的第一个元素, 若不等则已确定顺序, 若相等则再比较第二个元素, 以此类推。In[8] 行在调用 sorted 函数时设置了关键字实参 key 为 m2, Out[8] 行显示了输出结果, 即先按照最小编码值从小到大排序, 若两个字符串具有相同的最小编码值, 则按照长度从小到大排序。

程序 4.7   用函数作为实参调用 sorted 函数

```
1   In[1]: animals = ["elephant", "tiger", "rabbit", "goat", "dog", "penguin"]
2   In[2]: sorted(animals)
3   Out[2]: ['dog', 'elephant', 'goat', 'penguin', 'rabbit', 'tiger']
4   In[3]: sorted(animals, key=len)
5   Out[3]: ['dog', 'goat', 'tiger', 'rabbit', 'penguin', 'elephant']
6   In[4]: sorted(animals, key=len, reverse=True)
7   Out[4]: ['elephant', 'penguin', 'rabbit', 'tiger', 'goat', 'dog']
8   In[5]: def m1(s): return ord(min(s))
9   In[6]: sorted(animals, key=m1)
10  Out[6]: ['elephant', 'rabbit', 'goat', 'dog', 'tiger', 'penguin']
11  In[7]: def m2(s): return ord(min(s)), len(s)
12  In[8]: sorted(animals, key=m2)
13  Out[8]: ['goat', 'rabbit', 'elephant', 'dog', 'tiger', 'penguin']
```

如果一个函数在定义以后只使用一次, 并且函数体可以写成一个表达式, 则可以使用 Lambda 函数语法将其定义成一个匿名函数: g = lambda 形参列表: 函数体表达式。

例如程序4.8中定义的函数 map 将函数 f 作用于列表 s 中的每个元素, 用函数的返回值替代原来的元素, 最后返回 s。第 6 行调用函数 map 时提供的第一个实参是一个 Lambda 函数, 它对于形参 x 返回 x+1。第 7 行的 Lambda 函数对于形参 x 返回 x*x−1。

程序 4.8   Lambda 函数

```
1   def map_fs(f, s):
2       for i in range(len(s)): s[i] = f(s[i])
3       return s
4
5   a = [1, 3, 5, 7, 9]
6   print(map_fs(lambda x: x+1, a)) # [2, 4, 6, 8, 10]
7   print(map_fs(lambda x: x*x-1, a)) # [3, 15, 35, 63, 99]
```

程序4.8中定义的函数 map_fs 是标准库中的内置函数 map 的简化。内置函数 map 可

将它的第一个参数 (一个函数) 作用于其余参数 (一个或多个可遍历对象) 中的每个元素,并返回一个可遍历对象,它可以生成一个列表。内置函数 filter 类似一个过滤器,它的第一个参数 (一个函数) 作用于其余参数 (一个或多个可遍历对象) 中的每个元素时返回一个 bool 类型值。若值为 True,则对应元素被保留在输出结果中,否则被舍弃。程序4.9演示了用函数作为实参调用内置函数 map 和 filter。In[2] 行定义了一个反转字符串的函数 reverse。In[3] 行使用 reverse 调用 map 函数,反转了 In[1] 行定义的列表 animals 中的每个字符串,结果显示在 Out[3] 行。In[4] 行定义了程序4.7中定义的函数 m2。In[5] 行使用 m2 调用 map 函数,对列表 animals 中的每个字符串输出一个元组,结果显示在 Out[5] 行。In[6] 行定义了一个函数 f,它返回三个形参的和。In[7] 行使用 f 调用 map 函数,对三个列表中对应位置的元素分别求和 (1+10+100=111,2+20+200=222,3+30+300=333),结果显示在 Out[7]行。In[9] 行定义了一个函数 r3,它判断形参是不是 3 的倍数。In[10] 行使用 r3 调用 filter 函数,提取 In[8] 行定义的集合 nums 包含的 3 的倍数,结果显示在 Out[10] 行。

程序 4.9   用函数作为实参调用内置函数 map 和 filter

```
1  In[1]: animals = ["elephant", "tiger", "rabbit", "goat", "dog", "penguin"]
2  In[2]: def reverse(s): return s[::-1]
3  In[3]: list(map(reverse, animals))
4  Out[3]: ['tnahpele', 'regit', 'tibbar', 'taog', 'god', 'niugnep']
5  In[4]: def m2(s): return ord(min(s)), len(s)
6  In[5]: list(map(m2, animals))
7  Out[5]: [(97, 8), (101, 5), (97, 6), (97, 4), (100, 3), (101, 7)]
8  In[6]: def f(a, b, c): return a + b + c
9  In[7]: list(map(f, [1, 2, 3], [10, 20, 30], [100, 200, 300]))
10 Out[7]: [111, 222, 333]
11 In[8]: nums = {25, 18, 91, 365, 12, 78, 59}
12 In[9]: def r3(n): return n % 3 == 0
13 In[10]: list(filter(r3, nums))
14 Out[10]: [12, 78, 18]
```

4.5.2 函数作为返回值

程序4.10定义了一个函数 key_fun,其中定义了两个用于字符串排序的函数 m1 和 m2。列表 ms 存储了 None、len 和这些函数。key_fun 以实参为索引值返回 ms 中的对应函数,即该函数的返回值是一个函数。第 9 行至第 10 行的循环依次使用这些函数对字符串进行排序,其中 None 表示默认的排序方式。输出结果显示在程序4.11。

程序 4.10   用函数作为作为返回值进行字符串排序

```
1  def key_fun(n):
2      def m1(s): return ord(min(s))
3      def m2(s): return ord(min(s)), len(s)
4
5      ms = [None, len, m1, m2]
6      return ms[n]
```

```
7
8   animals = ["elephant", "tiger", "rabbit", "goat", "dog", "penguin"]
9   for i in range(4):
10      print(sorted(animals, key=key_fun(i)))
```

程序 4.11　程序4.10的输出结果

```
1   ['dog', 'elephant', 'goat', 'penguin', 'rabbit', 'tiger']
2   ['dog', 'goat', 'tiger', 'rabbit', 'penguin', 'elephant']
3   ['elephant', 'rabbit', 'goat', 'dog', 'tiger', 'penguin']
4   ['goat', 'rabbit', 'elephant', 'dog', 'tiger', 'penguin']
```

4.6　递　　归

递归就是一个函数调用自己。当要求解的问题满足以下三个条件时，递归是有效的解决方法。

(1) 原问题可以分解为一个或多个结构类似但规模更小的子问题。

(2) 当子问题的规模足够小时可以直接求解，称为递归的终止条件；否则可以继续对子问题递归求解。

(3) 原问题的解可由子问题的解合并而成。

用递归方法解决问题的过程是基于对问题的分析提出递归公式。以下举例说明。

4.6.1　阶乘

阶乘的定义本身就是一个递归公式：

$$n! = \begin{cases} 1, & 若\ n = 1 \\ n * (n-1)!, & 若\ n > 1 \end{cases}$$

程序4.12中的 factorial 函数计算阶乘。

程序 4.12　计算阶乘的递归函数

```
1   def factorial(n):
2       if n == 1:
3           return 1
4       else:
5           return n * factorial(n - 1)
6
7   print(factorial(10)) # 3628800
```

4.6.2　最大公约数

设 a 和 b 表示两个正整数。若 $a > b$，则易证 a 和 b 的公约数集合等于 $a-b$ 和 b 的公约数集合，因此 a 和 b 的最大公约数等于 $a-b$ 和 b 的最大公约数。若 $a = b$，则 a 和 b 的

最大公约数等于 a。由此可总结出递归公式如下:

$$\gcd(a, b) = \begin{cases} a, & \text{若 } a = b \\ \gcd(a-b, b), & \text{若 } a > b \\ \gcd(a, b-a), & \text{若 } a < b \end{cases}$$

程序4.13所示的是 gcd 函数求解两个正整数的最大公约数。递归函数都可以转换成与其等价的迭代形式,例如这个 gcd 函数对应的迭代形式是程序4.1中的 gcd 函数。

程序 4.13　计算最大公约数的递归函数

```
1  def gcd(a, b):
2      if a == b:
3          return a
4      elif a > b:
5          return gcd(a-b, b)
6      else:
7          return gcd(a, b-a)
8
9  print(gcd(156, 732)) # 12
```

4.6.3　字符串反转

字符串反转就是将原字符串中的字符的先后次序反转,例如 "ABCDE" 反转以后得到 "EDCBA"。问题的分析过程如下:原字符串 "ABCDE" 可看成是两个字符串 "ABCD" 和 "E" 的连接。反转以后的字符串 "EDCBA" 可看成是两个字符串 "E" 和 "DCBA" 的连接。"DCBA" 是 "ABCD" 的反转,是原问题的子问题。"E" 是 "E" 的反转,也是原问题的子问题。递归的终止条件是:由单个字符构成的字符串的反转就是原字符串。由此可总结出递归公式如下:

$$\text{reverse}(s) = \begin{cases} s, & \text{若 } \text{len}(s) = 1 \\ s[-1] + \text{reverse}(s[:-1]), & \text{若 } \text{len}(s) > 1 \end{cases}$$

程序4.14的 reverse 函数反转一个字符串。

程序 4.14　计算字符串反转的递归函数

```
1  def reverse(s):
2      if len(s) == 1:
3          return s
4      else:
5          return s[-1] + reverse(s[:-1])
6
7  print(reverse("ABCDE")) # EDCBA
```

4.6.4　全排列问题

全排列问题即对于给定的一个大小为 n 的集合 s,输出其包含的元素的所有 $n!$ 种排列。这里设集合由整数 $0, 1, 2, \cdots, n-1$ 构成,生成的每个排列是这 n 个互不相同的整数按照先后顺序组成的一个序列。例如当 $n=3$ 时，全排列包括 $[0, 1, 2]$、$[0, 2, 1]$、$[1, 0, 2]$、$[1, 2, 0]$、$[2, 0, 1]$ 和 $[2, 1, 0]$，其中以整数 0 开始的所有排列包括 $[0, 1, 2]$ 和 $[0, 2, 1]$，以整数 1 开始的所有排列包括 $[1, 0, 2]$ 和 $[1, 2, 0]$，以整数 2 开始的所有排列包括 $[2, 0, 1]$ 和 $[2, 1, 0]$。

一般而言，设 e 是集合 s 的一个元素，以 e 开始的所有长度为 n 的排列可通过两个步骤构建：

(1) 生成除了 e 以外的 $n-1$ 个元素组成的所有长度为 $n-1$ 的排列。

(2) 将 e 和以上生成的每个排列 p 连接在一起构成一个长度为 n 的排列。

由此可总结出递归公式如下：

$$\text{permutation}(s) = \begin{cases} [s], & \text{若 } \text{len}(s) = 1 \\ \bigcup_{e \in s} \left(\bigcup_{p \in \text{permutation}(s - \{e\})} ([e] + p) \right), & \text{若 } \text{len}(s) > 1 \end{cases}$$

程序4.15所示的是 permutation 函数生成 s 的全排列。

程序 4.15   全排列问题

```python
def permutation(s):
    if len(s) == 1: return [s]
    all_p = [] # 记录由s中所有元素构成的每个排列
    for i in range(len(s)):
        m = s[i]
        s_rest = s[:i] + s[i+1:] # 从s中去除s[i]得到s_rest
        for p in permutation(s_rest):
            all_p.append([m] + p)
    return all_p

data = list('012')
print (permutation(data))
# [['0', '1', '2'], ['0', '2', '1'], ['1', '0', '2'],
#  ['1', '2', '0'], ['2', '0', '1'], ['2', '1', '0']]
```

4.6.5   所有子集问题

所有子集问题即对于给定的一个大小为 n 的集合 s，输出其所有子集。这里设集合由整数 $0, 1, 2, \cdots, n-1$ 构成。例如当 $n=3$ 时，所有子集包括 $['0', '1', '2']$、$['0', '1']$、$['0', '2']$、$['0']$、$['1', '2']$、$['1']$、$['2']$ 和 $[\,]$。这些子集可分为两大类：包含 $n-1$ 的子集和不包含 $n-1$ 的子集。将 $n-1$ 加入每个不包含 $n-1$ 的子集可得到一个包含 $n-1$ 的子集。

一般而言，设 f 是集合 s 的一个元素，s 的所有子集可通过两个步骤构建：

(1) 生成集合 $s-\{f\}$ 的所有子集，每个子集也是 s 的子集。

(2) 将 f 加入以上生成的每个子集 ss，得到一个新子集，这个新子集也是 s 的子集。

由此可总结出递归公式如下：

$$\text{subset}(s) = \begin{cases} \{\varnothing\}, & \text{若 } \text{len}(s) = 0 \\ \text{subset}(s - \{f\}) \cup \left(\bigcup_{ss \in \text{subset}(s - \{f\})} ([f] \cup ss) \right), & \text{若 } \text{len}(s) > 1 \end{cases}$$

程序4.16所示的是 subset 函数生成 s 的所有子集。

程序 4.16　所有子集问题

```
1  def subset(s):
2      if len(s) == 0: return [[]]
3      all_s = []
4      for ss in subset(s[:-1]):
5          all_s.append(ss)
6          all_s.append(ss + [s[-1]])
7      return all_s
8
9  data = list('012')
10 print (subset(data))
11 # [['0', '1', '2'], ['0', '1'], ['0', '2'], ['0'], ['1', '2'], ['1'], ['2'], []]
```

4.6.6　快速排序

快速排序是一种著名的排序算法，以下用一个实例描述其求解过程。要排序的原始数据集是列表 [3, 6, 2, 9, 7, 3, 1, 8]。以第一个元素 3 为基准对其进行调整，把比 3 小的元素移动到 3 的左边，把比 3 大的元素移动到 3 的右边。调整的结果为 [2, 1, 3, 3, 6, 9, 7, 8]，可看成是三个列表的连接: [2, 1]、[3, 3] 和 [6, 9, 7, 8]。这三个列表分别由小于 3 的元素、等于 3 的元素和大于 3 的元素组成。排序完成的结果是 [1, 2, 3, 3, 6, 7, 8, 9]，也可看成是三个列表的连接: [1, 2]、[3, 3] 和 [6, 7, 8, 9]。对 [2, 1] 进行排序可得 [1, 2]，这是原问题的一个子问题。对 [6, 9, 7, 8] 进行排序可得 [6, 7, 8, 9]，这也是原问题的一个子问题。由此可总结出递归公式如下:

$$\text{qsort(s)} = \begin{cases} s, & \text{若 } len(s) \leqslant 1 \\ \text{qsort}(\{i \in s | i < s[0]\}) + \{i \in s | i = s[0]\} + \text{qsort}(\{i \in s | i > s[0]\}), & \text{若 } len(s) > 1 \end{cases}$$

程序4.17的 qsort 函数实现了一个易于理解的快速排序算法，并非这个算法的高效实现。第 4 行至第 10 行的循环将列表 s 中比 s[0] 小的元素添加到列表 s_less 中，将 s 中比 s[0] 大的元素添加到列表 s_greater 中，将 s 中等于 s[0] 的元素添加到列表 s_equal 中。第 11 行分别对 s_less 和 s_greater 执行递归调用，并将其结果和 s_equal 连接在一起得到排序的最终结果。

程序 4.17　实现快速排序的递归函数

```
1  def qsort(s):
2      if len(s) <= 1: return s
3      s_less = []; s_greater = []; s_equal = []
4      for k in s:
5          if k < s[0]:
6              s_less.append(k)
7          elif k > s[0]:
8              s_greater.append(k)
```

```
9        else:
10           s_equal.append(k)
11       return qsort(s_less) + s_equal + qsort(s_greater)
12
13  print(qsort([3, 6, 2, 9, 7, 3, 1, 8])) # [1, 2, 3, 3, 6, 7, 8, 9]
```

4.6.7 Fibonacci 数列

Fibonacci 数列由以下递归公式定义:

$$F(n) = \begin{cases} 1, & 若\ n \leqslant 1 \\ F(n-1) + F(n-2), & 若\ n > 1 \end{cases}$$

程序4.18的第 1 行至第 4 行定义了一个由递归公式得到的函数 F。该函数在运行时会进行一些重复计算。例如计算 F(6)=F(5)+F(4) 时需要计算 F(4),而计算 F(5)=F(4)+F(3) 时又需要计算 F(4)。

为避免类似的重复计算,第 6 行至第 13 行定义的函数 F_memoization 用一个列表 v 记录已经计算的函数值,列表中用−1 表示尚未计算的函数值。第 8 行至第 12 行定义的递归函数 F 在计算 F(n) 时先检查该列表,若其中已经存储了 F(n) 的值 v[n] 则直接返回 v[n],否则再进行递归调用。

从 Fibonacci 数列的递归公式可以推导出以下迭代公式:

$$F[n] = \begin{cases} 1, & 若\ n \leqslant 1 \\ F[n-1] + F[n-2], & 若\ n > 1 \end{cases}$$

公式中用一维表格 F 记录 Fibonacci 数列。第 15 行至第 19 行定义的函数 F_iter1 根据迭代公式用 for 循环计算 F(n)。第 7 行初始化的列表 v 表示公式中的一维表格 F。第 21 行至第 27 行定义的函数 F_iter2 也根据迭代公式用 for 循环计算 F(n),但不用列表记录中间结果。

程序 4.18   计算 Fibonacci 数列

```
1  def F(n):
2      if n <= 1:
3          return 1
4      return F(n-1) + F(n-2)
5
6  def F_memoization(n):
7      v = [-1] * (n+1); v[0] = 1; v[1] = 1
8      def F(n):
9          if v[n] > -1:
10             return v[n]
11         v[n] = F(n-1) + F(n-2)
12         return v[n]
13     return F(n)
14
```

```
15  def F_iter1(n):
16      v = [-1] * (n + 1); v[0] = 1; v[1] = 1
17      for i in range(2, n+1):
18          v[i] = v[i-1] + v[i-2]
19      return v[n]
20
21  def F_iter2(n):
22      if n <= 1:
23          return 1
24      a = 1; b = 1
25      for i in range(2, n+1):
26          c = a + b; a = b; b = c
27      return c
28
29  n = 19
30  print(F(n), F_memoization(n), F_iter1(n), F_iter2(n))
31  # 6765 6765 6765 6765
```

4.6.8　0-1 背包问题

给定 n 件物品, 它们的编号是 $0, 1, \cdots, n-1$。每件物品都有其重量 w_i 和价值 $v_i (0 \leqslant i \leqslant n-1)$。0-1 背包问题就是从这 n 件物品中选取若干件放入一个背包中, 使得在这些物品的总重量不超过背包的容量的前提下最大化它们的总价值。这里的 0-1 指每件物品是不可分割的。

设 A 表示某种选取方式所选取的物品的集合, weight(A) 表示它们的总重量, value(A) 表示它们的总价值。当背包的当前容量为 c 并且选取范围是前 k 件物品时, 符合不超重条件的 A 构成的集合定义为 $F(c, k) = \{A \subseteq \{0, 1, \cdots, k-1\} | \text{weight}(A) \leqslant c\}$, 最优解定义为 items$(c, k) = \underset{A \in F(c, k)}{\arg \max} \text{value}(A)$, 最优解的总价值定义为 ks$(k, c) = \text{value}(\text{items}(c, k))$。对于编号为 $0, \cdots, k-1$ 的前 k 件物品做出的选择可分为两部分:首先对编号为 $k-1$ 的物品做出选择, 再对前 $k-1$ 件物品做出选择。这两个部分做出的决策是互相独立的, 因此可以分两步进行。以下列出了设计方案。

在第一步, 第 k 件物品的重量 w_{k-1} 是否大于背包的当前容量 c?

(a) 是。此时无法选取第 k 件物品。对于任意的 $A \in F(c, k)$, 则 $A \in F(c, k-1)$。对于任意的 $B \in F(c, k-1)$, 则 $B \in F(c, k)$。因此 $F(c, k) = F(c, k-1)$。$F(c, k)$ 的最优解就是 $F(c, k-1)$ 的最优解。原问题转换为第二步的子问题:当背包的当前容量为 c 时对前 $k-1$ 件物品进行选取获得最大总价值, 即求解子问题 ks$(k-1, c)$。

(b) 否。可以选取第 k 件物品也可以不选取第 k 件物品, 需要从两种决策中选择总价值最大者。

● 若选取了第 k 件物品, 则它占据了背包的一部分容量 w_{k-1} 并且为总价值增加了 v_{k-1}。对于任意的 $A \in F(c, k)$, 若 $\{k-1\} \subseteq A$ 则 $A - \{k-1\} \in F(c - w_{k-1}, k-1)$。对于任意的 $B \in F(c, k-1)$, 若 weight$(B) + w_{k-1} \leqslant c$, 则 $B \cup \{k-1\} \in F(c, k)$。因此, 若

$\{k-1\}$ 是 $F(c,k)$ 的最优解的子集,则 $F(c,k)$ 的最优解等于 $F(c-w_{k-1},k-1)$ 的最优解和 $\{k-1\}$ 的并集。原问题转换为第二步的子问题:当背包的当前容量为 $c-w_{k-1}$ 时对前 $k-1$ 件物品进行选取,并获得最大总价值,即求解子问题 $\mathrm{ks}(k-1,c-w_{k-1})$。

● 若不选取第 k 件物品,第二步的问题是当背包的当前容量为 c 时对前 $k-1$ 件物品进行选择并获得最大总价值,即求解子问题 $\mathrm{ks}(k-1,c)$。

递归的终止条件是:当 $k=0$(无物品可选) 或 $c=0$(背包的当前容量为 0) 时,$\mathrm{ks}(k,c)$ 的值为 0。由此可总结出递归公式如下:

$$\mathrm{ks}(k,c) = \begin{cases} 0, & \text{若 } k=0 \text{ 或 } c=0 \\ \mathrm{ks}(k-1,c), & \text{若 } w_{k-1} > c \\ \max(\mathrm{ks}(k-1,c),\ v_{k-1}+\mathrm{ks}(k-1,c-w_{k-1})), & \text{若 } w_{k-1} \leqslant c \end{cases}$$

用二维表格 ks 记录 $\mathrm{ks}(k,c)$,从递归公式可以推导出以下迭代公式:

$$\mathrm{ks}[k,c] = \begin{cases} 0, & \text{若 } k=0 \text{ 或 } c=0 \\ \mathrm{ks}[k-1,c], & \text{若 } w_{k-1} > c \\ \max(\mathrm{ks}[k-1,c],\ v_{k-1}+\mathrm{ks}[k-1,c-w_{k-1}]), & \text{若 } w_{k-1} \leqslant c \end{cases}$$

程序4.19所示的是 knapsack 函数使用递归方法求解 0-1 背包问题。它的 return 语句先调用定义在其函数体内的递归函数 ks 获得最优解的总价值,然后调用函数 get_items 获取最优解。knapsack_iter 函数根据迭代公式通过双重循环求解 0-1 背包问题。

程序 4.19 求解 0-1 背包问题

```
1  def knapsack(weights, values, c0):
2      # 使用递归方法求解
3      # 形参weights是存储了每件物品的重量的列表
4      # 形参values是存储了每件物品的价值的列表
5      # 形参c0是背包的容量
6      n = len(weights)
7      selects = [[False]*(c0+1) for i in range(n+1)]
8      # selects记录在子问题ks(k,c)中是否选取了第k件物品
9      def ks(k, c): # 递归函数ks实现了上述递归公式
10         if k == 0 or c == 0: return 0
11         exclude_k = ks(k-1, c)
12         if weights[k-1] > c: return exclude_k
13         select_k = values[k-1] + ks(k - 1, c - weights[k-1])
14         if exclude_k > select_k:
15             return exclude_k
16         else:
17             selects[k][c] = True
18             return select_k
19     return ks(n, c0), get_items(n, c0, weights, selects)
20
21 def get_items(k, c, weights, selects):
22     # 根据selects获取最优解
```

```
23      items = set()
24      while k > 0 and c > 0:
25          if selects[k][c]:
26              items.add(k-1); c -= weights[k-1]
27          k -= 1
28      return items
29
30  def knapsack_iter(weights, values, c0):
31      # 使用迭代方法求解
32      n = len(weights)
33      ks = [[0]*(c0+1) for i in range(n+1)] # ks表示公式中的二维表格ks
34      selects = [[False]*(c0+1) for i in range(n+1)]
35      # selects记录在子问题ks(k, c)中是否选取了第k件物品
36      for k in range(1, n+1):
37          for c in range(1, c0+1):
38              exclude_k = ks[k-1][c]
39              if weights[k-1] > c:
40                  ks[k][c] = ks[k-1][c]
41                  continue
42              select_k = values[k-1] + ks[k - 1][c - weights[k-1]]
43              if exclude_k > select_k:
44                  ks[k][c] = exclude_k
45              else:
46                  selects[k][c] = True
47                  ks[k][c] = select_k
48      import pprint; pprint.pprint(ks)
49      return ks[n][c0], get_items(n, c0, weights, selects)
50
51  weights = [2,1,3,2]; values = [12,10,20,15]; c0=5
52  # 本例中背包的容量是5，weights和values分别存储了每件物品的重量和价值
53  print(knapsack(weights, values, c0)) # (37, {0, 1, 3})
54  # 最优解选取了编号为0、1和3的物品，它们的总价值是37
55  print(knapsack_iter(weights, values, c0)) # 输出结果同上
56  '''
57  [[0, 0, 0, 0, 0, 0],
58   [0, 0, 12, 12, 12, 12],
59   [0, 10, 12, 22, 22, 22],
60   [0, 10, 12, 22, 30, 32],
61   [0, 10, 15, 25, 30, 37]]
62  '''
```

　　求解 Fibonacci 数列和 0-1 背包问题既可以使用递归方法，也可以使用迭代方法。一般而言，递归方法的优点是问题分析和程序设计更加容易，缺点有以下三个方面：递归在运行时需要进行多次函数调用从而导致一些额外的时间和空间开销；递归深度受到内存容量和运行时系统的限制；可能存在重复计算问题。

4.6.9 矩阵链乘积问题

给定 n 个矩阵 $A_1, A_2, \cdots, A_n$ 构成的序列,需要计算它们的乘积 $A_1 A_2 \cdots A_n$。计算乘积的次序可以有多种,通过添加括号可以确定一种具体的次序。例如当 $n = 4$ 时,$((A_1 A_2)(A_3 A_4))$ 和 $((A_1(A_2 A_3))A_4)$ 是两种可行的次序。对于 $1 \leqslant i \leqslant n$,设矩阵 A_i 的行数和列数分别为 r_i 和 c_i,则根据矩阵乘法的规则,对于 $1 \leqslant i \leqslant n-1$ 成立 $c_i = r_{i+1}$,即矩阵 A_i 的列数是 r_{i+1}。两个大小分别为 m 行 n 列和 n 行 p 列的矩阵相乘的计算代价定义为需要进行的乘法次数 mnp。矩阵链乘积的计算代价定义为所有的矩阵相乘的计算代价的总和。由于矩阵乘法满足结合律,采用不同的次序计算得到的结果一定是相同的,但计算代价不一定相同。例如,设 4 个矩阵的大小分别是 35 行 15 列、15 行 5 列、5 行 10 列和 10 行 20 列。第一种次序的计算代价是:$35 \times 15 \times 5 + 5 \times 10 \times 20 + 35 \times 5 \times 20 = 7125$。第二种次序的计算代价是:$15 \times 5 \times 10 + 35 \times 15 \times 10 + 35 \times 10 \times 20 = 13000$。

矩阵链乘积 (matrix-chain multiplication) 问题 (Cormen et al., 2009) 求解一个最小化计算代价的次序。当 $i < j$ 时,计算矩阵链乘积 $A_i A_{i+1} \cdots A_j$ 的最后一次矩阵相乘可表示为 $(A_i \cdots A_k)(A_{k+1} \cdots A_j)$,其中整数 k 满足 $i \leqslant k \leqslant j-1$。$k$ 的值有多种选择,每个 k 值导致矩阵链乘积 $A_i A_{i+1} \cdots A_j$ 分解为两个互相独立的子问题 $A_i \cdots A_k$ 和 $A_{k+1} \cdots A_j$。这两个子问题包含的下标集合分别是 $\{i, \cdots, k\}$ 和 $\{k+1, \cdots, j\}$,它们的交集是空集。因此,在求解第一个子问题时做出的决策 (即矩阵相乘的次序) 不会影响第二个子问题,反之亦然。

对于每个 k 值,矩阵链乘积 $A_i A_{i+1} \cdots A_j$ 的计算代价 $\mathrm{Cost}(i,j)$ 是以下三部分之和:第一个子问题的计算代价 $\mathrm{Cost}(i,k)$;第二个子问题的计算代价 $\mathrm{Cost}(k+1,j)$;两个子问题的计算结果进行相乘的计算代价 $r_i r_{k+1} r_{j+1}$。若要求解 $A_i A_{i+1} \cdots A_j$ 的最小计算代价,对于每个选定的 k 值必须分别求解两个子问题的最小计算代价。由于这三部分都依赖于 k 的值,$\mathrm{Cost}(i,j)$ 也依赖于 k 的值。应选取最小化 $\mathrm{Cost}(i,j)$ 的 k 值。用 $\mathrm{mcm}(i,j)$ 表示乘积 $A_i A_{i+1} \cdots A_j$ 的最小计算代价,它满足如下递归公式:

$$\mathrm{mcm}(i,j) = \begin{cases} 0, & \text{若 } i = j \\ \underset{i \leqslant k \leqslant j-1}{\arg\min} \ \mathrm{mcm}(i,k) + \mathrm{mcm}(k+1,j) + r_i r_{k+1} r_{j+1}, & \text{若 } i < j \end{cases}$$

用二维表格 mcm_value 记录乘积 $A_i A_{i+1} \cdots A_j$ 的最小计算代价,从递归公式可以推导出以下迭代公式:

$$\mathrm{mcm\_value}[i,j] = \begin{cases} 0, & \text{若 } i = j \\ \underset{i \leqslant k \leqslant j-1}{\arg\min} \ \mathrm{mcm\_value}[i,k] + \mathrm{mcm\_value}[k+1,j] \\ \quad + r_i r_{k+1} r_{j+1}, & \text{若 } i < j \end{cases}$$

程序4.20定义的函数 matrix_chain 实现了矩阵链乘积问题的递归求解。它的 return 语句先调用定义在其函数体内的递归函数 mcm 获得最优解的计算代价,然后调用函数 get_mcm_str 获取最优解的计算次序。函数 matrix_chain_iter 根据迭代公式通过双重循环求解矩阵链乘积问题。为了计算矩阵链长度为 $j-i+1$ 的 mcm_value$[i,j]$,需要先计算矩阵链长度为 $k-i+1$ 的 mcm_value$[i,k]$ 和矩阵链长度为 $j-k$ 的 mcm_value$[i,k]$。

由于 $k-i+1 < j-i+1$ 并且 $j-k < j-i+1$，应按照矩阵链长度递增的次序计算 mcm_value。

程序 4.20 求解矩阵链乘积问题

```
1  def matrix_chain(r):
2      # 使用递归方法求解，形参r是存储了公式中的r_i值(1 ≤ i ≤ n+1)的列表
3      n = len(r) - 2 # 矩阵的下标从1开始，n表示矩阵的个数
4      mcm_value = [[0]*(n+1) for i in range(n+1)]
5      # mcm_value存储公式中的mcm(i,j)(1 ≤ i ≤ j ≤ n)
6      k_value = [[0]*(n+1) for i in range(n+1)]
7      # k_value存储公式中最小化Cost(i,j)的k值
8      def mcm(i, j):
9          if i == j: return 0
10         if mcm_value[i][j] > 0:
11             # 若条件成立，则已经调用过mcm(i,j)
12             return mcm_value[i][j]
13         min_cost = mcm(i, j-1) + r[i] * r[j] * r[j+1]
14         # min_cost记录Cost(i,j)的最小值，初始化为k=j-1时的Cost(i,j)
15         k_min_cost = j-1
16         for k in range(i, j-1): # 在循环中计算min_cost
17             cost = mcm(i, k) + mcm(k+1, j) + \
18                    r[i] * r[k+1] * r[j+1]
19             if cost < min_cost:
20                 min_cost = cost
21                 k_min_cost = k
22         mcm_value[i][j] = min_cost # 存储min_cost以避免重复计算
23         k_value[i][j] = k_min_cost
24         return min_cost
25     return mcm(1, n), get_mcm_str(n, k_value)
26
27 def get_mcm_str(n, k_value):
28     # 获取最优解的计算次序
29     def mcm_str(i, j):
30         if i == j: return 'A%d' % i
31         k = k_value[i][j]
32         return '(%s%s)' % (mcm_str(i, k), mcm_str(k+1, j))
33     return mcm_str(1, n)
34
35 def matrix_chain_iter(r):
36     # 使用迭代方法求解
37     n = len(r) - 2
38     mcm_value = [[0]*(n+1) for i in range(n+1)]
39     k_value = [[0]*(n+1) for i in range(n+1)]
40     for i in range(1, n+1):
41         mcm_value[i][i] = 0
```

```
42    for l in range(2, n+1): # l表示矩阵链长度
43        for i in range(1, n-l+2): # i表示矩阵链的起始下标
44            j = i + l - 1 # j表示矩阵链的终止下标
45            min_cost = mcm_value[i][j-1] + r[i] * r[j] * r[j+1]
46            k_min_cost = j-1
47            for k in range(i, j-1):
48                cost = mcm_value[i][k] + mcm_value[k+1][j] + \
49                    r[i] * r[k+1] * r[j+1]
50                if cost < min_cost:
51                    min_cost = cost
52                    k_min_cost = k
53            mcm_value[i][j] = min_cost
54            k_value[i][j] = k_min_cost
55    return mcm_value[1][n], get_mcm_str(n, k_value)
56
57 rs = [0, 30, 35, 15, 5, 10, 20, 25]
58 # rs存储了由6个矩阵组成的矩阵链的rᵢ值(1 ≤ i ≤ 7)
59 print(matrix_chain(rs)) # (15125, '((A1(A2A3))((A4A5)A6))')
60 # ((A1(A2A3))((A4A5)A6))实现了最小计算代价15125
61 print(matrix_chain_iter(rs)) # 输出结果同上
```

矩阵链乘积问题的求解方法具有以下特点:

(1) 可以使用递归方法求解,原问题的最优解包含子问题的最优解。为了防止子问题的重复计算,需要在递归过程中进行检查。

(2) 也可以使用根据递归方法推导的迭代方法求解,将子问题的解记录在表格中以防止子问题的重复计算。

具有这些特点的求解方法称为动态规划 (dynamic programming)。

4.7　创建和使用模块

模块是一个包含了若干函数和语句的文件,文件名是模块的名称加上".py"后缀。一个模块实现了某类功能,是规模较大程序的组成单位,易于重复利用代码。每个模块都有一个全局变量 __name__。模块的使用方式有两种。

(1) 模块作为一个独立的程序运行,此时变量 __name__ 的值为' __main__ '。

(2) 被其他程序导入以后调用其中的函数,此时变量 __name__ 的值为模块的名称。

以 1.4 节的日历问题 (输出给定年份和月份的日历) 为例说明创建和使用模块的方法。程序4.21列出了根据 1.4 节提供的设计方案所编写的模块 month_calendar.py。开发完成的软件难免会有错误。在软件交付使用前应通过充分测试尽可能查找和改正错误。以"test____"为名称前缀的测试函数使用已知正确答案的数据测试程序中的一些关键函数。

程序 4.21　输出给定年份和月份的日历的模块

```
1 """
```

```
 2  Module for printing the monthly calendar for the year and
 3  the month specified by the user.
 4
 5  For example, given year 2022 and month 9, the module prints
 6  the monthly calendar of September 2022.
 7
 8  >>> run month_calendar.py --year 2022 --month 9
 9  2022 9
10  ----------------------------
11  Sun Mon Tue Wed Thu Fri Sat
12                1   2   3
13  4    5    6    7    8    9    10
14  11   12   13   14   15   16   17
15  18   19   20   21   22   23   24
16  25   26   27   28   29   30
17  """
18  # 第1行至第17行是模块的文档，解释了模块的功能和用法
19
20  import sys, math
21
22  def is_leap(year):
23      # 若year是闰年返回True，否则返回False
24      return (year % 4 == 0 and year % 100 != 0) or year % 400 == 0
25
26  def test____is_leap():
27      # 用已知正确答案的数据测试is_leap函数，若计算结果不正确则报错
28      d = {1900:False, 2000:True, 2020:True, 2022:False}
29      # 字典d的每个元素的键是一个年份，对应的值表示该年份是不是闰年
30      for y in d.keys(): # 遍历d中每个元素的键，即一个年份
31          if is_leap(y) != d[y]: # 判断is_leap函数的计算结果是否正确
32              print("test failed: is_leap(%d) != %s" % (y, d[y]))
33
34  def get_0101_in_week(year):
35      # 计算year年的元旦是星期几。返回0表示星期日,返回1至6分别表示星期一至星期六
36
37      return (year + math.floor((year - 1) / 4) -
38              math.floor((year - 1) / 100) +
39              math.floor((year - 1) / 400)) % 7
40
41  def test____get_0101_in_week():
42      # 用已知正确答案的数据测试get_0101_in_week函数，若计算结果不正确则报错
43      d = {2008:2, 2014:3, 2021:5, 2022:6}
44      # 字典d的每个元素的键是一个年份，对应的值表示该年的元旦是星期几
45      for y in d.keys():
```

```
46          if d[y] != get_0101_in_week(y):
47              print("test failed: get_0101_in_week(%d) != %s"
48                  % (y, d[y]))
49
50 month_days = {1:31, 2:28, 3:31, 4:30, 5:31, 6:30,
51              7:31, 8:31, 9:30, 10:31, 11:30, 12:31}
52 def get_num_days_in_month(year, month):
53     # 返回year年month月所包含的天数，需要对闰年的二月单独处理
54     n = month_days[month]
55     if month == 2 and is_leap(year):
56         return n + 1
57     return n
58
59 def get_num_days_from_0101_to_m01(year, month):
60     # 计算从year年的元旦到该年的month月的第一天之间共经历了多少天
61     n = 0
62     for i in range(1, month):
63         n += get_num_days_in_month(year, i)
64     return n
65
66 def get_m01_in_week(year, month):
67     # 计算year年的month月的第一天是星期几
68     n1 = get_0101_in_week(year)
69     n2 = get_num_days_from_0101_to_m01(year, month)
70     n = (n1 + n2) % 7
71     return n
72
73 def test____get_m01_in_week():
74     # 用已知正确答案的数据测试get_m01_in_week函数，若计算结果不正确则报错
75     d = {(2022, 6):3, (2019, 10):2, (2016, 5):0, (2011, 7):5}
76     # 字典d的每个元素的键是由一个年份和一个月份组成的元组，值表示该年该月的第一天是星期几
77     for y in d.keys():
78         if d[y] != get_m01_in_week(y[0], y[1]):
79             print("test failed: get_m01_in_week(%s) != %s"
80                 % (y, d[y]))
81
82 def print_header(year, month):
83     # 输出year年month月的日历的标题
84     print("%d %d " % (year, month))
85     print("--------------------------")
86     print("Sun Mon Tue Wed Thu Fri Sat")
87
88 def print_body(year, month):
89     # 输出year年month月的日历的主体
```

```
90    n = get_m01_in_week(year, month)
91    print(n * 4 * ' ', end='')
92    for i in range(1, get_num_days_in_month(year, month) + 1):
93        print('%-04d' % i, end='')
94        if (i + n) % 7 == 0: print()
95
96 def print_monthly_calendar(year, month):
97    # 输出year年month月的日历
98    print_header(year, month)
99    print_body(year, month)
100
101 def test_all_functions():
102    # 调用所有以 "test____" 为名称前缀的测试函数
103    test____is_leap()
104    test____get_0101_in_week()
105    test____get_m01_in_week()
106
107 if __name__ == '__main__': # 判断模块是否作为一个独立的程序运行
108    # sys.argv是一个记录了用户在命令行输入的所有参数的列表，列表的第一个元素是模块名称，
109    # 列表的其余元素(若存在)是用户依次输入的所有参数
110    if len(sys.argv) == 1:
111        print(__doc__) # 用户未输入参数，输出模块的文档
112    elif len(sys.argv) == 2 and sys.argv[1] == '-h':
113        print(__doc__) # 用户输入了'-h'，输出模块的文档
114    elif len(sys.argv) == 2 and sys.argv[1] == 'test':
115        test_all_functions() # 用户输入了'test'，测试模块中的函数
116    else:
117        import argparse # 此模块获取用户在命令行输入的年份和月份
118        parser = argparse.ArgumentParser()
119        # 在每个参数(年份或月份)的输入值前面都要用"--参数名称"的格式指定对应的参数名称，
120        # 参数的顺序无关紧要
121        parser.add_argument('--year', type=int, default=2022)
122        parser.add_argument('--month', type=int, default=1)
123        args = parser.parse_args()
124        year = args.year; month = args.month
125        print_monthly_calendar(year, month) # 输出日历
```

　　程序4.22列出了运行模块的示例。在 IPython 中运行程序时，首先进入文件 calendar.py 所在目录，然后输入 In[2] 行的命令。也可以在操作系统的命令行窗口运行模块，首先进入文件 calendar.py 所在目录，然后输入命令"python month_calendar.py –year 2022 –month 10"。

程序 4.22　运行模块 calendar.py 的示例

```
1 In[1]: cd D:\Python\src
2 Out[1]: D:\Python\src
```

```
3   In[2]: run month_calendar.py --year 2022 --month 10
4   2022 10
5   --------------------------
6   Sun Mon Tue Wed Thu Fri Sat
7                             1
8   2    3    4    5    6    7    8
9   9    10   11   12   13   14   15
10  16   17   18   19   20   21   22
11  23   24   25   26   27   28   29
12  30   31
```

　　模块除了可以作为一个独立的程序运行,也可以被其他程序导入以后调用其中的函数。如果使用模块的程序和模块文件在同一个目录下,则用 import 语句导入模块即可使用。例如程序4.23调用 month_calendar 模块的 get_m01_in_week 函数以计算给定的某年某月某日是星期几。第 1 行也可以写成“from month_calendar import get_m01_in_week”,表示仅导入 month_calendar 模块的 get_m01_in_week 函数,此时第 3 行的函数调用需写成“get_m01_in_week(y, m)”。

程序 4.23　程序 ymd.py 调用 month_calendar 模块的 get_m01_in_week 函数

```
1   import month_calendar
2   y, m, d = 2022, 9, 18
3   n = (month_calendar.get_m01_in_week(y, m) + d - 1) % 7
4   dw = "Sun Mon Tue Wed Thu Fri Sat"
5   print(dw[4*n:4*n+4]) # Sun
```

　　如果使用模块的程序和模块文件不在同一个目录下,则使用 import 语句导入模块会报错。此时需要将模块所在目录插入列表 sys.path 中 (程序 4.24),然后导入模块。

程序 4.24　将模块所在目录加入列表 sys.path 中

```
1   In[1]: run ymd.py
2   Out[1]: ... ModuleNotFoundError: No module named 'month_calendar'
3   In[2]: import sys; sys.path.insert(0, 'D:\Python\src')
4   In[3]: run ymd.py
5   Sun
```

　　程序4.21虽然可以正确输出给定年份和月份的日历,但在运行效率上还有改进的余地。给定 y 年 m 月,每次输出日历时都需要计算从 y 年 1 月 1 日到 y 年 m 月 1 日所经历的总天数,再使用公式 $w(y, m, 1) = (w(y, 1, 1) + v(y, m, 1, y, 1, 1))\ \%\ 7$ 计算 y 年 m 月 1 日是星期几。由于每年的月数和每月的天数 (除了闰年的二月增加一天) 是固定的,$v(y, m, 1, y, 1, 1)$ 对于给定 y 年 m 月的取值只有两种。为了避免多次运行模块时的重复计算,可以事先计算好 $v(y, m, 1, y, 1, 1)\%7$ 并保存在一个表格中,再使用公式

$$w(y, m, 1) = (w(y, 1, 1) + v(y, m, 1, y, 1, 1))\ \%\ 7 = (w(y, 1, 1) + v(y, m, 1, y, 1, 1)\%7)\ \%\ 7$$

计算 y 年 m 月 1 日是星期几 (程序 4.25)。这一改进的具体实现方式是在程序4.21中添加程序 4.25 中的两个函数,然后将函数 print_body 的第一条语句改为“n = get_m01_in_week _precomputed(year, month)"。

程序 4.25　避免多次运行程序4.21时的重复计算

```
1  def get_num_days_from_0101_to_m01_remainder():
2      n = 0; r = [0]
3      for i in range(1, 12):
4          n += get_num_days_in_month(2022, i)
5          r.append(n % 7)
6      print(r) # [0, 3, 3, 6, 1, 4, 6, 2, 5, 0, 3, 5]
7
8  def get_m01_in_week_precomputed(year, month):
9      r = [0, 3, 3, 6, 1, 4, 6, 2, 5, 0, 3, 5]
10     n1 = get_0101_in_week(year)
11     n2 = r[month-1];
12     if (is_leap(year)) and month > 2:
13         n2 += 1
14     n = (n1 + n2) % 7
15     return n
```

本节以输出日历为例介绍创建和使用模块的方法。Python 标准库的 calendar 模块的 TextCalendar 类已提供了输出日历的功能。程序4.26的第 3 行的输出结果是 2022 年 10 月的日历。第 4 行的输出结果是 2022 年的日历,关键字实参 m 指定列数。

程序 4.26　Python 标准库的 calendar 模块的 TextCalendar 类

```
1  from calendar import TextCalendar
2  tc = TextCalendar()
3  print(tc.formatmonth(2022, 10))
4  print(tc.formatyear(2022, m=4))
```

4.8　实验 4：函数和模块

实验目的

本实验的目的是掌握以下内容:定义和调用函数、创建和使用模块。

实验内容

1. 二分查找编写一个程序。使用二分查找给定的包含若干整数的列表 s 中是否存在给定的整数 k。使用二分查找的前提是列表已按照从小到大的顺序排序。为此, 程序需要先判断列表 s 是否已经排好序。若未排好序, 则需调用 qsort 函数进行排序并输出排序结果。程序4.27已列出了部分代码,需要实现函数 is_sorted 和递归函数 binary_search。binary_search 在列表 s 的索引值属于闭区间 [low,high] 的元素中查找 k,若找到则返回 k 的索引值,否则返回–1。binary_search 的设计方案是:首先判断 low 是否大于 high;若是则返回-1;否则计算 low 和 high 的平均值 mid;若 k 等于 s[mid],则返回 mid;若 k 大于 s[mid] 或小于 s[mid],则分别确定合适的 low 和 high 值作为实参递归调用 binary_search 并返回结果。

程序 4.27   二分查找

```
1   def is_sorted(s): # 判断列表s是否已经排好序: to be implemented
2
3   def qsort(s):
4       # 对列表s排序
5       if len(s) <= 1: return s
6       s_less = []; s_greater = []; s_equal = []
7       for k in s:
8           if k < s[0]:
9               s_less.append(k)
10          elif k > s[0]:
11              s_greater.append(k)
12          else:
13              s_equal.append(k)
14      return qsort(s_less) + s_equal + qsort(s_greater)
15
16  def binary_search(s, low, high, k): # 二分查找: to be implemented
17
18  s = [5, 6, 21, 32, 51, 60, 67, 73, 77, 99]
19  if not is_sorted(s):
20      s = qsort(s)
21      print(s)
22
23  print(binary_search(s, 0, len(s) - 1, 5)) # 0
24  print(binary_search(s, 0, len(s) - 1, 31)) # -1
25  print(binary_search(s, 0, len(s) - 1, 99)) # 9
26  print(binary_search(s, 0, len(s) - 1, 64)) # -1
27  print(binary_search(s, 0, len(s) - 1, 51)) # 4
```

2. 在程序4.28中添加一些语句,使之输出以下字典:{10: 1, 9: 1, 8: 2, 7: 3, 6: 5, 5: 8, 4: 13, 3: 21, 2: 34, 1: 55, 0: 34}。字典中每个元素的键是一个整数 n,其映射到的值是 F(n) 被调用的次数。

程序 4.28   计算 Fibonacci 数列的递归方法的重复计算

```
1   def F(n):
2       if n <= 1:
3           return 1
4       return F(n-1) + F(n-2)
5
6   F(10)
```

3. 有理数的四则运算。有理数的一般形式是 a/b,其中 a 是整数,b 是正整数,并且当 a

非 0 时 |a| 和 b 的最大公约数是 1。编写一个模块 rational.py 实现有理数的四则运算。程序4.29已列出了部分代码,需要实现标注了"to be implemented"的函数。程序中用一个列表 [n, d] 表示有理数,其中 n 表示分子,d 表示分母。reduce 函数调用 gcd 函数进行约分。函数 add、sub、mul 和 div 分别进行加、减、乘、除运算,运算的结果都需要约分,并且分母不出现负号。函数 test_all_functions 使用已知答案的数据对这些运算进行测试。函数 output 按照示例的格式输出有理数,例如 [-13,12] 表示的有理数的输出结果是字符串"-13/12"。用户在命令行输入三个命名参数。"-op"表示运算符,可以是"add"(加法)、"sub"(减法)、"mul"(乘法) 或"div"(除法)。"-x"和"-y"表示进行计算的两个有理数。有理数以字符串的形式输入,必须用圆括号括起,分子和分母之间用"/"分隔。例如有理数"-20/-3"对应的输入形式是 (-20/-3),用户输入的有理数可以在分母出现负号。函数 get_rational 从表示有理数的字符串中得到列表 [n, d],例如从字符串"(-20/-3)"得到 [-20,-3]。

程序 4.29   有理数的四则运算

```
1   """
2   Module for performing arithmetic operations for rational numbers.
3
4   To run the module, user needs to supply three named parameters:
5   1. op stands for the operation:
6       add for addition
7       sub for subtraction
8       mul for multiplication
9       div for division
10  2. x stands for the first operand
11  3. y stands for the second operand
12
13  x and y must be enclosed in paired parentheses.
14
15  For example:
16
17  >>> run rational.py --op add --x (2/3) --y (-70/40)
18  -13/12
19  >>> run rational.py --op sub --x (-20/3) --y (120/470)
20  -976/141
21  >>> run rational.py --op mul --x (-6/19) --y (-114/18)
22  2/1
23  >>> run rational.py --op div --x (-6/19) --y (-114/-28)
24  -28/361
25  """
26
27  import sys, math
28
29  def test_all_functions(): # 测试: to be implemented
30
```

```
31  def gcd(a, b):
32      # 计算正整数a和b的最大公约数
33      while a != b:
34          if a > b:
35              a -= b
36          else:
37              b -= a
38      return a
39
40  def reduce(n, d): # 约分: to be implemented
41
42  def add(x, y): # 加法: to be implemented
43
44  def sub(x, y): # 减法: to be implemented
45
46  def mul(x, y): # 乘法: to be implemented
47
48  def div(x, y): # 除法: to be implemented
49
50  def output(x): # 按照示例的格式输出有理数: to be implemented
51
52  def get_rational(s): # 从字符串s中得到列表[n, d]: to be implemented
53
54  if __name__ == '__main__':
55      if len(sys.argv) == 1:
56          print(__doc__)
57      elif len(sys.argv) == 2 and sys.argv[1] == '-h':
58          print(__doc__)
59      elif len(sys.argv) == 2 and sys.argv[1] == 'test':
60          test_all_functions()
61      else:
62          import argparse
63          parser = argparse.ArgumentParser()
64          parser.add_argument('--op', type=str)
65          parser.add_argument('--x', type=str)
66          parser.add_argument('--y', type=str)
67          args = parser.parse_args()
68          op = args.op
69          x = get_rational(args.x); y = get_rational(args.y)
70          f = {'add':add, 'sub':sub, 'mul':mul, 'div':div}
71          output(f[op](x, y))
```

第 5 章　类 和 继 承

面向对象的软件设计和开发技术是当前软件开发的主流技术，使得软件更易维护和复用。规模较大的软件大多基于面向对象技术开发，以类作为基本组成单位。本章通过实例介绍类的定义和使用方法。

5.1　定义和使用类

在使用面向对象技术开发软件时，首先通过对软件需求的分析找到问题域中同一类的客观事物，称为对象。把对象共同的属性和运算封装在一起得到的程序单元就是类。类可作为一个独立单位进行开发和测试。以下举例说明。

5.1.1　二维平面上的点

将二维平面上的点视为对象，抽象出其共同的属性和运算，定义一个类表示点。点的属性包括 x 坐标、y 坐标和名称 (默认值为空串)。点的运算包括：给定坐标创建一个点、沿 x 轴平移、沿 y 轴平移、以另一个点为中心旋转、计算与另一个点之间的距离等。这些运算通过函数实现。定义在类内部的函数称为方法 (method)。

程序5.1的第 2 行至第 34 行定义了一个 Point2D 类。类的定义由 "class 类名 (父类)" 开始。第 3 行至第 7 行的方法 __init__ 称为构造方法，用来初始化新创建的对象的所有属性。从一个类创建一个对象的语法是在类名后面加上一对圆括号，括号内可为空 (表示无实参) 或包含一些实参。如果实参的数量超过一个，它们之间用逗号分隔。这些实参必须和构造方法中除了 self 以外的那些形参在数量上相同，并且在顺序上一一对应。

在一个类中的所有方法中出现的属性都需要使用 "对象名." 进行限定。self 是一个特殊的对象名，表示当前对象。一个类中的所有方法的第一个形参都是 self。对于一个对象调用其所属类的的方法的语法是在 "对象名. 方法名" 后面加上一对圆括号，括号内可为空 (表示无实参) 或包含一些实参。如果实参的数量超过一个，它们之间用逗号分隔。这些实参必须和该方法中除了 self 以外的那些形参在数量上相同，并且在顺序上一一对应。

Python 规定了类的一些特殊的方法，这些方法的名称都以 "__" 开始和结束。如果一个类定义了这些方法，则调用这些方法时可以使用简化语法。例如对于 Point2D 类的对象 a 而言，简化语法'%s' % a 被转换为与其等价的方法调用 a.__str__()。

程序 5.1　Point2D 类

```python
 1  import math
 2  class Point2D:
 3      def __init__(self, x, y, name=''):
 4          # __init__称为构造方法，用来初始化新创建的对象的所有属性。
 5          self.x = x # 用形参x初始化表示点的x坐标的self.x属性。
 6          self.y = y # 用形参x初始化表示点的y坐标的self.y属性。
 7          self.name = name # 用形参name初始化表示点的名称的name属性。
 8
 9      def move_x(self, delta_x):
10          # 计算self沿x轴平移一段距离delta_x以后的x坐标。
11          self.x += delta_x
12
13      def move_y(self, delta_y):
14          # 计算self沿y轴平移一段距离delta_y以后的x坐标。
15          self.y += delta_y
16
17      def rotate(self, p, t):
18          # 计算self以点p为中心旋转角度t以后的坐标。
19          xr = self.x - p.x; yr = self.y - p.y
20          x1 = p.x + xr * math.cos(t) - yr * math.sin(t)
21          y1 = p.y + xr * math.sin(t) + yr * math.cos(t)
22          self.x = x1; self.y = y1;
23
24      def distance(self, p):
25          # 计算self与另一个点p之间的距离。
26          xr = self.x - p.x; yr = self.y - p.y
27          return math.sqrt(xr * xr + yr * yr)
28
29      def __str__(self):
30          # 返回self的字符串表示。
31          if len(self.name) < 1:
32              return '(%g, %g)' % (self.x, self.y)
33          else:
34              return '%s: (%g, %g)' % (self.name, self.x, self.y)
35
36  # 创建了Point2D类的第一个对象a，表示一个坐标是(-5, 2)且名称是'a'的点。
37  a = Point2D(-5, 2, 'a')
38  # 输出该对象的字符串表示
39  print(a) # a: (-5, 2)
40  # 调用move_x方法将其沿x轴平移，然后输出其字符串表示。
41  a.move_x(-1); print(a)          # a: (-6, 2)
42  # 调用点a的move_y方法将其沿y轴平移，然后输出其字符串表示。
43  a.move_y(2); print(a)           # a: (-6, 4)
```

```
44   # 创建了Point2D类的第二个对象b，表示一个坐标是(3，4)且名称是'b'的点。
45   b = Point2D(3, 4, 'b')
46   # 输出该对象的字符串表示
47   print(b) # b: (3, 4)
48   # 调用distance方法计算这两个点之间的距离，然后输出结果。
49   print('The distance between a and b is %f' % a.distance(b))
50   # The distance between a and b is 9.000000
51   # 调用b的rotate方法将b以a为中心旋转90度。
52   b.rotate(a, math.pi/2)
53   print(a); print(b)  # a: (-6, 4) b: (-6, 13)
54   # 调用a的rotate方法将a以b为中心旋转90度。
55   a.rotate(b, math.pi)
56   print(a); print(b)  # a: (-6, 22) b: (-6, 13)
```

5.1.2 复数

程序5.2定义了一个 Complex 类表示复数，并实现了复数的基本运算 (部分代码来源于网站 [①])。Complex 类的属性 re 和 im 分别表示复数的实部和虚部。对于一个对象，__dict__ 是一个存储了其所有属性名和对应的属性值的字典。第 10 行将形参 re 和 im 的值分别赋值给 self 对象的属性 re 和 im。复数是一种不可变类型。一个或多个复数对象的计算结果是一个新的复数对象，而不应修改参与运算的复数对象。因此，从 Complex 类创建一个对象时，这两个属性只能在构造方法中被赋值，而不能被修改。为了确保它们不被修改，第 13 行至第 16 行的 __setattr__ 方法自动拦截对 self 的任何属性值进行修改的尝试，并以抛出异常的方式禁止修改。如果按照程序5.1的第 5 行和第 6 行那样在第 10 行写 "self.re = re; self.im = im"，则也会导致 __setattr__ 方法抛出异常。

程序 5.2　Complex 类

```
1    import math
2
3    class Complex:
4        def __init__(self, re=0, im=0):
5            # 判断形参re和im的类型是不是float或int，若不是则以抛出异常的方式报错(第7章介绍异常)
6            if not isinstance(re, (float,int)) or \
7               not isinstance(im, (float,int)):
8                raise TypeError('Error: float or int expected')
9            self.__dict__['re'] = re; self.__dict__['im'] = im
10           # 将属性名're'和'im'分别映射到对应的值re和im
11
12
13       def __setattr__(self, name, value):
14           # 当self的任何属性的值被试图修改时，该方法会被自动调用，方法以抛出异常的方式禁止
15           # 任何属性的值被修改
```

———————————————————————————————
① https://github.com/xbmc/python/blob/master/Demo/classes/Complex.py.

```
16          raise TypeError('Error: Complex objects are immutable')
17
18      def __str__(self):
19          # 返回self的字符串表示
20          return '(%g, %g)' % (self.re, self.im)
21
22      def __repr__(self):
23          # 返回一个完整表示self的字符串，对该字符串表示的表达式进行求值可生成self
24          return 'Complex' + str(self)
25
26
27      def __abs__(self):
28          # 返回self的模。对于一个Complex类的对象c，计算模的简化语法abs(c)被转换为与其
29          # 等价的方法调用c.__abs__()
30          return math.hypot(self.re, self.im)
31
32      abs = __abs__
33      # 方法abs是方法__abs__的别名。例如方法调用self.abs()被转换为与其等价的方法调用
34      # self.__abs__()
35
36      def angle(self):
37          # 返回self的辐角
38          return math.atan2(self.im, self.re)
39
40      def __add__(self, other):
41          # 对于一个Complex类的对象c，计算c与other的和的简化语法c+other被转换为与其等价
42          # 的方法调用c.__add__(other)
43          other = to_Complex(other)
44          return Complex(self.re + other.re, self.im + other.im)
45
46      __radd__ = __add__
47      # 对于一个Complex类的对象c，计算other与c的和的简化语法other+c被转换为与其等价的
48      # 方法调用c.__radd__(other)，加法运算是可交换的，c.__radd__(other)被转换为
49      # c.__add__(other)
50
51      def __sub__(self, other):
52          # 对于一个Complex类的对象c，计算c与other的差的简化语法c-other被转换为与其等价
53          # 的方法调用c.__sub__(other)
54          other = to_Complex(other)
55          return Complex(self.re - other.re, self.im - other.im)
56
57      def __rsub__(self, other):
58          # 对于一个Complex类的对象c，计算other与c的差的简化语法other-c被转换为与其等价
59          # 的方法调用c.__rsub__(other)
```

```
60          other = to_Complex(other) # 将other转换成Complex类的对象
61          return other - self
62          # other - self 被转换为方法调用other.__sub__(self)
63
64      def __mul__(self, other):
65          # 对于一个Complex类的对象c，计算c与other的乘积的简化语法c*other被转换为与其
66          # 等价的方法调用c.__mul__(other)
67          other = to_Complex(other)
68          return Complex(self.re*other.re - self.im*other.im,
69                         self.re*other.im + self.im*other.re)
70
71      __rmul__ = __mul__
72      # 对于一个Complex类的对象c，计算other与c的乘积的简化语法other*c被转换为与其等价
73      # 的方法调用c.__rmul__(other)，乘法运算是可交换的，c.__ rmul__(other)被转换为
74      # c.__ mul__ (other)
75
76      def __truediv__(self, other):
77          # 对于一个Complex类的对象c，计算c与other的商的简化语法c/other被转换为与其等价
78          # 的方法调用c.__truediv__(other)
79          other = to_Complex(other)
80          d = float(other.re*other.re + other.im*other.im)
81          if is_zero(d): # 若除数的模为0，则以抛出异常的方式报错
82              raise ZeroDivisionError('Error: division by 0')
83          return Complex((self.re*other.re + self.im*other.im) / d,
84                         (self.im*other.re - self.re*other.im) / d)
85
86      def __rtruediv__(self, other):
87          # 对于一个Complex类的对象c，计算other与c的商的简化语法other/c被转换为与其等价
88          # 的方法调用c.__rtruediv__(other)
89          other = to_Complex(other)
90          return other / self
91          # other / self被转换为方法调用other.__truediv__(self)
92
93
94      def __pow__(self, n):
95          # 计算以self为底数和n为指数的乘方运算
96          if is_Complex(n): # 判断n的类型是不是Complex
97              if not is_zero(n.im): # 判断n的虚部是不是0
98                  if is_zero(self.im): # 判断self的虚部是不是0
99                      # 对于实数t和复数n，令n ln t = a + bi，则t^n = e^{n ln t} = e^{a+ib} = e^a(cos b + i sin b)
100                     z = n * math.log(self.re)
101                     r = math.exp(z.re)
102                     return Complex(r * math.cos(z.im),
103                                    r * math.sin(z.im))
```

```
104                 else:
105                     raise NotImplementedError('(a+bi)^(c+di)')
106                     # 抛出异常：尚未实现底数和指数都是复数的乘方运算
107             else:
108                 n = n.re  # 已确定n的虚部是0，提取其实部
109         # 对于复数t和实数n，令t = re^{iθ}，则t^n = r^n cos nθ + ir^n sin nθ
110         r = self.abs() ** n
111         phi = n * self.angle()
112         return Complex(r * math.cos(phi), r * math.sin(phi))
113
114     def __rpow__(self, base):
115         # 计算以base为底数和self为指数的乘方运算
116         base = to_Complex(base)
117         return pow(base, self)
118
119 def is_zero(x, tol = 1e-15):
120     # 判断一个实数是否等于0的条件定义为其绝对值不超过阈值tol，其默认值为$10^{-15}$
121     return abs(x) < tol
122
123 def is_Complex(obj):
124     # 判断一个对象是不是Complex类的对象，依据是它是否同时有re和im这两个属性
125     return hasattr(obj, 're') and hasattr(obj, 'im')
126
127 def to_Complex(obj):
128     # 将一个对象obj转换成Complex类的对象
129     if is_Complex(obj): # 对象obj是否已经是Complex类的对象？
130         return obj      # 若是，直接返回即可
131     elif isinstance(obj, tuple): # 判断obj的类型是不是元组
132         if len(obj) <= 2: # obj包含的元素的个数是否超过2?
133             return Complex(*obj) # 语法*obj提取obj包含的所有元素
134         else:
135             raise TypeError('Error: <= 2 numbers expected')
136     else:
137         return Complex(obj)
138
139 def polar_to_Complex(r = 0, phi = 0):
140     # 将极坐标表示的复数re^{iφ}转换为直角坐标表示r cos φ + ir sin φ
141     return Complex(r * math.cos(phi), r * math.sin(phi))
142
143 def Re(obj):
144     return obj.re if is_Complex(obj) else obj
145     # 在确认形参obj是Complex类的对象后返回其re属性，否则返回obj
146
147 def Im(obj):
```

```
48      return obj.im if is_Complex(obj) else 0
49      # 在确认形参obj是Complex类的对象后返回其im属性，否则返回0
50
51  def check(expr, a, b, value, verbose = False, rel_tol = 1e-6):
52      # 将a和b的值代入expr中求值，若结果与正确答案value不一致则报错
53      if verbose: print('    ', a, 'and', b, end = '')
54      try:
55          result = eval(expr)
56          # 内置函数eval对表达式求值，求值环境包括当前可访问的所有全局和局部变量。例如
57          # 第一次运行时expr的值是'a+b',
58          # 形参a和b的值分别是Complex(0, 3)和2, eval将a和b的值代入expr中求值。若求值
59          # 过程中出错，则运行except语句块
60      except: # 处理求值过程中抛出的异常
61          print('Error in evaluating ' + expr)
62          return
63
64      if verbose: print(' -> ', result)
65      rel_err = abs(result - value) / abs(value)
66      if rel_err > rel_tol:
67          # 判断相对误差是否超过一个预先确定的阈值rel_tol
68          print('%s for a=%s and b=%s = %s' % (expr, a, b, result))
69          print('   Correct value = %s Relative error = %f' %
70                (value, rel_err))
71
72
73  def test(verbose):
74      # 测试Complex类实现的复数运算。字典testsuite包含了所有的测试数据。它的键是要测试
75      # 的表达式，每个表达式对应的值是一个由多个元组组成的列表。每个元组包含3个元素，即
76      # 表达式中的变量a和b的值以及对表达式求值的正确结果
77
78      testsuite = {
79          'a+b': [ (Complex(0, 3), 2, Complex(2, 3)),
80                   (2, Complex(0, 3), Complex(2, 3)),
81                   (Complex(2,-3), Complex(-4,5),
82                    Complex(-2,2)) ],
83          'a-b': [ (Complex(0, 3), 2, Complex(-2, 3)),
84                   (2, Complex(0, 3), Complex(2, -3)),
85                   (Complex(2,-3), Complex(-4,5),
86                    Complex(6,-8)) ],
87          'a*b': [ (Complex(0, 3), 2, Complex(0, 6)),
88                   (2, Complex(0, 3), Complex(0, 6)),
89                   (Complex(2,-3), Complex(-4,5),
90                    Complex(7,22)) ],
91          'a/b': [ (Complex(0, 3), 2, Complex(0, 1.5)),
```

```
192                (2, Complex(0, 3), Complex(0, -0.6666667)),
193                (Complex(2, -3), Complex(-4, 5),
194                 Complex(-0.5609756, 0.04878049)) ],
195            'pow(a,b)': [ (Complex(2, -3), 2.3,
196                    Complex(-12.15244, -14.73536)),
197                  (2.3, Complex(2, -3),
198                   Complex(-4.234017, -3.171309)) ],
199            'polar_to_Complex(a.abs(), a.angle())': [
200                (Complex(0, -3), 0, Complex(0, -3)),
201                (Complex(2, -3), 0, Complex(2, -3)),
202                (Complex(-1, -3), 0, Complex(-1, -3)) ]
203        }
204    for expr in testsuite:
205        if verbose: print(expr + ':')
206        t = (expr,)
207        for item in testsuite[expr]:
208            check(*(t + item), verbose)
209
210 if __name__ == '__main__':
211    # verbose变量是调用test方法的实参，用于控制程序的输出篇幅。若verbose的值设为True，
212    # 则会显示每条测试数据并在发生错误时报错；  若verbose的值设为False，则仅在发生错误
213    # 时报错
214    verbose = False
215    test(verbose)
```

Point2D 类的两个属性都可以被修改，Complex 类的两个属性都不可以被修改。程序5.3定义的类 C 中包含可以被修改的属性 x 和不可以被修改的属性 y，属性 x 的取值范围是正整数。__setattr__ 方法对属性的名称 name 进行判断。如果需要修改的属性是 x，则在确定 value 是正整数后将属性 x 的值修改为 value，否则抛出异常提示 value 的取值有误。如果需要修改的属性是 y，则抛出异常提示 y 不可以被修改。

程序 5.3　修改属性

```
1 class C:
2    def __init__(self):
3        self.x = 1
4        self. __dict__['y'] = 3.14
5
6    def __setattr__(self, name, value):
7    if name == 'x':
8        if value > 0 and isinstance(value, int):
9            self. __dict__[name] = value
10        else:
11            raise Exception('Invalid value for attribue ' + name)
12    else:
13        raise TypeError('Attribue ' + name + ' is immutable')
```

```
14
15  c = C()
16  print(c.x)      # 1
17  c.x = 5
18  print(c.x)      # 5
19  c.x = -3        # Exception: Invalid value for attribue x
20  c.x = 5.87      # Exception: Invalid value for attribue x
21  print(c.y)      # 3.14
22  c.y = 3.4       # TypeError: Attribue y is immutable
```

5.1.3　一元多项式

程序5.4定义了一个类 Polynomial 表示一元多项式,并实现了一些基本运算 (部分代码来源于文献 (汉斯·佩特·兰坦根, 2020))。多项式中的每一项的指数和其对应的系数存储在一个字典 poly 中。如果在运算结果中某一项的系数的绝对值小于一个预先定义的阈值 tol(默认值为 10^{-15}),则认为系数等于零,该项消失。

程序 5.4　Polynomial 类

```
1   tol = 1E-15
2   class Polynomial:
3       def __init__(self, poly):
4           self.poly = {}
5           for power in poly:
6               if abs(poly[power]) > tol:
7                   self.poly[power] = poly[power]
8
9       def __call__(self, x):
0           # 对多项式p(x)在x=t时求值的语法简化p(t)被转换为与其等价的方法调用p.__call__(t)
1           value = 0.0
2           for power in self.poly:
3               value += self.poly[power]*x**power
4           return value
5
6
7       def __add__(self, other):
8           # 计算self+other
9           sum = self.poly.copy()
0           # 从self.poly复制一个副本sum。对于other中每一项的指数查找在sum中是否存在相同
1           # 指数的项,若存在则执行这两项的系数的加法,否则创建一个新的项并设置其系数为
2           # other中这一项的系数
3           for power in other.poly:
4               if power in sum:
5                   sum[power] += other.poly[power]
6               else:
```

```
27              sum[power] = other.poly[power]
28          return Polynomial(sum) # 调用构造方法创建一个新的多项式
29
30      def __mul__(self, other):
31          # 根据指数相加和系数相乘的规则计算self*other
32          sum = {}
33          for self_power in self.poly:
34              for other_power in other.poly:
35                  power = self_power + other_power
36                  m = self.poly[self_power] * \
37                      other.poly[other_power]
38                  if power in sum:
39                      sum[power] += m
40                  else:
41                      sum[power] = m
42          return Polynomial(sum) # 调用构造方法创建一个新的多项式
43
44
45      def __str__(self):
46          # 返回多项式的字符串表示，处理了多种特殊情形使得输出结果符合数学表达习惯
47          s = ''
48          for power in sorted(self.poly):
49              s += ' + %g*x^%d' % (self.poly[power], power)
50          s = s.replace('+ -', '- ')
51          s = s.replace('x^0', '1')
52          s = s.replace(' 1*', ' ')
53          s = s.replace('x^1 ', 'x ')
54          # s = s.replace('x^1', 'x') replaces x^100 by x^00
55          if s[0:3] == ' + ': # remove initial +
56              s = s[3:]
57          if s[0:3] == ' - ': # fix spaces for initial -
58              s = '-' + s[3:]
59          return s
60
61  p1 = Polynomial({0: -1, 2: 1, 7: 3}); print(p1)
62  # -1 + x^2 + 3*x^7。创建了一个多项式对象p1并输出其字符串表示
63
64  p2 = Polynomial({0: 1, 2: -1, 5: -2, 3: 4}); print(p2)
65  # 1 - x^2 + 4*x^3 - 2*x^5。创建了一个多项式对象p2并输出其字符串表示
66
67  p3 = p1 + p2; print(p3)
68  # 4*x^3 - 2*x^5 + 3*x^7
69  p4 = p1 * p2; print(p4)
70  # -1 + 2*x^2 - 4*x^3 - x^4 + 6*x^5 + x^7 - 3*x^9 + 12*x^10 - 6*x^12
```

71　print(p4(5))　#　对多项式p4在x=5时的求值结果是-1353419826.0

5.2　继　　承

利用有限差分可以近似计算函数 $f(x)$ 的一阶导数。根据泰勒公式可将 $f(x)$ 在 x 的邻域展开如下：

$$
\begin{cases}
f(x-2h) = f(x) - 2hf'(x) + \dfrac{4h^2 f''(x)}{2} - \dfrac{8h^3 f'''(x)}{6} + \dfrac{16h^4 f^{(4)}(x)}{24} - \dfrac{32h^5 f^{(5)}(x)}{120} + \cdots \\[2mm]
f(x-h) = f(x) - hf'(x) + \dfrac{h^2 f''(x)}{2} - \dfrac{h^3 f'''(x)}{6} + \dfrac{h^4 f^{(4)}(x)}{24} - \dfrac{h^5 f^{(5)}(x)}{120} + \cdots \\[2mm]
f(x+h) = f(x) + hf'(x) + \dfrac{h^2 f''(x)}{2} + \dfrac{h^3 f'''(x)}{6} + \dfrac{h^4 f^{(4)}(x)}{24} + \dfrac{h^5 f^{(5)}(x)}{120} + \cdots \\[2mm]
f(x+2h) = f(x) + 2hf'(x) + \dfrac{4h^2 f''(x)}{2} + \dfrac{8h^3 f'''(x)}{6} + \dfrac{16h^4 f^{(4)}(x)}{24} + \dfrac{32h^5 f^{(5)}(x)}{120} + \cdots
\end{cases}
\tag{5.1}
$$

由此可以推导出以下这些按照精度从低到高次序列出的计算数值一阶导数的有限差分公式。这些公式依次称为一阶向前差分、一阶向后差分、二阶中心差分和四阶中心差分。

$$
\begin{cases}
f'(x) = \dfrac{f(x+h) - f(x)}{h} + O(h) \\[2mm]
f'(x) = \dfrac{f(x) - f(x-h)}{h} + O(h) \\[2mm]
f'(x) = \dfrac{f(x+h) - f(x-h)}{2h} + O(h^2) \\[2mm]
f'(x) = \dfrac{4}{3}\dfrac{f(x+h) - f(x-h)}{2h} - \dfrac{1}{3}\dfrac{f(x+2h) - f(x-2h)}{4h} + O(h^4)
\end{cases}
\tag{5.2}
$$

如果每个公式都用一个类实现，则这些类都有属性 f 和 h，并且它们的构造方法是相同的。对于每个公式，都需要比较其计算结果和精确结果的差别。这就导致了大量重复代码。

面向对象编程范式提供了继承机制，新类可从已有类获得属性和方法并进行扩展，实现了代码的重复利用。新类称为子类或派生类。已有类称为父类或基类。可为这些公式类定义一个共同的父类 Differentiation，该类定义了初始化属性 f 和 h 的构造方法和比较结果的方法。通过继承，这些公式类可以获得这些属性和方法 (汉斯·佩特·兰坦根, 2020)。

程序5.5的前 12 行定义了 Differentiation 类。第 5 行的 dfdx_exact 表示函数 $f(x)$ 的解析形式的一阶导函数 $f'(x)$，其默认值为 None。如果调用构造方法时提供了 dfdx_exact，则可计算微分的精确结果。第 14 行至第 37 行定义了对应这四个公式的四个类。这些类的定义的第一条语句中的"(Differentiation)"表示其父类是 Differentiation。由于从父类继承了所有属性和构造方法，这些类只需实现 __call__ 方法进行公式计算。第 71 行至第 72 行调用 table 函数的输出结果 (程序5.6) 表明：这些有限差分公式的精度符合理论预期的从低到高次序；随着 h 的不断减小，计算结果的相对误差也不断减小。当 h 减小时，忽略高阶无穷小项导致的误差也会减小。需要指出，实际问题中的数据通常是不精确的，由此导致的误差会随着 h 的减小而增大。因此为了获得比较精确的计算结果，h 的取值并不是越小越好 (Gautschi, 2012)。

程序 5.5 数值微分类

```
1   class Differentiation:
2       def __init__(self, f, h=1E-5, dfdx_exact=None):
3           self.f = f
4           self.h = float(h)
5           self.exact = dfdx_exact
6
7       def get_error(self, x):
8           # 计算数值结果和精确结果之间的相对误差
9           # 被子类继承，由子类对象调用
10          if self.exact is not None:
11              df_numerical = self(x) # 调用self所属的类的__call__方法计算数值结果
12              df_exact = self.exact(x) # 计算精确结果
13              return abs( (df_exact - df_numerical) / df_exact )
14
15  class Forward1(Differentiation):
16      # 一阶向前差分
17      def __call__(self, x):
18          f, h = self.f, self.h
19          return (f(x+h) - f(x))/h
20
21  class Backward1(Differentiation):
22      # 一阶向后差分
23      def __call__(self, x):
24          f, h = self.f, self.h
25          return (f(x) - f(x-h))/h
26
27  class Central2(Differentiation):
28      # 二阶中心差分
29      def __call__(self, x):
30          f, h = self.f, self.h
31          return (f(x+h) - f(x-h))/(2*h)
32
33  class Central4(Differentiation):
34      # 四阶中心差分
35      def __call__(self, x):
36          f, h = self.f, self.h
37          return (4./3)*(f(x+h) - f(x-h)) /(2*h) - \
38                 (1./3)*(f(x+2*h) - f(x-2*h))/(4*h)
39
40  def table(f, x, h_values, methods, dfdx=None):
41      # 基于输入函数f、自变量x、步长值列表h_values、公式类列表methods和函数f(x)的解析形式
42      # 的一阶导函数dfdx生成一个表格。表格中的每一项数据表示对应于一个特定公式和特定步长值
43      # 的数值结果和精确结果之间的相对误差
```

```
44
45    print('%-10s' % 'h', end=' ')
46    for h in h_values: print('%-8.2e' % h, end=' ')
47    print()
48    for method in methods:
49        print('%-10s' % method.__name__, end=' ')
50        for h in h_values:
51            if dfdx is not None:
52                d = method(f, h, dfdx)
53                output = d.get_error(x)
54            else:
55                d = method(f, h)
56                output = d(x)
57            print('%-8.6f' % output, end=' ')
58        print()
59
60 import math
61 def g(x): return math.exp(x*math.sin(x))
62
63 # 使用SymPy库(将在第10章介绍)计算函数g(x) = e^{x sin x}的解析形式的一阶导函数
64 # g'(x) = (x cos x + sin x)e^{x sin x}并保存在dgdx中
65 import sympy as sym
66 sym_x = sym.Symbol('x') # sym_x是一个sympy变量
67 sym_gx = sym.exp(sym_x*sym.sin(sym_x)) # sym_gx是一个sympy函数
68 sym_dgdx = sym.diff(sym_gx, sym_x) # sym_dgdx是sym_gx的一阶导函数
69 dgdx = sym.lambdify([sym_x], sym_dgdx)
70 # lambdify把sym_dgdx转换成一个可以被调用的Python函数
71
72 table(f=g, x=-0.65, h_values=[10**(-k) for k in range(1, 7)],
73     methods=[Forward1, Central2, Central4], dfdx=dgdx)
```

程序 5.6　程序5.5的输出结果

1 h	1.00e-01	1.00e-02	1.00e-03	1.00e-04	1.00e-05	1.00e-06
2 Forward1	0.104974	0.010906	0.001095	0.000110	0.000011	0.000001
3 Central2	0.004611	0.000046	0.000000	0.000000	0.000000	0.000000
4 Central4	0.000080	0.000000	0.000000	0.000000	0.000000	0.000000

　　子类可以对父类进行功能上的扩展,例如在子类中定义父类中没有的属性和方法。子类还可以重新定义从父类继承的方法,称为覆盖 (overriding)。覆盖的规则是子类中定义的某个方法和父类中的某个方法在名称、形参列表和返回类型上都相同,但方法体不同。覆盖体现了子类和父类在功能上的差异。

　　程序5.7中定义了一个父类 Parent 和它的三个子类:Child1、Child2 和 Child3。Parent 定义了一个属性 c 和一个方法 m。Child1 定义了一个属性 d 并覆盖了父类的方法 m。Child1 的构造方法的第一条语句 super().__init__() 通过 super 函数调用其父类的构造方法,以

便初始化从父类继承的属性 c。Child2 未定义构造方法。Child2 中的方法 m 覆盖了父类的方法 m,其方法体的第一条语句 super().m() 调用其父类的 m 方法,方法体的其余语句的作用可理解为对父类的 m 方法已实现的功能进行补充。Child3 定义了一个属性 f 和一个方法 m2,并从父类继承了方法 m。第 32 行至第 34 行的输出结果表明:如果子类覆盖了父类的方法,则子类对象调用的方法 m 是子类中重新定义的方法。如果子类未覆盖父类的方法,则子类对象调用的方法是从父类中继承的方法 m。第 36 行至第 38 行的输出结果表明:若一个子类定义了构造方法,则子类定义的构造方法覆盖了其父类的构造方法,此时若子类仍然需要从其父类继承属性,子类的构造方法必须包含语句 super().__init__();若一个子类未定义构造方法,则继承了其父类的构造方法,因此自动从其父类继承属性。

程序 5.7　覆盖

```
1   class Parent:
2       def __init__(self):
3           self.c = 1
4       def m(self):
5           print('Calling m in class Parent')
6
7   class Child1(Parent):
8       def __init__(self):
9           # 覆盖了父类的构造方法
10          super().__init__() # 通过super函数调用其父类的构造方法
11          self.d = 2
12      def m(self): # 覆盖了父类的m方法
13          print('Calling m in class Child1')
14
15  class Child2(Parent):
16      def m(self):
17          # 覆盖了父类的m方法
18          super().m() # 通过super函数调用其父类的m方法
19          print('Calling m in class Child2')
20
21  class Child3(Parent):
22      def __init__(self):
23          # 覆盖了父类的构造方法
24          self.f = 3
25      def m2(self):
26          print('Calling m2 in class Child3')
27
28  c1 = Child1()          # c1是Child1类的对象
29  c2 = Child2()          # c2是Child2类的对象
30  c3 = Child3()          # c3是Child3类的对象
31  p = Parent()           # p是Parent类的对象
32  c1.m()                 # 调用Child1类的m方法
```

```
33  c2.m()              # 调用Child2类的m方法
34  c3.m()              # 调用Child3类的m方法
35  p.m()               # 调用Parent类的m方法
36  print(c1.__dict__)  # {'c': 1, 'd': 2}
37  print(c2.__dict__)  # {'c': 1}
38  print(c3.__dict__)  # {'f': 3}
```

5.3　迭代器和生成器

　　第 2 章介绍的所有序列类型 (包括 list、tuple 和 str 等) 和 set、map 等类型的对象称为可迭代对象 (iterable)，即可以在 for 循环中遍历其包含的所有元素。可迭代对象是实现了迭代器 (iterator) 协议的对象。迭代器协议的要求是定义一个 __iter__ 方法，该方法应返回一个实现了 __next__ 方法的对象，__next__ 方法的作用是返回下一个迭代值。

　　程序5.8的前 10 行定义了 Fibonacci 类，它的 __next__ 方法生成下一个 Fibonacci数。如果下一个 Fibonacci 数超过了属性 ub 表示的指定上界，则停止。第 12 行至第 17 行定义了 FibonacciIterator 类，它的 __iter__ 方法返回一个 Fibonacci 类的对象。第 20 行至第 21 行的 for 循环输出了第 19 行创建的 FibonacciIterator 类的对象所生成的 Fibonacci数列中不超过 64 的前几个数。第 23 行生成并输出了一个包含这几个数的列表。

程序 5.8　生成 Fibonacci 数列的可迭代对象

```
1   class Fibonacci:
2       def __init__(self, ub):
3           self.a = 0; self.b = 1; self.ub = ub
4
5       def __next__(self):
6           # 生成下一个Fibonacci数
7           self.a, self.b = self.b, self.a + self.b
8           if self.a > self.ub: # 如果下一个数超过了指定上界, 则停止。
9               raise StopIteration
10          return self.a
11
12  class FibonacciIterator:
13      def __init__(self, ub):
14          self.ub = ub
15
16      def __iter__(self):
17          return Fibonacci(self.ub)
18
19  fibonacciIterator = FibonacciIterator(64)
20  for f in fibonacciIterator:
21      print (f, end = ' ')   # 1 1 2 3 5 8 13 21 34 55
22  print()
```

```
23  print(list(fibonacciIterator))
24  # [1, 1, 2, 3, 5, 8, 13, 21, 34, 55]
```

生成器 (generator) 是一种特殊的函数, 特殊性体现在它包含的 yield 语句。生成器使用 yield 语句每次产生一个值, 然后停止运行直至被唤醒, 被唤醒后从停止的位置开始继续运行。生成器返回的是一个可迭代对象, 对其迭代可得到 yield 语句产生的每个值 (Hetland, 2017)。

程序5.9的前 7 行定义了一个递归函数 flatten, 它可以从一个包含任意重数嵌套的列表 nested_list 中提取所有数值。第 2 行判断递归的终止条件是否成立, 即 nested_list 已经是数值而不是列表, 若是则产生该数值。否则, nested_list 是一个列表。第 5 行的循环遍历组成 nested_list 的各元素 sub_list, sub_list 可能是数值也可能是列表。第 6 行对于每个 sub_list 递归调用 flatten。由于 flatten 是一个生成器, 它返回的是一个可迭代对象, 第 6 行至第 7 行的 for 循环遍历了此可迭代对象的所有元素。第 10 行对于第 9 行定义的列表 l 调用 flatten, 并通过 for 循环在第 11 行输出其返回的可迭代对象的所有元素。第 13 行生成并输出了一个包含这些元素的列表。

程序 5.9 生成器

```
1   def flatten(nested_list):
2       if not isinstance(nested_list, list):
3           yield nested_list
4       else:
5           for sub_list in nested_list:
6               for element in flatten(sub_list):
7                   yield element
8
9   l = [1, [2, [3, 4, 5, [6, 7]], 8], 9]
10  for e in flatten(l):
11      print (e, end = ' ') # 1 2 3 4 5 6 7 8 9
12  print()
13  print(list(flatten(l))) # [1, 2, 3, 4, 5, 6, 7, 8, 9]
```

5.4　实验 5: 类和继承

实验目的

本实验的目的是掌握以下内容: 定义和使用类, 通过继承和覆盖实现代码复用。

实验内容

1. 表示有理数的类。有理数的一般形式是 a/b, 其中 a 是整数, b 是正整数, 并且当 a 非 0 时 $|a|$ 和 b 的最大公约数是 1。实现 Rational 类表示有理数及其运算。程序5.10已列出了部分代码, 需要实现标注了 "to be implemented" 的函数。Rational 类的属性 nu 和 de 分别表

示分子和分母。函数 __add__ 、__sub__ 、__mul__ 和 __truediv__ 分别进行加、减、乘、除运算,然后返回一个新创建的 Rational 对象作为运算结果。函数 __eq__ 、__ne__ 、__gt__ 、__lt__ 、__ge__ 和 __le__ 比较两个有理数,返回一个 bool 类型的值。这些函数对应的比较运算符分别是: ==、!=、>、<、>=、<=。例如表达式 Rational(6, –19) > Rational(14, –41) 在求值时被转换成方法调用 Rational(6, –19).__gt__(Rational(14, –41))。函数 test 测试这些函数。函数 gcd 要求形参 a 和 b 都是正整数,如果其中出现 0 或负数,递归不会终止。

程序 5.10　表示有理数的类

```python
def gcd(a, b):
    # 计算正整数a和b的最大公约数
    while a != b:
        if a > b:
            a -= b
        else:
            b -= a
    return a

class Rational:
    def __init__(self, n=0, d=1): # to be implemented
        # 将[n,d]表示的有理数转换为标准形式, 例如120/-64转换为-15/8
        _nu = n; _de = d
        self.__dict__['nu'] = _nu; self.__dict__['de'] = _de

    def __setattr__(self, name, value):
        raise TypeError('Error: Rational objects are immutable')

    def __str__(self): return '%d/%d' % (self.nu, self.de)

    def __add__(self, other): # 加法: to be implemented

    def __sub__(self, other): # 减法: to be implemented

    def __mul__(self, other): # 乘法: to be implemented

    def __truediv__(self, other): # 除法: to be implemented

    def __eq__(self, other): # ==: to be implemented

    def __ne__(self, other): # !=: to be implemented

    def __gt__(self, other): # >: to be implemented

    def __lt__(self, other): # <: to be implemented
```

```
36
37      def __ge__(self, other): # >=: to be implemented
38
39      def __le__(self, other): # <=: to be implemented
40
41  def test():
42      testsuite = [
43          ('Rational(2, 3) + Rational(-70, 40)',
44            Rational(-13, 12)),
45          ('Rational(-20, 3) - Rational(120, 470)',
46            Rational(-976,141)),
47          ('Rational(-6, 19) * Rational(-114, 18)',
48            Rational(2, 1)),
49          ('Rational(-6, 19) / Rational(-114, -28)',
50            Rational(-28,361)),
51
52          ('Rational(-6, 19) == Rational(-14, 41)', False),
53          ('Rational(-6, 19) != Rational(-14, 41)', True),
54          ('Rational(6, -19) > Rational(14, -41)', True),
55          ('Rational(-6, 19) < Rational(-14, 41)', False),
56          ('Rational(-6, 19) >= Rational(-14, 41)', True),
57          ('Rational(6, -19) <= Rational(14, -41)', False),
58          ('Rational(-15, 8) == Rational(120, -64)', True),
59      ]
60      for t in testsuite:
61          try:
62              result = eval(t[0])
63          except:
64              print('Error in evaluating ' + t[0]); continue
65
66          if result != t[1]:
67              print('Error: %s != %s' % (t[0], t[1]))
68
69  if __name__ == '__main__':
70      test()
```

2. 定积分的数值计算。函数 $f(x)$ 在区间 $[a,b]$ 上的定积分可用区间内选取的 $n+1$ 个点 x_i $(i=0,1,\cdots,n)$(称为积分节点) 上的函数值的加权和近似计算：

$$\int_a^b f(x)\mathrm{d}x \approx \sum_{i=0}^n w_i f(x_i)$$

其中 w_i 是函数值 $f(x_i)$ 的权值，称为积分系数。不同的数值计算公式的区别体现在积分节点和积分系数上。

在程序5.11中实现 Integrator 类的 integrate 方法和它的三个子类，分别对应表5.1中的三种公式。在每个子类中只需覆盖父类的 compute_points 方法计算并返回两个列表，它们分别存储了所有积分节点的坐标和积分系数。test() 函数用函数 $f(x) = (x\cos x + \sin x)\mathrm{e}^{x\sin x}$ 和它的解析形式的积分函数 $F(x) = \mathrm{e}^{x\sin x}$ 测试这三个公式的精确度。

程序 5.11　定积分的数值计算

```python
import math

class Integrator:
    def __init__(self, a, b, n):
        self.a, self.b, self.n = a, b, n
        self.points, self.weights = self.compute_points()

    def compute_points(self):
        raise NotImplementedError(self.__class__.__name__)

    def integrate(self, f): # to be implemented
        # 将self.points和self.weights代入计算公式求和

class Trapezoidal(Integrator):
    def compute_points(self): # to be implemented

class Simpson(Integrator):
    def compute_points(self): # to be implemented

class GaussLegendre(Integrator):
    def compute_points(self): # to be implemented

def test():
    def f(x): return (x * math.cos(x) + math.sin(x)) * \
                     math.exp(x * math.sin(x))
    def F(x): return math.exp(x * math.sin(x))

    a = 2; b = 3; n = 200
    I_exact = F(b) - F(a)
    tol = 1E-3

    methods = [Trapezoidal, Simpson, GaussLegendre]
    for method in methods:
        integrator = method(a, b, n)
        I = integrator.integrate(f)
        rel_err = abs((I_exact - I) / I_exact)
        print('%s: %g' % (method.__name__, rel_err))
        if rel_err > tol:
            print('Error in %s' % method.__name__)
```

```
40
41  if __name__ == '__main__':
42      test()
```

表 5.1　定积分的几种数值计算公式

公式名称	积分节点的坐标和积分系数
复合梯形 (trapezoidal) 公式	$x_i = a + ih$ for $i = 0, \cdots, n,$ $h = \dfrac{b-a}{n},$ $w_0 = w_n = \dfrac{h}{2},$ $w_i = h$ for $i = 1, \cdots, n-1$
复合辛普森 (Simpson) 公式 n 必须是偶数 若输入的 n 是奇数,则执行 $n = n+1$	$x_i = a + ih$ for $i = 0, \cdots, n,$ $h = \dfrac{b-a}{n},$ $w_0 = w_n = \dfrac{h}{3},$ $w_i = \dfrac{2h}{3}$ for $i = 2, 4, \cdots, n-2,$ $w_i = \dfrac{4h}{3}$ for $i = 1, 3, \cdots, n-1$
复合高斯–勒让德 (Gauss-Legendre) 公式 n 必须是奇数 若输入的 n 是偶数,则执行 $n = n+1$	$x_i = a + \dfrac{i+1}{2}h - \dfrac{\sqrt{3}}{6}h$ for $i = 0, 2, \cdots, n-1,$ $x_i = a + \dfrac{i}{2}h + \dfrac{\sqrt{3}}{6}h$ for $i = 1, 3, \cdots, n,$ $h = \dfrac{2(b-a)}{n+1},$ $w_i = \dfrac{h}{2},$ for $i = 0, 1, \cdots, n$

第 6 章　NumPy 数组和矩阵计算

NumPy 扩展库 (NumPyDoc) 定义了由同类型的元素组成的多维数组 ndarray 及其常用运算，ndarray 是科学计算中最常用的数据类型。NumPy 数组相对列表的优势是运算速度更快和占用内存更少。ndarray 是一个类，它的别名是 array。它的主要属性包括 ndim(维数)、shape(形状，即由每个维度的长度构成的元组) 、size(元素数量) 和 dtype(元素类型：可以是 Python 的内置类型，也可以是 NumPy 定义的类型，例如 numpy.int32、numpy.int16 和 numpy.float64 等)。

矩阵使用 numpy.array 类表示。SciPy 扩展库的 scipy.linalg 模块提供了常用的矩阵计算函数 (SciPyDoc)。scipy.sparse 模块提供了多个表示稀疏矩阵的类。scipy.sparse.linalg 模块提供了进行稀疏矩阵计算的函数。

本章介绍 NumPy 数组的使用方法和 scipy.linalg 模块提供的矩阵计算功能。

6.1　创 建 数 组

6.1.1　已有元素存储在其他类型的容器中

可以从存储了元素的列表、元组或它们的嵌套创建数组，其类型取决于元素的类型，也可以使用 dtype 关键字实参指定类型。如果元素无法使用指定类型表示，可能会发生溢出或精度损失。如程序 6.1 所示。

程序 6.1　创建数组

```
1  In[1]: import numpy as np
2  In[2]: a = np.array([2, 8, 64]); a
3  Out[2]: array([2, 8, 64])
4  In[3]: a.dtype, a.ndim, a.shape, a.size
5  Out[3]: (dtype('int32'), 1, (3,), 3)
6  In[4]: b = np.array([3.14, 2.71, 6.83, -8.34])
7  In[5]: b.dtype, b.ndim, b.shape, b.size
8  Out[5]: (dtype('float64'), 1, (4,), 4)
9  In[6]: c = np.array([(1, 2.4), (6, -3), (8, -5)])
10 In[7]: c.ndim, c.shape, c.size
11 Out[7]: (2, (3, 2), 6)
```

```
12  In[8]: d = np.array([95536, 2.71, 6, -8.34], dtype=np.int16); d
13  Out[8]: array([30000, 2,    6,    -8], dtype=int16))
```

6.1.2 没有元素但已知形状

np.zeros 函数和 np.ones 函数创建指定形状的数组，并分别用 0 和 1 填充所有元素。zeros_like 函数和 ones_like 函数创建和已有数组具有相同形状的数组，并分别用 0 和 1 填充所有元素。np.arange 函数根据下界、上界和步长生成一个由等差数列组成的数组，包括下界但不包括上界。np.linspace 函数根据下界、上界和数量生成一个由包含指定数量的元素的等差数列组成的数组，包括下界和上界。NumPy 库的 random 模块的 seed 函数设置随机数种子为 10，rand 函数可生成一些服从区间 [0,1) 内的均匀分布的随机数用以初始化一个指定形状的随机数组。如果设置随机数种子为一个常数，则每次运行 rand 函数得到相同的随机数组。如果在调用 seed 函数时不提供实参，则每次运行的结果不同。np.fromfunction 函数创建指定形状的数组，每个元素的值是这个元素的索引值的函数，该函数是传给 np.fromfunction 的第一个实参。如程序 6.2 所示。

程序 6.2 创建数组

```
1   In[1]: a = np.zeros((2, 3)); a
2   Out[1]:
3   array([[0., 0., 0.],
4          [0., 0., 0.]])
5   In[2]: np.ones((3, 2))
6   Out[2]:
7   array([[1., 1.],
8          [1., 1.],
9          [1., 1.]])
10  In[3]: c = np.ones_like(a); c
11  Out[3]:
12  array([[1., 1., 1.],
13         [1., 1., 1.]])
14  In[4]: np.arange(2, 30, 7)
15  Out[4]: array([ 2, 9, 16, 23])
16  In[5]: np.arange(0.2, 3.01, 0.7)
17  Out[5]: array([0.2, 0.9, 1.6, 2.3, 3. ])
18  In[6]: np.arange(6)
19  Out[6]: array([0, 1, 2, 3, 4, 5])
20  In[7]: np.linspace(0, 3, 7)
21  Out[7]: array([0. , 0.5, 1. , 1.5, 2. , 2.5, 3. ])
22  In[8]: np.random.seed(10); np.random.rand(3, 2)
23  Out[8]:
24  array([[0.77132064, 0.02075195],
25         [0.63364823, 0.74880388],
26         [0.49850701, 0.22479665]])
```

```
27  In[9]: def f(x, y): return (x + 2) ** 2 + y ** 3
28  In[10]: np.fromfunction(f, (2, 3), dtype=int)
29  Out[10]: array([[ 4,  5, 12],
30                   [ 9, 10, 17]])
```

6.1.3　改变数组的形状

改变形状是指改变各维度的长度, 但不改变组成数组的元素。flatten 方法从一个多维数组生成一维数组。reshape 方法从原数组生成一个指定形状的新数组。T 方法从一个数组 h 生成它的转置。以上方法不会改变原数组的形状。resize 方法则将原数组改变为指定的形状。如程序 6.3 所示。

程序 6.3　改变形状

```
1   In[1]: h=np.arange(1,13).reshape(3,4); h
2   Out[1]:
3   array([[ 1,  2,  3,  4],
4          [ 5,  6,  7,  8],
5          [ 9, 10, 11, 12]])
6   In[2]: h.flatten()
7   Out[2]: array([ 1,  2,  3,  4,  5,  6,  7,  8,  9, 10, 11, 12])
8   In[3]: h.reshape(2, 6)
9   Out[3]:
10  array([[ 1,  2,  3,  4,  5,  6],
11         [ 7,  8,  9, 10, 11, 12]])
12  In[4]: h.T
13  Out[4]:
14  array([[ 1,  5,  9],
15         [ 2,  6, 10],
16         [ 3,  7, 11],
17         [ 4,  8, 12]])
18  In[5]: h
19  Out[5]:
20  array([[ 1,  2,  3,  4],
21         [ 5,  6,  7,  8],
22         [ 9, 10, 11, 12]])
23  In[6]: h.resize(2, 6); h
24  Out[6]:
25  array([[ 1,  2,  3,  4,  5,  6],
26         [ 7,  8,  9, 10, 11, 12]])
```

6.1.4　数组的堆叠

np.hstack 函数沿第二个维度将两个数组堆叠在一起形成新的数组。np.vstack 函数沿第一个维度将两个数组堆叠在一起形成新的数组。np.r_ 函数将多个数组 (数值) 堆叠在一起形成新的数组，其中语法 start:stop:step 等同于 np.arange(start, stop, step)，语法 start:stop:stepj 等同于 np.linspace(start, stop, step, endpoint=1)。如程序 6.4 所示。

程序 6.4　堆叠

```
1  In[1]: a = np.arange(1, 7).reshape(2,3); a
2  Out[1]:
3  array([[1, 2, 3],
4         [4, 5, 6]])
5  In[2]: b = np.arange(7, 13).reshape(2,3); b
6  Out[2]:
7  array([[ 7,  8,  9],
8         [10, 11, 12]])
9  In[3]: np.hstack((a, b))
10 Out[3]:
11 array([[ 1,  2,  3,  7,  8,  9],
12        [ 4,  5,  6, 10, 11, 12]])
13 In[4]: np.vstack((a, b))
14 Out[4]:
15 array([[ 1,  2,  3],
16        [ 4,  5,  6],
17        [ 7,  8,  9],
18        [10, 11, 12]])
19 In[5]: np.r_[np.array([1,3,7]), 0, 8:2:-2, 0]
20 Out[5]: array([1, 3, 7, 0, 8, 6, 4, 0])
21 In[6]: np.r_[-1:2:6j, [1]*2, 5]
22 Out[6]: array([-1. , -0.4, 0.2, 0.8, 1.4, 2. , 1. , 1. ,
23               5. ])
```

6.1.5　数组的分割

np.hsplit 函数沿第二个维度将一个数组分割成为多个数组，可以指定一个正整数表示均匀分割得到的数组的数量或指定一个元组表示各分割点的索引值。np.vsplit 函数沿第一个维度将一个数组分割成为多个数组，参数和 hsplit 类似。如程序 6.5 所示。

程序 6.5　分割

```
1  In[1]: c = np.arange(1, 25).reshape(2,12); c
2  Out[1]:
3  array([[ 1,  2,  3,  4,  5,  6,  7,  8,  9, 10, 11, 12],
4         [13, 14, 15, 16, 17, 18, 19, 20, 21, 22, 23, 24]])
5  In[2]: np.hsplit(c, 4)
6  Out[2]:
7  [array([[ 1,  2,  3],
8          [13, 14, 15]]),
9   array([[ 4,  5,  6],
10         [16, 17, 18]]),
```

```
11   array([[ 7,  8,  9],
12          [19, 20, 21]]),
13    array([[10, 11, 12],
14          [22, 23, 24]])]
15   In[3]: np.hsplit(c, (4, 7, 9))
16   Out[3]:
17   [array([[ 1,  2,  3,  4],
18          [13, 14, 15, 16]]),
19    array([[ 5,  6,  7],
20          [17, 18, 19]]),
21    array([[ 8,  9],
22          [20, 21]]),
23    array([[10, 11, 12],
24          [22, 23, 24]])]
25   In[4]: d = np.arange(1, 25).reshape(6,4); d
26   Out[4]:
27   array([[ 1,  2,  3,  4],
28          [ 5,  6,  7,  8],
29          [ 9, 10, 11, 12],
30          [13, 14, 15, 16],
31          [17, 18, 19, 20],
32          [21, 22, 23, 24]])
33   In[5]: np.vsplit(d, (2, 3, 5))
34   Out[5]:
35   [array([[1, 2, 3, 4],
36          [5, 6, 7, 8]]),
37    array([[ 9, 10, 11, 12]]),
38    array([[13, 14, 15, 16],
39          [17, 18, 19, 20]]),
40    array([[21, 22, 23, 24]])]
```

6.2　数组的运算

6.2.1　基本运算

数组的一元运算 (取反、乘方) 和二元运算 (加、减、乘、除) 对于每个元素分别进行。两个二维数组之间的矩阵乘法可通过 @ 运算符或 dot 方法完成。二元运算要求两个数组具有相同的形状。数组和单个数值之间的运算等同于数组的每个元素分别和数值之间进行运算。"+=""-=""*=""/="和"**="运算符不返回新的数组，而是用运算结果替代原数组。如果参与运算的多个数组的元素的类型不同，则结果的类型设为取值范围最大的类型。如程序 6.6 所示。

程序 6.6　基本运算

```
1  In[1]: a = np.arange(6).reshape(2, 3); a
2  Out[1]:
3  array([[0, 1, 2],
4         [3, 4, 5]])
5  In[2]: b = np.arange(2,18,3).reshape(2, 3); b
6  Out[2]:
7  array([[ 2, 5, 8],
8         [11, 14, 17]])
9  In[3]: a+b, a-b, a*b, a/b, -a, -b+(a**np.e-0.818*b+6)**(-np.pi)
10 Out[3]:
11 (array([[ 2, 6, 10],
12        [14, 18, 22]]),
13  array([[ -2, -4, -6],
14        [ -8, -10, -12]]),
15  array([[ 0, 5, 16],
16        [33, 56, 85]]),
17  array([[0.      , 0.2     , 0.25      ],
18        [0.27272727, 0.28571429, 0.29411765]]),
19  array([[ 0, -1, -2],
20        [-3, -4, -5]]),
21  array([[ -1.99023341, -4.96511512, -7.99647626],
22        [-10.99985895, -13.99998898, -16.99999851]]))
23 In[4]: c = b.reshape(3, 2); c
24 Out[4]:
25 array([[ 2, 5],
26        [ 8, 11],
27        [14, 17]])
28 In[5]: a@c, a.dot(c)
29 Out[5]:
30 (array([[ 36, 45],
31        [108, 144]]),
32  array([[ 36, 45],
33        [108, 144]]))
34 In[6]: d=a*3+b; b -= a; d, b
35 Out[6]:
36 (array([[ 2, 8, 14],
37        [20, 26, 32]]),
38  array([[ 2, 4, 6],
39        [ 8, 10, 12]]))
40 In[7]: np.random.seed(10); e = np.random.rand(2, 3); e
41 Out[7]:
42 array([[0.77132064, 0.02075195, 0.63364823],
43        [0.74880388, 0.49850701, 0.22479665]])
```

```
44  In[8]: f = e + a - 2*b; f, f.dtype
45  Out[8]:
46  (array([[ -3.22867936,  -6.97924805,  -9.36635177],
47          [-12.25119612, -15.50149299, -18.77520335]]),
48  dtype('float64'))
```

6.2.2 函数运算

sum、max 和 min 方法分别返回一个数组包含的所有元素的总和、最大值和最小值。np.sort 函数可对数组进行排序。对于二维数组,可通过 axis 关键字实参指定对每行或每列分别计算。NumPy 提供了很多数学函数 (sin、cos、exp 等),这些函数可分别作用于数组的每个元素。输入函数名和问号可以获取该函数的详细说明。如程序 6.7 所示。

程序 6.7 函数运算

```
1   In[1]: g = np.array([[2,6,5],[4,1,3]]); g
2   Out[1]: array([[2, 6, 5],
3                  [4, 1, 3]])
4   In[2]: g.sum(), g.max(), g.min()
5   Out[2]: (21, 6, 1)
6   In[3]: g.max(axis=0), g.max(axis=1)
7   Out[3]: (array([4, 6, 5]), array([6, 4]))
8   In[4]: g.min(axis=0), g.min(axis=1)
9   Out[4]: (array([2, 1, 3]), array([2, 1]))
10  In[5]: np.sort(g)            # 对每行排序
11  Out[5]: array([[2, 5, 6],
12                 [1, 3, 4]])
13  In[6]: np.sort(g, axis=None) # 对转换成的一维数组排序
14  Out[6]: array([1, 2, 3, 4, 5, 6])
15  In[7]: np.sort(g, axis=0)    # 对每列排序
16  Out[7]: array([[2, 1, 3],
17                 [4, 6, 5]])
18  In[8]: np.sort?
19  Out[8]: Signature: np.sort(a, axis=-1, kind=None, order=None)
20  Docstring:
21  Return a sorted copy of an array.
22
23  Parameters
24  ----------
25  a : array_like
26      Array to be sorted.
27  axis : int or None, optional
28  ......
29  In[9]: np.sqrt(g) + np.exp(g - 5) * np.cos(g**1.3 - 2.8)
30  Out[9]:
```

```
31  array([[1.46118843, 3.46623854, 2.79317164],
32          [1.6348225, 0.99583865, 1.75888854]])
```

6.3 索引、切片和迭代

一维数组可以像列表一样进行索引、切片和迭代。如程序 6.8 所示。

程序 6.8 一维数组的索引、切片和迭代

```
1  In[1]: a = np.arange(1, 16, 2)**2; a
2  Out[1]: array([ 1, 9, 25, 49, 81, 121, 169, 225],
3              dtype=int32)
4  In[2]: a[3], a[1:7:2]
5  Out[2]: (49, array([ 9, 49, 121], dtype=int32))
6  In[3]: a[:6:3] = 361; a
7  Out[3]: array([361, 9, 25, 361, 81, 121, 169, 225],
8              dtype=int32)
9  In[4]: a[::-1]
10 Out[4]: array([225, 169, 121, 81, 361, 25, 9, 361],
11             dtype=int32)
12 In[5]: for i in a: print(np.sqrt(i), end=' ')
13 Out[6]: 19.0 3.0 5.0 19.0 9.0 11.0 13.0 15.0
```

多维数组的每个维度都有一个索引 (程序 6.9)，这些索引用逗号分隔共同构成一个完整的索引元组。如果提供的索引的数量小于维度，则等同于将缺失的维度全部选择 (即冒号 ":")。省略号 ("...") 代表多个可省略的冒号。将二维数组看作一个矩阵，对于二维数组的索引和迭代以矩阵的行为单位。对于一个二维数组 a, a.flat 是一个迭代器，可用在 for 循环中以每个元素为单位进行迭代。

数组不仅可以使用整数和切片作为索引，而且可以使用整数数组 (或列表) 或布尔值数组 (或列表) 作为索引 (程序 6.10, 6.11 和 6.12)。使用一个整数数组 a 作为一个数组 b 的索引得到的结果是一个数组 c, c 中的每个元素是以 a 中的每个元素作为索引值所获取的数组 b 中的对应元素。使用一个布尔值数组 a 作为一个数组 b 的索引得到的结果是一个数组 c, c 中仅包含以数组 a 中的值为 True 的元素的索引值所获取的数组 b 中的对应元素。对于多维数组，可分别对每个维度索引。

对于一个二维数组, np.ix_ 函数使用两个整数数组作为行和列的索引，结果包含了行索引值属于第一个数组并且列索引值属于第二个数组的所有元素 (Out[9])。对于一个二维数组，直接使用两个长度均为 n 的整数数组 a 和 b 作为行和列的索引，结果包含 n 个元素，其中第 $i(0 \leqslant i \leqslant n-1)$ 个元素的行索引值和列索引值分别为 $a[i]$ 和 $b[i]$(Out[10])。

程序 6.9 多维数组的索引、切片和迭代

```
1  In[1]: def f(x, y): return x * 4 + y + 1
2  In[2]: h = np.fromfunction(f, (3, 4), dtype=int); h
3  Out[2]:
```

```
 4  array([[ 1,  2,  3,  4],
 5         [ 5,  6,  7,  8],
 6         [ 9, 10, 11, 12]])
 7  In[3]: h[1, 2], h[0, 3], h[2, 2]
 8  Out[3]: (7, 4, 11)
 9  In[4]: h[1:3], h[1:3,], h[1:3,:], h[0]
10  Out[4]:
11  (array([[ 5,  6,  7,  8],
12         [ 9, 10, 11, 12]]),
13   array([[ 5,  6,  7,  8],
14         [ 9, 10, 11, 12]]),
15   array([[ 5,  6,  7,  8],
16         [ 9, 10, 11, 12]]),
17   array([1, 2, 3, 4]))
18  In[5]: h[:, 1:4:2], h[:, 3:1:-1], h[:, -2]
19  Out[5]:
20  (array([[ 2,  4],
21         [ 6,  8],
22         [10, 12]]),
23   array([[ 4,  3],
24         [ 8,  7],
25         [12, 11]]),
26   array([ 3,  7, 11]))
27  In[6]: for row in h: print(row)
28  Out[6]:
29  [1 2 3 4]
30  [5 6 7 8]
31  [ 9 10 11 12]
32  In[7]: for element in h.flat: print(element, end=' ')
33  Out[7]: 1 2 3 4 5 6 7 8 9 10 11 12
34  In[8]: h[np.ix_([0,2], [1])] # 行索引值为0和2并且列索引值为1
35  Out[8]:
36  array([[ 2],
37         [10]])
38  In[9]: h[np.ix_([0, 2], [0, 2])] # 行索引值为0和2并且列索引值为0和2
39  Out[9]:
40  array([[ 1,  3],
41         [ 9, 11]])
42  In[10]: h[[0, 2], [0, 2]]
43  # 行索引值为0并且列索引值为0和行索引值为2并且列索引值为2
44  Out[10]: array([ 1, 11])
45  In[11]: h[[0, 2]]
46  Out[11]:
47  array([[ 1,  2,  3,  4],
```

```
48         [ 9, 10, 11, 12]])
49  In[12]: h[:,[0,2]]
50  Out[12]:
51  array([[ 1,  3],
52         [ 5,  7],
53         [ 9, 11]])
54  In[13]: h[1:3, 0:3]
55  Out[13]:
56  array([[ 5,  6,  7],
57         [ 9, 10, 11]])
58  In[14]: j = np.arange(24).reshape(3, 2, 4); j
59  Out[14]:
60  array([[[ 0,  1,  2,  3],
61          [ 4,  5,  6,  7]],
62
63         [[ 8,  9, 10, 11],
64          [12, 13, 14, 15]],
65
66         [[16, 17, 18, 19],
67          [20, 21, 22, 23]]])
68  In[15]: j[2, ...]
69  Out[15]:
70  array([[16, 17, 18, 19],
71         [20, 21, 22, 23]])
72  In[16]: j[:, 1:2, :]
73  Out[16]:
74  array([[[ 4,  5,  6,  7]],
75
76         [[12, 13, 14, 15]],
77
78         [[20, 21, 22, 23]]])
79  In[17]: j[..., 1:3]
80  Out[17]:
81  array([[[ 1,  2],
82         [ 5,  6]],
83
84         [[ 9, 10],
85          [13, 14]],
86
87         [[17, 18],
88          [21, 22]]])
```

程序 **6.10** 使用整数数组作为索引

```
1  In[1]: a = np.arange(1, 16, 2)**2; a
2  Out[1]: array([ 1,  9, 25, 49, 81, 121, 169, 225])
```

```
3   In[2]: i = np.array([3, 2, 7, 3, 5]); a[i]
4   Out[2]: array([ 49, 25, 225, 49, 121], dtype=int32)
5   In[3]: j = np.array([[3, 2, 4], [1, 5, 6]]); a[j]
6   Out[3]:
7   array([[ 49, 25, 81],
8          [ 9, 121, 169]], dtype=int32)
9   In[4]: b = a.reshape(4,2); b
10  Out[4]:
11  array([[ 1,  9],
12         [ 25, 49],
13         [ 81, 121],
14         [169, 225]], dtype=int32)
15  In[5]: b[np.array([2, 3, 1, 2])]
16  Out[5]:
17  array([[ 81, 121],
18         [169, 225],
19         [ 25, 49],
20         [ 81, 121]], dtype=int32)
21  In[6]: b[np.array([[2, 3], [1, 2]])]
22  Out[6]:
23  array([[[ 81, 121],
24          [169, 225]],
25
26         [[ 25, 49],
27          [ 81, 121]]], dtype=int32)
28  In[7]: i1 = np.array([[3, 2], # 行索引值
29                       [2, 1]])
30  In[8]: i2 = np.array([[0, 1], # 列索引值
31                       [1, 0]])
32  In[9]: b[i1, i2]
33  Out[9]:
34  array([[169, 121],
35         [121, 25]], dtype=int32)
36  In[10]: b[i1, i2] = 36; a
37  Out[10]: array([ 1, 9, 36, 49, 81, 36, 36, 225],
38                  dtype=int32)
```

对于一个二维数组，argmax 函数可以返回一个整数数组表示每列 (axis=0) 或每行 (axis=1) 的最大值的索引值。用这个整数数组作为索引可以获取二维数组中每列或每行的最大值。如程序 6.11 所示。

程序 6.11　使用整数数组作为索引

```
1   In[1]: data = np.cos(np.arange(103, 123)).reshape(5, 4); data
2   Out[1]:
3   array([[-0.78223089, -0.94686801, -0.24095905, 0.68648655],
```

```
 4         [ 0.98277958, 0.3755096 , -0.57700218, -0.99902081],
 5         [-0.50254432, 0.4559691 ,  0.99526664, 0.61952061],
 6         [-0.32580981, -0.97159219, -0.7240972 , 0.18912942],
 7         [ 0.92847132, 0.81418097, -0.04866361, -0.86676709]])
 8 In[2]: maxind0 = data.argmax(axis=0); maxind0
 9 Out[2]: array([1, 4, 2, 0], dtype=int32)
10 In[3]: data_max0 = data[maxind0, range(data.shape[1])]; data_max0
11 Out[3]: array([0.98277958, 0.81418097, 0.99526664, 0.68648655])
12 In[4]: maxind1 = data.argmax(axis=1); maxind1
13 Out[4]: array([3, 0, 2, 3, 0], dtype=int32)
14 In[5]: data_max1 = data[range(data.shape[0]), maxind1]; data_max1
15 Out[5]: array([0.68648655, 0.98277958, 0.99526664, 0.18912942,
16            0.92847132])
```

程序 6.12   使用布尔值数组作为索引

```
 1 In[1]: a = np.arange(1, 16, 2)**2; a
 2 Out[1]: array([ 1, 9, 25, 49, 81, 121, 169, 225],
 3            dtype=int32)
 4 In[2]: g = a > 50; g
 5 Out[2]: array([False, False, False, False, True, True, True,
 6            True])
 7 In[3]: a[g] = 0; a
 8 Out[3]: array([ 1, 9, 25, 49, 0, 0, 0, 0], dtype=int32)
 9 In[4]: b = a.reshape(2, 4); b
10 Out[4]:
11 array([[ 1, 9, 25, 49],
12     [ 0, 0, 0, 0]], dtype=int32)
13 In[5]: i1 = np.array([False, True]); b[i1, :]
14 Out[5]: array([[0, 0, 0, 0]], dtype=int32)
15 In[6]: i2 = np.array([True, False, False, True]); b[:, i2]
16 Out[6]:
17 array([[ 1, 49],
18     [ 0, 0]], dtype=int32)
```

6.4   复制和视图

在对数组进行运算时,有时元素会复制到一个新数组中,有时不发生复制。

程序 6.13 Out[4] 行的输出结果是:k is h 的值为 True,并且 k 和 h 的 id 值相同。这说明 In[3] 行的赋值运算给已有数组 h 创建一个别名 k,而不发生元素的复制。Python 语言的函数调用对于可变实参是传引用而非传值,所以也不发生元素的复制。

view 方法从已有数组创建一个新的数组 (Out[6] 行 m is h 的值为 False),可以理解为原数组的一个视图。新数组和已有数组共享元素 (Out[6] 行 m.base is h 的值为 True 并且 m.flags.owndata 的值为 False)，但可以有不同形状。从原数组切片得到的新数组也是原数组的一个视图。ravel 方法从一个多维数组生成一个一维数组，也是原数组的一个视图。reshape 方法从原数组生成一个不同形状的视图。

　　copy 方法将已有数组的元素复制到新创建的数组中，新数组和原数组不共享元素 (Out[12] 行 v.base is h 的值为 False 并且 v.flags.owndata 的值为 True)。copy 方法的一个用途是复制元素以后可以用 del 回收原数组占用的内存空间。

程序 6.13　复制和视图

```
1   In[1]: def f(x, y): return x * 4 + y + 1
2   In[2]: h = np.fromfunction(f, (3, 4), dtype=int); h
3   Out[2]:
4   array([[ 1, 2, 3, 4],
5          [ 5, 6, 7, 8],
6          [ 9, 10, 11, 12]])
7   In[3]: k = h
8   In[4]: k is h, id(k), id(h)
9   Out[4]: (True, 186428160, 186428160)
10  In[5]: m = h.view()
11  In[6]: m is h, m.base is h, m.flags.owndata
12  Out[6]: (False, True, False)
13  In[7]: m.resize((2, 6)); h.shape
14  Out[7]: (3, 4)
15  In[8]: m[1, 3] = 16; m, h
16  Out[8]:
17  (array([[ 1, 2, 3, 4, 5, 6],
18          [ 7, 8, 9, 16, 11, 12]]),
19   array([[ 1, 2, 3, 4],
20          [ 5, 6, 7, 8],
21          [ 9, 16, 11, 12]]))
22  In[9]: t = h[0:2, 1:3]; t
23  Out[9]:
24  array([[2, 3],
25         [6, 7]])
26  In[10]: t[1, 0] = 20; h
27  Out[10]:
28  array([[ 1, 2, 3, 4],
29         [ 5, 20, 7, 8],
30         [ 9, 16, 11, 12]])
31  In[11]: v = h.copy()
32  In[12]: v is h, v.base is h, v.flags.owndata
33  Out[12]: (False, False, True)
34  In[13]: v[1, 1] = 36; v[1, 1], h[1, 1]
35  Out[13]: (36, 20)
36  In[14]: p = h.ravel(); p
```

```
37  Out[14]: array([ 1,  2,  3,  4,  5, 20,  7,  8,  9, 16, 11, 12])
38  In[15]: p[9]=99; h
39  Out[15]:
40  array([[ 1,  2,  3,  4],
41         [ 5, 20,  7,  8],
42         [ 9, 99, 11, 12]])
43  In[16]: a = np.arange(1000000); b = a[:100].copy()
44  In[17]: del a # 回收数组a占用的内存空间
```

6.5 矩 阵 计 算

矩阵可以使用 numpy.array 类的二维对象表示。SciPy 扩展库的 scipy.linalg 模块定义了常用的矩阵计算函数。* 运算符表示两个矩阵的对应元素的乘法,不表示矩阵乘法。inv 函数计算一个矩阵的逆矩阵。det 函数计算一个矩阵的行列式。norm 函数对于一个矩阵 A 计算其 Frobenius 范数 $\sqrt{\mathrm{trace}(A^H A)}$,对于一个向量 x 计算其欧式范数 (各分量的平方和的平方根)$\sqrt{\sum_i |x_i|^2}$。solve(A, b) 函数求解线性方程组 $Ax = b$。eig(A) 函数返回一个元组,由一个向量和一个矩阵组成。向量的第 i 个分量是矩阵的第 i 个特征值,矩阵的第 i 个列向量则是第 i 个特征值对应的特征向量。

一个秩为 r 的 $m \times n$ 的实矩阵 A 的奇异值分解 (singular value decomposition) (Lyche, 2019) 为 $A = U S V^{\mathrm{T}} = [u_1, \cdots, u_m] S [v_1, \cdots, v_n]^{\mathrm{T}}$,其中

$$S = \left(\begin{array}{c|c} \mathrm{diag}(\sigma_1, \cdots, \sigma_r) & \mathbf{0}_{r,n-r} \\ \hline \mathbf{0}_{m-r,r} & \mathbf{0}_{m-r,n-r} \end{array} \right)$$

奇异值为 $\sigma_1, \cdots, \sigma_r$,奇异向量为 $u_1, \cdots, u_m$ 和 $v_1, \cdots, v_n$,且

$$Av_i = \sigma_i u_i, \quad i = 1, \cdots, r, \quad Av_i = 0, \quad i = r+1, \cdots, n \tag{6.1}$$

$$A^{\mathrm{T}} u_i = \sigma_i v_i, \quad i = 1, \cdots, r, \quad A^{\mathrm{T}} u_i = 0, \quad i = r+1, \cdots, m \tag{6.2}$$

svd(A) 返回一个元组 (U, s, V^{T}),其中 s 是由所有奇异值组成的向量。diagsvd 函数返回 Σ。矩阵的秩可通过计数非零奇异值的个数获得。

lu(A) 实现了 LU 分解 (LU decomposition),即将一个矩阵 A 分解为一个置换矩阵 P、一个对角线上元素均为 1 的下三角矩阵 L 和一个上三角矩阵 U 的乘积: $A = PLU$。np.allclose 函数判断两个数组在指定的相对误差 (用关键字参数 rtol 指定,默认值为 10^{-5}) 和绝对误差 (用关键字参数 atol 指定,默认值为 10^{-8}) 下是否相等。

scipy.linalg 模块还实现了 Cholesky 分解、QR 分解和 Schur 分解 (SciPyDoc)。

程序 6.14 矩阵计算

```
1  In[1]: import numpy as np
2  In[2]: A = np.array([[4,3],[2,1]]); A
3  Out[2]:
```

```
 4  array([[4, 3],
 5         [2, 1]])
 6  In[3]: from scipy import linalg; linalg.inv(A)
 7  Out[3]:
 8  array([[-0.5, 1.5],
 9         [ 1. , -2. ]])
10  In[4]: b = np.array([[6,5]]); b # 2D array
11  Out[4]: array([[6, 5]])
12  In[5]: b.T
13  Out[5]:
14  array([[6],
15         [5]])
16  In[6]: A*b # 并非矩阵乘法
17  Out[6]:
18  array([[24, 15],
19         [12, 5]])
20  In[7]: A.dot(b.T) # 矩阵乘法
21  Out[7]:
22  array([[39],
23         [17]])
24  In[8]: b = np.array([6,5]); b
25  Out[8]: array([6, 5])
26  In[9]: b.T # 并非矩阵转置
27  Out[9]: array([6, 5])
28  In[10]: A.dot(b)
29  Out[10]: array([39, 17])
30  In[11]: A.dot(linalg.inv(A))
31  Out[11]: array([[1., 0.],
32                  [0., 1.]])
33  In[12]: linalg.det(A)
34  Out[12]: -2.0
35  In[13]: linalg.norm(A), linalg.norm(b)
36  Out[13]: (5.477225575051661, 7.810249675906654)
37  In[14]: x = np.linalg.solve(A, b); x
38  Out[14]: array([ 4.5, -4. ])
39  In[15]: A.dot(x) - b
40  Out[15]: array([0., 0.])
41  In[16]: la, v = linalg.eig(A)
42  In[17]: la
43  Out[17]: array([ 5.37228132+0.j, -0.37228132+0.j])
44  In[18]: v
45  Out[18]:
46  array([[ 0.90937671, -0.56576746],
47         [ 0.41597356, 0.82456484]])
```

```
48  In[19]: A.dot(v[:, 0]) - la[0] * v[:, 0]
49  Out[19]: array([0.+0.j, 0.+0.j])
50  In[20]: np.sum(abs(v**2), axis=0)
51  Out[20]: array([1., 1.])
52  In[21]: A = np.array([[2,3,5],[7,9,11]])
53  In[22]: U,s,V = linalg.svd(A); s
54  Out[22]: array([16.96707058, 1.05759909])
55  In[23]: m, n = A.shape; S = linalg.diagsvd(s, m, n); S
56  Out[23]:
57  array([[16.96707058, 0.        , 0.        ],
58         [ 0.        , 1.05759909, 0.        ]])
59  In[24]: U.dot(S.dot(V))
60  Out[24]:
61  array([[ 2., 3., 5.],
62         [ 7., 9., 11.]])
63  In[25]: tol = 1E-10; (abs(s) > tol).sum() # 输出矩阵的秩
64  Out[25]: 2
65  In[26]: C = np.array([[2,3,5,7],[9,11,13,17],[19,23,29,31]])
66  In[26]: p, l, u = linalg.lu(C); p, l, u
67  Out[26]:
68  (array([[0., 1., 0.],
69         [0., 0., 1.],
70         [1., 0., 0.]]),
71   array([[1.        , 0.        , 0.        ],
72         [0.10526316, 1.        , 0.        ],
73         [0.47368421, 0.18181818, 1.        ]]),
74   array([[19.        , 23.        , 29.        , 31.        ],
75         [ 0.        , 0.57894737, 1.94736842, 3.73684211],
76         [ 0.        , 0.        , -1.09090909, 1.63636364]]))
77  In[27]: np.allclose(C - p @ l @ u, np.zeros((3, 4)))
78  Out[27]: True
```

6.6 稀 疏 矩 阵

稀疏矩阵指大多数元素为 0 的矩阵,在求解微分方程等很多问题中经常出现。非稀疏的矩阵也称为稠密矩阵。按照稠密矩阵的方式对稀疏矩阵进行存储和计算会导致不必要的空间和时间开销,因此通常只存储稀疏矩阵中非零元的位置和值。scipy.sparse 模块提供了多个类,分别用不同的格式存储稀疏矩阵。它们都从一个共同的父类 spmatrix 继承,不同的存储格式体现为每个类的独特属性。对于一个 spmatrix 类或其子类的对象 mtx,mtx.A(等同于 mtx.toarray()) 返回其对应的 NumPy 数组,mtx.T(等同于 mtx.transpose()) 和 mtx.H 分别返回其转置和共轭转置,mtx.real 和 mtx.imag 分别返回其实部矩阵和虚部矩阵,mtx.size

返回其非零元的个数,mtx.shape 返回一个由行数和列数组成的元组。

　　稀疏矩阵的格式包括 CSR(Compressed Sparse Row, 压缩稀疏行)、CSC(Compressed Sparse Column, 压缩稀疏列)、COO(Coordinate list, 坐标列表)、LIL(List in Lists, 列表的列表)、DOK (Dictionary of Keys, 键的字典)、DIA(Diagonal Matrix, 对角矩阵) 和 BSR(Block-Sparse Row, 块稀疏矩阵)。CSR 和 CSC 适用于矩阵计算,COO, LIL 和 DOK 适用于创建和更新稀疏矩阵,DIA 适用于对角矩阵,BSR 适用于由多个形状相同的稠密子阵构成的稀疏矩阵。6.2 节介绍的对于 Numpy 数组的运算也适用于这些格式的稀疏矩阵。通过索引或切片访问稀疏矩阵的语法和 Numpy 数组相同,但某些格式的稀疏矩阵不提供切片运算或即使提供但运行效率低。不同格式的稀疏矩阵可以通过 toXXX 方法互相转换,例如 tocsr 方法转换成 CSR。在解决问题时根据需要创建合适格式的稀疏矩阵,在进行计算时再转换成 CSR 或 CSC。程序6.15通过示例演示了这些不同格式的稀疏矩阵的用法和属性。直接生成 CSR 格式的方式有两种。In[29] 行通过提供三个数组生成:data 保存了所有非零元;row 保存了所有非零元的行索引值;col 保存了所有非零元的列索引值。关键字实参 shape 指定矩阵的行数和列数。In[33] 行通过提供三个数组生成:data 保存了所有非零元;indices 保存了所有非零元的列索引值;indptr 保存了每行的第一个非零元在 data 中的索引值。

　　scipy.sparse.linalg 模块提供了多个函数求解线性方程组 $Ax = b$,其中 A 是稀疏矩阵,x 和 b 都是稠密向量。spsolve 函数进行直接求解。进行迭代求解的函数有多个,例如 cg(共轭梯度) 和 bicg(双共轭梯度) 等,它们的返回值是一个元组 (x, info),其中 x 是解,info 为 0 表示没有出错,info 为正数表示收敛错误,info 为负数表示输入错误。当一个稀疏矩阵的行数超过某一阈值 (如 100) 时,使用 scipy.sparse.linalg 模块的函数进行求解的运行时间短于 np.linalg.solve(Johansson, 2019)。

程序 6.15　scipy.sparse 模块的稀疏矩阵类

```
1  In[1]: import numpy as np
2  In[2]: import scipy.sparse as sps
3  In[3]: data = np.arange(12).reshape((3, 4)) + 1; data
4  Out[3]:
5  array([[ 1, 2, 3, 4],
6         [ 5, 6, 7, 8],
7         [ 9, 10, 11, 12]])
8  In[4]: offsets = np.array([0, 1, -2])
9  In[5]: dia = sps.dia_matrix((data, offsets), shape=(4, 4)); dia
10 Out[5]:
11 <4x4 sparse matrix of type '<class 'numpy.int32'>'
12   with 9 stored elements (3 diagonals) in DIAgonal format>
13 # 生成了一个DIA格式的稀疏矩阵, data中的每一行被排布在矩阵中的对角线和其上方或下方的平
14 # 行线上, offsets中的每个元素表示data中的对应行的排布位置: 0表示对角线, 正整数和负整
15 # 数分别表示对角线上方和下方某一偏移量的平行线
16
17 In[6]: print(dia.todense())
```

```
18  Out[6]:
19  [[ 1  6  0  0]
20   [ 0  2  7  0]
21   [ 9  0  3  8]
22   [ 0 10  0  4]]
23  In[7]: lil = dia.tolil() # 从一个DIA格式的矩阵生成一个LIL格式的矩阵
24  In[8]: lil.rows # 由多个列表组成，每个列表存储了每行非零元的列索引值
25  Out[8]:
26  array([list([0, 1]), list([1, 2]), list([0, 2, 3]),
27         list([1, 3])], dtype=object)
28  In[9]: lil.data # 由多个列表组成，每个列表存储了每行的非零元
29  Out[9]:
30  array([list([1, 6]), list([2, 7]), list([9, 3, 8]),
31         list([10, 4])], dtype=object)
32  In[10]: coo = lil.tocoo() # 从一个LIL格式的矩阵生成一个COO格式的矩阵
33  In[11]: coo.row # 所有非零元的行索引值
34  Out[11]: array([0, 0, 1, 1, 2, 2, 2, 3, 3])
35  In[12]: coo.col # 所有非零元的列索引值
36  Out[12]: array([0, 1, 1, 2, 0, 2, 3, 1, 3])
37  In[13]: coo.data # 所有的非零元
38  Out[13]: array([ 1, 6, 2, 7, 9, 3, 8, 10, 4], dtype=int32)
39  In[14]: dok = coo.todok() # 从一个COO格式的矩阵生成一个DOK格式的矩阵
40  In[15]: dok.items() # 每个键是一个非零元的位置元组，对应的值是非零元
41  Out[15]: dict_items([((0, 0), 1), ((2, 0), 9), ((0, 1), 6),
42                       ((1, 1), 2), ((3, 1), 10), ((1, 2), 7),
43                       ((2, 2), 3), ((2, 3), 8), ((3, 3), 4)])
44  In[16]: csr = dok.tocsr() # 从一个DOK格式的矩阵生成一个CSR格式的矩阵
45  In[17]: csr.data # 所有的非零元
46  Out[17]: array([ 1, 6, 2, 7, 9, 3, 8, 10, 4], dtype=int32)
47  In[18]: csr.indices # 所有非零元的列索引值
48  Out[18]: array([0, 1, 1, 2, 0, 2, 3, 1, 3], dtype=int32)
49  In[19]: csr.indptr # 每行的第一个非零元在csr.data中的索引值
50  Out[19]: array([0, 2, 4, 7, 9], dtype=int32)
51  In[20]: csr * np.array([4, 3, 2, 1]) # 稀疏矩阵和一个向量的矩阵乘法
52  Out[20]: array([22, 20, 50, 34], dtype=int32)
53  In[21]: import scipy.sparse.linalg as spla
54  In[22]: b = np.array([4, 2, 1, 3])
55  In[23]: x = spla.spsolve(csr, b); x # 直接求解
56  Out[23]:
57  array([ 0.64503817, 0.55916031, 0.1259542 , -0.64790076])
58  In[24]: x = np.linalg.solve(csr.todense(), b); x
59  Out[24]: array([ 0.64503817, 0.55916031, 0.1259542 ,
60                   -0.64790076])
61  In[25]: x = spla.bicg(csr, b); x # 双共轭梯度迭代求解
```

```
62   Out[25]: (array([ 0.64503817, 0.55916031, 0.1259542 ,
63                   -0.64790076]), 0)
64   In[26]: row = np.array([0, 0, 1, 2, 2, 2])
65   In[27]: col = np.array([0, 2, 1, 0, 1, 2])
66   In[28]: data = np.array([1, 2, 3, 4, 5, 6])
67   In[29]: print(sps.csr_matrix((data, (row, col)),
68                   shape=(3, 3)).toarray())
69   Out[29]: [[1 0 2]
70            [0 3 0]
71            [4 5 6]]
72   In[30]: indptr = np.array([0, 2, 3, 6])
73   In[31]: indices = np.array([0, 2, 1, 0, 1, 2])
74   In[32]: data = np.array([1, 2, 3, 4, 5, 6])
75   In[33]: print(sps.csr_matrix((data, indices, indptr),
76                   shape=(3, 3)).toarray())
77   Out[33]: [[1 0 2]
78            [0 3 0]
79            [4 5 6]]
```

　　scipy.sparse.linalg 模块的 eigs 函数求解稀疏矩阵的特征值和特征向量,eigsh 求解实对称矩阵和复 Hermitian 矩阵的特征值和特征向量。由于稀疏矩阵的规模较大,这些函数只返回指定数量的特征值和特征向量。svds 函数进行奇异值分解。

　　程序6.16演示了稀疏矩阵的可视化。图6.1(a) 和图 6.1(b) 分别显示了修改前后的稀疏矩阵的结构,其中矩阵的非零元用小方块表示。

程序 6.16　scipy.sparse 模块的稀疏矩阵类

```
1    import numpy as np
2    import scipy.sparse as sps; import scipy.sparse.linalg as spla
3    import matplotlib.pyplot as plt
4
5    fig, axes = plt.subplots(1, 2, figsize=(9, 4), dpi = 300)
6    N = 100
7    m = sps.diags([1, -2, 3], [-4, 0, 2], [N, N], format='dok')
8    # 创建了一个对角矩阵。第一个实参是一个存储了一些非零元的列表;第二个实参是一个存储了偏
9    # 移量的列表, 其中的每个元素表示第一个列表中的对应元素所在位置相对于对角线的偏移量;第
10   # 三个实参是一个表示矩阵形状的元组;第四个实参指定了格式
11
12   axes[0].spy(m, markersize=1) # 将稀疏矩阵可视化为图像
13   m[63:75:3, 15:39:4] = np.random.randint(10, 20, (4, 6))
14   # randint函数生成一个指定形状的数组, 由服从某一区间内的均匀分布的随机整数组成, 区间
15   # 的范围由前两个参数指定, 数组的形状由第三个参数指定
16
17   m[80, 40] = 9
18   m[26, 60:90:3] = np.random.randint(40, 80, 10)
19   # 以上三行使用索引和切片语法修改了矩阵的一些元素
```

```
20   axes[1].spy(m, markersize=1); plt.show()
21   evals, evecs = spla.eigs(m, k=5, which='LM')
22   # 关键字实参k指定需要返回的特征值的个数。关键字实参which指定返回的特征值需要满足的条件:
23   # LM和SM分别表示最大和最小幅度, LR和SR分别表示最大和最小实部, LI和SI分别表示最大和最小
24   # 虚部。这里幅度指复数的模或实数的绝对值
25
26
27
28   print(evals.shape, evecs.shape) # (5,) (100, 5)
29   # 返回值evals是一个包含5个特征值的一维数组。返回值evecs是一个100 × 5的二维数组。evecs的
30   # 第j列是evals中第j个特征值对应的特征向量
31
32   t = [np.allclose(m.dot(evecs[:,i]), evals[i] * evecs[:,i])
33        for i in range(5)]
34   print(np.all(t)) # True
35   # 根据定义检查了特征值和特征向量的计算结果
```

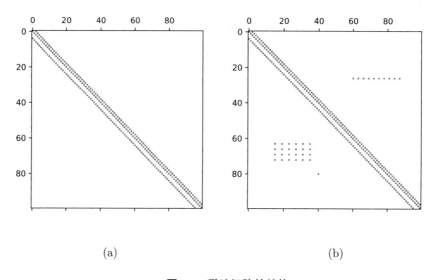

(a)   (b)

图 6.1　稀疏矩阵的结构

6.7　实验 6：NumPy 数组和矩阵计算

实验目的

本实验的目的是掌握使用 NumPy 库和 scipy.sparse 模块进行矩阵计算。

实验内容

1. 求解线性方程组和矩阵的基本运算生成一个由实数组成的秩为 4 的 4 行 4 列的矩阵 A 和一个由实数组成的包含 4 个元素的列向量 b。求解线性方程组 $Ax = b$。计算矩阵 A 的转置、行列式、秩、逆矩阵、特征值和特征向量。

2. 计算最小二乘解和矩阵分解生成一个由实数组成的秩为 4 的 6 行 4 列的实矩阵 B 和一个由实数组成的包含 6 个元素的列向量矩阵 b。计算线性方程组 $Bx = b$ 的最小二乘解 $(B^\mathrm{T}B)^{-1}B^\mathrm{T}b$。计算矩阵 B 的奇异值分解，并验证 6.5 节的奇异值分解满足的方程 (6.1)。计算矩阵 B 的 LU 分解。

3. 使用两种方式直接生成 CSR 格式的稀疏矩阵 (不能从其他格式转换)：

$$A = \begin{pmatrix} 1 & 0 & 2 & 0 & 0 \\ 0 & 0 & 0 & 3 & 0 \\ 0 & 4 & 0 & 0 & 5 \\ 0 & 0 & 6 & 0 & 7 \\ 0 & 0 & 0 & 8 & 9 \end{pmatrix}$$

然后使用双共轭梯度方法求解线性方程组 $Ax = b$，其中 b 的值为 np.array([4, 2, 1, 3, 5])。
答案：(array([2.91358025, 0.2962963, 0.54320988, 0.66666667, −0.03703704]), 0)。

第7章 错误处理和文件读写

本章的前半部分介绍程序错误的几种类型和应对方法,后半部分介绍读和写多种类型文件的方法。

7.1 错 误 处 理

7.1.1 错误的分类

程序发生的错误可分为三大类:语法错误、逻辑错误和运行时错误。

● 语法错误是指程序违反了程序设计语言的语法规则,例如语句"if 3>2 print('3>2')"因冒号缺失导致语法解析器 (parser) 报错"SyntaxError: invalid syntax"。

● 逻辑错误是指程序可以正常运行,但结果不正确。例如程序7.1本意是对从 1 至 10 的所有整数求和,但由于对 range 函数的错误理解,实际是对从 1 至 9 的所有整数求和。

程序 7.1　for 语句输出从 1 至 10 的所有整数的和

```
1  sum = 0
2  for i in range(1, 10):
3      sum += i
4  print("The sum of 1 to 10 is %d" % sum)
5  # The sum of 1 to 10 is 45
```

● 运行时错误也称为异常 (exception), 是指程序在运行过程中发生了意外情形而无法继续运行。例如语句"a = 1/0 + 3"在运行过程中报错"ZeroDivisionError: division by zero"并终止。

语法错误和运行时错误都有明确的出错信息,改正这两类错误比较容易。相比之下,改正逻辑错误的难度更大。

避免发生错误的基本方法列举如下。

(1) 在编写较复杂程序之前应构思一个设计方案, 把要完成的任务分解成为一些子任务,各子任务分别由一个模块完成。每个模块内部根据需要再进行功能分解,实现一些类和函数。这样使得整个程序有清晰合理的结构,容易修改和维护。

(2) 对于每个类、函数和模块进行充分的测试。

(3) 实现某一功能之前,先了解 Python 标准库和扩展库是否已经实现了该功能。如果是,则可以直接利用。这些库由专业软件开发人员实现,在正确性和运行效率上优于自己编写的程序。

7.1.2　调试

对于比较简单的程序,可以通过反复阅读程序和输出中间步骤的变量值查找逻辑错误。对于比较复杂的程序,上述方法的效率较低,更为有效的方法是设断点调试程序。

设断点调试程序所依据的原理是基于命令式编程范式编写的程序的运行过程可以理解为状态转换的过程。状态包括程序中所有变量的值和正在运行的语句编号。每条语句的运行导致某些变量的值发生变化,可以理解为发生了一步状态转换。程序的输出结果是最终状态。从程序开始运行到结束经历了多次状态转换。如果程序结束时的输出结果有错,则错误必定发生在某一次状态转换中。在可能出错的每一条语句之前设断点。程序运行到断点停下以后,单步运行程序以观察每一步状态转换并与预期结果对照,这样最终一定会找到出错的语句。下面以实现高斯消去法的程序为例说明在 spyder 中设断点调试程序的方法。

高斯消去法可用来求解线性方程组 $\boldsymbol{Ax} = \boldsymbol{b}$。通过一系列的初等行变换,高斯消去法将增广矩阵 $(\boldsymbol{A}, \boldsymbol{b})$ 转变成一个上三角矩阵。设矩阵 $\boldsymbol{A}$ 的行数和列数分别为 m 和 n。程序的设计方案如下:

(1) 外循环对第 $j\,(0 \leqslant j \leqslant n-2)$ 列运行,每次循环完成后第 j 列处于主对角线下方的元素变为 0。

(2) 内循环对第 $i\,(j+1 \leqslant i \leqslant m-1)$ 行运行,将第 j 行乘以 $-a_{ij}/a_{jj}$ 的结果从第 i 行减去,目的是使得 a_{ij} 变为 0。

程序7.2的运行结果 (程序7.3) 显示它对矩阵 $\boldsymbol{A}$ 输出了正确的结果,但对 $\boldsymbol{B}$ 输出的结果有错误并且报告在第 7 行出现除数 M[j, j] 为 0 的警告,这个警告提示了出错的可能原因。

程序 7.2　高斯消去法第一个版本

```
1  import numpy as np
2
3  def Gaussian_elimination_v1(M):
4      m, n = np.shape(M)
5      for j in range(n - 1):
6          for i in range(j + 1, m):
7              M[i, :] -= (M[i, j] / M[j, j]) * M[j, :]
8      return M
9
10 A = np.array([[2.0,3,5,7],[11,13,17,19],[23,29,31,37]])
11 print(Gaussian_elimination_v1(A))
12
13 B = np.array([[2.0,3,5,7],[12,18,17,19],[23,29,31,37]])
14 print(Gaussian_elimination_v1(B))
```

程序 7.3　程序7.2的运行结果

```
1  [[ 2.        3.        5.        7.        ]
```

```
2   [ 0.          -3.5         -10.5         -19.5        ]
3   [ 0.          0.           -10.          -12.85714286]]
4  [[ 2.  3.  5.  7.]
5   [ 0.  0. -13. -23.]
6   [ nan nan -inf -inf]]
7  c:\users\user\.spyder-py3\untitled0.py:7: RuntimeWarning:
8  divide by zero encountered in scalar divide
9    M[i, :] -= (M[i, j] / M[j, j]) * M[j, :]
10 c:\users\user\.spyder-py3\untitled0.py:7: RuntimeWarning:
11 invalid value encountered in multiply
12   M[i, :] -= (M[i, j] / M[j, j]) * M[j, :]
```

为了能设置条件断点使程序在 A[j, j] 为 0 时暂停运行,在第 6 行后面加上以下语句

```
if abs(M[j, j]) < 1e-10:
    k = 0
```

这里语句 $k = 0$ 不会影响程序的运行结果。

由于程序只对 B 的输出有错,需要先在第 16 行以 B 作为实参调用函数的语句处设置断点。在左边编辑窗口中的某一行设置断点的步骤是:首先用鼠标点击该行使得光标在该行跳动,然后点击 Debug 菜单的菜单项 "Set/Clear breakpoint" 或按下快捷键 F12。此时该行的行号的右边出现了一个红色的圆点,表示已在这一行设置断点。设置断点的操作类似电灯的开关,再进行一次以上操作则会取消断点。

在第 16 行设置断点以后,需要进行调试运行。和正常运行不同,调试运行会在当前设置的所有断点处停下,以便检查程序的中间状态。Debug 菜单提供了多个菜单项用于调试运行,表7.1说明了一些常用菜单项的用途。

表 7.1 Debug 菜单的常用菜单项

菜单项	用途
Set/Clear breakpoint	点击一次在当前行设置断点,再点击一次则清除断点
Debug	开始调试运行。调试运行和普通运行的区别在于遇到断点会停止
Step	单步运行,如果当前语句是函数调用语句则执行完函数调用,不会进入函数内部
Step Into	单步运行,如果当前语句是函数调用语句则进入函数内部,并停止在第一条语句
Continue	继续运行直至遇到下一个断点,然后停止
Stop	结束调试运行
Clear breakpoints in all files	清除所有断点

点击 Debug 菜单的菜单项 "Debug" 或使用快捷键 Ctrl+F5 使程序开始调试运行。此时第 16 行行号的右边出现一个蓝色箭头 (部分被红色圆点遮挡),表示已在这一行停下。点击右上角窗口下边界处的 "Variable explorer" 可使右上角窗口自动显示所有变量的值。有时矩

阵无法完整显示,可以用鼠标右键点击窗口,在弹出的菜单中选中"Resize rows to contents" 或 "Resize columns to contents"。

　　下一步需要在第 8 行设置断点。为了使程序继续运行直至下一个断点 (即第 8 行),可以进行多次单步运行。进行单步运行的方法是点击 Debug 菜单的菜单项 "Step Into" 或使用快捷键 Ctrl+F11。效率更高的方式是点击 Debug 菜单的菜单项 "Continue" 或使用快捷键 Ctrl+F5,这样程序可以继续运行直至下一个断点。程序停下后,为了观察程序中变量的值,在控制台输入 "M, i, j",输出结果如图7.1所示。由于 M[1, 1] 的值为 0,接下来在运行第 9 行时会发生除数 A[j, j] 为 0 的情形。为了避免出现某行在主对角线上的元素为 0 的情形,可以将该行与其他行进行交换,使得主对角线上的元素的绝对值尽可能大。已经找到出错原因后,为了终止调试运行,点击 Debug 菜单的菜单项 "Stop" 或使用快捷键 Ctrl+Shift+F12。

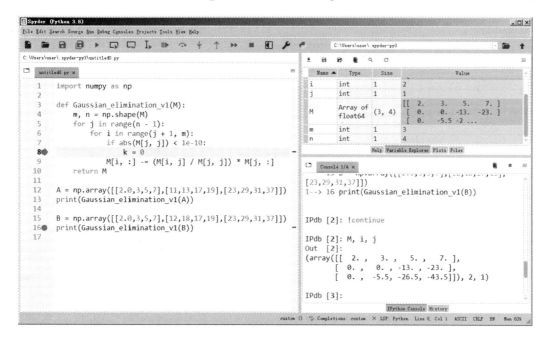

图 7.1　设置断点进行调试

　　程序7.4实现了以上修改。第 6 行在位于第 j 列的第 j 行及以下的元素中找到绝对值最大的元素所在行的索引值 p,这个索引值是相对于 j 的。第 7 行判断如果 p 大于 0,则说明绝对值最大的元素不在第 j 行,需要在第 8 行交换第 j 行和第 p+j 行。第 9 行判断若 M[j, j] 为 0 则退出外循环,否则运行内循环。

程序 7.4　高斯消去法第二个版本

```
1  import numpy as np
2
3  def Gaussian_elimination_v2(M, tol = 1e-10):
4      m, n = np.shape(M)
5      for j in range(n - 1):
6          p = np.argmax(abs(M[j:m, j]))
7          if p > 0:
```

```
8            M[[j, p + j]] = M[[p + j, j]]
9        if abs(M[j, j]) < tol: break
10       for i in range(j + 1, m):
11           M[i, :] -= (M[i, j] / M[j, j]) * M[j, :]
12   return M
13
14 B = np.array([[2.0,3,5,7],[12,18,17,19],[23,29,31,37]])
15 print(Gaussian_elimination_v2(B))
```

图7.2显示了程序7.4在单步运行时输出的中间结果。

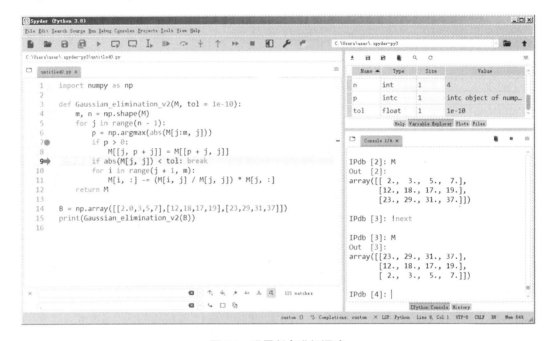

图 7.2　设置断点进行调试

7.1.3　异常处理

若程序中某一语句块在运行过程中可能发生运行时错误,可以利用 if 语句对每一种出错情形进行判断和处理。当出错情形较多时,这些 if 语句导致程序结构不清晰并难于理解。异常处理是比 if 语句更好的错误处理方式,体现在将程序的主线和错误处理分离。异常处理为每种出错的情形定义一种异常,然后将可能出错的语句置于 try 语句块中。如果这些语句在运行时出错,运行时系统会抛出异常,导致程序跳转到对应这种异常的 except 语句块中处理异常。else 语句块是可选的,包含不发生任何异常时必须运行的语句,必须位于所有except 语句块之后。

例如程序7.5要求用户在命令行输入两个整数作为参数,然后计算它们的最大公约数。如果用户输入的参数少于两个,或者某个参数不是整数,都会导致错误。sys.argv 是一个列表,存储了用户在命令行输入的所有字符串。索引值为 0 的字符串是程序的名称,其余字符串是用户输入的参数。如果输入的参数少于两个,则读取 sys.argv[2] 导致 IndexError,第

13 行至第 14 行的 except 语句块对这种异常进行处理,即输出具体的出错信息。如果某个参数不是整数,则 int 函数报错 ValueError,第 15 行至第 16 行的 except 语句块对这种异常进行处理。如果用户输入了至少两个参数,并且前两个都是整数,则程序不会发生异常,第 12 行运行完成以后跳转到第 17 行至第 19 行的 else 语句块。else 语句块调用 gcd 函数计算前两个整数的最大公约数,然后输出 (程序 7.6)。

程序 7.5　异常处理

```
1  def gcd(a, b):
2      while a != b:
3          if a > b:
4              a -= b
5          else:
6              b -= a
7      return a
8
9  import sys
10 try:
11     x = int(sys.argv[1])
12     y = int(sys.argv[2])
13 except IndexError:
14     print('Two arguments must be supplied on the command line')
15 except ValueError:
16     print('Each argument should be an integer.')
17 else:
18     print('The greatest common divisor of %d and %d is %d' %\
19         (x, y, gcd(x, y)))
```

程序 7.6　程序7.5的运行结果

```
1  In[1]: run d:\python\src\gcd_ex.py 4
2  Out[1]: Two arguments must be supplied on the command line
3  In[2]: run d:\python\src\gcd_ex.py 4 6o
4  Out[2]: Each argument should be an integer.
5  In[3]: run d:\python\src\gcd_ex.py 4 60
6  Out[3]: The greatest common divisor of 4 and 60 is 4
```

Python 标准库定义了很多内置异常类,它们都是 Exception 类的直接或间接子类,构成一个继承层次结构。这些异常类针对的错误类型包括算术运算、断言、输入输出和操作系统等。except 语句块中声明某一个异常类时,可以处理对应于该异常类或其子类的运行时错误。

用户在程序中可以使用这些内置异常类,也可以根据需要自定义异常类,自定义的异常类以 Exception 作为父类。例如程序7.7的第 1 行至第 7 行针对用户输入的整数为负数的出错情形定义了异常类 InputRangeError。InputRangeError 类只有一个属性,即出错信息。gcd 函数在第 10 行判断用户输入的两个整数中是否存在负数,若是则在第 11 行抛出 InputRangeError 异常,因为这种情形下 while 循环不会终止。异常导致 gcd 函数返回,该异常对象被第 29 行的 except 语句块捕获，然后在第 30 行输出出错信息。如果用户输入了至少两个参数，并且前两个都是正整数，则程序不会发生异常。

第 31 行至第 32 行的 finally 语句块是可选的。finally 语句块必须位于所有其他语句块之后。无论是否发生异常，finally 语句块都会运行，通常用于回收系统资源等善后工作。finally 语句块的语义规则如下：

(1) 如果 try 语句块在运行过程中抛出了异常，且未被任何 except 语句块处理，则运行 finally 语句块后会重新抛出该异常。

(2) 如果 except 语句块和 else 语句块在运行过程中抛出了异常，则运行 finally 语句块后会重新抛出该异常。

(3) 如果 try 语句块中即将运行 break、continue 或 return 等跳转语句，则会先运行 finally 语句块再运行跳转语句。

程序 7.7 的运行结果如程序 7.8 所示。

程序 7.7　自定义异常类

```
1   class InputRangeError(Exception):
2       """Raised when an input is not in suitable range
3          Attributes:
4              message -- explanation of suitable range
5       """
6       def __init__(self, message):
7           self.message = message
8
9   def gcd(a, b):
10      if a <= 0 or b <= 0:
11          raise InputRangeError('Each integer should be positive')
12      while a != b:
13          if a > b:
14              a -= b
15          else:
16              b -= a
17      return a
18
19  import sys
20  try:
21      x = int(sys.argv[1])
22      y = int(sys.argv[2])
23      print('The greatest common divisor of %d and %d is %d' %\
24              (x, y, gcd(x, y)))
25  except IndexError:
26      print('Two arguments must be supplied on the command line')
27  except ValueError:
28      print('Each argument should be an integer.')
29  except InputRangeError as ex:
```

```
30     print(ex.message)
31 finally:
32     print("executing finally clause")
```

程序 7.8　程序7.7的运行结果

```
1 In[1]: run d:\python\src\gcd_ex.py -48 126
2 Out[1]: Each integer should be positive
3         executing finally clause
4 In[2]: run d:\python\src\gcd_ex.py 48 126
5 Out[2]: The greatest common divisor of 48 and 126 is 6
6         executing finally clause
```

7.2　文　件　读　写

7.2.1　打开和关闭文件

如果程序需要输入大量数据,应从文件中读取。如果程序需要输出大量数据,应写入文件中。文件可分为两类:文本文件和二进制文件。文本文件存储采用特定编码方式 (例如 UTF-8、GBK 等) 编码的文字信息,以字符作为基本组成单位,可在文本编辑器中显示内容。二进制文件存储图片、视频、音频、可执行程序或其他格式的数据,以字节作为基本组成单位,在文本编辑器中显示为乱码。

读写文件之前,先要使用“f = open(filename, mode)”语句打开文件名为 filename 的文件并创建文件对象 f。其中 mode 是打开方式,可以是“r”(读)、“w”(写) 或“a”(追加)。mode 中如果有"b" 表示以二进制方式打开。读写一个文件 f 完成以后,需要使用“f.close()”语句关闭文件。使用“with open(filename, mode) as f:”语句块打开的文件 f 会在语句块运行结束时自动关闭。

7.2.2　读写文本文件

从普通文本文件读取数据的基本方法是分析文件中的数据格式,采用合适的方法提取有效数据。文件 rainfall.dat(程序7.9) 记录了合肥市每月的平均降水量。需要从中读取这些数据,然后计算最大值、最小值和平均值并写入文件 rainfall_stat.dat 中。文件中的有效数据在第 2 行至第 13 行,每行的格式是“月份名称 + 空格 + 降水量”。

程序 7.9　文本文件 rainfall.dat

```
1 Average rainfall (in mm) in HEFEI: 459 months between 1951 and 1990
2 Jan 32.2
3 Feb 53.2
4 Mar 71.8
5 Apr 92.5
6 May 101.5
```

```
 7   Jun 117.3
 8   Jul 175.7
 9   Aug 117.7
10   Sep 85.6
11   Oct 60.7
12   Nov 51.2
13   Dec 27.6
14   Year 988.7
```

程序7.10的前 9 行定义了一个函数 extract_data, 它的形参为文件名。第 3 行读取文件的第 1 行。第 4 行定义了一个空的字典 rainfall。第 5 行至第 8 行的循环从文件的第 2 行开始每次读取一行。第 6 行判断当前行是否包含子串"Year"。若存在, 则已读完所有月份的数据, 可以跳出循环。第 7 行将当前行以空格作为分隔符分解成为两部分 (月份和对应的降水量), 然后存储在一个列表 words 中。第 8 行将从月份到降水量的映射添加到 rainfall 中。第 12 行调用函数 extract_data 获取从文件中提取的字典。第 14 行至第 20 行的循环计算最大值、最小值和平均值, 并保存最大值和最小值的对应月份。第 22 行至第 25 行输出以上信息到文件 rainfall_stat.dat(程序7.11) 中。

程序 7.10　读写文本文件

```python
 1   def extract_data(filename):
 2       with open(filename, 'r') as infile:
 3           infile.readline() # 读取文件的第1行
 4           rainfall = {}
 5           for line in infile: # 每次读取一行
 6               if line.find('Year') >= 0: break
 7               words = line.split() # 以空格作为分隔符分解当前行
 8               rainfall[words[0]] = float(words[1])
 9       return rainfall
10
11   import sys; min = sys.float_info.max; max = -min
12   rainfall = extract_data('D:/Python/src/rainfall.dat')
13   sum = 0
14   for month in rainfall.keys():
15       rainfall_month = rainfall[month]
16       sum += rainfall_month
17       if max < rainfall_month:
18           max = rainfall_month; max_month = month
19       if min > rainfall_month:
20           min = rainfall_month; min_month = month
21
22   with open('D:/Python/src/rainfall_stat.dat', 'w') as outfile:
23       outfile.write('The maximum rainfall of %.1f occurs in %s\n' %\
24                     (max, max_month))
25       outfile.write('The minimum rainfall of %.1f occurs in %s\n' %\
```

```
26          (min, min_month))
27      outfile.write('The average rainfall is %.1f' % (sum / 12))
```

程序 **7.11**　**rainfall_stat.dat**

```
1  The maximum rainfall of 175.7 occurs in Jul
2  The minimum rainfall of 27.6 occurs in Dec
3  The average rainfall is 82.3
```

7.2.3　读写 CSV 文件

　　CSV 是一种简单的电子表格文件格式, 其中的数据值之间用逗号分隔。办公软件 (如 Excel 和 LibreOffice Calc 等) 可以读入 CSV 文件并显示为电子表格。Python 标准库的 csv 模块可将 CSV 文件中的数据读入一个嵌套列表中, 也可以将一个嵌套列表写入 CSV 文件中。

　　程序7.12的第 2 行至第 3 行从文件 scores.csv(程序7.13) 中读取四位学生在三个科目上的考试成绩数据并存入嵌套列表 table 中。其中的每个元素都是字符串。第 6 行至第 8 行的双重循环将每个元素转换为 float 类型。第 11 行至第 15 行的双重循环计算每位学生的总分并将其追加到列表中对应这个学生的行。第 17 行创建一个新的列表 row。第 18 行至第 22 行的双重循环计算每个科目的平均成绩并将其追加到 row 中。第 23 行将 row 追加到 table 中。第 25 行使用 pprint 模块的 pprint 函数输出 table。第 27 行至第 30 行将 table 写入文件 scores2.csv(程序7.14) 中。

程序 **7.12**　**读写 CSV 文件**

```
1  import csv, pprint
2  with open('D:/Python/src/scores.csv', 'r') as infile:
3      table = [row for row in csv.reader(infile)]
4
5  nrow = len(table); ncol = len(table[0])
6  for r in range(1, nrow):
7      for c in range(1, ncol):
8          table[r][c] = float(table[r][c])
9
10 table[0].append('Total')
11 for r in range(1, nrow):
12     total = 0
13     for c in range(1, ncol):
14         total += table[r][c]
15     table[r].append(total)
16
17 row = ['Average']
18 for c in range(1, ncol):
19     avg = 0
20     for r in range(1, nrow):
```

```
21          avg += table[r][c]
22      row.append(avg / (nrow - 1))
23  table.append(row)
24
25  pprint.pprint(table)
26
27  with open('D:/Python/src/scores2.csv', 'w', newline='') as outfile:
28      writer = csv.writer(outfile)
29      for row in table:
30          writer.writerow(row)
```

<table>
<tr><td colspan="2" align="center">程序 7.13　scores.csv</td><td colspan="2" align="center">程序 7.14　scores2.csv</td></tr>
<tr><td>1</td><td>Name,Math,Physics,English</td><td>1</td><td>Name,Math,Physics,English,Total</td></tr>
<tr><td>2</td><td>Tom,95,91,81</td><td>2</td><td>Tom,95.0,91.0,81.0,267.0</td></tr>
<tr><td>3</td><td>Jerry,89,82,86</td><td>3</td><td>Jerry,89.0,82.0,86.0,257.0</td></tr>
<tr><td>4</td><td>Mary,83,80,96</td><td>4</td><td>Mary,83.0,80.0,96.0,259.0</td></tr>
<tr><td>5</td><td>Betty,88,96,93</td><td>5</td><td>Betty,88.0,96.0,93.0,277.0</td></tr>
<tr><td></td><td></td><td>6</td><td>Average,88.75,87.25,89.0</td></tr>
</table>

7.2.4　读写 JSON 文件

JSON 是"JavaScript Object Notation"的缩写,是一种常用的应用程序间数据交换格式。Python 标准库的 json 模块可将结构化数据 (字典、列表或它们的组合) 转换成为一个 JSON 格式的字符串并写入一个文件中,也可以从一个 JSON 文件中读取结构化数据。

程序7.15的第 3 行至第 7 行定义了一组通讯录数据 contacts,它是一个字典的列表。第 9 行至第 10 行打开一个文件 contacts.json,并将 contacts 的内容以 JSON 格式写入其中 (程序7.16)。第 12 行至第 13 行从 contacts.json 中读取数据,然后由第 15 行输出 (程序7.17)。

程序 7.15　读写 JSON 文件

```
1  import json, pprint
2
3  contacts = [
4      {"Name":"Tom", "Phone":12345, "Address":"100 Wall St."},
5      {"Name":"Jerry", "Phone":54321, "Address":"200 Main St."},
6      {"Name":"Mary", "Phone":23415, "Address":"300 Fifth Ave."}
7  ]
8
9  with open('D:/Python/src/contacts.json', 'w') as outfile:
10     json.dump(contacts, outfile)
11
12 with open('D:/Python/src/contacts.json', 'r') as infile:
13     x = json.load(infile)
```

```
14
15  pprint.pprint(x)
```

程序 7.16　contacts.json

```
1  [{"Name": "Tom", "Phone": 12345, "Address": "100 Wall St."},
2   {"Name": "Jerry", "Phone": 54321, "Address": "200 Main St."},
3   {"Name": "Mary", "Phone": 23415, "Address": "300 Fifth Ave."}]
```

程序 7.17　程序7.15的输出结果

```
1  [{'Address': '100 Wall St.', 'Name': 'Tom', 'Phone': 12345},
2   {'Address': '200 Main St.', 'Name': 'Jerry', 'Phone': 54321},
3   {'Address': '300 Fifth Ave.', 'Name': 'Mary', 'Phone': 23415}]
```

7.2.5　读写 pickle 文件

　　pickle 是一种 Python 定义的数据格式。Python 标准库的 pickle 模块可将结构化数据 (字典、列表或它们的组合以及类的对象) 转换成为一个字节流并写入一个二进制文件中,也可以从一个 pickle 文件中读取结构化数据。JSON 格式适用于使用多种程序设计语言编写的程序之间的数据交换,而 pickle 格式只适用于使用 Python 语言编写的程序之间的数据交换。

　　程序7.18的第 3 行至第 7 行定义了一组通讯录数据 contacts,它是一个字典的列表。第 9 行至第 10 行打开一个文件 contacts.pickle,并将 contacts 的内容以 pickle 格式写入其中。第 12 行至第 13 行从 contacts.pickle 中读取数据,然后由第 15 行输出 (程序7.19)。

程序 7.18　读写 pickle 文件

```
1  import pickle, pprint
2
3  contacts = [
4      {"Name":"Tom", "Phone":12345, "Address":"100 Wall St."},
5      {"Name":"Jerry", "Phone":54321, "Address":"200 Main St."},
6      {"Name":"Mary", "Phone":23415, "Address":"300 Fifth Ave."}
7      ]
8
9  with open('D:/Python/src/contacts.pickle', 'wb') as outfile:
10     pickle.dump(contacts, outfile)
11
12 with open('D:/Python/src/contacts.pickle', 'rb') as infile:
13     x = pickle.load(infile)
14
15 pprint.pprint(x)
```

程序 7.19　程序7.18的输出结果

```
1  [{'Address': '100 Wall St.', 'Name': 'Tom', 'Phone': 12345},
2   {'Address': '200 Main St.', 'Name': 'Jerry', 'Phone': 54321},
```

```
3     {'Address': '300 Fifth Ave.', 'Name': 'Mary', 'Phone': 23415}]
```

7.2.6 读写 NumPy 数组的文件

np.savetxt 函数可以把一个 NumPy 数组保存为一个文本文件。np.loadtxt 函数可以从一个文本文件中读入一个数组。

np.save 函数可以把一个数组保存为一个后缀为"npy"的二进制文件。np.load 函数可以从一个后缀为"npy"的二进制文件中读入一个数组。

np.savez 函数可以把多个数组保存为一个后缀为"npz"的二进制文件。np.savez_compressed 可以把多个数组保存为一个后缀为"npz"的压缩二进制文件。

读写 NumPy 数组的文件如程序 7.20 所示。

程序 7.20　读写 NumPy 数组的文件

```
1     In[1]: import numpy as np; a = np.arange(1, 16, 2)**2; a
2     Out[1]: array([  1,   9,  25,  49,  81, 121, 169, 225],
3                   dtype=int32)
4     In[2]: b = a.reshape(2, 4); b
5     Out[2]:
6     array([[  1,   9,  25,  49],
7            [ 81, 121, 169, 225]], dtype=int32)
8     In[3]: np.savetxt('D:/Python/dat/b.txt', b)
9     In[4]: c = np.loadtxt('D:/Python/dat/b.txt'); c
10    Out[4]:
11    array([[  1.,   9.,  25.,  49.],
12           [ 81., 121., 169., 225.]])
13    In[5]: np.save('D:/Python/dat/b.npy', b)
14    In[6]: c = np.load('D:/Python/dat/b.npy'); c
15    Out[6]:
16    array([[  1,   9,  25,  49],
17           [ 81, 121, 169, 225]])
18    In[7]: np.savez('D:/Python/dat/ab.npz', a, b)
19    In[8]: cd = np.load('D:/Python/dat/ab.npz')
20    In[9]: c = cd['arr_0']; c
21    Out[9]: array([  1,   9,  25,  49,  81, 121, 169, 225])
22    In[10]: d = cd['arr_1']; d
23    Out[10]:
24    array([[  1,   9,  25,  49],
25           [ 81, 121, 169, 225]])
```

7.3　实验 7: 错误处理和文件读写

实验目的

　　本实验的目的是掌握以下内容: 程序调试、异常处理和文件读写。

实验内容

　　1. 程序调试设断点单步运行本章的程序7.4、7.10和7.12, 观察变量的值。(本题无需提交。)

　　2. 异常处理编写程序读入用户在命令行输入的三个 float 类型的数值, 判断它们是否能构成一个三角形的三条边。若能, 则使用以下公式计算并输出三角形的面积。公式中的 a, b, c 为三角形的三条边的长度。

$$area = \sqrt{s(s-a)(s-b)(s-c)}, \quad s = \frac{a+b+c}{2}$$

　　程序应处理以下类型的错误并输出出错信息:

　　● 用户在命令行输入的参数少于三个;

　　● 用户在命令行输入的三个参数不全是 float 类型;

　　● 用户在命令行输入的三个 float 类型的数值不能构成一个三角形的三条边, 这里需要自定义异常类 InvalidTriangleError。

　　3. 文件读写编写程序读入一个存储了程序7.20的文本文件, 从中提取用户输入的代码然后输出到一个文本文件中。输出的文件的内容应为程序 7.21。

程序 7.21　程序7.20中用户输入的代码

```
1  import numpy as np; a = np.arange(1, 16, 2)**2; a
2  b = a.reshape(2, 4); b
3  np.savetxt('D:/Python/dat/b.txt', b)
4  c = np.loadtxt('D:/Python/dat/b.txt'); c
5  np.save('D:/Python/dat/b.npy', b)
6  c = np.load('D:/Python/dat/b.npy'); c
7  np.savez('D:/Python/dat/ab.npz', a, b)
8  ......
```

第 8 章　程序运行时间的分析和测量

一个用高级程序设计语言 (例如 Python) 编写的程序的运行时间取决于多种因素, 例如求解问题的算法、问题的规模、输入数据的特点、编译器的代码生成和优化、运行时系统的效率和 CPU 执行指令的速度等。求解一个问题的算法可以有多种, 为了缩短程序的运行时间, 应选择时间性能最好的算法。

本章的内容包括:

- 分析算法的时间性能的基本方法;
- 测量一个程序中的各函数和语句的运行时间, 找到程序在运行时间上的瓶颈部分;
- 提升运行效率的方法: Numba、Cython 和使用多个进程运行程序。

8.1　算法和时间性能的分析

算法是求解问题的一系列计算步骤, 用来将输入数据转换成输出结果。"算法思想就是通过把数学问题的求解分解为简单的、刻板的、重复的机械动作, 达到以数目较多的、简单的量的工作去实现较复杂的质的目的。"(熊惠民, 2010) 算法设计与分析是计算机科学的核心领域。算法的每个步骤应当是精确定义的, 不允许出现歧义。算法应在运行有穷步后结束。如果一个算法对所有输入数据都能输出正确的结果并停止, 则称它是正确的。3.5.1 小节列出的求解某一给定自然数区间内的所有质数的设计方案描述了一个算法。评价算法优劣的一个重要指标是时间性能, 即在给定的问题规模下运行算法所消耗的时间。

程序是使用某种程序设计语言对一个算法的实现。算法的时间性能是决定程序的运行时间的关键因素。时间性能的分析对算法在计算机上的运行过程进行各种简化和抽象, 把算法的运行时间定义为问题规模的函数, 称为时间复杂度。当问题规模增长时, 时间复杂度也会增长。分析的主要结果是时间复杂度的增长阶 (order of growth), 即时间复杂度的增长速度有多快。当问题规模充分大时, 增长阶决定了算法的时间性能。有些算法的运行时间受问题输入数据的影响很大, 例如排序算法。此时需要对最坏、平均和最好三种情形进行分析。这里只对最坏情形进行分析, 即估计时间复杂度的上界。

时间复杂度通常使用三种记号描述。O 记号的定义如下: 设函数 $f(n)$ 和 $g(n)$ 是定义在非负整数集合上的正函数, 如果存在两个正常数 c 和 n_0, 使得当 $n \geqslant n_0$ 时 $f(n) \leqslant cg(n)$ 成立, 则记为 $f(n) = O(g(n))$。O 记号的含义是: 当 n 增长到充分大以后, $g(n)$ 是 $f(n)$ 的一个上界。例如: $n^2 + 10n = O(n^3)$; $n^{100} + 100n^{99} = O(1.01^n)$。和 O 记号对称的是 Ω 记号:

$f(n) = \Omega(g(n))$ 当且仅当 $g(n) = O(f(n))$。第三种记号是 Θ 记号：$f(n) = \Theta(g(n))$ 当且仅当 $f(n) = O(g(n))$ 并且 $g(n) = O(f(n))$。例如：$10n^2 + 1000n = \Theta(n^2)$；$0.01n^3 + 9n^2 = \Theta(n^3)$。这些记号提供了一种抽象，即只关注一个时间复杂度函数的表达式中增长阶最高的项并且忽略它的常数系数，该项的增长阶就是时间复杂度的增长阶。

8.2　算法的时间复杂度

　　算法由一些不同类别的基本运算组成，包括算术运算、关系运算、逻辑运算、数组 (列表) 元素的访问和流程控制等。这些基本运算的运行时间都是常数。算法的时间复杂度等于每种基本运算的运行时间和其对应运行次数的乘积的总和，其中运行次数是问题规模的函数。

　　为了简化分析，一般只考虑运行次数最多的基本运算，因为当问题规模较大时它们的运行时间是时间复杂度中增长阶最高的项。对于单层循环或嵌套的多层循环，运行次数最多的基本运算位于最内层循环。对于问题规模 n，用 $f(n)$ 表示最内层循环的运行次数。设最内层循环包含了 k 种基本运算，其中第 i 种基本运算在最内层循环里出现的次数和运行时间分别是 n_i 和 $c_i (i = 1, \cdots, k)$。这些基本运算的总计运行时间是 $f(n) \sum_{i=1}^{k} n_i c_i$。由于 $\sum_{i=1}^{k} n_i c_i$ 是常数，$f(n) \sum_{i=1}^{k} n_i c_i$ 的增长阶和 $f(n)$ 的增长阶相同。因此，循环的时间复杂度的增长阶由最内层循环的运行次数决定。

　　对于由递归结构构成的算法，根据递归公式可以得到时间复杂度满足的递归方程 $T(n) = aT(n/b) + f(n)$，其中 $T(n)$ 表示求解规模为非负整数 n 的原问题的时间复杂度。原问题被分解成 a 个规模为 n/b 的与原问题结构类似的子问题，其中 $a \geqslant 1$ 和 $b > 1$ 是常数，n/b 等于 $\lfloor n/b \rfloor$ 或 $\lceil n/b \rceil$。原问题的解可由这些子问题的解合并而成，合并过程的时间复杂度是一个函数 $f(n)$。该方程可由 Master 定理 (Cormen et al., 2009) 求解。

- 若 $f(n) = O(n^{\log_b a - \epsilon})$ 对于常数 $\epsilon > 0$ 成立，则 $T(n) = \Theta(n^{\log_b a})$；
- 若 $f(n) = \Theta(n^{\log_b a})$ 成立，则 $T(n) = \Theta(n^{\log_b a} \log_2 n)$；
- 若 $f(n) = \Omega(n^{\log_b a + \epsilon})$ 对于常数 $\epsilon > 0$ 成立，并且当 n 充分大时 $af(n/b) \leqslant cf(n)$ 对于常数 $c < 1$ 成立，则 $T(n) = \Theta(f(n))$。

　　大多数算法的时间复杂度属于以下七类，按照增长阶从低到高的次序依次为：$O(1)$，$O(\log n)$，$O(n)$，$O(n \log n)$，$O(n^2)$，$O(n^3)$ 和 $O(a^n)(a > 1)$。一般认为增长阶为 $O(n^k)(k$ 是一个常数) 的算法是可行的。增长阶为 $O(a^n)(a > 1)$ 的算法只适用于规模较小的问题。解决一个问题的算法通常不止一种，在保证正确性的前提下应尽量选择时间复杂度的增长阶最低的算法。以下列举属于这七类的一些常用算法。

8.2.1　$O(1)$

　　时间复杂度属于 $O(1)$ 的算法与问题的规模无关，包括算术运算、逻辑运算、关系运算、读写简单类型的变量 (int、float 和 bool 等)、读写数组中某个索引值的元素等。

8.2.2 $O(\log n)$

程序8.1实现了二分查找算法。假定列表已经按照从小到大的次序排好序，查找范围的索引值的下界和上界分别为 low 和 high，则可计算中间位置的索引值 mid。二分查找算法采用迭代方法，将指定元素 k 和列表 s 的中间位置的元素进行比较。如果比较的结果是相等，则已找到并返回。如果比较的结果是小于，则只需在左半边的子列表中继续查找。否则，只需在右半边的子列表中继续查找。循环的终止条件是下界大于上界，如果此条件满足则表示未找到。每进行一次迭代，查找范围缩小一半。对于长度为 n 的列表 s，循环次数不超过 $\lceil \log n \rceil$，因此二分查找算法的时间复杂度是 $O(\log n)$。二分查找的运行过程如程序 8.2所示。

程序 8.1　二分查找

```
1  def binary_search(s, k):
2      low = 0; high = len(s) - 1
3      while low <= high:
4          mid = (high + low) // 2
5          print('(%2d, %2d) low = %d, mid = %d, high = %d'
6                % (k, s[mid], low, mid, high))
7          if k == s[mid]:
8              return mid
9          elif k < s[mid]:
10             high = mid - 1
11         else:
12             low = mid + 1
13     return -1
14
15 s = [5, 6, 21, 32, 51, 60, 67, 73, 77, 99]
16 print(binary_search(s, 77)); print(binary_search(s, 31))
```

程序 8.2　二分查找的运行过程

```
1  (77, 51) low = 0, mid = 4, high = 9
2  (77, 73) low = 5, mid = 7, high = 9
3  (77, 77) low = 8, mid = 8, high = 9
4  8
5  (31, 51) low = 0, mid = 4, high = 9
6  (31,  6) low = 0, mid = 1, high = 3
7  (31, 21) low = 2, mid = 2, high = 3
8  (31, 32) low = 3, mid = 3, high = 3
9  -1
```

8.2.3 $O(n)$

程序8.3实现了线性查找算法。第 2 行至第 3 行的循环在列表 s 中查找指定元素 k 是否出现，若出现则返回其索引值，否则在第 4 行返回–1 表示未找到。循环在最坏情形下的运行次数是列表 s 的长度 n，因此线性查找算法的时间复杂度是 $O(n)$。

程序 8.3　线性查找

```
1  def linear_search(s, k):
2      for i in range(len(s)):
3          if s[i] == k: return i
4      return -1
```

程序 3.11 实现了计算一个列表中的所有元素的最大值和最小值的算法，它的时间复杂度也是 $O(n)$。

8.2.4　$O(n\log n)$

程序 8.4 实现了从小到大排序的归并排序算法。算法的主函数是 merge_sort，它把待排序的列表等分成左、右两个子列表，分别对它们递归调用 merge_sort 进行排序，然后调用辅助函数 merge_ordered_lists 把两个已经排好序的子列表归并在一起成为一个排好序的列表。归并过程中使用指示变量 i 和 j 分别指示第一个列表 s1 和第二个列表 s2 的待归并元素的索引值。第 5 行至第 8 行的 if 语句块将 s1[i] 和 s2[j] 中的最小值追加到列表 t 中，然后将最小值所在列表的指示变量加 1。如果 s1 或 s2 中的所有元素都已经追加到列表 t 中，则第 4 行至第 8 行的循环结束，只需将另一个列表中的所有剩余元素追加到列表 t 中。归并过程包含三个循环：第 4 行至第 8 行的 while 循环；第 9 行将 s1 中的所有剩余元素追加到列表 t 中；第 10 行将 s2 中的所有剩余元素追加到列表 t 中。这些循环的运行次数的总和是两个子列表的长度之和。归并排序的运行时间包括三部分，即递归调用左子列表、递归调用右子列表和归并排好序的两个子列表。对于长度为 n 的列表，时间复杂度 $T(n)$ 满足方程 $T(n) = 2T(n/2) + \Theta(n)$，根据 Master 定理可知归并排序算法的时间复杂度是 $O(n\log n)$。归并排序的运行过程如程序 8.5 所示。

程序 8.4　归并排序

```
1   def merge_ordered_lists(s1, s2):
2       t = []
3       i = j = 0
4       while i < len(s1) and j < len(s2):
5           if s1[i] < s2[j]:
6               t.append(s1[i]); i += 1
7           else:
8               t.append(s2[j]); j += 1
9       t += s1[i:]
10      t += s2[j:]
11      print('%s + %s => %s' % (s1, s2, t));
12      return t
13
14  def merge_sort(s):
15      if len(s) <= 1:
16          return s
```

```
17    mid = len(s) // 2
18    print('%s -> %s + %s' % (s, s[:mid], s[mid:]));
19    left = merge_sort(s[:mid])
20    right = merge_sort(s[mid:])
21    return merge_ordered_lists(left, right)
22
23  s = [21, 73, 6, 67, 99, 60, 77, 5, 51, 32]
24  print(s); print(merge_sort(s))
```

程序 8.5   归并排序的运行过程

```
1   [21, 73, 6, 67, 99, 60, 77, 5, 51, 32]
2   [21, 73, 6, 67, 99, 60, 77, 5, 51, 32] ->
3      [21, 73, 6, 67, 99] + [60, 77, 5, 51, 32]
4   [21, 73, 6, 67, 99] -> [21, 73] + [6, 67, 99]
5   [21, 73] -> [21] + [73]
6   [21] + [73] => [21, 73]
7   [6, 67, 99] -> [6] + [67, 99]
8   [67, 99] -> [67] + [99]
9   [67] + [99] => [67, 99]
10  [6] + [67, 99] => [6, 67, 99]
11  [21, 73] + [6, 67, 99] => [6, 21, 67, 73, 99]
12  [60, 77, 5, 51, 32] -> [60, 77] + [5, 51, 32]
13  [60, 77] -> [60] + [77]
14  [60] + [77] => [60, 77]
15  [5, 51, 32] -> [5] + [51, 32]
16  [51, 32] -> [51] + [32]
17  [51] + [32] => [32, 51]
18  [5] + [32, 51] => [5, 32, 51]
19  [60, 77] + [5, 32, 51] => [5, 32, 51, 60, 77]
20  [6, 21, 67, 73, 99] + [5, 32, 51, 60, 77] =>
21     [5, 6, 21, 32, 51, 60, 67, 73, 77, 99]
22  [5, 6, 21, 32, 51, 60, 67, 73, 77, 99]
```

8.2.5 $O(n^2)$

程序 8.6 实现了从小到大排序的插入排序算法。插入排序的基本思想是将待排序列表中的每个元素依次插入到合适的位置。第 3 行的外循环的循环变量 i 是列表中待插入元素的索引值。第 6 行至第 8 行的内循环将待插入元素 value 依次与索引值为 $i-1, i-2, \cdots, 0$ 的元素进行比较,将比 value 大的元素向后移动,直至找到比 value 小的元素或者 pos=0 为止。第 9 行将 value 写入索引值为 pos 的位置,完成插入。对于长度为 n 的列表 s,内层循环在最坏情况下 (待排序列表是从大到小的顺序) 的运行次数为 $1+2+\cdots+(n-1)=n(n-1)/2$。因此插入排序算法的时间复杂度是 $O(n^2)$。插入排序的运行过程如程序 8.7 所示。

程序 8.6 插入排序

```
1   def insertion_sort(s):
2       n = len(s)
3       for i in range(1, n):
4           value = s[i]; print('insert %2d: ' % value, end = ' ')
5           pos = i
6           while pos > 0 and value < s[pos - 1] :
7               s[pos] = s[pos - 1]
8               pos -= 1
9           s[pos] = value
10          print(s)
11
12  s = [21, 73, 6, 67, 99, 60, 77, 5, 51, 32]; print(s)
13  insertion_sort(s)
```

程序 8.7 插入排序的运行过程

```
1    [21, 73, 6, 67, 99, 60, 77, 5, 51, 32]
2    insert 73: [21, 73, 6, 67, 99, 60, 77, 5, 51, 32]
3    insert  6: [6, 21, 73, 67, 99, 60, 77, 5, 51, 32]
4    insert 67: [6, 21, 67, 73, 99, 60, 77, 5, 51, 32]
5    insert 99: [6, 21, 67, 73, 99, 60, 77, 5, 51, 32]
6    insert 60: [6, 21, 60, 67, 73, 99, 77, 5, 51, 32]
7    insert 77: [6, 21, 60, 67, 73, 77, 99, 5, 51, 32]
8    insert  5: [5, 6, 21, 60, 67, 73, 77, 99, 51, 32]
9    insert 51: [5, 6, 21, 51, 60, 67, 73, 77, 99, 32]
10   insert 32: [5, 6, 21, 32, 51, 60, 67, 73, 77, 99]
```

8.2.6 $O(n^3)$

程序3.17实现了穷举法求解 3-sum 问题。三重循环的最内层循环的运行次数是

$$\sum_{i=0}^{n-3} \sum_{j=i+1}^{n-2} (n-j-1) = n(n-1)(n-2)/6$$

因此该算法的时间复杂度是 $O(n^3)$。

8.2.7 $O(a^n)(a > 1)$

程序3.18实现了穷举法求解 subset-sum 问题。程序包含两个内循环：第 6 行至第 7 行的 for 循环和第 8 行的 sum(T)。它们的运行次数都不超过 $n(2^n - 1)$，因此该算法的时间复杂度是 $O(n2^n) = O(2.0001^n)$。

8.3　程序运行时间的测量

timeit 模块的 timeit 函数测量一个程序重复运行多次所需时间。程序8.8定义的两个字符串 s1 和 s2 表示两个程序。程序 s1 向一个空列表中添加 10 万个元素。程序 s2 生成一个指定长度的由随机数构成的列表,然后对其排序。第 18 行测量了程序 s1 运行 10 次的平均运行时间。第 20 行至第 22 行的循环使用不同的长度值运行程序 s2,测量其运行 10 次的平均运行时间。

程序 8.8　timeit 函数测量一个程序重复运行多次所需时间

```
1  s1 = """\
2  a = []
3  for i in range(100000):
4      a.append(i)
5  """
6
7  s2 = """\
8  import random
9  def sort_random_list(n):
10      alist = [random.random() for i in range(n)]
11      alist.sort()
12
13  sort_random_list(%d)
14  """
15
16  import timeit
17  N = 10
18  print('%.4f' % (timeit.timeit(stmt=s1, number=N) / N)) # 0.0098
19
20  for n in [10000, 20000, 40000, 80000]:
21      t = timeit.timeit(stmt=s2 % n, number=N) / N
22      print('%d : %.4f' % (n, t), end = ' ')
23  # 10000 : 0.0028 20000 : 0.0062 40000 : 0.0139 80000 : 0.0280
```

性能分析工具 line_profiler 可测量程序中加了 @profile 装饰器的函数中每一行语句的运行时间。在 PowerShell Prompt 窗口中运行命令 "conda install line_profiler" 安装 line_profiler。以计算 Julia 集 (Lynch, 2018) 并绘图显示的程序8.9为例 (Gorelick, Ozsvald, 2017) 说明以行为单位的时间性能测量。

对于复平面上的每个点 z,Julia 集由迭代过程 $z_0 = z, z_{n+1} = z_n^2 + c$ 定义。迭代过程的终止条件是 $|z| \geqslant 2$ 或者 $n \geqslant N$,其中 N 是预先设定的最大迭代次数。通过迭代过程,可计算每个点 z 在终止时的迭代次数 n。将以原点为中心的正方形区域内定义的等距网格上的每个点的迭代次数映射到某一灰度或颜色,即可生成一个灰度或彩色图片。图8.1展示了选取六个不同的 c 值所得到的有趣图片。程序8.9的 calc_z_python 函数计算每个点的迭

代次数，函数 calc_Julia 对每个点调用 calc_z_python 函数。函数 show_color 将每个点的迭代次数转换为一种颜色。为了生成图片，需要将程序8.9的最后一行的 False 改为 True 并且删除第 6 行和第 18 行的 @profile 装饰器。

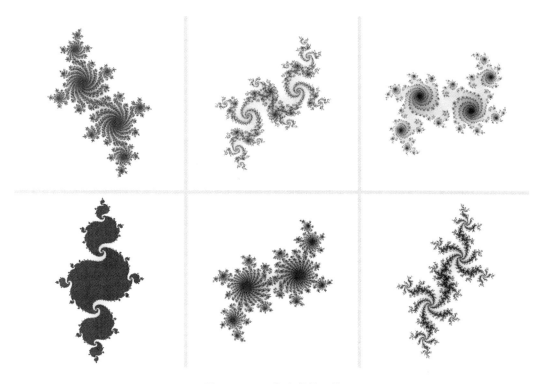

图 8.1　Julia 集生成的图片

程序 8.9　julia_set_profile.py

```
1  import array; import numpy as np
2
3  x1, x2, y1, y2 = -1.6, 1.6, -1.6, 1.6 # range of complex space
4  c_real, c_imag = -0.05, 0.68
5
6  @profile
7  def calc_z_python(max_iter, zs, c):
8      n_iter = [0] * len(zs)
9      for i in range(len(zs)):
10         z = zs[i]
11         n = 0
12         while abs(z) < 2 and n < max_iter:
13             z = z * z + c
14             n += 1
15         n_iter[i] = n
16     return n_iter
17
```

```
18   @profile
19   def calc_Julia(create, length, max_iter):
20       xs = np.linspace(x1, x2, length)
21       ys = np.linspace(y1, y2, length)
22       c = complex(c_real, c_imag)
23       length_2 = length*length
24       zs = np.zeros(length_2, complex)
25       i = 0
26       for x in xs:
27           for y in ys:
28               zs[i] = complex(x, y)
29               i += 1
30       n_iter = calc_z_python(max_iter, zs, c)
31       if create:
32           create_image(n_iter, length, 'julia_set.png')
33
34   from PIL import Image
35   def create_image(n_iter_raw, length, fn):
36       # rescale n_iter_raw to be in the inclusive range [0..215]
37       max_value = float(max(n_iter_raw))
38       n_iter_raw_limited = [int(float(o) / max_value * 215) \
39                           for o in n_iter_raw]
40       rgb = array.array('B')
41       for o in n_iter_raw_limited:
42           rgb.append(255-o); rgb.append(255-int(o/1.2))
43           rgb.append(255-int(o/1.5))
44       im = Image.new("RGB", (length, length));
45       im.frombytes(rgb.tobytes(), "raw", "RGB")
46       im.save(fn)
47
48   calc_Julia(create=False, length=500, max_iter=215)
```

设 Miniconda(或 Anaconda) 的安装路径是 "C:\Programs\MiniConda", 在操作系统的命令行窗口进入文件 "julia_set.py" 所在目录, 然后运行命令 "C:\Programs\MiniConda\Scripts\kernprof -l -v julia_set.py" 可显示程序中 calc_z_python 和 calc_Julia 这两个函数的每行语句的运行时间 (图8.2)。

calc_Julia 函数的第 30 行的函数调用消耗了整个函数大部分的运行时间, 而 calc_z_python 函数中的内循环消耗了整个函数大部分的运行时间, 是整个程序的性能瓶颈。

```
C:\WINDOWS\system32\cmd.exe

C:\cython>C:\Programs\MiniConda\Scripts\kernprof -l -v julia_set_profile.py
Wrote profile results to julia_set_profile.py.lprof
Timer unit: 1e-06 s

Total time: 9.01025 s
File: julia_set_profile.py
Function: calc_z_python at line 6

Line #      Hits         Time  Per Hit   % Time  Line Contents
==============================================================
    6                                             @profile
    7                                             def calc_z_python(max_iter, zs, c):
    8         1       1026.8   1026.8      0.0         n_iter = [0] * len(zs)
    9    250000     107780.0      0.4      1.2         for i in range(len(zs)):
   10    250000     171800.5      0.7      1.9             z = zs[i]
   11    250000      95100.3      0.4      1.1             n = 0
   12   4051006    3665727.4      0.9     40.7             while abs(z) < 2 and n < max_iter:
   13   4051006    2941750.4      0.7     32.6                 z = z * z + c
   14   4051006    1892682.8      0.5     21.0                 n += 1
   15    250000     134379.1      0.5      1.5             n_iter[i] = n
   16         1          0.4      0.4      0.0         return n_iter


Total time: 15.8895 s
File: julia_set_profile.py
Function: calc_Julia at line 18

Line #      Hits         Time  Per Hit   % Time  Line Contents
==============================================================
   18                                             @profile
   19                                             def calc_Julia(create, length, max_iter):
   20         1        155.3    155.3      0.0         xs = np.linspace(x1, x2, length)
   21         1         64.9     64.9      0.0         ys = np.linspace(y1, y2, length)
   22         1          2.7      2.7      0.0         c = complex(c_real, c_imag)
   23         1          0.8      0.8      0.0         length_2 = length*length
   24         1         31.9     31.9      0.0         zs = np.zeros(length_2, complex);
   25         1          0.5      0.5      0.0         i = 0
   26       500        279.2      0.6      0.0         for x in xs:
   27    250000     119713.0      0.5      0.8             for y in ys:
   28    250000     241643.6      1.0      1.5                 zs[i] = complex(x, y)
   29    250000     132836.9      0.5      0.8                 i += 1
   30         1   15394771.1 15394771.1   96.9         n_iter = calc_z_python(max_iter, zs, c)
   31         1          0.5      0.5      0.0         if create:
   32                                                     create_image(n_iter, length, 'julia_set.png')
```

图 8.2　以行为单位的运行时间测量

8.4　提升运行效率的方法

C 语言是一种静态类型和编译执行的语言,其语法要求程序中的所有变量必须具有类型声明。编译器在编译程序时进行类型的分析和检查,并可以依据类型信息进行代码优化。Python 是一种动态类型和解释执行的语言,其语法要求程序中的变量不能有类型声明,类型的分析和检查由 Python 解释器在运行程序时完成。这种动态特性虽然减少了编写程序的工作量,但也同时降低了程序的运行效率。与 C 语言相比,Python 语言程序的运行效率存在较大差距,尤其是循环结构的代码。这里介绍两种提升 Python 语言程序的运行效率的方法:Numba 和 Cython。

8.4.1　Numba

Numba 是一种 Python 及时 (just-in-time) 编译器,主要针对使用 NumPy 数组或循环结构的 Python 函数。使用方法是在函数的定义前面加上装饰器 "@numba.jit(nopython=

True)"。添加了装饰器的函数在首次被调用时, Numba 分析该函数的 Python 字节码和形参类型, 然后使用 LLVM 为其生成适合本机 CPU 的经过了优化的机器代码。在这之后, 调用该函数时只运行机器代码而尽量避免解释执行, 因此达到了编译执行的效果。装饰器中的参数设置 nopython=True 表示完全避免解释执行。有时这一要求无法满足, 可以省略该设置, 此时 Numba 将部分无法编译的代码交由 Python 解释器执行。安装 Numba 的命令是 "conda install numba"。

程序8.10的第 3 行生成了一个由随机数组成的数组。函数 my_sum 使用 for 循环计算该数组中所有元素的和。NumPy 库的 sum 函数实现的功能与 my_sum 相同。第 11 行使用 np.allclose 函数判断这两个函数的计算结果在允许的误差范围内是否相等。若不相等, np.allclose 函数返回 False, assert 语句会报错。函数 my_cumsum 使用 for 循环计算该数组的累计和。一个数组 a 的累计和是另一个数组 b, 数组 b 中索引值为 k 的元素的值是数组 a 中索引值不超过 k 的所有元素的和。NumPy 库的 cumsum 函数实现的功能与 my_cumsum 相同。第 21 行使用 np.allclose 函数判断这两个函数的计算结果在允许的误差范围内是否相等。

程序 8.10 比较 Python 循环和 NumPy 库的函数的运行效率

```
1   import numpy as np
2   np.random.seed(26)
3   data = np.random.randn(50000)
4
5   def my_sum(data):
6       r = 0
7       for e in data:
8           r += e
9       return r
10
11  assert np.allclose(my_sum(data), np.sum(data))
12
13  def my_cumsum(data):
14      rs = np.zeros_like(data)
15      r = 0
16      for i in range(len(data)):
17          r += data[i]
18          rs[i] = r
19      return rs
20
21  assert np.allclose(my_cumsum(data), np.cumsum(data))
```

在 IPython 窗口中运行的 "%timeit" 命令可测量单行语句在反复运行时的平均运行时间。程序8.11使用该命令测量了以上 4 个函数的平均运行时间。本例的结果表明 NumPy 库的函数的运行效率比 Python 循环高 100 倍以上, 原因是 NumPy 库的函数是用 C 语言实现的。

程序 8.11　测量平均运行时间

```
1  In[1]: %timeit my_sum(data)
2  Out[1]: 8.63 ms ± 125 µs per loop (mean ± std. dev. of 7 runs, 100 loops each)
3  In[2]: %timeit np.sum(data)
4  Out[2]: 37.9 µs ± 2.69 µs per loop (mean ± std. dev. of 7 runs, 10,000 loops each)
5  In[3]: %timeit my_cumsum(data)
6  Out[3]: 17.4 ms ± 382 µs per loop (mean ± std. dev. of 7 runs, 100 loops each)
7  In[4]: %timeit np.cumsum(data)
8  Out[4]: 153 µs ± 4.11 µs per loop (mean ± std. dev. of 7 runs, 10,000 loops each)
```

程序8.12为 my_sum 和 my_cumsum 加上装饰器。

程序 8.12　使用 Numba

```
1  import numpy as np; import numba
2  np.random.seed(26)
3  data = np.random.randn(50000)
4
5  @numba.jit(nopython=True)
6  def my_sum(data):
7      r = 0
8      for e in data:
9          r += e
10     return r
11
12 @numba.jit(nopython=True)
13 def my_cumsum(data):
14     rs = np.zeros_like(data)
15     r = 0
16     for i in range(len(data)):
17         r += data[i]
18         rs[i] = r
19     return rs
```

程序8.13再次测量了 my_sum 和 my_cumsum 的平均运行时间。本例的结果表明使用 Numba 编译的 Python 函数的运行效率提升了 200 倍以上，接近甚至超过了 NumPy 库的函数。

程序 8.13　测量平均运行时间

```
1  In[1]: %timeit my_sum(data)
2  Out[1]: 47.5 µs ± 458 ns per loop (mean ± std. dev. of 7 runs, 10,000 loops each)
3  In[2]: %timeit my_cumsum(data)
4  Out[2]: 67.6 µs ± 1.44 µs per loop (mean ± std. dev. of 7 runs, 10,000 loops each)
```

8.4.2 Cython

Cython 语言 (CythonDoc) 是 Python 语言的扩展, 其语法允许为程序中的变量提供类型声明。Cython 编译器可以将添加了类型声明的 Python 程序 (即 Cython 程序) 编译成 C 语言程序, 再使用 C 语言编译器将其编译成可从 Python 程序中调用的扩展模块, 从而提高整个程序的运行效率。安装 Cython 库的命令是 "conda install cython"。

下面以计算圆周率 $\pi = 4(\frac{1}{1} - \frac{1}{3} + \frac{1}{5} - \frac{1}{7} + \cdots)$ 的程序8.14为例说明在 Windows 操作系统中使用 Cython 的主要步骤。

程序 8.14 计算圆周率

```
1  def calc_pi_python(n):
2      pi = 0
3      for i in range(1, n, 4):
4          pi += 4.0 / i
5      for i in range(3, n, 4):
6          pi -= 4.0 / i
7      return pi
```

(1) 从微软公司网站 https://visualstudio.microsoft.com/downloads/下载和安装 Visual Studio 或 Build Tools for Visual Studio。

(2) 假定 Miniconda(或 Anaconda) 的安装路径是 "C:\Programs\MiniConda", 将 "C:\Programs\MiniConda" 和 "C:\Programs\MiniConda\Library\bin" 这两个路径追加到操作系统的 path 环境变量中。

(3) 按照 Cython 要求使用 cdef 关键字为程序8.14中的变量添加类型声明, 保存为文件 pi_cython.pyx(程序8.15)。设文件所在目录为 "C:\cython"。

程序 8.15 pi_cython.pyx

```
1   import cython
2
3   @cython.cdivision(True)
4   def calc_pi_cython(int n):
5       cdef double pi = 0
6       cdef int i
7       for i in range(1, n, 4):
8           pi += 4.0 / i
9       for i in range(3, n, 4):
10          pi -= 4.0 / i
11      return pi
```

(4) 在 "C:\cython" 目录下编写一个文件 setup_pi.py(程序8.16)。

程序 8.16 setup_pi.py

```
1   from setuptools import setup
2   from Cython.Build import cythonize
3
```

```
4  setup(ext_modules=cythonize('pi_cython.pyx'),
5  requires=['Cython'])
```

(5) 打开命令行窗口 (控制台),进入 "C:\cython" 目录,然后运行程序8.17将程序8.15编译成扩展模块文件 pi_cython.cp310-win_amd64.pyd。

程序 8.17　将程序8.15编译成扩展模块

```
1  python setup_pi.py build_ext --inplace
```

(6) 在 "C:\cython" 目录下编写程序8.18。

程序 8.18　calc_pi.py

```
1  import numpy as np
2  from pi_cython import calc_pi_cython
3
4  def calc_pi_python(n):
5      pi = 0
6      for i in range(1, n, 4):
7          pi += 4.0 / i
8      for i in range(3, n, 4):
9          pi -= 4.0 / i
10     return pi
11
12 def calc_pi_numpy(n):
13     return np.sum(4.0 / np.r_[1:n:4, -3:-n:-4])
```

程序8.19的测量结果显示本例中使用 NumPy 库的函数的运行效率是 Python 循环的 8 倍以上,使用 Cython 的函数的运行效率是 Python 循环的 29 倍以上。

程序 8.19　测量平均运行时间

```
1  In[1]: %timeit calc_pi_python(10000)
2  Out[1]: 645 µs ± 53.7 µs per loop (mean ± std. dev. of 7 runs, 1,000 loops each)
3  In[2]: %timeit calc_pi_numpy(10000)
4  Out[2]: 73.1 µs ± 790 ns per loop (mean ± std. dev. of 7 runs, 10,000 loops each)
5  In[3]: %timeit calc_pi_cython(10000)
6  Out[3]: 21.7 µs ± 207 ns per loop (mean ± std. dev. of 7 runs, 10,000 loops each)
```

如果在 Linux 操作系统中使用 Cython,主要步骤和上述类似,只是不需要前两步,因为 Linux 操作系统使用 GCC 编译器并且环境变量在安装 Anaconda 时已自动设置。

按照同样的步骤用 Cython 实现 calc_z_python 函数,得到 julia_z_cython.pyx(程序8.20)。

程序 8.20　julia_z_cython.pyx

```
1  import cython; import numpy as np
2
3  def calc_z_cython(int max_iter, zs, c):
4      cdef unsigned int i, n
5      cdef double complex z
```

```
6      n_iter = [0] * len(zs)
7      for i in range(len(zs)):
8          z = zs[i]
9          n = 0
10         while (z.real * z.real + z.imag * z.imag) < 4 and \
11               n < max_iter:
12             z = z * z + c
13             n += 1
14         n_iter[i] = n
15     return n_iter
```

编写一个程序 setup_julia_z.py(程序8.21)，然后在控制台运行程序8.22将程序8.20编译成扩展模块文件 calc_z_cython.cp310-win_amd64.pyd。

程序 8.21   setup_julia_z.py

```
1  from setuptools import setup
2  from Cython.Build import cythonize
3  import numpy as np
4
5  setup(ext_modules=cythonize('julia_z_cython.pyx'),
6  include_dirs=[np.get_include()],
7  requires=['Cython', 'numpy'])
```

程序 8.22   将程序8.20编译成扩展模块

```
1  python setup_julia_z.py build_ext --inplace
```

在程序8.9中添加语句 "from calc_z_cython import calc_z"，并对 calc_Julia 函数进行适当修改后保存为 julia_set.py(程序8.23)。

程序 8.23   julia_set.py

```
1  import numpy as np; import numba
2  from julia_z_cython import calc_z_cython
3
4  x1, x2, y1, y2 = -1.6, 1.6, -1.6, 1.6 # range of complex space
5  c_real, c_imag = -0.05, 0.68
6
7  def calc_z_python(max_iter, zs, c):
8      n_iter = [0] * len(zs)
9      for i in range(len(zs)):
10         z = zs[i]
11         n = 0
12         while abs(z) < 2 and n < max_iter:
13             z = z * z + c
14             n += 1
15         n_iter[i] = n
16     return n_iter
```

```
17
18  jit_calc_z_python = numba.jit(nopython=True)(calc_z_python)
19  # 为calc_z_python加上装饰器后得到jit_calc_z_python
20
21  def calc_Julia(length, max_iter, choice):
22      xs = np.linspace(x1, x2, length)
23      ys = np.linspace(y1, y2, length)
24      c = complex(c_real, c_imag)
25      length_2 = length*length
26      zs = np.zeros(length_2, complex)
27      i = 0
28      for x in xs:
29          for y in ys:
30              zs[i] = complex(x, y)
31              i += 1
32      fs = [calc_z_python, jit_calc_z_python, calc_z_cython]
33      n_iter = fs[choice](max_iter, zs, c)
```

　　程序8.24的测量结果显示本例中使用 Numba 编译的函数的运行效率是 Python 循环的 13 倍以上,使用 Cython 的函数的运行效率是 Python 循环的 7 倍。

程序 8.24　测量平均运行时间

```
1  In[1]: %timeit calc_Julia(length=500, max_iter=215, choice=0)
2  Out[1]: 2.23 s ± 31.1 ms per loop (mean ± std. dev. of 7 runs, 1 loop each)
3  In[2]: %timeit calc_Julia(length=500, max_iter=215, choice=1)
4  Out[2]: 164 ms ± 4.26 ms per loop (mean ± std. dev. of 7 runs, 1 loop each)
5  In[3]: %timeit calc_Julia(length=500, max_iter=215, choice=2)
6  Out[3]: 319 ms ± 4.24 ms per loop (mean ± std. dev. of 7 runs, 1 loop each)
```

　　本节列举的两个 Cython 程序较简单。Cython 文档 (CythonDoc) 对 Cython 技术进行了全面介绍,包括内存分配、扩展类型、调用 C 函数、调试和性能剖析等。

8.4.3　使用多个进程运行程序

　　一个程序要在计算机上运行,需要由操作系统为其分配多种资源,如内存空间、CPU 时间等。进程是正在运行的程序的一个实例。当前的 CPU 通常包含多个核心,可以同时运行多个进程。如果一个计算任务可分解为一些相互独立的子任务,则可为每个子任务创建一个进程,使这些子任务在多核 CPU 上同时运行,最后综合所有子任务的运行结果得到原任务的运行结果。与只使用单个进程的运行方式相比,使用多个进程的运行方式可以充分利用多核 CPU 的计算能力从而提高运行效率。

　　标准库的 multiprocessing 包提供了创建和运行进程的功能。包 (package) 是多个功能相关且位于同一个根目录下不同子目录的模块的综合体。导入包中的一个模块时需提供该模块的完整路径名,路径名中用点表示路径分隔符。标准库的 concurrent.futures 模块提供了 ProcessPoolExecutor 类,该类可创建一个由指定数量的进程构成的进程池,其 submit

方法用于从进程池中分配一个进程给一个子任务运行并返回一个 Future 类的对象。Future 类提供了异步执行任务的能力。Future 类的 result 方法返回子任务的运行结果。

以计算圆周率 $\frac{\pi^2}{6} = \frac{1}{1^2} + \frac{1}{2^2} + \frac{1}{3^2} + \cdots$ 为例,程序8.25比较了两种运行方式在 Intel(R) Core(TM) i7-10700 CPU 上的运行时间。公式的右边有无穷多项,只计算前 N 项的和。函数 task 对于序列 [i+1, N, n] 中的每个数计算其平方的倒数并求和,n=1 时的序列就是公式中的序列 [1, N],n>1 时的序列是序列 [1, N] 的一个子序列。序列 [1, N] 等于各子序列的并集,因此原任务可分解为多个子任务。测量结果显示:使用单个进程 (即当前进程) 运行需要 17.01 秒,而使用多个进程运行需要 3.56 秒。

程序 8.25 使用多个进程运行程序

```
1   import numpy as np
2   import numba, math, time, multiprocessing as mp
3   from concurrent.futures import ProcessPoolExecutor, wait
4
5   @numba.jit(nopython=True)
6   def task(i, N, n):
7       result = 0
8       for x in range(i, N, n):
9           result += 1/(float(x)*x)
10      return result
11
12  if __name__ == '__main__':
13      N = 10**10 # 计算前N项的和
14      for multi in (True, False):
15          if multi: # 使用多个进程运行
16              start = time.perf_counter()
17              mp.set_start_method('spawn', force=True)
18
19              n = mp.cpu_count() # 对于i7-10700 CPU, n的值是16
20              pool = ProcessPoolExecutor(n) # 创建一个进程池
21              futures = []
22              for i in range(1, n+1):
23                  futures.append(pool.submit(task, i, N, n)) # 运行各子任务
24              wait(futures) # 等待各子任务运行完成
25
26              sum = 0
27              for f in futures:
28                  sum += f.result() # 累加各子任务的结果
29
30              finish = time.perf_counter()
31              print('multi: pi = %.10f ; time = %.2f second(s)' %
32                  ( math.sqrt(sum*6), finish-start ) )
33              # multi: pi = 3.1415926518 ; time = 3.56 second(s)
34          else:   #  在当前进程运行
```

```
35        start = time.perf_counter()
36        sum = task(1, N, 1)
37        finish = time.perf_counter()
38        print('single: pi = %.10f ; time = %.2f second(s)' %
39            ( math.sqrt(sum*6), finish-start ) )
40        # single: pi = 3.1415926450 ; time = 17.01 second(s)
```

8.5　实验 8：程序运行时间的分析和测量

实验目的

本实验的目的是掌握程序运行时间的分析方法和测量方法。

实验内容

1. 实现一个时间复杂度为 $O(n^2 \log n)$ 的算法，解决 3.5 节的 3-sum 问题 (Sedgewick, Wayne, 2011)。提示：假定存在一个子集 $\{a, b, c\}$ 满足 $x = a + b + c$，则 $x - a = b + c$。原问题可以转换为另一个问题：对于 S 中的任意两个元素 b 和 c，在 $S - \{b, c\}$ 中查找一个等于 $x - b - c$ 的元素。为了提高查找的效率，可以先将所有元素按照从小到大的顺序排序，然后使用二分查找。

2. 生成长度为 $100, 200, \cdots, 900, 1000$ 的由随机数构成的列表，使用"%timeit"命令分别测量插入排序 (程序8.6)、归并排序 (程序8.4) 和快速排序 (程序4.17) 这三种排序算法的运行时间。在测量之前需要删除程序中的 print 语句。

3. 测量归并排序 (程序8.4) 的两个函数中的每条语句的运行时间。在测量之前需要删除程序中的 print 语句。

第 9 章　图形和图示

图形用户界面 (Graphical User Interface, 简称 GUI) 是指采用图形方式显示的用户界面, 由一些微件 (widget) 组成, 例如按钮、文本框、菜单等。用户对软件输入命令的方式是通过鼠标、键盘等输入设备对微件进行操作。软件的输出结果通常在微件中显示。与传统的字符界面相比, 图形用户界面的优点包括易用、直观和美观等。Python 标准库的 tkinter (Tk interface 的缩写) 模块提供了使用 Tk 图形用户界面工具包的接口, 可用于创建跨平台的图形用户界面。Python 自带的 IDLE 集成开发环境就是用 tkinter 编写的。

Matplotlib(https://matplotlib.org/stable/index.html) 是一个 Python 扩展库, 它提供了丰富的绘图功能, 可绘制多种二维和三维图示, 直观地呈现科学计算的输入数据和输出结果。

本章简要介绍 tkinter 模块和 Matplotlib 库, 内容包括:
- 实现多种图形用户界面;
- 绘制二维图形和显示图像;
- 绘制多种二维图示;
- 绘制多种三维图示。

9.1　tkinter 模块简介

tkinter 创建的图形用户界面 (以下简称界面) 显示为一个矩形区域, 称为窗口。窗口的右上角有三个按钮从左到右排列, 它们的功能分别是最小化窗口、最大化窗口和关闭窗口。窗口中可包含一个或多个微件。与 tkinter 相比, Tk 8.5 版本后发布的 ttk 模块提供了更多种类的微件, 并可创建外观与操作系统一致的界面。常用的微件列举如下。

(1) Label: 标签可以显示一行或多行文本, 也可以显示一幅图片。标签不接受用户的输入。

(2) Button: 按钮的外观和标签类似。用户点击按钮时产生一个事件, 对于该事件的处理过程通常由一个函数定义。在创建按钮时可指定该函数。

(3) Radiobutton: 两个或多个单选按钮表示一个变量的不同取值, 它们之间是互斥的。当用户点击其中一个, 该变量的值设定为被点击的单选按钮对应的值。

(4) Listbox: 列表框显示多行文本, 每行文本表示一个选项。用户可从中选择一个或多个选项。

(5) Entry：文本框显示一行文本，用户可输入和修改文本。

(6) Text：文本域显示多行文本，用户可输入和修改文本。文本域提供的功能等同于一个文本编辑器。

(7) Combobox：组合框可看作文本框和列表框的组合。用户可以编辑文本框内的文本。用户也可以点击文本框右边的按钮，然后从弹出的列表框中选择一个选项，该选项显示在文本框中。

(8) Menu：显示为由一些按钮组成的菜单条，当用户点击一个按钮时会弹出一个下拉菜单，菜单中显示一些供用户选取的选项。

(9) Scrollbar：当一个微件的显示区域无法显示其所有内容时，可为其添加横向或竖向的滚动条。用户用鼠标拖动滚动条的滑块可改变当前显示的内容。

(10) Scale：标尺表示一个 int 或 float 类型的变量的取值范围。用户用鼠标拖动滑块可设定该变量的取值。

(11) Canvas：画布是一个绘图区域，可绘制各种二维图形，也可显示图像。画布的坐标原点定义为其左上角。x 轴的方向是从左到右，y 轴的方向是从上到下。

(12) Frame：框架是微件的容器，显示为窗口中的一个矩形区域。一个框架将一些相关的微件组织在一起。界面的窗口中包含一个或多个框架。一个框架内可包含其他框架。

(13) LabelFrame：标签框架是一种特殊的框架，在其边界上有一个标签。

(14) Notebook：笔记本包含多个框架。笔记本的顶部包含多个按钮，每个按钮对应一个框架。当用户点击一个按钮时，它对应的框架就会被显示，其他框架则被其遮挡。

界面中的微件需要按照一定的规则进行空间布局，这一任务由布局管理器完成。每个容器 (窗口或框架) 只能使用一种布局管理器。不同框架可使用不同的布局管理器。布局管理器有以下三种。

● pack：pack 将微件放置于一个矩形区域中，默认情况下从上至下居中排布。对每个微件调用 pack() 方法时：

– expand 关键字实参指定微件是否随着容器的扩张而扩张；

– fill 关键字实参指定扩张方向，可以是 X(水平)、Y(竖直) 或 BOTH(水平和竖直)；

– side 关键字实参指定微件在容器中的位置，可以是顶部 (TOP)、底部 (BOTTOM)、左部 (LEFT) 和右部 (RIGHT)；

– padx 和 pady 关键字实参分别指定水平和竖直方向的外部空白间隙，以像素为单位。

● place：place 指定每个微件的左上角在容器中的 x 坐标和 y 坐标，坐标的单位是像素。容器的坐标原点定义为其左上角。x 轴的方向是从左到右，y 轴的方向是从上到下。这种方式的缺点是不适于跨平台的界面。

● grid：grid 是常用的布局管理器，它把容器分割成若干行和若干列的矩形格子。一个微件通常放置于一个格子内，但也可以占据相邻的多个格子。行和列的索引值都从 0 开始。对每个微件调用 grid() 方法时，关键字实参 padx 和 pady 的含义同上；关键字实参 sticky 指定了对齐方式，其值可以是 "n" 或 "N"(向上)、"s" 或 "S"(向下)、"w" 或 "W"(向左)、"e" 或 "E"(向右)。对容器调用 rowconfigure() 和 columnconfigure() 方法可以指定各行和各列如何随容器大小的变化而变化。这两种方法有以下参数：

– index:指定要设置的行或列的索引值。

– weight:当容器扩张时,权值与该行 (或列) 扩张的幅度成正比。默认值为 0,表示不随容器的扩张而扩张。

– minsize:该行 (或列) 的最小高度 (宽度)。

界面的工作方式是对事件进行处理。事件由用户对界面中的窗口或微件进行操作而产生。对于用户定义的事件,调用窗口或微件的 bind 方法可将该事件与处理它的函数绑定起来。绑定完成以后,每当该事件发生,处理该事件的函数会被自动调用,调用时提供的实参是事件对象。程序对事件进行处理后在界面显示处理结果。程序的最后一条语句是对窗口调用 mainloop() 方法以启动事件循环。该方法不断检测是否有事件发生。若有事件发生,则程序跳转到对该事件进行处理的函数。

程序9.1演示了在窗口中按键和鼠标点击导致的三种事件的处理 (图9.1)。

(1) 按下键盘上的某个键时,标签 1 显示该键的名称。

(2) 依次按下键盘上三个键 Ctrl-Shift-H,标签 1 的背景颜色被修改并显示最后一个键的名称。

(3) 鼠标左键点击窗口中的某点,标签 2 显示该点的坐标。

程序 9.1　事件处理

```
1   import tkinter as tk
2
3   window = tk.Tk() # 创建窗口
4   window.title("事件处理"); # 设置窗口的标题
5   window.geometry("600x200") # 设置窗口的宽度和高度
6   fnt_1 = ("Consolas", 12) # 创建了一种字体
7   clr_1 = "#FFFFCF"; clr_2 = "#CFFFFF" # 定义了两种颜色
8   lbl1 = tk.Label(window, font=fnt_1, text='键盘事件处理', bg=clr_1)
9   # 创建了一个属于窗口的标签, 设置了字体、显示的文本和背景颜色
10  lbl2 = tk.Label(window, font=fnt_1, text='鼠标事件处理', bg=clr_1)
11
12  def handle_keypress(event):
13      # 对于按下键盘上的某个键这一事件进行处理
14      lbl1.config(text= '按下了键 ' + event.keysym)
15
16  def handle_keypress_h(event):
17      # 对于依次按下键盘上三个键Control-Shift-H这一事件进行处理
18      lbl1.config(bg="#CFFFFF")
19
20  def handle_mouseclick(event):
21      # 对于鼠标左键点击窗口中的某点这一事件进行处理
22      lbl2.config(text= '鼠标点击了 (%d, %d)' % (event.x, event.y))
23
24  window.bind("<Key>", handle_keypress)
25  window.bind("<Button-1>", handle_mouseclick)
```

```
26  window.bind("<Control-Shift-KeyPress-H>", handle_keypress_h)
27  # 使用bind方法将三类事件和分别处理它们的三个函数绑定
28
29  lbl1.pack(padx=10, pady=10) # 使用pack布局管理器将标签添加到窗口中
30  lbl2.pack(padx=10, pady=10)
31  window.mainloop() # 启动事件循环
```

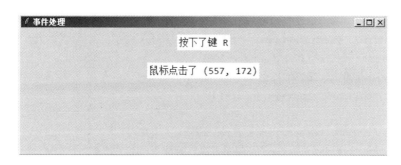

图 9.1　事件处理

程序9.2演示了不同文本在不同字体下的显示效果 (图9.2)。列表框的作用是选取字体。标尺的作用是设置字体尺寸。组合框的作用是指定显示的文本。标签的作用是用指定的字体和尺寸显示指定的文本。

程序 9.2　字体演示

```
1  import tkinter as tk
2  from tkinter import ttk
3  import tkinter.font as tkFont
4
5  window = tk.Tk(); window.title("字体演示")
6  window.geometry("450x320"); fnt_1 = ("Consolas", 12)
7
8  frm2 = tk.Frame(window, borderwidth=2, relief=tk.RAISED)
9  # 创建了一个属于窗口的框架，设置了框架边界的宽度和显示效果
10 xScroll = tk.Scrollbar(frm2, orient=tk.HORIZONTAL)
11 xScroll.grid(row=1, column=0, sticky="ew")
12 yScroll = tk.Scrollbar(frm2, orient=tk.VERTICAL)
13 yScroll.grid(row=0, column=1, sticky="ns")
14 listbox = tk.Listbox(frm2, xscrollcommand=xScroll.set,
15                  yscrollcommand=yScroll.set,
16                  width=15, height = 10, exportselection=False,
17                  font=fnt_1, activestyle='dotbox')
18 xScroll['command'] = listbox.xview
19 yScroll['command'] = listbox.yview
20 # 创建了一个列表框，设定了其宽度、高度和字体。宽度和高度以当前字体中数字0的宽度和高度
21 # 为单位。为列表框添加了横向和竖向的滚动条
22
```

```
23   listbox.grid(row=0, column=0) # 使用grid布局管理器
24   fonts = tkFont.families()
25   # fonts存储了当前可用的所有字体名称
26   for i, font in enumerate(fonts):
27       listbox.insert(1+i, font)
28   # 把这些字体名称添加到列表框中
29
30   fsize = tk.IntVar() # fsize是IntVar类的对象，存储了一个整数
31   scl = tk.Scale(frm2, variable=fsize, from_=12, to=24,
32                   orient=tk.VERTICAL, length=200)
33   # 创建了一个标尺，供用户设置字体尺寸
34   scl.grid(row=0, column=2, padx=10, pady=10)
35
36   frm3 = tk.Frame(window, borderwidth=2, relief=tk.RIDGE)
37   txt = tk.StringVar() # txt是StringVar类的对象，存储了一个字符串
38   cbx = ttk.Combobox(frm3, width=20, textvariable=txt, font=fnt_1)
39   # 创建了一个组合框。用户可选取或编辑文本
40   cbx['values'] = ('Python科学计算基础', '数值分析',
41                   '算法设计与分析', '数理统计', '最优化方法')
42   cbx.grid(row=0, column=3)
43   cbx.current(0) # 显示索引值为0的选项
44
45   frm1 = tk.Frame(window, borderwidth=2, relief=tk.SUNKEN)
46   lbl = tk.Label(frm1, text='字体演示', font=fnt_1, bg="#FFFFCF")
47   lbl.grid(row=0, column=0, padx=10, pady=10, sticky="w")
48
49   def update():
50       # 根据用户的选择更新标签的显示内容
51       try:
52           font_name = listbox.get(listbox.curselection())
53           # 获取用户选取的字体名称
54           font_size = fsize.get()
55           # 获取用户选取的字体尺寸
56       except Exception as ex:
57           font_name = "Consolas"; font_size = 12
58           # 发生异常时使用默认的字体名称和尺寸
59       lbl.config(text=txt.get(), font=(font_name, font_size))
60       # 更新标签的显示内容，包括文本和字体
61
62   btn = tk.Button(frm1, text='更新', command=update, font=fnt_1)
63   # 创建了一个按钮。点击该按钮产生的事件由update函数处理
64   btn.grid(row=0, column=1, padx=10, pady=10)
65
66   frm1.pack(side=tk.TOP)
```

```
57  frm2.pack(side=tk.LEFT); frm3.pack(side=tk.RIGHT)
58  window.mainloop()
```

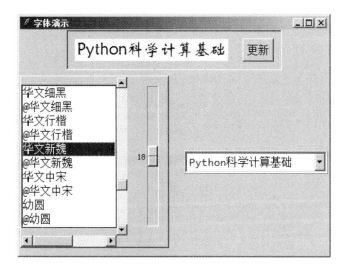

图 9.2　字体演示

　　程序9.3使用标签、按钮、单选按钮和文本框实现了一个储蓄存款计算器 (图9.3)。

程序 9.3　储蓄存款计算器

```
1   import tkinter as tk
2   from tkinter import ttk
3
4   window = tk.Tk(); window.title("储蓄存款计算器")
5   window.geometry("680x320")
6
7   frm = tk.Frame(window, relief=tk.GROOVE, bd=2, bg="#FFFFCF",
8                  width=200, height=400, padx=5, pady=5)
9   fnt_1 = ("Consolas", 12)
10
11  txt_lbl = ('存入方式：', '计算项目：', '储蓄存期：', '年利率：',
12             '存入金额：', '本息总额：', '年', '%', '元', '元')
13  for i, txt in enumerate(txt_lbl):
14      lbl = tk.Label(frm, text=txt, font=fnt_1)
15      if i <= 5:
16          lbl.grid(row=i, column=0, padx=5, pady=5)
17      else:
18          lbl.grid(row=i-4, column=2, padx=5, pady=5, sticky="w")
19
20  txt_rdbtn = ('整存整取', '零存整取', '本息总额', '存入金额')
21  opt_crfs = tk.IntVar(); opt_jsxm = tk.IntVar()
22  opts = (opt_crfs, opt_jsxm)
23  for i, txt in enumerate(txt_rdbtn):
```

```
24      rdbtn = tk.Radiobutton(frm, text=txt, variable=opts[i//2],
25                              value=i%2+1, font=fnt_1)
26      rdbtn.grid(row=i//2, column=i%2+1, padx=5, pady=5)
27
28  ents = []
29  for i in range(4):
30      ent = tk.Entry(frm, font=fnt_1, width=12, justify=tk.RIGHT)
31      # 创建了文本框，指定了字体，指定了文本框的宽度是12。宽度的单位是当前字体中数字0的宽度。
32      # justify=tk.RIGHT表示输入的文本向右对齐
33      ent.grid(row=i+2, column=1, padx=5, pady=5)
34      ents.append(ent)
35
36
37  def get_value(i):
38      try:
39          v = float(ents[i].get())
40          # 获取用户在索引值为i的文本框中填写的数值
41          return v
42      except Exception as ex:
43          return -1 # 发生异常时返回-1表示出错
44
45  def calc_bxze_div_crje(crfs, nll, cxcq):
46      # 分别计算两种存入方式下本息总额和存入金额的商
47      if crfs == 1: # 整存整取？
48          return 1 + nll*0.01*cxcq
49      elif crfs == 2: # 零存整取？
50          ljy = cxcq*12 # 累计月数
51          ljyjs = ljy*(ljy+1)/2 # 累计月积数
52          return ljy + nll/12*0.01*ljyjs
53      else:
54          return -1
55
56  def calc():
57      cxcq = get_value(0); nll = get_value(1)
58      crje = get_value(2); bxze = get_value(3)
59      output = '输入有误' # 默认值为出错的情形
60      if opt_jsxm.get() == 1: # 计算本息总额？
61          ents[3].delete(0, tk.END)
62          if cxcq > 0 and nll > 0 and crje > 0: # 没有出错？
63              bdc = calc_bxze_div_crje(opt_crfs.get(), nll, cxcq)
64              output = '%.2f' % (crje * bdc)
65          ents[3].insert(0, output) # 显示结果：本息总额
66      elif opt_jsxm.get() == 2: # 计算存入金额？
67          ents[2].delete(0, tk.END)
```

```
68        if cxcq > 0 and nll > 0 and bxze > 0: # 没有出错?
69            bdc = calc_bxze_div_crje(opt_crfs.get(), nll, cxcq)
70            output = '%.2f' % (bxze / bdc)
71        ents[2].insert(0, output) # 显示结果: 存入金额
72
73  def clear():
74      # 清空所有文本框
75      for i in range(4): ents[i].delete(0, tk.END)
76
77  btn_js = tk.Button(frm, text='计算', command=calc, font=fnt_1)
78  btn_js.grid(row=6, column=0, columnspan=3, padx=5, pady=5)
79  # columnspan=3表示该按钮占据了列索引值从0开始的三个相邻的格子
80  btn_qk = tk.Button(frm, text='清空', command=clear, font=fnt_1)
81  btn_qk.grid(row=7, column=0, columnspan=3, padx=5, pady=5)
82
83  frm.pack(fill=tk.BOTH, expand=True, side=tk.LEFT)
84
85  lbl_frm = tk.LabelFrame(window, text='使用说明')
86  manual = '''1. 存入方式为整存整取时, 存入金额表示
87      期初一次性存入的金额。
88  2. 存入方式为零存整取时, 存入金额表示
89      每月存入的固定金额。
90  3. 计算项目为本息总额时, 根据储蓄存期、
91      年利率和存入金额计算本息总额。
92      计算公式由存入方式决定。
93  4. 计算项目为存入金额时, 根据储蓄存期、
94      年利率和本息总额计算存入金额。
95      计算公式由存入方式决定。
96  '''
97  lbl_manual = tk.Label(lbl_frm, text=manual, font=fnt_1,
98                  justify=tk.LEFT, width=40, bg="#FFCFFF")
99  lbl_manual.pack(expand=True, fill='both')
100 lbl_frm.pack(expand=True, fill='both')
101
102 window.mainloop()
```

　　程序9.4使用菜单和文本域实现了一个简单的文本编辑器 (图9.4)。

程序 9.4　简单文本编辑器

```
1  import tkinter as tk
2  from tkinter.filedialog import askopenfilename, asksaveasfilename
3
4  def file_new():
5      txt_edit.delete("1.0", tk.END)
6      # 删除文本域中从第1行索引值为0的字符开始直至最后的所有字符
7      window.title("Simple Text Editor - new file")
```

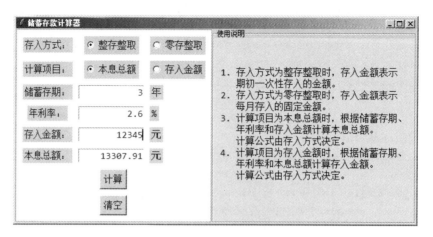

图 9.3 储蓄存款计算器

```
8
9  def file_open():
10     """Open a file for editing."""
11     filepath = askopenfilename(
12         filetypes=[("Text Files", "*.txt"), ("All Files", "*.*")]
13     )
14     if not filepath:
15         return
16     txt_edit.delete("1.0", tk.END)
17     with open(filepath, mode="r", encoding="utf-8") as input_file:
18         text=input_file.read()
19         txt_edit.insert(tk.END, text)
20         # 在文本域中最后一个字符的后面添加text
21     window.title(f"Simple Text Editor - {filepath}")
22
23  def file_save():
24     """Save the current file as a new file."""
25     filepath = asksaveasfilename(
26         defaultextension=".txt",
27         filetypes=[("Text Files", "*.txt"), ("All Files", "*.*")],
28     )
29     if not filepath:
30         return
31     with open(filepath, mode="w", encoding="utf-8") as output_file:
32         text=txt_edit.get("1.0", tk.END)
33         # 获取文本域中从第1行索引值为0的字符开始直至最后的所有字符
34         output_file.write(text)
35     window.title(f"Simple Text Editor - {filepath}")
36
37  window = tk.Tk(); window.title("Simple Text Editor")
```

```
38  window.geometry("600x400")
39
40  menubar = tk.Menu(window, bg="lightgrey", fg="black")
41  # 创建了一个菜单条
42  file_menu = tk.Menu(menubar, tearoff=0, bg="lightgrey", fg="black")
43  # 创建了一个File菜单按钮
44  file_menu.add_command(label="New", command=file_new)
45  file_menu.add_command(label="Open", command=file_open)
46  file_menu.add_command(label="Save", command=file_save)
47  # 创建了File菜单按钮的下拉菜单的所有选项
48  menubar.add_cascade(label="File", menu=file_menu)
49  # 将File菜单按钮添加到菜单条中
50  window.configure(menu=menubar)
51
52  txt_edit = tk.Text(window, bg="yellow", fg="blue",
53                     font=("Consolas", 12))
54  # 创建了一个文本域
55  txt_edit.pack(expand=True, fill=tk.BOTH)
56
57  window.focus_force()
58  window.mainloop()
```

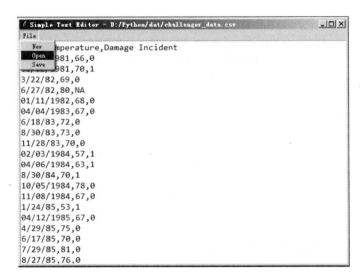

图 9.4 简单文本编辑器

程序9.5演示了 Canvas 的功能：绘制二维图形和显示图像 (图9.5)。

程序 9.5 Canvas 演示

```
1  from tkinter import *; from tkinter import ttk
2  from numpy import cos, sin, pi; from PIL import Image, ImageTk
3  from tkinter.filedialog import askopenfilename
4
```

```
5   window = Tk(); window.geometry("620x540")
6   window.title("Canvas演示"); fnt_1 = ("华文新魏", 18)
7   notebook = ttk.Notebook(window)
8   # 创建了一个属于窗口的笔记本
9   tab1 = ttk.Frame(notebook); notebook.add(tab1, text ='图形')
10  tab2 = ttk.Frame(notebook); notebook.add(tab2, text ='图像')
11  notebook.pack(expand = 1, fill ="both")
12
13  canvas = Canvas(tab1, width=610, height = 500, bg = "white")
14  canvas.grid(row = 0, column = 0)
15  canvas.create_rectangle(40, 10, 150, 100, fill='#0000ff')
16  # 绘制了一个矩形，内部填充的颜色是'#0000ff'
17  canvas.create_text(90, 120, text='rectangle 矩形', font=fnt_1)
18  # 用指定的字体显示文本
19  xc = 270; yc = 60; r = 50.0; num_point = 6
20  polygon = [0]*num_point*2; theta = 2.0*pi/num_point
21  for i in range(num_point):
22      polygon[2*i] = xc + r*cos(i*theta)
23      polygon[2*i+1] = yc + r*sin(i*theta)
24  # polygon存储了多边形各顶点的x坐标和y坐标
25  canvas.create_polygon(polygon, fill='#00ff00', outline='black')
26  # 绘制了一个多边形。轮廓的颜色是黑色
27  canvas.create_text(280, 120, text='polygon 多边形', font=fnt_1)
28  canvas.create_oval(400, 10, 590, 109, fill='red')
29  # 绘制了一个椭圆。前四个参数依次表示椭圆的外切矩阵的左上角x坐标、左上角y坐标、右下角
30  # x坐标和左上角y坐标
31  canvas.create_text(495, 120, text='ellipse 椭圆' , font=fnt_1)
32  canvas.create_arc(10, 150, 150, 300, start=32, extent=220,
33                  fill='#ffff00' , outline='blue')
34  # 绘制了一个扇形。前四个参数的含义与create_oval相同。start表示弧的起始角度，extent表示
35  # 弧跨越的角度
36  canvas.create_text(80, 315, text='slice 扇形', font=fnt_1)
37  canvas.create_arc(200, 150, 340, 300, start=120, extent=140,
38                  fill='' , outline='brown', style=CHORD)
39  # 绘制了一段弧。style=CHORD表示连接弧的起点和终点得到弦
40  canvas.create_text(270, 315, text='chord 弦', font=fnt_1)
41  canvas.create_arc(400, 150, 540, 300, start=320, extent=320,
42                  outline='#ff00ff', style=ARC, width=4)
43  # style=ARC表示绘制一段弧
44  canvas.create_text(470, 315, text='arc 弧', font=fnt_1)
45  polyline = [20, 460, 40, 380, 60, 400, 80, 380, 100, 400, 120, 380,
46              140, 400, 160, 380]
47  # polyline存储了折线上各顶点的x坐标和y坐标
48  canvas.create_line(polyline, fill='blue', width=4)
```

```
49    # 绘制了一段折线
50    canvas.create_line(160, 380, 180, 340, fill='blue', width=4,
51                       arrow=LAST, arrowshape=(20,20,5))
52    # 绘制了一个带箭头的线段。arrow关键字实参指定绘制箭头的位置：FIRST(仅在起点)、
53    # LAST(仅在终点)和BOTH(起点和终点)。arrowshape关键字实参设置箭头的形状
54
55    canvas.create_text(90, 480, text='polyline 折线', font=fnt_1)
56    num_point = 1000; curve = [0]*num_point*2
57    r = 0; theta = 0; phi = pi/13
58    for i in range(num_point):
59        xr = r*3*cos(theta); yr = r*sin(theta)
60        curve[2*i] = 400 + xr*cos(phi) - yr*sin(phi)
61        curve[2*i+1] = 400 + xr*sin(phi) + yr*cos(phi)
62        theta += 0.03; r += 0.04
63    canvas.create_line(curve, width=2)
64    # 当折线上的顶点足够密集时，折线显示为曲线
65    canvas.create_text(400, 480, text='curve 曲线', font=fnt_1)
66    canvas.pack()
67
68    def file_open():
69        global img # 需要在函数运行结束时保留img
70        filepath = askopenfilename(filetypes=[("Image Files", "*.jpg")])
71        if filepath:
72            img = ImageTk.PhotoImage(Image.open(filepath))
73            canvas2.itemconfig(image_container, image=img) # 显示图像
74            lbl.config(text=filepath) # 显示图像文件的路径
75
76    frm1 = Frame(master=tab2)
77    btn = Button(frm1, text='打开图像文件', command=file_open)
78    lbl = Label(frm1, text='文件路径', bg="#FFFFCF")
79    btn.grid(row=0, column=0, padx=6, pady=6, sticky="w")
80    lbl.grid(row=0, column=1, padx=6, pady=6, sticky="e")
81    frm1.pack(side=TOP)
82    canvas2 = Canvas(tab2, width=610, height = 480, bg = "white")
83    image_container = canvas2.create_image(6, 16, anchor=NW)
84    canvas2.pack(side=BOTTOM)
85
86    window.mainloop()
```

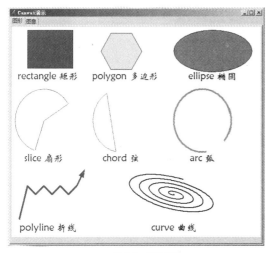

(a) 绘制二维图形

(b) 显示图像

图 9.5　Canvas 演示

9.2　Matplotlib 库简介

使用 Matplotlib 库绘图是在图片 (Figure) 对象上进行。每个图片对象包含一个或多个独立的绘图区域 (Axes)。在每个绘图区域里,需要绘制的点用二维或三维坐标表示。

Matplotlib 库的使用方式有两种。一种是面向对象的方式,即创建 Figure 和 Axes 对象,然后调用它们的方法。另一种是基于状态的方式,即调用 matplotlib.pyplot 的函数,这些函数调用会保存状态。前者提供了丰富的功能,适合绘制较为复杂的图片。后者易于使用,适合绘制较为简单的图片。

9.2.1　基于状态的绘图方式

matplotlib.pyplot 模块提供了一些函数,实现了类似 MATLAB 的绘图功能。这些函数作用于当前的绘图区域。每个函数调用完成以后会保存对状态的改变。

plot 函数可绘制二维平面上由若干数据点组成的图片,可以仅显示孤立的点,也可以把点连成线。程序9.6绘制了一些时间复杂度函数随问题规模增长的变化情况 (图9.6)。第 4 行创建一个 NumPy 数组存储了数据点的 x 坐标。第 5 行创建了一个图片对象,其中 figsize 参数表示以英寸为单位的图片的宽度和高度, dpi 参数表示以每英寸的点数呈现的分辨率。第 6 行设置 x 轴的刻度为数组 x 中的元素。第 7 行至第 14 行分别调用 plot 函数绘制了四个时间复杂度函数。plot 函数的前两个参数是分别存储了数据点的 x 坐标和 y 坐标的两个数组,其余参数都有名称。表9.1列出了一些常用参数的说明。第 15 行给两个坐标轴添加标签。第 16 行给图添加标题。第 17 行显示图例和添加背景网格线。

程序 9.6　plot 函数绘制时间复杂度函数

```
1   import numpy as np
```

```
2   import matplotlib.pyplot as plt
3
4   x = np.arange(10, 31, 1.0)
5   plt.figure(figsize=(5, 3), dpi = 300)
6   plt.xticks(x)
7   plt.plot(x, np.log(x), color='g', linestyle='None',
8           marker = '*', label=r'$\log(x)$')
9   plt.plot(x, x, color='k', linestyle='None',
10          marker = '+', label=r'$x $')
11  plt.plot(x, x * np.log(x), color='b', linestyle='None',
12          marker = '<', label=r'$x\log(x)$')
13  plt.plot(x, x ** 2, color='c', linestyle='None',
14          marker = 's', label=r'$x^{2}$')
15  plt.xlabel('input size'); plt.ylabel('time complexity')
16  plt.title("Order-of-growth of time complexity")
17  plt.legend(); plt.grid(linestyle=':')
18  plt.tight_layout(); plt.show()
```

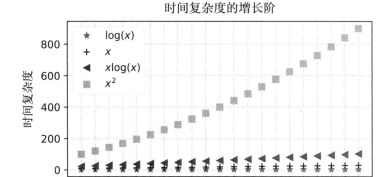

图 9.6　plot 函数绘制时间复杂度函数

表 9.1　plot 函数的一些常用参数

参数名称	参数定义和示例
color	颜色,可以是蓝色 ('b')、绿色 ('g')、红色 ('r')、蓝绿色 ('c')、洋红色 ('m')、黄色 ('y')、黑色 ('k') 和白色 ('w'),或十六进制自定义 "#rrggbb"
linestyle	线的风格,可以是实线 ('-')、虚线 ('–')、点划线 ('-.')、点线 ('.') 和不连线 ('None')
marker	数据点的标志,可以是 '+'、'_'、'*'、'o'、'v'、'∧'、'<'、'>'、's'、'p'、'x'、'D'、'd'、'1'、'2'、'3' 和 '4' 等
markersize	数据点的标志的尺寸
label	图例中显示的标签,可以用 r'$⋯$' 的形式写 Latex 公式

如果在程序9.6中增加绘制比平方函数增长更快的函数,则前四个函数的图像几乎重合,原因是不同函数的函数值的变化范围差别太大。为了清晰显示时间复杂度函数的差别,程序9.7中的第 7 行将 y 轴设为对数尺度,得到图9.7。

程序 9.7　plot 函数绘制时间复杂度函数 (对数尺度)

```
1  import numpy as np
2  import matplotlib.pyplot as plt
3
4  x = np.arange(10.0, 205.0, 10.0)
5  plt.figure(figsize=(8, 4), dpi = 300)
6  plt.xticks(x)
7  plt.yscale('log')
8  plt.plot(x, np.log(x), color='g', linestyle='-',
9          linewidth = 2, label=r'$\log(x)$')
10 plt.plot(x, x, color='k', linestyle='--', label=r'$x$')
11 plt.plot(x, x * np.log(x), color='b',
12          linestyle='-.', label=r'$x\log(x)$')
13 plt.plot(x, x ** 2, color='c', linestyle=':', label=r'$x^{2}$')
14 plt.plot(x, x ** 3, color='r', label=r'$x^{3}$')
15 plt.plot(x, 1.2 ** x, color='m', label=r'$1.1^{x}$')
16 plt.plot(x, 1.5 ** x, color='y', label=r'$1.5^{x}$')
17 plt.plot(x, 2 ** x, color='k', label=r'$2^{x}$')
18 plt.xlabel('input size'); plt.ylabel('time complexity')
19 plt.title("Order-of-growth of time complexity")
20 plt.legend(); plt.grid(linestyle=':'); plt.show()
```

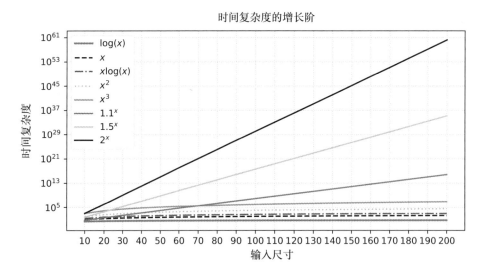

图 9.7　plot 函数绘制时间复杂度函数 (对数尺度)

程序9.8绘制了函数 $f(x) = \dfrac{x^4}{4} - \dfrac{26x^3}{3} + \dfrac{91x^2}{2} + 294x$ 在两个不同区间 $[-5, 24]$ 和 $[-40, 59]$ 上的图像 (图9.8)。subplot 函数可以在一个图片中绘制一个子图。通常情况下，属于同一个图片的所有子图的尺寸相同，并且按行和列均匀排布。subplot 函数的前两个参数定义了子图的行数和列数，第三个参数指定当前子图的位置编号。第 15 行使用 text 函数在第一个子图中的指定位置标示了 $x = 2$ 时的局部极小值。第 16 行至第 18 行调用 annotate 函数在第一个子图中的指定位置标示了 $x = 21$ 时的全局极小值，annotate 函数可以显示一个箭头指向指定坐标并用文字注解。第 26 行调用的 tight_layout 函数可以调整两个子图的间距，以防止文字发生重叠。

程序 9.8　plot 函数绘制多项式函数的局部和全局极小值

```
1  import numpy as np
2  import matplotlib.pyplot as plt
3
4  x = np.arange(-5, 25, 0.5)
5  def f(x):
6      return x**4 / 4 - 26 * x**3 / 3 + 91 * x ** 2 / 2 + 294 * x
7
8  plt.figure(figsize=(6, 4), dpi = 300)
9
10 plt.subplot(2,1,1)
11 flb = \
12   r'$f(x) = \frac{x^4}{4}-\frac{26x^3}{3}+\frac{91x^2}{2}+294x$'
13 plt.plot(x, f(x), color='g', linestyle='-', label=flb)
14 plt.title("local view of local minimum and global minimum")
15 plt.text(-2, -1900, 'local minimum\nf(-2) = -332.66')
16 plt.annotate('global minimum\nf(21) = -5402.25',
17             xy=(21, -5402.25), xytext=(17, -2800),
18             arrowprops=dict(facecolor='black'))
19 plt.legend();
20
21 plt.subplot(2,1,2)
22 x = np.arange(-40, 60)
23 plt.plot(x, f(x), color='g', linestyle='-', label=flb)
24 plt.title("global view of local minimum and global minimum")
25 plt.legend()
26 plt.tight_layout(); plt.show()
```

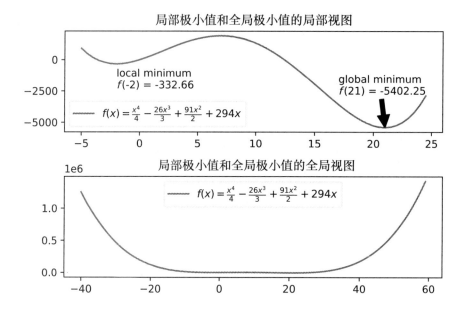

图 9.8 plot 函数绘制多项式函数的局部和全局极小值

程序9.9使用多种风格绘制了 6 个子图 (图 9.9),按照从上到下、从左到右的次序排列。第 1 个子图是条状图,显示了 2022 年 GDP 排名前五的国家,每个国家的 GDP 和对应竖条的高度成正比。第 2 个子图是堆叠面积图,显示了从 2018 年至 2022 年我国发电装机总容量及构成情况的演变,其中以太阳能和风能为代表的新能源的增长速度明显高于传统能源。第 3 个子图是误差条图,模拟测量值的波动范围。第 4 个子图是以时间为横坐标的随机游走连线图,其中时间的起点和终点分别是 2021 年 12 月 3 日和 2022 年 2 月 3 日,相邻数据点的时间间隔是 1 小时。第 5 个子图是 x 轴和 y 轴均为对数尺度的连线图,适用于绘制增长速度很快的函数。第 6 个子图是仅 x 轴为对数尺度的连线图,适用于绘制增长速度很慢的函数。

程序 9.9 在子图中使用多种风格绘图

```
1  import numpy as np
2  import matplotlib as mpl; import matplotlib.pyplot as plt
3
4  plt.figure(figsize = (9, 6))
5
6  plt.subplot(2, 3, 1)
7  x = ['USA', 'China', 'Japan', 'Germany', 'India']
8  y = [25.46, 18.10, 4.23, 4.08, 3.39]
9  plt.bar(x,y); plt.grid(); ax = plt.gca()
10 ax.set_xticks(x); ax.set_xticklabels(x, rotation=45)
11 ax.tick_params(axis='x', labelsize=8)
12 plt.title('Bar Chart of 2022 GDP by Country')
13 plt.xlabel('Country'); plt.ylabel('2022 GDP (trillion USD)')
14
```

```
15  plt.subplot(2, 3, 2)
16  coal_gas = [114408,119055,124517,129678,133239]
17  hydro = [35259,35640,37016,39092,41350]
18  nuclear = [4466,4874,4989,5326,5553]
19  wind = [18427,21005,28153,32848,36544]
20  solar = [17433,20468,25343,30656,39261]
21
22  year = [i+2018 for i in range(5)]
23  colors = ['r','g','y','m','b']
24  labels=["coal_gas", "nuclear", "hydro", "wind", "solar"]
25  plt.stackplot(year, coal_gas, nuclear, hydro, wind, solar,
26                labels=labels, colors=colors)
27  plt.legend(loc = "upper left", fontsize = 'medium',
28             bbox_to_anchor=(0.0, 1.0), ncol=1)
29  plt.title('Installed capacity of power generation by source',
30             fontsize = 'small')
31  plt.ylabel(r'$10^4kWh$'); plt.xticks(year)
32
33  plt.subplot(2, 3, 3)
34  np.random.seed(10); xr = np.arange(5, 15, 1); n = 20
35  y = np.zeros(len(xr)); yerr = np.zeros(len(xr))
36  for i, x in enumerate(xr): # i是元素的索引值, x是对应的元素
37      d = 2*(np.zeros(n) + x) + 5 + np.random.randn(n)*3
38      y[i] = np.mean(d); yerr[i] = np.std(d) # 均值和标准差
39  plt.errorbar(xr, y, yerr=yerr, color='g', ecolor='r', capsize=5)
40  plt.xlabel('x'); plt.ylabel(r'$[\bar{y}-std, \; \bar{y}+std]$');
41  plt.title('Errorbar'); plt.grid()
42
43  plt.subplot(2, 3, 4)
44  dates = np.arange(np.datetime64('2021-12-03'),
45                    np.datetime64('2022-02-03'),
46                    np.timedelta64(1, 'h'))
47  data = np.cumsum(np.random.randn(len(dates))) # 累积和
48  plt.plot(dates, data)
49  cdf = mpl.dates.ConciseDateFormatter(plt.gca().xaxis.
50                                       get_major_locator())
51  plt.gca().xaxis.set_major_formatter(cdf);
52  plt.title('Random Walk')
53
54  plt.subplot(2, 3, 5)
55  x = np.arange(1, 1000); y = 1.2**x
56  plt.loglog(x,y)
57  plt.title('Loglog plot of ' + r'$y=1.2^x$')
58  plt.xlabel('x'); plt.ylabel('y'); plt.grid(which='both')
```

```
59
60  plt.subplot(2, 3, 6)
61  x = np.arange(10, 1000); y = np.log(np.log(x))
62  plt.semilogx(x,y)
63  plt.title('SemilogX plot of ' + r'$y=\log(\log(x))$')
64  plt.xlabel('x'); plt.ylabel('y'); plt.grid(which='both')
65
66  plt.tight_layout(); plt.show()
```

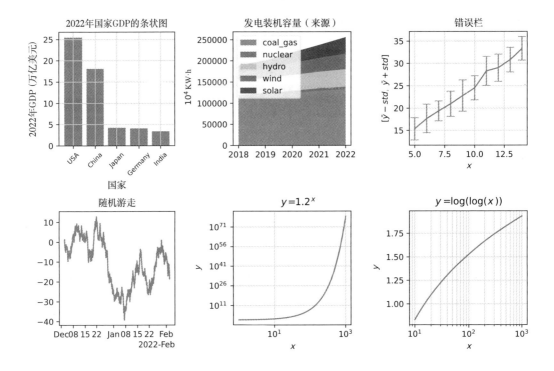

图 9.9 在子图中使用多种风格绘图

9.2.2 面向对象的绘图方式

程序9.10采用面向对象的方式绘制了程序9.7中的几个函数。第 5 行创建了 Figure 和 Axes 对象,然后调用 Axes 对象 ax 的方法。

程序 9.10 面向对象的方式绘制时间复杂度函数

```
1  import numpy as np
2  import matplotlib.pyplot as plt
3
4  x = np.arange(5, 25)
5  fig, ax = plt.subplots(figsize=(6, 4), dpi = 300)
6  ax.set_yscale('log')
7  ax.plot(x, np.log(x), color='g', linestyle='-',
8          linewidth = 2, label=r'$\log(x)$')
```

```
9  ax.plot(x, x, color='k', linestyle='--', label=r'$x$')
10 ax.plot(x, x * np.log(x), color='b',
11         linestyle='-.', label=r'$x\log(x)$')
12 ax.plot(x, x ** 2, color='c', linestyle=':', label=r'$x^{2}$')
13 ax.plot(x, x ** 3, color='r', label=r'$x^{3}$')
14 ax.plot(x, 1.2 ** x, color='m', label=r'$1.1^{x}$')
15 ax.plot(x, 1.5 ** x, color='y', label=r'$1.5^{x}$')
16 ax.plot(x, 2 ** x, color='k', label=r'$2^{x}$')
17 ax.set_xlabel('input size'); ax.set_ylabel('time complexity')
18 ax.set_title("Order-of-growth of time complexity")
19 ax.legend(); plt.show()
```

程序9.11采用面向对象的方式绘制了多项式函数的局部和全局极小值 (图9.10)。第 9 行创建了 Figure 和 Axes 对象,两个 Axes 对象分别为 axs[0] 和 axs[1]。第 15 行至第 18 行指定了 x 轴和 y 轴的主刻度和次刻度的数量。第 19 行至第 23 行根据主刻度和次刻度绘制了网格线。第 36 行使用 300dpi(每英寸 300 个点,1 英寸合 25.4 毫米) 的分辨率保存图像为指定的路径和名称的 PNG 格式文件。如果将文件的后缀改为"pdf",则可保存为 PDF 格式文件。

程序 9.11　面向对象的方式绘制多项式函数的局部和全局极小值

```
1  import numpy as np
2  import matplotlib as mpl; import matplotlib.pyplot as plt
3
4  x = np.arange(-5, 25, 0.5)
5  def f(x):
6      return x**4 / 4 - 26 * x**3 / 3 + 91 * x ** 2 / 2 + 294 * x
7  title = "local minimum and global minimum"
8
9  fig, axs = plt.subplots(2, 1, figsize=(6, 4))
10
11 flb = \
12   r'$f(x) = \frac{x^4}{4}-\frac{26x^3}{3}+\frac{91x^2}{2}+294x$'
13 axs[0].plot(x, f(x), color='g', linestyle='-', label=flb)
14 axs[0].set_title("local view of " + title)
15 axs[0].xaxis.set_major_locator(mpl.ticker.MaxNLocator(20))
16 axs[0].xaxis.set_minor_locator(mpl.ticker.MaxNLocator(100))
17 axs[0].yaxis.set_major_locator(mpl.ticker.MaxNLocator(10))
18 axs[0].yaxis.set_minor_locator(mpl.ticker.MaxNLocator(50))
19 grid_width = {"major":0.5, "minor":0.25}
20 for axis in ('x','y'):
21     for gt in grid_width.keys():
22         axs[0].grid(color="grey", which=gt, axis=axis,
23                 linestyle='-', linewidth=grid_width[gt])
24 axs[0].text(-2, -1900, 'local minimum\nf(-2) = -332.66')
25 axs[0].annotate('global minimum\nf(21) = -5402.25',
```

```
26              xy=(21, -5402.25), xytext=(17, -2800),
27              arrowprops=dict(facecolor='black'))
28  axs[0].legend();
29
30  x = np.arange(-40, 60)
31  axs[1].plot(x, f(x), color='g', linestyle='-', label=flb)
32  axs[1].set_title("global view of " + title)
33  axs[1].legend();
34
35  fig.tight_layout()
36  plt.savefig("D:/images/dg.png", dpi=300, facecolor="#f1f1f1")
37  plt.show()
```

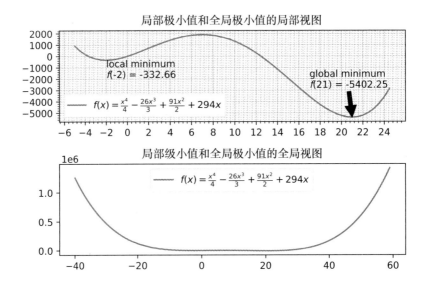

图 9.10   面向对象的方式绘制多项式函数的局部和全局极小值

程序9.12演示了如何绘制多个共享 x 轴的函数的图像 (图9.11)。第 9 行创建了两个子图片，它们的布局方式是一行两列，宽度各占总宽度的 55% 和 40%。左边的子图片只有一个绘图区域，在相同的自变量取值范围 [0,10] 内分别用红色实线和绿色虚线绘制了函数 $y = 2^x$ 和 $y = \cos(2\pi x)$ 的图像，左边框和右边框分别标注了对应于这两个函数的 y 轴刻度。右边的子图片有两个共享 x 轴的绘图区域，它们的布局方式是两行一列，在相同的自变量取值范围 [0,10] 内分别用蓝色实线和洋红色虚线绘制了函数 $y = \cos(3\pi x)$ 和 $y = \cos(5\pi x)$ 的图像。

程序 9.12   绘制多个共享 x 轴的函数的图像

```
1  import numpy as np
2  import matplotlib.pyplot as plt
3  x = np.arange(0.01, 10.0, 0.01)
4  data1 = 2 ** x; data2 = np.cos(2 * np.pi * x)
```

```
5   data3 = np.cos(3 * np.pi * x); data4 = np.cos(5 * np.pi * x)
6
7   color1 = 'r'; color2 = 'g'; color3 = 'b'; color4 = 'm'
8   fig = plt.figure(figsize=(12, 5))
9   subfigs = fig.subfigures(1, 2, width_ratios=[0.55, 0.4])
10  # 创建两个子图片，宽度各占总宽度的55%和40%
11  subfigs[0].suptitle('Left figure')
12  ax1 = subfigs[0].subplots() # 创建第一个绘图区域
13  ax1.set_xlabel('x'); ax1.set_ylabel(r'$2^{x}$', color=color1)
14  ax1.plot(x, data1, color=color1)
15  ax1.tick_params(axis='x', labelcolor='black')
16  ax1.tick_params(axis='y', labelcolor=color1)
17  ax1_2 = ax1.twinx() # 创建第二个绘图区域，它和第一个绘图区域共享x轴
18  ax1_2.yaxis.set_label_position("right")
19  ax1_2.set_ylabel(r'$cos(2 \pi x)$', color=color2)
20  ax1_2.plot(x, data2, color=color2, linestyle='--')
21  ax1_2.tick_params(axis='y', labelcolor=color2)
22
23  subfigs[1].suptitle('Right figure')
24  # 创建两个共享x轴的绘图区域
25  ax2 = subfigs[1].subplots(2, 1, sharex=True)
26  ax2[0].plot(x, data3, color=color3)
27  ax2[0].yaxis.set_label_position("right")
28  ax2[0].set_ylabel(r'$cos(3 \pi x)$', color=color3)
29  ax2[1].plot(x, data4, color=color4, linestyle='--')
30  ax2[1].set_xlabel('x')
31  ax2[1].yaxis.set_label_position("right")
32  ax2[1].set_ylabel(r'$cos(5 \pi x)$', color=color4)
33
34  plt.show()
```

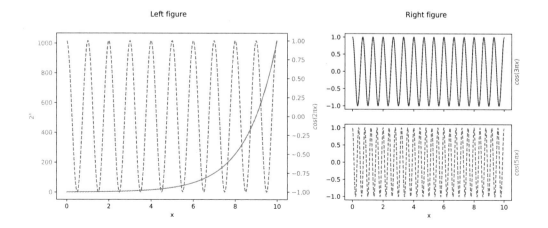

图 9.11　多个共享 x 轴的函数的图像

9.2.3 三维数据的图示

有两个自变量和一个因变量的函数的数据点分布在三维空间, 可以通过二维平面上的颜色映射图或等高线图显示, 也可以通过表面图、线框图和三维等高线图显示。默认情况下, 在 spyder 中运行程序生成的图片显示在右上角窗口。如果需要在一个独立窗口中显示图片, 需要按照以下步骤操作。首先点击 spyder 的 Tools 菜单, 选择 Preference 菜单项, 此时出现一个对话框 (图1.3)。然后在对话框左边的列表中选中 "IPython console", 再点击右边窗口的 "Graphics" 标签。此时中间的 "Graphics backend" 部分有一个下拉列表。其默认选项是 "Inline", 表示图片嵌入右上角窗口。选中其中的 "IPython console" 选项即可使得图片显示在一个独立窗口中。当一个三维图片显示在一个独立窗口中时, 可以通过拖动鼠标旋转坐标轴, 实现从多个视角的观察。

1. 颜色映射图和等高线图

对于函数 $z = f(x, y)$, 颜色映射图将对应于二维平面上的每个坐标 (x, y) 的 z 值映射到一种颜色显示在这一位置, 等高线图将 z 值相同的 (x, y) 坐标连成线。

给定一个 x 坐标值的集合 $\{x_1, x_2, \cdots, x_m\}$ 和一个 y 坐标值的集合 $\{y_1, y_2, \cdots, y_n\}$, 网格定义为 $\{(x_i, y_j)\}, \quad 1 \leqslant i \leqslant m, \quad 1 \leqslant j \leqslant n$。np.meshgrid 函数从 x 坐标值和 y 坐标值的数组生成一个网格, 其返回值是两个二维数组, 分别存储了网格上所有点的 x 坐标值和 y 坐标值。程序9.13演示了 np.meshgrid 函数生成的网格。

程序 9.13　np.meshgrid 函数生成的网格

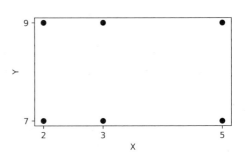

```
1  In[1]: x=[2,3,5]; y=[7,9]
2  In[2]: np.meshgrid(x,y)
3  Out[2]:
4  [array([[2, 3, 5],
5          [2, 3, 5]]),
6   array([[7, 7, 7],
7          [9, 9, 9]])]
```

图9.12由程序9.14绘制。第 4 行至第 5 行定义了一个由指定范围内的 (x, y) 坐标值构成的网格。第 6 行定义了函数 $z = \sin(x + 2y)\cos(2x - y)$。第 9 行至第 10 行绘制了颜色映射图, 其中参数 vmin 和 vmax 指定了映射到颜色的 z 值范围。第 16 行至第 17 行调用 contourf 函数绘制了函数 $z = (x^2 + y^2 - 1)^3 - x^2 y^3$ 的等高线图, 其中参数 levels 指定了所绘制的各等高线的 z 值, 参数 cmap 指定了填充相邻等高线之间的区域的颜色映射。第 21 行用红色填充 $z = -1$ 和 $z = 0$ 这两条等高线之间的区域得到了心形图案。第 31 行绘制了函数 $z = (x^7 - y^6 + x^5 - y^4 + x^3 - y^2 + x - 1)\mathrm{e}^{-x^2 - y^2}$ 的 16 条等高线, 并在第 32 行标注了每条线的 z 值。第 33 行至第 34 行使用指定的颜色映射填充相邻等高线之间的区域。

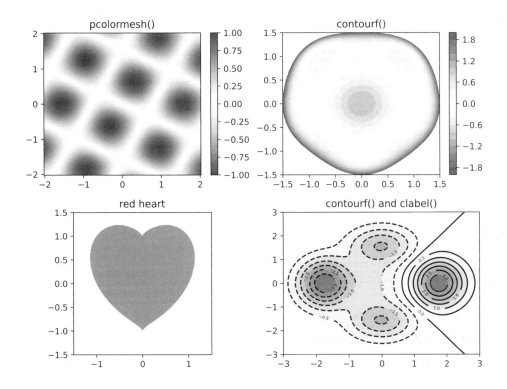

图 9.12　颜色映射图和等高线图

程序 9.14　颜色映射图和等高线图

```
1   import numpy as np
2   import matplotlib.pyplot as plt
3
4   X, Y = np.meshgrid(np.linspace(-2, 2, 100),
5                   np.linspace(-2, 2, 100))
6   Z = np.sin(X + 2 * Y) * np.cos(2 * X - Y)
7
8   fig, axs = plt.subplots(2, 2, figsize=(8, 6))
9   pc = axs[0, 0].pcolormesh(X, Y, Z, vmin=-1, vmax=1,
10                  cmap='RdBu_r', shading='auto')
11  fig.colorbar(pc, ax=axs[0, 0])
12  axs[0, 0].set_title('pcolormesh()')
13
14  x, y = np.mgrid[-1.5:1.5:500j, -1.5:1.5:500j]
15  z = (x**2 + y**2 - 1)**3 - x**2 * y**3
16  co = axs[0, 1].contourf(x, y, z, levels=np.linspace(-2, 2, 21),
17                  cmap=plt.cm.RdBu)
18  fig.colorbar(co, ax=axs[0, 1])
19  axs[0, 1].set_title('contourf()')
20
```

```
21  axs[1, 0].contourf(x, y, z, levels=[-1, 0], colors=["red"])
22  axs[1, 0].set_aspect("equal");
23  axs[1, 0].set_title('red heart')
24
25  def f(x,y):
26      return (x**7 - y**6 + x**5 - y**4 + x**3 - y**2 + x - 1) * \
27             np.exp(-x**2 -y**2)
28
29  x = y = np.linspace(-3, 3, 256)
30  X,Y = np.meshgrid(x, y)
31  C = axs[1, 1].contour(X, Y, f(X, Y), 16, colors='black')
32  axs[1, 1].clabel(C, inline=1, fontsize=5)
33  axs[1, 1].contourf(X, Y, f(X, Y), 16, alpha=.75,
34                     cmap=plt.cm.RdBu)
35  axs[1, 1].set_title('contourf() and clabel()')
36
37  fig.tight_layout(); plt.show()
```

2. 表面图、线框图和三维等高线图

程序9.15绘制了函数 $z = (x^7 - y^6 + x^5 - y^4 + x^3 - y^2 + x - 1)\mathrm{e}^{-x^2-y^2}$ 的三维图 (图9.13)。第 8 行至第 9 行创建了 Figure 和 Axes 对象, 并通过 subplot_kw 参数指定绘制三维图示。第 16 行至第 21 行绘制了根据 z 值染色的表面图, 在 x 轴方向和 y 轴方向上的采样次数都是 20。第 23 行至第 25 行绘制了线框图。第 27 行至第 29 行绘制了曲面上 x 坐标值相同的点连线得到的三维等高线图。第 31 行至第 33 行绘制了曲面上 y 坐标值相同的点连线得到的三维等高线图。

程序 9.15 表面图、线框图和三维等高线图

```
1   import numpy as np
2   import matplotlib as mpl; import matplotlib.pyplot as plt
3
4   def title_and_labels(ax, title):
5       ax.set_title(title); ax.set_xlabel("$x$")
6       ax.set_ylabel("$y$"); ax.set_zlabel("$z$")
7
8   fig, axes = plt.subplots(2, 2, figsize=(6, 6),
9                            subplot_kw={'projection': '3d'})
10
11  x = y = np.linspace(-3, 3, 100)
12  X, Y = np.meshgrid(x, y)
13  Z = (X**7 - Y**6 + X**5 - Y**4 + X**3 - Y**2 + X - 1) * \
14      np.exp(- X**2 - Y**2)
15
16  norm = mpl.colors.Normalize(vmin = Z.min(), vmax = Z.max())
17  p = axes[0, 0].plot_surface(X, Y, Z, linewidth=0, rcount=20,
18                              ccount=20, norm=norm,
```

```
19                        cmap=mpl.cm.hot)
20  cb = fig.colorbar(p, ax=axes[0, 0], pad=0.1, shrink = 0.6)
21  title_and_labels(axes[0, 0], "surface plot")
22
23  p = axes[0, 1].plot_wireframe(X, Y, Z, rcount=20, ccount=20,
24                          color="green")
25  title_and_labels(axes[0, 1], "wireframe plot")
26
27  cset = axes[1, 0].contour(X, Y, Z, zdir='x', levels = 20,
28                      norm=norm, cmap=mpl.cm.hot)
29  title_and_labels(axes[1, 0], "contour x")
30
31  cset = axes[1, 1].contour(X, Y, Z, zdir='y', levels = 20,
32                      norm=norm, cmap=mpl.cm.hot)
33  title_and_labels(axes[1, 1], "contour y")
34
35  fig.tight_layout(); plt.show()
```

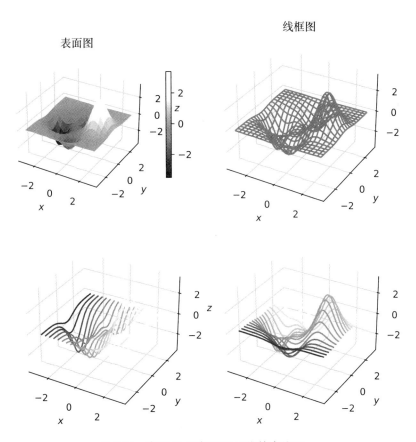

图 9.13 表面图、线框图和三维等高线图

9.2.4　二维和三维向量场

quiver 函数可绘制二维和三维向量场。程序9.16的第 7 行至第 12 行绘制了 Holling-Tanner 模型 (Lynch, 2018)

$$\dot{x} = x\left(1 - \frac{x}{7}\right) - \frac{6xy}{7+7x}, \quad \dot{y} = 0.2y\left(1 - \frac{0.5y}{x}\right)$$

在一个二维网格上的每个点 (x, y) 处的向量 $(\dot{x}, \dot{y})$,即图9.14(a)。第 11 行至第 12 行调用 quiver 函数的前两个参数 x 和 y 为网格上每个点的 x 坐标和 y 坐标,第三个参数 dx_dt 和第四个参数 dy_dt 为该点的向量的两个分量,参数 angles='xy' 表示绘制的箭头从 (x, y) 指向 $(x+u, y+v)$,参数 scale_units='xy' 表示绘制向量时使用和坐标相同的尺度。第 14 行创建了绘图区域 ax2,并设置参数 projection='3d' 表示三维图示。第 22 行调用 quiver 函数绘制了三维 Lotka-Volterra 模型 (Lynch, 2018)

$$\dot{x} = x(1 - 2x + y - 5z), \quad \dot{y} = y(1 - 5x - 2y - z), \quad \dot{z} = z(1 + x - 3y - 2z)$$

在一个三维网格上的每个点 (x, y, z) 处的向量 $(\dot{x}, \dot{y}, \dot{z})$,即图9.14(b)。quiver 函数的前三个参数为网格上每个点的 x, y 和 z 坐标,第四个、第五个和第六个参数依次为该点的向量的三个分量,参数 length 设置绘制的向量的长度。

程序 9.16　二维和三维向量场

```
1  import numpy as np
2  import matplotlib.pyplot as plt
3
4  fig = plt.figure(figsize=(8, 6), constrained_layout=True)
5  gs = fig.add_gridspec(1, 2)
6
7  ax1 = fig.add_subplot(gs[0, 0])
8  x, y = np.mgrid[0.5:6.5:16j, 0.5:6.5:16j]
9  dx_dt = x*(1 - x/7) - 6*x*y/(7+7*x)
10 dy_dt = 0.2*y*(1 - 0.5*y/x)
11 ax1.quiver(x, y, dx_dt, dy_dt, color='r', angles='xy',
12            scale_units='xy')
13
14 ax2 = fig.add_subplot(gs[0, 1], projection='3d')
15 ax2.set_xlabel("x"); ax2.set_ylabel("y");
16 ax2.set_zlabel("z")
17 grid1 = np.linspace(-4, 4, 9); grid2 = np.linspace(0, 2, 3)
18 x, y, z = np.meshgrid(grid1, grid1, grid2)
19 dx_dt = x * (1 - 2 * x + y - 5 * z)
20 dy_dt = y * (1 - 5 * x - 2 * y - z)
21 dz_dt = z * (1 + x - 3 * y - 2 * z)
22 ax2.quiver(x, y, z, dx_dt, dy_dt, dz_dt, length=0.008)
23 plt.show()
```

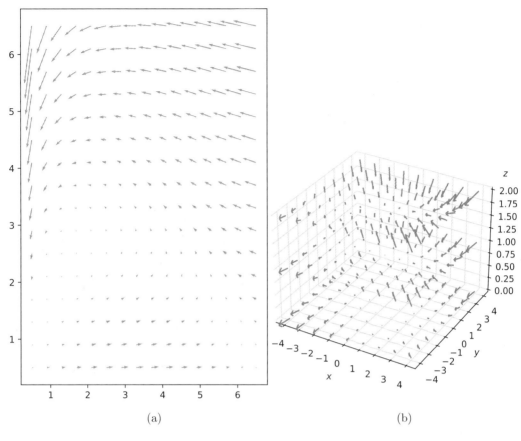

图 **9.14**　二维和三维向量场

9.3　实验 9：Matplotlib 库简介

实验目的

本实验的目的是掌握使用 Matplotlib 库绘制图示的方法。

实验内容

1. 编写程序从一个等比数列中依次选取 n，绘制实验 5 中实验内容 2 的三个计算数值定积分公式的计算结果和精确结果之间的相对误差随 n 变化的情况。绘图时两个坐标轴都使用对数尺度并标注图例。

2. 绘制实验 8 中实验内容 2 的三种排序算法的运行时间随列表长度变化的情况并标注图例。

3. 在两行两列的四个子图中依次绘制函数 $z = (3x^3 - 2x + 4x^2y + 2y^2)\mathrm{e}^{-x^2-y^2}$ $(-2 \leqslant x \leqslant 2, -2 \leqslant y \leqslant 2)$ 的四个图：根据 z 值染色的三维表面图、x 坐标值相同的点连线得到的三维等高线图、y 坐标值相同的点连线得到的三维等高线图和 z 坐标值相同的点连线得到的三维等高线图。

第 10 章 符 号 计 算

符号计算指不使用数值代入变量的情况下按照规则对数学表达式进行精确演算。符号计算和数值计算是两种不同类型的计算。例如要计算函数 $f(x) = x^3 - 2x^2 + 7x - 9$ 的导函数在 $x = 2$ 时的函数值。符号计算根据求导规则获得导函数为 $f'(x) = 3x^2 - 4x + 7$,然后将 $x = 2$ 代入求函数值 $f'(2)$。数值计算则根据数值求导公式 (5.2) 对 $x = 2$ 近似计算 $f'(2)$。虽然很多实际问题无法通过精确演算获得解析解 (例如一元五次方程求根),符号计算可以用来简化问题的复杂度或缩小问题的规模。

可进行符号计算的软件称为计算机代数系统 (computer algebra systems)。在众多类似软件中,SymPy 是一个完全用 Python 实现的轻量级开源 Python 库。SageMath 是一个庞大的开源数学软件系统,包含 SymPy 在内的很多开源软件包。Maple 和 Mathematica 则是付费使用的商业软件。

本章简要介绍 SymPy(SymPyDoc) 库的符号计算功能,包括矩阵计算、表达式展开和化简、微积分和方程求解。使用 SymPy 模块之前需要运行 "import sympy as sym" 并将其导入,使用别名 sym 以便于输入。

10.1 符号表达式

符号表达式由符号变量、符号数值、运算符和符号函数按照规则组合而成。

符号变量在使用前需要声明。sym.Symbol 函数可声明单个符号变量,并可用关键字参数指定变量表示的数值的性质。sym.symbols 函数可同时声明多个符号变量。程序10.1中声明了一些符号变量:b 表示一个实数,c 和 d 分别表示一个正实数和一个负实数,e,f 和 g 都表示一个整数,j 和 k 分别表示一个奇数和一个偶数。

程序 10.1 符号变量

```
1  In[1]: a = sym.Symbol("a"); b = sym.Symbol("b", real=True)
2  In[2]: c = sym.Symbol("c", positive=True)
3  In[3]: d = sym.Symbol("d", negative=True)
4  In[4]: a.is_real, b.is_real, c.is_real and c.is_positive
5  Out[4]: (None, True, True)
6  In[5]: d.is_real and d.is_negative
7  Out[5]: True
8  In[6]: e, f, g = sym.symbols("e, f, g", integer=True)
```

```
 9  In[7]: f.is_integer
10  Out[7]: True
11  In[8]: j = sym.Symbol("j", odd=True)
12  In[9]: k = sym.Symbol("k", even=True)
13  In[10]: j.is_integer and j.is_odd, k.is_integer and k.is_even
14  Out[10]: (True, True)
```

SymPy 的三个类 Integer、Float 和 Rational 分别表示符号数值中的整数、浮点数和有理数，并可通过函数 int 和 float 转换为 Python 中的 int 和 float 类型。SymPy 使用 mpmath 模块，可以进行精确的浮点数计算。SymPy 中定义复数时用 sym.I 表示虚部符号。如程序 10.2 所示。

程序 10.2　符号数值类型

```
 1  In[1]: p = sym.Integer(123); (p.is_Integer, p.is_real, p.is_odd)
 2  Out[1]: (True, True, True)
 3  In[2]: q = sym.Float('0.4'); (q.is_Integer, q.is_real, q.is_odd)
 4  Out[2]: (False, True, False)
 5  In[3]: r = sym.Float('0.3'); q - r, float(q)-float(r)
 6  Out[3]: (0.100000000000000, 0.10000000000000003)
 7  In[4]: s = sym.Rational(6, 7); t = sym.Rational(19, 8)
 8  In[5]: s+t, s-t, s*t, s/t
 9  Out[5]: (181/56, -85/56, 57/28, 48/133)
10  In[6]: (p + sym.I * 5) * (q - sym.I * r)
11  Out[6]: (0.4-0.3i)(123+5i)
12  In[7]: sym.simplify((p + sym.I * 5) * (q - sym.I * r))
13  Out[7]: 50.7-34.9i
```

符号函数分为三类：sym.Function 声明的未定义的函数、SymPy 内置的常用数学函数和 sym.Lambda 定义的匿名函数 (表10.1)。

表 10.1　符号函数

输入	输出
x, y = sym.symbols("x, y"); f = sym.Function("f")(x, y); f	$f(x,y)$
j = sym.Symbol("j", odd=True); sym.tan(j*sym.pi)	0
k = sym.Symbol("k", even=True); sym.cos(k*sym.pi)	1
sym.sqrt(x*x)	$\sqrt{x^2}$
d = sym.Symbol("d", negative=True); sym.sqrt(d*d)	$-d$
sym.log(sym.E ** sym.Float('-23.12345678987654321'))	-23.12345678987654321
g = sym.Lambda(x, 3 * x**2 - 6 * x + 15); g	$\left(x \mapsto 3x^2 - 6x + 15\right)$
x = sym.Float('3.14'); g(x), sym.simplify(g(x − sym.I * 2))	$(25.7388000000000, 13.7388-25.68*I)$

10.2 符号表达式的变换

sym.simplify 使用各种经验规则对符号表达式进行化简 (表10.2)，适合交互使用，但有时不能得到预期的结果。对于每一类数学函数，SymPy 都定义了专门的化简函数。

表 10.2 sym.simplify

输入	输出
x = sym.symbols('x')	
sym.simplify(sym.sin(x)**2 + sym.cos(x)**2)	1
sym.simplify((x**3 − 1)/(x**2 + x + 1))	$x - 1$
expr = sym.exp((x + sym.pi/2) * sym.I); expr	$e^{i\left(x+\frac{\pi}{2}\right)}$
sym.simplify(expr)	ie^{ix}

sym.sympify 可从一个表示数学表达式的字符串生成一个符号表达式。subs 函数可将一个符号表达式中出现的所有指定的变量替换为一个指定的表达式 (表10.3)，替换的结果保存在一个新的符号表达式中。subs 函数的参数是指定的变量和指定的表达式。如果需要对多个变量替换，可提供一个列表作为参数，列表中的每个元素是由变量和表达式组成的元组。

表 10.3 sym.sympify 函数、subs 函数、evalf 函数和 sym.lambdify 函数

输入	输出
x, y, z, u, v, w = sym.symbols('x, y, z, u, v, w')	
expr1 = sym.sympify('sin(x)−tan(x)'); expr1	$\sin(x) - \tan(x)$
expr1.subs(x, sym.pi/3)	$-\dfrac{\sqrt{3}}{2}$
expr = x*y + 2*y*z − 3*z*x + 9; expr	$xy - 3xz + 2yz + 9$
expr2 = expr.subs([(x, 2*u+v), (y, 3*w−u), (z, w)]); expr2	$2w\left(-u+3w\right) - 3w\left(2u+v\right) + \left(-u+3w\right)\left(2u+v\right) + 9$
expr2.evalf(subs={u: 2.4, v: sym.pi, w: sym.E})	21.226761448365
expr2.evalf(subs={u: 2.4, v: sym.pi, w: sym.E}, n = 25)	21.22676144836498207588746
expr = sym.cos(sym.E)**2 + sym.sin(sym.E)**2; expr	$\sin^2(e) + \cos^2(e)$
(expr − 1).evalf(), (expr − 1).evalf(chop=True)	(−0.e−125, 0)
f = sym.lambdify([u, v, w], expr2)	
f(1,2,3)	53
h = sym.lambdify(x, expr1, 'numpy')	
import numpy as np; h(np.pi/3)	−0.8660254037844382

evalf 函数可计算符号表达式的数值。evalf 函数的参数 subs 是一个字典，其中的每个元素由变量和对应的取值组成。evalf 函数的参数 n 指定有效数字的位数，参数 chop 取值为 True 可以去除小于指定精度的舍入误差。

sym.lambdify 函数可将一个符号表达式 (第二个参数) 转换成为以指定的变量 (第一个

参数) 作为自变量的 Python 函数以便调用, 并通过第三个参数指定表达式中的数学函数由哪个数学库提供。

10.2.1　幂函数的变换 (表10.4)

幂函数的变换涉及三个公式。公式 $x^a x^b = x^{a+b}$ 总成立。公式 $x^a y^a = (xy)^a$ 成立的一个充分条件是 x 和 y 都为非负实数并且 a 为实数, 不成立的一个反例是 $x = y = -1, a = 1/2$。公式 $(x^a)^b = x^{ab}$ 成立的一个充分条件是 x 为非负实数并且 a 和 b 都为实数, 成立的另一个充分条件是 b 为整数, 不成立的一个反例是 $x = -1, a = 2, b = 1/2$。在确定公式成立的前提下, sym.powsimp 从左向右使用这三个公式, sym.expand_power_exp、sym.expand_power_base 和 sym.powdenest 从右向左使用这三个公式。

表 10.4　幂函数的变换

输入	输出
x, y = sym.symbols('x y', positive=True)	
a, b = sym.symbols('a b', real=True)	
u, v, c, d = sym.symbols('u, v, c, d')	
sym.powsimp(u**c * u**d), sym.powsimp(u**c * v**c), sym.powsimp((u**c)**d)	$(u^{c+d}, u^c v^c, (u^c)^d)$
sym.powsimp(x**a * x**b), sym.powsimp(x**a * y**a), sym.powsimp((x**a)**b)	$(x^{a+b}, (xy)^a, x^{ab})$
n = sym.symbols('n', integer=True); sym.powsimp(u**n * v**n)	$(uv)^n$
sym.expand_power_exp(x**(a + b))	$x^a x^b$
sym.expand_power_exp(u**(c + d))	$u^c u^d$
sym.expand_power_base((x*y)**a)	$x^a y^a$
sym.expand_power_base((u*v)**c)	$(uv)^c$
sym.powdenest((x**a)**b), sym.powdenest((u**a)**b)	$(x^{ab}, (u^a)^b)$

10.2.2　对数函数的变换 (表10.5)

对数函数的变换涉及两个公式。公式 $\log(xy) = \log x + \log y$ 成立的一个充分条件是 x 和 y 都为正实数。公式 $\log x^a = a \log x$ 成立的一个充分条件是 x 为正实数并且 a 为实数。在确定公式成立的前提下, sym.expand_log 从左向右使用这两个公式, sym.logcombine 从右向左使用这两个公式。

表 10.5　对数函数的变换

输入	输出
x, y = sym.symbols('x y', positive=True)	
a — sym.symbols('a', real=True)	
u, v, c = sym.symbols('u, v, c')	

续表

输入	输出
sym.expand_log(sym.log(x*y)), sym.expand_log(sym.log(u*v))	$(\log(x)+\log(y),\log(uv))$
sym.expand_log(sym.log(x**a)), sym.expand_log(sym.log(u**c))	$(a\log(x),\log(u^c))$
sym.logcombine(sym.log(x) + sym.log(y)), sym.logcombine(sym.log(u) + sym.log(v))	$(\log(xy),\log(u)+\log(v))$
sym.logcombine(a*sym.log(x)), sym.logcombine(c*sym.log(u))	$(\log(x^a),c\log(u))$

10.2.3　三角函数和双曲函数的变换 (表10.6)

sym.trigsimp 对三角函数和双曲函数进行化简。sym.expand_trig 对三角函数和双曲函数进行展开。如果只需要对一个表达式中的某些项 (而非所有项) 进行操作，可以使用 subs 函数。

表 10.6　三角函数和双曲函数的变换

输入	输出
x, y = sym.symbols('x, y')	
sym.trigsimp(sym.cos(x−y)−sym.cos(x+y))	$2\sin(x)\sin(y)$
sym.trigsimp(4 * sym.cos(x)**3 − 3 * sym.cos(x))	$\cos(3x)$
expr = sym.sinh(x)*sym.cosh(y) − sym.sinh(y)*sym.cosh(x); expr	$\sinh(x)\cosh(y)-\sinh(y)\cosh(x)$
sym.trigsimp(expr)	$\sinh(x-y)$
sym.expand_trig(sym.tan(x + y))	$\dfrac{\tan(x)+\tan(y)}{-\tan(x)\tan(y)+1}$
expr = sym.cos((x+y)/2) * sym.sin((x−y)/2); expr	$\sin\left(\dfrac{x}{2}-\dfrac{y}{2}\right)\cos\left(\dfrac{x}{2}+\dfrac{y}{2}\right)$
sym.trigsimp(sym.expand_trig(expr))	$\dfrac{\sin(x)}{2}-\dfrac{\sin(y)}{2}$
sym.expand_trig(sym.cosh(x − y))	$-\sinh(x)\sinh(y)+\cosh(x)\cosh(y)$
expr = sym.sin(2*x) − sym.cos(3*x); sym.expand_trig(expr)	$2\sin(x)\cos(x)-4\cos^3(x)+3\cos(x)$
expr.subs(sym.sin(2*x), 2*sym.sin(x)*sym.cos(x))	$2\sin(x)\cos(x)-\cos(3x)$

10.2.4　特殊函数的变换 (表10.7)

SymPy 定义了大量特殊函数,应用领域包括数学物理方程和组合数学等。sym.rewrite 可将当前函数表示为实参指定的函数的表达式。 sym.expand_func 可展开函数。sym.combsimp 可简化有组合函数的表达式。sym.gammasimp 可简化有伽马函数或组合函数的表达式。

表 10.7 特殊函数的变换

输入	输出
x, y, z = sym.symbols('x, y, z')	
n, k = sym.symbols('n k', integer = True)	
sym.tan(x).rewrite(sym.cos)	$\dfrac{\cos\left(x - \dfrac{\pi}{2}\right)}{\cos(x)}$
sym.factorial(z).rewrite(sym.gamma)	$\Gamma(z+1)$
sym.expand_func(sym.gamma(y + 4))	$y(y+1)(y+2)(y+3)\Gamma(y)$
sym.combsimp(sym.factorial(k)/sym.factorial(k – 4))	$k(k-3)(k-2)(k-1)$
sym.combsimp(sym.binomial(n+2, k+2)/sym.binomial(n, k))	$\dfrac{(n+1)(n+2)}{(k+1)(k+2)}$
sym.tan(x).rewrite(sym.cos)	$\dfrac{(n+1)(n+2)}{(k+1)(k+2)}$
sym.gammasimp(sym.gamma(y)*sym.gamma(2 – y))	$-\dfrac{\pi(y-1)}{\sin(\pi y)}$

10.2.5 有理系数多项式函数的变换 (表10.8)

sym.expand 将多项式函数展开成各单项的和。sym.factor 对多项式函数进行因式分解。sym.collect 将多元多项式函数整理成指定变量的多项式函数。coeff 根据指定指数提取该项的系数。对于分子和分母均为多项式的分式，sym.cancel 消去分子和分母的公因子。sym.apart 实现了部分分式分解。

表 10.8 有理系数多项式的变换

输入	输出
sym.expand((x – 2) ** 3)	$x^3 - 6x^2 + 12x - 8$
sym.expand((x + 6)*(x – 8))	$x^2 - 2x - 48$
sym.expand((x + 4)*(x – 5) - (x + 21)*(x – 22))	442
expr = (x – sym.Rational(2, 3)) ** 2 * (y + sym.Rational(6, 7)); expr	$\left(x - \dfrac{2}{3}\right)^2 \left(y + \dfrac{6}{7}\right)$
sym.expand(expr)	$x^2 y + \dfrac{6x^2}{7} - \dfrac{4xy}{3} - \dfrac{8x}{7} + \dfrac{4y}{9} + \dfrac{8}{21}$
sym.factor(x**2*z – 5*x*z*y + 6*y**2*z)	$z(x-3y)(x-2y)$
expr = x**2*y – sym.Rational(8, 7) * x + sym.Rational(8, 21) + y * sym.Rational(4, 9) – sym.Rational(4, 3) * x * y + sym.Rational(6, 7) * x * x	
expr	$x^2 y + \dfrac{6x^2}{7} - \dfrac{4xy}{3} - \dfrac{8x}{7} + \dfrac{4y}{9} + \dfrac{8}{21}$
sym.factor(expr)	$\dfrac{(3x-2)^2 (7y+6)}{63}$
expr = 15 – 3*x**2 + 6*x*y*z – 8*x*y*2 + x**3*y collected_expr = sym.collect(expr, x); collected_expr	$x^3 y - 3x^2 + x(6yz - 16y) + 15$
collected_expr.coeff(x, 1)	$6yz - 16y$

输入	输出
expr = (x**3*y − x**3 + 3*x**2*y − 3*x**2 − 10*x*y + 10*x − 24*y + 24)/(x**2*y − x**2 + x*y − x − 2*y + 2)	
expr	$\dfrac{x^3y - x^3 + 3x^2y - 3x^2 - 10xy + 10x - 24y + 24}{x^2y - x^2 + xy - x - 2y + 2}$
sym.cancel(expr)	$\dfrac{x^2 + x - 12}{x - 1}$
expr = (−64*x**4 + 176*x**3 + 439*x**2 − 542*x − 615)/ (56*x**4 + 38*x**3 − 312*x**2 − 171*x + 270); expr	$\dfrac{-64x^4 + 176x^3 + 439x^2 - 542x - 615}{56x^4 + 38x^3 - 312x^2 - 171x + 270}$
sym.apart(expr)	$\dfrac{3x - 2}{2x^2 - 9} - \dfrac{8}{7} + \dfrac{45}{7(7x + 10)} + \dfrac{6}{4x - 3}$

10.3 微　积　分

10.3.1 求导数 (表10.9)

sym.diff 可计算单变量函数或多变量函数的导数。它的第一个参数是要求导的函数,后面的一个或多个参数为依次求导的自变量序列。如果对同一个自变量求多次导数,也可以在自变量参数的后面用数字表示求导的次数。sym.Derivative 生成导数的未求值形式,可调用 doit 函数计算导数。

表 10.9　求导数

输入	输出
expr = x**4 * sym.E**x; expr	$x^4 \mathrm{e}^x$
sym.diff(expr, x, 3)	$x\left(x^3 + 12x^2 + 36x + 24\right)\mathrm{e}^x$
sym.diff(expr, x, x, x)	$x\left(x^3 + 12x^2 + 36x + 24\right)\mathrm{e}^x$
expr = sym.E**(x**2 * y**3) * (2 − x − z); expr	$(-x - z + 2)\,\mathrm{e}^{x^2y^3}$
sym.diff(expr, y, 2, x, z)	$-6xy\left(3x^4y^6 + 8x^2y^3 + 2\right)\mathrm{e}^{x^2y^3}$
deriv = sym.Derivative(expr, z, y, 3, x); deriv	$\dfrac{\partial^5}{\partial x \partial y^3 \partial z}(-x - z + 2)\,\mathrm{e}^{x^2y^3}$
deriv.doit()	$-6x\left(9x^6y^9 + 45x^4y^6 + 38x^2y^3 + 2\right)\mathrm{e}^{x^2y^3}$

10.3.2 求积分 (表10.10)

sym.integrate 可计算单变量或多变量函数的定积分和不定积分。计算定积分需要提供自变量的积分范围。sym.Integral 生成积分的未求值形式,可调用 doit 函数计算积分。sym.oo 表示正无穷。对于无法计算的积分,SymPy 返回其未求值形式。

表 10.10 求积分

输入	输出
sym.integrate(sym.tan(x), x)	$-\log\left(\cos\left(x\right)\right)$
sym.integrate(sym.cos(x**2), x)	$\dfrac{\sqrt{2}\sqrt{\pi}C\left(\dfrac{\sqrt{2}x}{\sqrt{\pi}}\right)\Gamma\left(\dfrac{1}{4}\right)}{8\Gamma\left(\dfrac{5}{4}\right)}$
sym.integrate(x**x, x)	$\displaystyle\int x^x \,\mathrm{d}x$
expr = sym.Integral(sym.exp(–x**2), (x, 0, sym.oo)); expr	$\displaystyle\int_0^\infty \mathrm{e}^{-x^2}\,\mathrm{d}x$
expr.doit()	$\dfrac{\sqrt{\pi}}{2}$
expr = sym.Integral(x*sym.log(x), x); expr	$\displaystyle\int x\log\left(x\right)\,\mathrm{d}x$
expr.doit()	$\dfrac{x^2\log\left(x\right)}{2}-\dfrac{x^2}{4}$
expr = sym.Integral(sym.exp(–x**2 – y**4), (x, –sym.oo, 0), (y, 0, sym.oo)); expr	$\displaystyle\int_0^\infty\int_{-\infty}^0 \mathrm{e}^{-x^2-y^4}\,\mathrm{d}x\,\mathrm{d}y$
expr.doit()	$\dfrac{\sqrt{\pi}\Gamma\left(\dfrac{1}{4}\right)}{8}$
_.evalf(20)	0.80327828046363949031
expr = sym.Integral(x**y*sym.exp(–x*x), (x, 0, sym.oo)); expr	$\displaystyle\int_0^\infty x^y\mathrm{e}^{-x^2}\,\mathrm{d}x$
expr.doit()	$\begin{cases}\dfrac{\Gamma\left(\dfrac{y}{2}+\dfrac{1}{2}\right)}{2}, & \dfrac{\mathrm{re}\left(y\right)}{2}-\dfrac{1}{2}>-1 \\ \displaystyle\int_0^\infty x^y\mathrm{e}^{-x^2}\,\mathrm{d}x, & \text{否则}\end{cases}$

10.3.3 求极限 (表10.11)

sym.limit(f(x), x, x0) 计算极限 $\displaystyle\lim_{x\to x_0} f(x)$。要计算单侧极限,添加第四个参数 "+" 或 "−"。sym.Limit 生成极限的未求值形式,可调用 doit 函数计算极限。

表 10.11 求极限

输入	输出
sym.limit(sym.tan(x)/x, x, 0)	1
sym.limit(x**3/1.03**x, x, sym.oo)	0
expr = sym.Limit(x*(x–2)/sym.Abs(x–2), x, 2, '+'); expr	$\displaystyle\lim_{x\to 2^+}\left(\dfrac{x\left(x-2\right)}{\left|x-2\right|}\right)$
expr.doit()	2
expr = sym.Limit(x*(x–2)/sym.Abs(x–2), x, 2, '–'); expr	$\displaystyle\lim_{x\to 2^-}\left(\dfrac{x\left(x-2\right)}{\left|x-2\right|}\right)$
expr.doit()	-2

10.3.4 泰勒级数展开 (表10.12)

series 函数可将一个函数在指定的自变量值 (第一个参数) 处进行泰勒级数展开到指定的阶数 (第二个参数)。removeO 函数可去除 series 函数的运行结果中的高阶无穷小项。

表 10.12　泰勒级数展开

In[1]:	expr = sym.tan(x); expr.series(x, 2, 6)
Out[1]:	$\tan(2) + \left(1 + \tan^2(2)\right)(x-2) + (x-2)^2\left(\tan^3(2) + \tan(2)\right) +$ $(x-2)^3\left(\dfrac{1}{3} + \dfrac{4\tan^2(2)}{3} + \tan^4(2)\right) + (x-2)^4\left(\tan^5(2) + \dfrac{5\tan^3(2)}{3} + \dfrac{2\tan(2)}{3}\right) +$ $(x-2)^5\left(\dfrac{2}{15} + \dfrac{17\tan^2(2)}{15} + 2\tan^4(2) + \tan^6(2)\right) + O\left((x-2)^6; x \to 2\right)$
In[2]:	expr.series(x, 2, 6).removeO()
Out[2]:	$(x-2)^5\left(\dfrac{2}{15} + \dfrac{17\tan^2(2)}{15} + 2\tan^4(2) + \tan^6(2)\right) +$ $(x-2)^4\left(\tan^5(2) + \dfrac{5\tan^3(2)}{3} + \dfrac{2\tan(2)}{3}\right) + (x-2)^3\left(\dfrac{1}{3} + \dfrac{4\tan^2(2)}{3} + \tan^4(2)\right) +$ $(x-2)^2\left(\tan^3(2) + \tan(2)\right) + \left(1 + \tan^2(2)\right)(x-2) + \tan(2)$
In[3]:	expr = sym.exp(sym.sin(x)*sym.cos(y)); expr.series(x, 0, 4)
Out[3]:	$1 + x\cos(y) + \dfrac{x^2\cos^2(y)}{2} + x^3\left(\dfrac{\cos^3(y)}{6} - \dfrac{\cos(y)}{6}\right) + O\left(x^4\right)$

10.4　矩　　阵

SymPy.Matrix 表示一个矩阵。创建一个矩阵的方式有多种 (表10.13)。给定一个嵌套列表，SymPy.Matrix 生成一个矩阵，嵌套列表中的每个子列表构成一个行向量。给定一个非嵌套列表，SymPy.Matrix 生成一个列向量。eye(n) 生成一个 $n \times n$ 的单位阵。zeros(n, m) 生成一个 $n \times m$ 的所有元素为 0 的矩阵。ones(n, m) 生成一个 $n \times m$ 的所有元素为 1 的矩阵。diag 生成一个对角阵，它的参数可以是数值或矩阵，它们沿对角方向堆叠。

表 10.13　创建矩阵

输入	输出
sym.Matrix([[1, 2], [-3, -4], [5, 6]])	$\begin{bmatrix} 1 & 2 \\ -3 & -4 \\ 5 & 6 \end{bmatrix}$
sym.Matrix([7, -8, 9])	$\begin{bmatrix} 7 \\ -8 \\ 9 \end{bmatrix}$
sym.eye(3)	$\begin{bmatrix} 1 & 0 & 0 \\ 0 & 1 & 0 \\ 0 & 0 & 1 \end{bmatrix}$
sym.zeros(2, 3)	$\begin{bmatrix} 0 & 0 & 0 \\ 0 & 0 & 0 \end{bmatrix}$

续表

输入	输出
sym.ones(3, 2)	$\begin{bmatrix} 1 & 1 \\ 1 & 1 \\ 1 & 1 \end{bmatrix}$
sym.diag(2, –3, 6)	$\begin{bmatrix} 2 & 0 & 0 \\ 0 & -3 & 0 \\ 0 & 0 & 6 \end{bmatrix}$
sym.diag(sym.Matrix([7, –8, 9]), 24, sym.ones(2, 2))	$\begin{bmatrix} 7 & 0 & 0 & 0 \\ -8 & 0 & 0 & 0 \\ 9 & 0 & 0 & 0 \\ 0 & 24 & 0 & 0 \\ 0 & 0 & 1 & 1 \\ 0 & 0 & 1 & 1 \end{bmatrix}$

sym.shape 函数返回一个矩阵的 shape 属性,即由行数和列数组成的元组。row 函数可获取指定的行。col 函数可获取指定的列。row_del 可删除指定的行。col_del 可删除指定的列。row_insert 可在指定的位置插入一行并生成一个新矩阵。col_insert 可在指定的位置插入一列并生成一个新矩阵。

单个矩阵可进行转置和乘方运算。两个矩阵可进行加法、减法和乘法运算。det 函数可获取矩阵的行列式。rref 函数将一个矩阵转换成简化行阶梯形式 (reduced row echelon form),返回值是一个元组,由转换结果和一个存储了主元列的索引值的元组构成。如表 10.14 所示。

表 10.14 矩阵的基本运算

输入	输出
m = sym.Matrix([[1, 2], [–3, –4], [5, 6]]); m	$\begin{bmatrix} 1 & 2 \\ -3 & -4 \\ 5 & 6 \end{bmatrix}$
sym.shape(m), m.shape	((3, 2), (3, 2))
m.row(1)	$\begin{bmatrix} -3 & -4 \end{bmatrix}$
m.col(–2)	$\begin{bmatrix} 1 \\ -3 \\ 5 \end{bmatrix}$
m.row_del(1); m	$\begin{bmatrix} 1 & 2 \\ 5 & 6 \end{bmatrix}$
m.col_del(–2); m	$\begin{bmatrix} 2 \\ 6 \end{bmatrix}$
m = m.row_insert(1, sym.Matrix([[7]])); m	$\begin{bmatrix} 2 \\ 7 \\ 6 \end{bmatrix}$
m = m.col_insert(–2, sym.Matrix([8, –9, 10])); m	$\begin{bmatrix} 8 & 2 \\ -9 & 7 \\ 10 & 6 \end{bmatrix}$
p = sym.Matrix([[6, –5], [4, –3], [1, 2]]); p	$\begin{bmatrix} 6 & -5 \\ 4 & -3 \\ 1 & 2 \end{bmatrix}$

续表

输入	输出
m+p	$\begin{bmatrix} 14 & -3 \\ -5 & 4 \\ 11 & 8 \end{bmatrix}$
m−p	$\begin{bmatrix} 2 & 7 \\ -13 & 10 \\ 9 & 4 \end{bmatrix}$
q = p.T; q	$\begin{bmatrix} 6 & 4 & 1 \\ -5 & -3 & 2 \end{bmatrix}$
s = m * q; s	$\begin{bmatrix} 38 & 26 & 12 \\ -89 & -57 & 5 \\ 30 & 22 & 22 \end{bmatrix}$

nullspace 函数返回零空间的基向量。columnspace 函数返回列空间的基向量。eigenvals 函数返回一个字典，其中每个元素由一个特征值和其对应的代数重数组成。eigenvects 返回一个列表，其中的每个元素是一个元组，由一个特征值、对应的代数重数和特征向量的列表组成。charpoly 函数返回一个以指定变量为自变量的特征多项式。如表 10.15 所示。

表 10.15 矩阵的基本运算

输入	输出
t = s − 3 * sym.ones(3, 3); t	$\begin{bmatrix} 35 & 23 & 9 \\ -92 & -60 & 2 \\ 27 & 19 & 19 \end{bmatrix}$
s.det(), t.det()	(0, −936)
t ** (−1)	$\begin{bmatrix} \frac{589}{468} & \frac{133}{468} & -\frac{293}{468} \\ -\frac{901}{468} & -\frac{211}{468} & \frac{449}{468} \\ \frac{16}{117} & \frac{11}{234} & -\frac{2}{117} \end{bmatrix}$
t ** 3	$\begin{bmatrix} 28852 & 19444 & 3468 \\ -82204 & -54468 & 6940 \\ 21720 & 15008 & 9272 \end{bmatrix}$
s ** (−1)	NonInvertibleMatrixError: Matrix det == 0; not invertible.
v = s.rref(); v[0]	$\begin{bmatrix} 1 & 0 & -\frac{11}{2} \\ 0 & 1 & \frac{17}{2} \\ 0 & 0 & 0 \end{bmatrix}$
v[1]	(0, 1)
w = sym.Matrix([[1, −2, 3, 4], [8, 6, 4, 9]]);	$\begin{bmatrix} 1 & -2 & 3 & 0 & 0 \\ 8 & 6 & 0 & 0 & 9 \end{bmatrix}$
w.nullspace()	[Matrix([[−13/11], [10/11], [1], [0]]), Matrix([[−21/11], [23/22], [0], [1]])]
w.columnspace()	[Matrix([[1], [8]]), Matrix([[−2], [6]])]

续表

输入	输出
x = sym.Matrix([[–1, 0, 1, 2], [0, 1, 0, 1], [–1, –4, 1, –2], [0, 1, 0, 1]]); x	$\begin{bmatrix} -1 & 0 & 1 & 2 \\ 0 & 1 & 0 & 1 \\ -1 & -4 & 1 & -2 \\ 0 & 1 & 0 & 1 \end{bmatrix}$
x.eigenvals()	{2: 1, 0: 3}
x.eigenvects()	[(0, 3, [Matrix([[1], [0], [1], [0]]), Matrix([[2], [–1], [0], [1]])]), (2, 1, [Matrix([[–1], [1], [–5], [1]])])]
lamda = sym.symbols('lamda')	λ
p = x.charpoly(lamda); p	PurePoly $\left(\lambda^4 - 2\lambda^3, \lambda, domain = \mathbf{Z}\right)$
sym.factor(p.as_expr())	$\lambda^3\left(\lambda - 2\right)$

10.5　方　程　求　解

10.5.1　代数方程求解

1. 线性方程组求解 (表10.16)

linsolve 函数求解线性方程组 (表 10.16)。可以使用多种方式描述方程组：方程的列表、增广矩阵和 $\boldsymbol{Ax} = \boldsymbol{b}$ 形式。以求解以下线性方程组为例：

$$\begin{bmatrix} 1 & -2 & 3 \\ 4 & -5 & 6 \end{bmatrix} \begin{bmatrix} x \\ y \\ z \end{bmatrix} = \begin{bmatrix} 4 \\ 8 \end{bmatrix} \tag{10.1}$$

表 10.16　线性方程组求解

输入	输出
sym.linsolve([x – 2*y + 3*z – 4, 5*x – 6*y + 7*z – 8], (x, y, z))	$\{(z - 2,\ 2z - 3,\ z)\}$
sym.linsolve(sym.Matrix(([1, –2, 3, 4], [5, –6, 7, 8])), (x, y, z))	$\{(z - 2,\ 2z - 3,\ z)\}$
m = sym.Matrix(([1, –2, 3, 4], [5, –6, 7, 8])) system = A, b = m[:, :–1], m[:, –1] sym.linsolve(system, x, y, z)	$\{(z - 2,\ 2z - 3,\ z)\}$

2. 非线性方程求解 (表10.17)

solveset 函数对于给定的变量 (第二个参数) 求解非线性方程 (第一个参数)，可通过 domain 参数指定根的取值范围 (表 10.17)。如果没有解，返回空集。如果无法求解，返回一个条件集合。对于一元多项式方程，sym.roots 返回一个字典，其中的每个元素包括一个根和其对应的重数。

表 10.17　非线性方程求解

输入	输出
sym.solveset(x**2 − 2*x + 2, x)	$\{1-i, 1+i\}$
sym.solveset(x**2 − 2*x + 2, x, domain=sym.S.Reals)	$\varnothing$
sym.solveset(sym.tan(x) − 1, x)	$\left\{2n\pi + \dfrac{5\pi}{4} \mid n \in \mathbf{Z}\right\} \cup \left\{2n\pi + \dfrac{\pi}{4} \mid n \in \mathbf{Z}\right\}$
sym.solveset(sym.sin(x) − x, x)	$\{x \mid x \in \mathbf{C} \wedge -x + \sin(x) = 0\}$
sym.solveset(x**5 − 4*x**4 + 14*x**2 − 17*x + 6)	$\{-2, 1, 3\}$
sym.roots(x**5 − 4*x**4 + 14*x**2 − 17*x + 6)	$\{3: 1, -2: 1, 1: 3\}$

3. 非线性方程组求解 (表10.18)

nonlinsolve 函数可求解规模较小的非线性方程组, 它的第一个参数是组成非线性方程组的各方程的列表, 第二个参数是要求解的变量的列表 (表 10.18)。

表 10.18　非线性方程组求解

In[1]:	sym.nonlinsolve([x*x + y*y − 2, x*y + 1], x, y)
Out[1]:	$\{(-1,\ 1), (1,\ -1)\}$
In[2]:	sym.nonlinsolve([x*x + y*y + 2, x*y + 1], x, y)
Out[2]:	$\{(-i,\ -i), (i,\ i)\}$
In[3]:	eqns = [x**2 − 3*y**2 − 4, x*y + 2]; vars = [x, y]; sym.nonlinsolve(eqns, vars)
Out[3]:	$\left\{\left(-\sqrt{6},\ \dfrac{\sqrt{6}}{3}\right), \left(\sqrt{6},\ -\dfrac{\sqrt{6}}{3}\right), \left(-\sqrt{2}i,\ -\sqrt{2}i\right), \left(\sqrt{2}i,\ \sqrt{2}i\right)\right\}$
In[4]:	eqns = [sym.exp(x) + sym.cos(y), y*y − 3*y + 2]; sym.nonlinsolve(eqns, vars)
Out[4]:	$\{(\{i(2n\pi + \pi) + \log(\cos(1)) \mid n \in \mathbf{Z}\},\ 1), (\{2ni\pi + \log(-\cos(2)) \mid n \in \mathbf{Z}\},\ 2)\}$
In[5]:	eqns = [x*x + y*y, z*z + y − 1]; vars = [x, y]; sym.nonlinsolve(eqns, vars)
Out[5]:	$\{(-i(z-1)(z+1),\ -(z-1)(z+1)), (i(z-1)(z+1),\ -(z-1)(z+1))\}$

10.5.2　常微分方程求解

牛顿冷却定律 (Newton's law of cooling) 描述了温度高于周围环境的物体向环境传递热量逐渐冷却时所遵循的规律, 即物体温度降低的速率正比于物体和环境的温差:

$$\frac{\mathrm{d}T(t)}{\mathrm{d}t} = -K(T(t) - T_s)$$

公式中的 $T(t)$ 为要求解的物体温度随时间变化的函数, K 是一个常数, T_s 是环境温度。

dsolve 函数可求解常微分方程 (表10.19), 其参数为方程的 SymPy 表示, 方程中要求解的函数用 sym.Function 声明。求解这一方程的结果包括一个积分常数 C_1, 需要通过代入初值条件 (物体的初始温度 $T(0) = T_b$) 确定。

表 10.19　牛顿冷却定律

输入	输出
t, K, Tb, Ts = sym.symbols("t, K, Tb, Ts")	
T = sym.Function("T")	
ode = T(t).diff(t) + K*(T(t) – Ts); sym.Eq(ode, 0)	$K\left(-T_s + T(t)\right) + \dfrac{\mathrm{d}}{\mathrm{d}t}T(t) = 0$
ode_sol = sym.dsolve(ode); ode_sol	$T(t) = C_1 \mathrm{e}^{-Kt} + T_s$
ics = {T(0): Tb}	
C_eq = ode_sol.subs(t, 0).subs(ics); C_eq	$T_b = C_1 + T_s$
C = sym.solve(C_eq); C	$[C_1 : T_b - T_s]$
ode_sol.subs(C[0])	$T(t) = T_s + (T_b - T_s)\mathrm{e}^{-Kt}$

由于阻尼作用 (例如空气阻力)，阻尼谐振子的振幅不断缩小。设阻尼力为 $-b\dfrac{\mathrm{d}x}{\mathrm{d}t}$，则描述阻尼谐振子的位移 x 随时间 t 变化的常微分方程为

$$m\frac{\mathrm{d}^2}{\mathrm{d}t^2}x(t) + b\frac{\mathrm{d}x}{\mathrm{d}t}x(t) + kx(t) = 0$$

其中 m, b 和 k 均为常数。设初始条件为 $x(0) = 1$ 和 $x'(0) = 0$，程序10.3求解方程得到的结果是

$$x(t) = \left(-\frac{b}{2\sqrt{b^2 - 4km}} + \frac{1}{2}\right)\mathrm{e}^{\frac{t\left(-b - \sqrt{b^2 - 4km}\right)}{2m}} + \left(\frac{b}{2\sqrt{b^2 - 4km}} + \frac{1}{2}\right)\mathrm{e}^{\frac{t\left(-b + \sqrt{b^2 - 4km}\right)}{2m}}$$

第 4 行至第 15 行的 solve_for_constants 函数自动将所有初值条件代入微分方程的通解以便确定所有积分常数，然后返回特解 (Johansson, 2019)。

为了直观显示 $x(t)$ 对于 m, b 和 k 的依赖关系，固定 $k = 9$ 和 $m = 1$，选取几个不同的 b 值绘制 $x(t)$ 随 t 变化的函数图像 (图10.1)。当 $b^2 < 4km$ 即 $b < 6.0$ 时：振荡频率接近于无阻尼时的振荡频率 $\sqrt{\dfrac{k}{m}}$ 且振荡幅度随时间逐渐变小；比较不同的 b 值在同一时刻的振荡幅度，振荡幅度随 b 值增大而变小。当 $b^2 = 4km$ 时，即 $b = 6.0$ 时，不发生振荡。此时不能直接将 b 的值代入 $x(t)$，而是需要求极限。

程序 10.3　阻尼谐振子

```
1   import numpy as np; import sympy as sym
2   import matplotlib.pyplot as plt
3
4   def solve_for_constants(sol, ics, x, known_params):
5       # 将初值条件ics代入通解sol中，求得积分常数的值，返回特解。ics 是一个字典：
6       # {y(0): y0, y(x).diff(x).subs(x, 0): yp0, ...}
7       intgr_constants = sol.free_symbols - set(known_params)
8       # 从通解sol的自由符号中去除已知参数known_params，得到需要求解的积分常数intgr_constants
9
10      eqs = [(sol.lhs.diff(x, n) - sol.rhs.diff(x, n))
11              .subs(x, 0).subs(ics) for n in range(len(ics))]
12      # 将初值条件ics代入通解sol中，得到方程组
```

```
13      values = sym.solve(eqs, intgr_constants)
14      # 求解方程组, 得到所有积分常数的值
15      return sol.subs(values) # 将积分常数的值代入通解, 返回特解
16
17   t, m, b, k = sym.symbols("t, m, b, k", positive=True)
18   x = sym.Function("x")
19   ode = m * x(t).diff(t, 2) + b * x(t).diff(t) + k * x(t)
20   sym.Eq(ode, 0)
21   ode_sol = sym.dsolve(ode); ode_sol
22   ics = {x(0): 1, x(t).diff(t).subs(t, 0): 0}
23
24   x_t = solve_for_constants(ode_sol, ics, t, [m, b, k])
```

25 `# x_t`的值为 $x(t) = \left(-\dfrac{b}{2\sqrt{b^2-4km}} + \dfrac{1}{2}\right) e^{-\frac{t\left(b+\sqrt{b^2-4km}\right)}{2m}} + \left(\dfrac{b}{2\sqrt{b^2-4km}} + \dfrac{1}{2}\right) e^{\frac{t\left(-b+\sqrt{b^2-4km}\right)}{2m}}$

```
26   x_t_k_m = x_t.rhs.subs({k:9, m:1}) # rhs表示等号右边的表达式
27
28   fig, ax = plt.subplots(figsize=(8, 4));
29   tt = np.linspace(0, 10, 100)
30   bs = [0.5, 1, 2.0, 6.0, 10.0]
31
32   for i in range(len(bs)):
33       if i != 3:
34           x_t = sym.lambdify(t, x_t_k_m.subs({b: bs[i]}), 'numpy')
35       else: # 此时不能直接代入, 只能求极限
36           x_t = sym.lambdify(t, sym.limit(x_t_k_m, b, 6.0), 'numpy')
37       ax.plot(tt, x_t(tt).real, label=r"$b = \%.1f$" % bs[i])
38
39   ax.set_xlabel(r"$t$"); ax.set_ylabel(r"$x(t)$"); ax.legend()
40   plt.title('Damped Harmonic Oscillators')
```

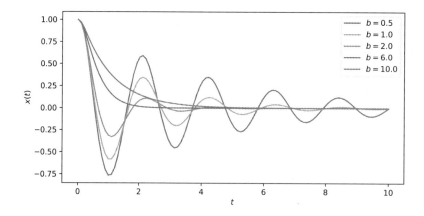

图 10.1 阻尼谐振子

10.6 实验 10：SymPy 库简介

实验目的

本实验的目的是掌握使用 SymPy 库进行矩阵计算和方程求解的方法。

实验内容

1. 计算矩阵 $\begin{bmatrix} 3 & -2 & a & a \\ 0 & 2 & b & b \\ -5 & 2 & -9 & -7 \\ a & -2 & a & 3 \end{bmatrix}$ 的逆矩阵、特征值和特征向量。其中 a 和 b 都是符号变量。

2. 求解以下线性方程组：

$$\begin{bmatrix} 3 & -2 & a & a \\ 0 & 2 & b & b \\ -5 & 2 & -9 & -7 \\ a & -2 & a & 3 \end{bmatrix} \begin{bmatrix} x \\ y \\ z \\ w \end{bmatrix} = \begin{bmatrix} 1 \\ -2 \\ 3 \\ c \end{bmatrix}$$

其中 a, b 和 c 都是符号变量。

3. 以初值条件 $f(0) = 16$ 和 $f'(0) = 18$ 求解常微分方程 $f''(x) - 2f'(x) + 3f(x) - 4 = 0$。

第 11 章 数 值 计 算

本章简要介绍数值计算的原理和 SciPy 库的相关模块,内容包括:

- 使用 scipy.interpolate 模块进行一元插值和二元插值;
- 使用 scipy.integrate 模块计算数值积分;
- 使用 scipy.optimize 模块求解非线性方程和非线性方程组;
- 使用 scipy.integrate 模块求解常微分方程的初值问题;
- 使用 scipy.optimize 模块和 scipy.integrate 模块求解常微分方程的边值问题。

11.1 插值和数值积分

11.1.1 一元插值:多项式函数和样条函数

给定一些离散数据点,插值方法求解一个通过这些点的连续函数,求解结果称为插值函数 (interpolant)。插值的应用领域包括绘制平滑曲线和曲面、估算函数值、求解非线性方程和数值积分等。scipy.interpolate 模块提供了多个实现插值方法的类。本节介绍如何使用多项式函数和样条函数进行一元插值。

给定二维平面上的互不相同的 n 个点 $\{(x_i, y_i)\}_{i=1}^{n}$,拉格朗日插值公式可以计算以下的多项式插值函数:

$$f(x) = \sum_{i=1}^{n} y_i L_i(x), \quad L_i(x) = \prod_{j=1, j \neq i}^{n} \left(\frac{x - x_j}{x_i - x_j} \right), \quad i = 1, 2, \cdots, n$$

也可定义一个次数为 $n-1$ 的多项式函数 $p(x) = a_0 + a_1 x + \cdots + a_{n-1} x^{n-1}$ 作为插值函数,然后求解线性方程组 $\{p(x_i) = y_i\}_{i=1}^{n}$ 得到所有系数 $\{a_i\}_{i=0}^{n-1}$。

程序11.1使用 numpy.polynomial 模块的 Polynomial 类的 fit 函数求解多项式函数的系数。图11.1(a) 绘制了对 6 个数据点进行插值的多项式函数的图像。当 n 较大时,插值得到的高次多项式函数在两个数据点之间可能出现大幅度波动现象。图11.1(c) 绘制了对 Runge 函数 $f(x) = \dfrac{1}{1 + 25x^2}, x \in [-1, 1]$ 上选取的若干数据点进行插值得到的 13 次和 14 次多项式函数的图像,可见当 x 值接近 1 和 -1 时两个函数都出现了大幅度波动。

为了避免高次多项式函数在插值时出现病态性质,通常使用分段多项式函数作为插值函数,即把给定的数据点的 x 坐标值的取值范围划分为若干个子区间,在每个子区间上使用低次多项式函数进行插值。样条函数是一种特殊类型的分段多项式函数。一个 k 次分段多项式函数称为样条函数,如果它在所有相邻子区间的连接点 (称为节点) 处具有连续的 $k-1$ 阶导数。在实际应用中通常选择 $k=3$,三次样条函数在所有节点处具有连续的二阶导数。

　　scipy.interpolate 模块的 interp1d 类实现了一元样条函数插值。该类实现了 __call__ 方法,可以作为函数调用。前两个参数分别是存储了数据点的 x 坐标值和 y 坐标值的数组,关键字实参 kind 可指定样条函数的次数。图11.1(b) 和 (d) 分别绘制了运行程序11.1进行样条插值得到的函数图像。可见三次样条函数的图像较为平滑,没有出现大幅度波动。

程序 11.1　一元插值:多项式函数和样条函数

```
1  import numpy as np; from numpy import polynomial as pl
2  from scipy import interpolate; import matplotlib.pyplot as plt
3
4  fig, axes = plt.subplots(2, 2, figsize=(12, 8))
5
6  x = np.array([2,3,5,7,11,13])
7  y = np.array([17,19,23,29,31,37])
8  f1 = pl.Polynomial.fit(x, y, len(x) - 1)
9  f2 = interpolate.interp1d(x, y, kind='cubic')
10 colors = ('r', 'g'); labels = ('polynomial', 'spline of order 3')
11
12 xx = np.linspace(x.min(), x.max(), 100); f = (f1, f2)
13 for i in range(2):
14     axes[0, i].set_xticks(x); axes[0, i].set_yticks(y)
15     axes[0, i].scatter(x, y, label='data points')
16     axes[0, i].plot(xx, f[i](xx), 'r--', lw=2, label=labels[i])
17
18 def runge(x): return 1/(1 + 25 * x**2)
19 def runge_interpolate(n):
20     x = np.linspace(-1, 1, n + 1)
21     f1 = pl.Polynomial.fit(x, runge(x), deg=n)
22     f2 = interpolate.interp1d(x, runge(x), kind='cubic')
23     return x, f1, f2
24
25 xx = np.linspace(-1, 1, 100)
26 for i in range(2):
27     axes[1, i].set_xticks([-1, -0.5, 0, 0.5, 1])
28     axes[1, i].plot(xx, runge(xx), 'k', lw=1,
29                     label="Runge's function")
30
31 for n in (13, 14):
32     x, f1, f2 = runge_interpolate(n); f = (f1, f2)
33     for i in range(2):
34         axes[1, i].plot(x, runge(x), colors[n-13]+'o');
35         axes[1, i].plot(xx, f[i](xx), colors[n-13]+'--',
```

```
36                          label='n = %d, ' % (n+1) + labels[i],
37                          lw=2)
38
39  for i in range(2):
40      for j in range(2):
41          axes[i, j].set_xlabel(r"$x$", fontsize=18)
42          axes[i, j].set_ylabel(r"$y$", fontsize=18)
43          axes[i, j].legend();
44
45  fig.tight_layout(); plt.show()
```

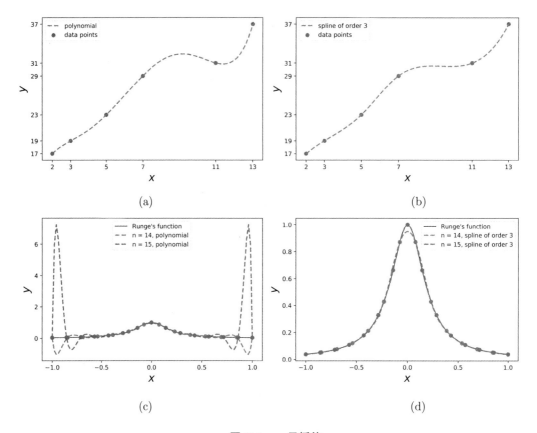

图 11.1　一元插值

11.1.2　二元插值

　　给定一些分布在三维空间的数据点,二元插值生成一个通过这些点的曲面。本小节假设这些数据点在 x-y 平面上的投影分布在一个网格上。网格上 x 坐标值的集合为 $\{x_1, x_2, \cdots, x_m\}$,$y$ 坐标值的集合为 $\{y_1, y_2, \cdots, y_n\}$,则数据点为 $\{(x_i, y_j, z_k)\}, 1 \leqslant i \leqslant m, 1 \leqslant j \leqslant n, k = (i-1) \times n + j - 1$。

　　如果网格在 x 轴方向和 y 轴方向都是等间距的,可使用 RectBivariateSpline 函数进行二元样条函数插值。它的前两个参数是分别存储了网格上 x 坐标值和 y 坐标值的数组,第三个参数是网格上所有点的 z 坐标值, 关键字实参 kx 和 ky 分别指定样条函数在 x 轴方向和 y 轴方向的次数。如果给定的数据点的网格不满足以上条件, 可使用 interp2d 函数进行二元插值。它的前三个参数和 RectBivariateSpline 函数相同。指定关键字实参 kind 为 "cubic" 表示使用三次样条函数 (程序 11.2)。

图11.2(a) 绘制了函数 $z = (x^7 - y^6 + x^5 - y^4 + x^3 - y^2 + x - 1)e^{-x^2-y^2}$ 在区间 $[-3, 3] \times [-2.5, 2.5]$ 上的等高线图。图 11.2(b) 和 (c) 分别绘制了程序11.2生成的在 20×20 等间距网格和在 40×40 等间距网格上的二元样条插值函数的等高线图。图11.2(d)、(e)、(f) 分别绘制了程序11.2生成的在 20×20 随机网格、40×40 随机网格和 80×80 随机网格上的二元样条插值函数的等高线图。可见当网格的点数相同时, 随机网格上的插值效果不如等间距网格。对于两种网格, 增加网格的点数都可以改善插值的效果。

程序 11.2　等间距网格和随机网格上的二元插值

```
1   from numpy import polynomial as pl; import numpy as np
2   from scipy import interpolate; import matplotlib.pyplot as plt
3
4   def f(x,y):
5       return (x**7 - y**6 + x**5 - y**4 + x**3 - y**2 + x - 1) *
6               np.exp(-x**2 - y**2)
7
8   def create_colorbar(c,i,j):
9       cb = fig.colorbar(c, ax=axes[i,j], orientation='horizontal')
10      cb.set_label(r"z", fontsize=18);
11
12  fig, axes = plt.subplots(2, 3, figsize=(12, 8))
13
14  N = 20; xmin = -3; xmax = 3; ymin = -2.5; ymax = 2.5
15  xN = np.linspace(xmin, xmax, int(np.rint(N*(xmax-xmin))))
16  yN = np.linspace(ymin, ymax, int(np.rint(N*(ymax-ymin))))
17  XN, YN = np.meshgrid(xN, yN)
18  c = axes[0,0].contourf(XN, YN, f(XN, YN), 15, cmap=plt.cm.RdBu)
19  create_colorbar(c, 0, 0)
20  axes[0,0].set_title("function f(x,y)")
21
22  ns = (20, 40)
23  for i in range(2):
24      n = ns[i]; title = "equidistant grid of "
25      x = np.linspace(xmin, xmax, n)
26      y = np.linspace(ymin, ymax, n)
27      X, Y = np.meshgrid(x, y); Z = f(X, Y)
28      f_i = interpolate.RectBivariateSpline(x, y, Z, kx=3, ky=3)
29      c = axes[0, i+1].contourf(X, Y, f_i(x, y), 15,
30                          cmap=plt.cm.RdBu)
31      create_colorbar(c, 0, i+1)
```

```
32    #axes[0, i+1].scatter(X, Y, marker='+', color="#f8f8f8")
33    axes[0, i+1].set_title(title + (r"$\%d \times \%d$" \% (n, n)))
34
35  ns = (20, 40, 80)
36  for i in range(3):
37      n = ns[i]; title = "random grid of "
38      x = np.sort(np.random.uniform(xmin, xmax, n))
39      y = np.sort(np.random.uniform(ymin, ymax, n))
40      X, Y = np.meshgrid(x, y); Z = f(X, Y)
41      f_i = interpolate.interp2d(x, y, Z, kind='cubic')
42      c = axes[1, i].contourf(X, Y, f_i(x, y), 15,
43                              cmap=plt.cm.RdBu)
44      create_colorbar(c, 1, i)
45      #axes[1, i].scatter(X, Y, marker='+', color="#f8f8f8")
46      axes[1, i].set_title(title + (r"$\%d \times \%d$" \% (n, n)))
47
48  for i in range(2):
49      for j in range(3):
50          axes[i, j].set_xlabel(r"$x$", fontsize=18)
51          axes[i, j].set_ylabel(r"$y$", fontsize=18)
52
53  fig.tight_layout(); plt.show()
```

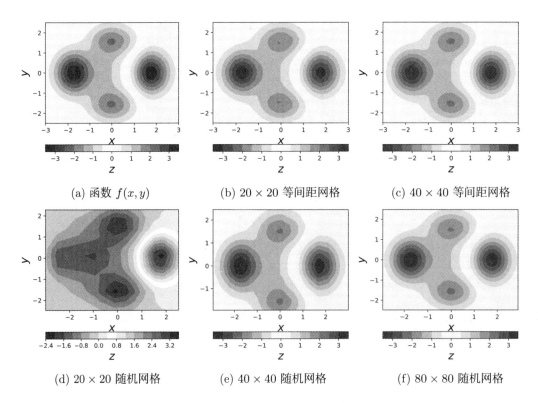

(a) 函数 $f(x,y)$　　(b) 20×20 等间距网格　　(c) 40×40 等间距网格

(d) 20×20 随机网格　　(e) 40×40 随机网格　　(f) 80×80 随机网格

图 11.2 　等间距网格和随机网格上的二元插值

11.1.3　数值积分

如果一个函数 $f(x)$ 不存在解析形式的积分原函数或函数的定义未知,只能通过数值方法求解其在区间 $[a,b]$ 上的定积分,即用区间内选取的 $n+1$ 个点 x_i $(i=0,1,\cdots,n)$(称为积分节点) 上的函数值的加权和近似计算:

$$\int_a^b f(x)\mathrm{d}x \approx \sum_{i=0}^n w_i f(x_i) \tag{11.1}$$

其中 w_i 是函数值 $f(x_i)$ 的权值,称为积分系数。不同的数值计算公式的区别体现在积分节点和积分系数上。

插值求积公式 (interpolatory quadrature) 的原理是使用基于区间内一些节点进行插值得到的多项式函数作为原函数的近似。如果一个插值求积公式对于次数不超过 k 的多项式函数是精确的, 但对次数为 $k+1$ 的多项式函数不精确, 则称公式的精度 (degree of precision) 为 k。插值求积公式分为两类:

• 牛顿–柯特斯型求积公式 (Newton-Cotes quadrature):节点之间必须是等距的;

• 高斯型求积公式 (Gaussian quadrature):节点选取为正交多项式 (例如勒让德 (Legendre) 多项式、切比雪夫 (Chebyshev) 多项式等) 的零点。

当节点个数为 $n+1$ 时,高斯–勒让德公式的精度等于 $2n+1$,相当于牛顿–柯特斯型求积公式的两倍。梯形公式和辛普森公式属于牛顿–柯特斯型公式。梯形公式的节点有 2 个,精度为 1。辛普森公式的节点有 3 个,精度为 3。2 个节点的高斯–勒让德公式的精度为 3。通常将积分区间划分为多个子区间,在每个子区间分别使用插值求积公式,由此得到的求积公式称为复合 (composite) 求积公式。表5.1中列出了复合梯形公式、复合辛普森公式和复合高斯–勒让德公式。

程序11.3根据精度的定义,即

$$\int_a^b x^j\mathrm{d}x = \sum_{i=0}^n w_i x_i^j, \quad j=0,\cdots,k$$

得出方程组, 然后利用 SymPy 解方程组, 可以求得梯形公式和辛普森公式的积分系数, 以及 2 个节点的高斯–勒让德公式的积分节点和积分系数。

程序 11.3　数值求积公式

```
1  import sympy as sym
2  a, b, x = sym.symbols("a, b, x"); f = sym.Function("f")
3
4  def Newton_Cotes(points):
5      n = len(points) - 1;
6      w = [sym.symbols("w_%d" % i) for i in range(n+1)]
7      wf = sum([w[i] * f(points[i]) for i in range(n+1)])
8      mo = [sym.Lambda(x, x**i) for i in range(n+1)]
9      eqns = [wf.subs(f, mo[j]) - sym.integrate(mo[j](x), (x, a, b))
10             for j in range(len(mo))]
```

```
11      wv = sym.solve(eqns, w); print(wv)
12
13  def Gauss_Legendre():
14      n = 1; n21 = n * 2 + 1
15      w = [sym.symbols("w_%d" % i) for i in range(n+1)]
16      p = [sym.symbols("p_%d" % i) for i in range(n+1)]
17      wf = sum([w[i] * f(p[i]) for i in range(n+1)])
18      mo = [sym.Lambda(x, x**i) for i in range(n21+1)]
19      eqns = [wf.subs(f, mo[j]) - sym.integrate(mo[j](x), (x, a, b))
20              for j in range(len(mo))]
21      wp = sym.solve(eqns, (w+p)); print(wp)
22
23  Newton_Cotes((a,b))          # Trapezoidal rule n=1
24  # {w_0: -a/2 + b/2, w_1: -a/2 + b/2}
25  Newton_Cotes((a, (a+b)/2, b)) # Simpson's rule n=2
26  # {w_0: -a/6 + b/6, w_1: -2*a/3 + 2*b/3, w_2: -a/6 + b/6}
27  Gauss_Legendre()             # Gauss-Legendre n=1
28  # [(-(a - b)/2, -(a - b)/2, -sqrt(3)*a/6 + a/2 + sqrt(3)*b/6 + b/2,
29  #  a/2 + b/2 + sqrt(3)*(a - b)/6),
30  #  (-(a - b)/2, -(a - b)/2, sqrt(3)*a/6 + a/2 - sqrt(3)*b/6 + b/2,
31  #  a/2 + b/2 - sqrt(3)*(a - b)/6)]
```

SciPy 库的 integrate 模块提供了多个数值积分函数。如果被积函数已给定,quad 函数使用高斯型公式计算其定积分,积分区间的上界和下界可以是正负无穷大 (程序 11.4)。返回值为一个元组,由积分值和估计的绝对误差组成。如果被积函数包含多个变量,则 quad 只对第一个变量计算积分,可通过 args 关键字实参提供其他变量的值。如果要积分的变量不是函数的第一个变量 (例如 bessel 函数 jv(3, x)),可利用 lambda 函数将其交换到第一个变量。如果函数在求积公式的某个取样点处发散 (diverge),可用 points 关键字实参指定需要规避的取样点。dblquad(f,a,b,c,d) 函数计算二重积分 $\int_a^b \int_{c(x)}^{d(x)} f(x,y)\mathrm{d}x\,\mathrm{d}y$,其中两个常数 a 和 b 是对 x 积分的区间的下界和上界,两个以 x 为自变量的 Python 函数 c 和 d 是对 y 积分的区间的下界和上界。类似地, tplquad 函数计算三重积分 $\int_a^b \int_{c(x)}^{d(x)} \int_{g(x,y)}^{h(x,y)} f(x,y,z)\mathrm{d}x\mathrm{d}y\mathrm{d}z$。nquad 函数计算 n 重积分,它的第一个参数是被积函数,第二个参数是一个列表,由对每个变量积分的区间的下界和上界组成的元组组成。

如果被积函数未知,只给定了函数的一些数据点 (例如通过实验和观测得到),可使用牛顿–柯特斯型求积公式。simps 函数和 trapz 函数分别实现了辛普森公式和梯形公式。它们的参数为两个数组,分别存储了数据点的 y 坐标值和 x 坐标值。如果数据点的个数是 $2^k + 1$(k 是一个正整数) 且数据点之间是等距的,可使用 romb 函数。romb 函数实现了 Romberg 公式,它的第一个参数是存储了数据点的 y 坐标值的数组,第二个参数是相邻数据点之间的间距。如果数据点之间不是等距的,也可以使用 simps 函数和 trapz 函数。

程序 11.4   quad 函数计算定积分

```
1   In[1]: import numpy as np; from scipy import integrate as intg
```

```
2  In[2]: fx_x = lambda x: x**x; intg.quad(fx_x, 1.2, 3.4)
3  Out[2]: (30.599509184696394, 3.397227963907889e-13)
4  In[3]: f = lambda x: x**3 * np.exp(-x/2); intg.quad(f, 3, np.inf)
5  Out[3]: (89.69832437966879, 3.1502359529867805e-09)
6  In[4]: def f(x, m, s): return np.exp(-(np.log(x)-m)**2 / 2*s**2)
7  In[5]: intg.quad(f, 12, 345, args=(6, 7))
8  Out[5]: (15.74013093722831, 1.0590146746095474e-10)
9  In[6]: from scipy.special import jv; f = lambda x: jv(3, x)
10 In[7]: intg.quad(f, -2, 4)
11 Out[7]: (0.598452354532213, 8.20824966029651e-15)
12 In[8]: intg.quad(lambda x: 1/(x-2)**2, 1, 3)
13 Out[8]: ZeroDivisionError: float division by zero
14 In[9]: intg.quad(lambda x: 1/(x-2)**2, 1, 3, points=[2])
15 Out[9]: (-1.9999999878646795, 2.5911172985004782e-08)
16 In[10]: def f(x, y): return (x**2 + 3*y**2) * np.exp(-x**2 - y**2)
17 In[11]: intg.dblquad(f, 0.1, 2.3, lambda x:0.01,
18                lambda x:np.exp(x))
19 Out[11]: (1.4327976138140261, 1.339276139066072e-08)
20 In[12]: def f(x, y, z): return np.exp(-x-y**2-z**3)
21 In[13]: c = lambda x: x**2 + 1; d = lambda x: x**2 + 3*x + 2
22 In[14]: g = lambda x, y: 2; h = lambda x, y: x + y**2 + 3
23 In[15]: intg.tplquad(f, 0.1, 2.3, c, d, g, h)
24 Out[15]: (0.00673873020840579, 3.187940716866225e-11)
25 In[16]: intg.nquad(f, [(0, 1), (0, 1), (0, 1)])
26 Out[16]: (0.38121221110217796, 7.017914825696364e-15)
27 In[17]: x = np.linspace(1.2, 3.4, 129); y = fx_x(x)
28 In[18]: intg.simps(y, x), intg.trapz(y, x),
29        intg.romb(y, x[1] - x[0])
30 Out[18]: 30.59950958243804 30.602983316264865 30.59950918469625
31 In[19]: x = np.sort(np.random.uniform(1.2, 3.4, 129))
32 In[20]: y = fx_x(x)
33 In[21]: intg.simps(y, x), intg.trapz(y, x)
34 Out[21]: 27.982982418725783 28.00358352039727
```

11.2　代数方程求解

11.2.1　线性方程组求解

线性方程组的一般形式是 $Ax = b$,其中 A 是一个 m 行 n 列的矩阵。

- 10.5.1 小节介绍的 SymPy 库的 linsolve 函数可以求解规模较小的线性方程组,并得到精确解。A 的元素可以使用符号变量。

- 当 $m = n$ 并且 A 非奇异时:若 A 是稠密矩阵,可使用 6.5 节介绍的 scipy.linalg 模块中定义的 solve 函数求解；若 $\boldsymbol{A}$ 是稀疏矩阵，可使用 6.6 节介绍的 scipy.sparse.linalg 模块中定义的 spsolve、cg 和 bicg 等函数求解。

• numpy.linalg 模块的 lstsq 函数通过最小化欧式范数 $\|\boldsymbol{Ax} - \boldsymbol{b}\|_2^2$ 求最小二乘解。$\boldsymbol{A}$ 的线性无关行的个数可以大于或小于或等于它的线性无关列的个数。程序 11.5 演示了最小二乘解。

程序 11.5   使用 numpy.linalg.lstsq 函数求最小二乘解

```
1  import numpy as np
2  X = np.array([[1, -5, 2, 7], [3, 4, -2, 8], [5, 1, -3, 9],
3               [2, -4, 1, -6], [6, 2, 3, 7]])
4  y = np.array([11, 13, 17, 19, 23])
5  print(np.linalg.lstsq(X, y, rcond=None)[0])
6  # [ 4.76101434 -1.32173795 -0.00613474 -0.23511447]
```

11.2.2 非线性方程求解

10.5.1 小节已介绍了使用 SymPy 库的 solveset 函数求解非线性方程。大多数非线性方程无法获得解析解，只能使用数值方法求近似解。数值方法求解非线性方程的基本方法有三种：二分法、割线法和牛顿法。这三种方法的共同点是通过多次迭代求解，区别在于收敛的速度和可靠性。后两种方法的基本思想都是使用线性函数作为非线性函数的近似。以下用 $f(x) = 0$ 表示要求解的方程，α 表示未知解。定义第 k 次迭代时的解为 x_k，它和未知解的绝对误差为 $\delta_k = |x_k - \alpha|$。如果对于一个迭代算法可以证明 $\lim\limits_{k \to +\infty} \dfrac{\delta_{k+1}}{\delta_k^q}$ 是一个常数，则它的收敛阶 (order of convergence) 为 q。

二分法依据的定理是：若函数 $f(x)$ 在 $[a, b]$ 上连续，且 $f(a)f(b) < 0$，则在 (a, b) 上至少存在一个解。二分法的原理是通过每次迭代把包含解的区间的宽度缩小为原来的一半。令 $a_1 = a$ 和 $b_1 = b$。设第 k 次迭代时的区间是 $[a_k, b_k]$，定义 x_k 为区间的中点：$x_k = (a_k + b_k)/2$。若 $f(x_k) = 0$，则已找到解。否则，两个不等式 $f(a_k)f(x_k) < 0$ 和 $f(x_k)f(b_k) < 0$ 中必有一个成立。若前者成立则设定 $a_{k+1} = a_k$ 和 $b_{k+1} = x_k$，否则设定 $a_{k+1} = x_k$ 和 $b_{k+1} = b_k$，然后进行下一次迭代。x_k 和未知解的绝对误差 $\delta_k = |\alpha - x_k| \leqslant (b_k - a_k)/2 = (b - a)/2^k$。为了使得 δ_k 不超过一个预先设定的值 ϵ，即 $(b - a)/2^n \leqslant \epsilon$，需要迭代的次数为 $\lceil \log \dfrac{b-a}{\epsilon} / \log 2 \rceil$。二分法的优点是可靠性：从满足条件的区间开始迭代可以保证获得解。二分法的缺点是收敛阶为 1，收敛速度比另外两种方法慢。

割线法从两个给定的起始点 x_0 和 x_1 开始迭代。其原理是在第 k 次迭代时，用通过当前解 x_k 和第 $k-1$ 次的解 x_{k-1} 的数据点 $(x_k, f(x_k))$ 和 $(x_{k-1}, f(x_{k-1}))$ 的割线 $y = f(x_k) + \dfrac{f(x_k) - f(x_{k-1})}{x_k - x_{k-1}}(x - x_k)$ 作为函数 $f(x)$ 的近似，把割线和 x 轴的交点的横坐标作为 x_{k+1} 进行下一次迭代。求解线性方程 $0 = f(x_k) + \dfrac{f(x_k) - f(x_{k-1})}{x_k - x_{k-1}}(x - x_k)$ 可得 $x_{k+1} = x_k - \dfrac{x_k - x_{k-1}}{f(x_k) - f(x_{k-1})}f(x_k)$。当两个起始点与未知解足够接近时，割线法可以保证收敛 (称为局部收敛)，收敛阶 (至少) 是 1.61803(Gautschi, 2012)。

牛顿法从一个给定的起始点 x_0 开始迭代。其原理是在第 k 次迭代时，用通过当前解 x_k

的数据点 $(x_k, f(x_k))$ 的切线 $y = f(x_k) + f'(x_k)(x - x_k)$ 作为函数 $f(x)$ 的近似,把切线和 x 轴的交点的横坐标作为 x_{k+1} 进行下一次迭代。求解线性方程 $0 = f(x_k) + f'(x_k)(x_{k+1} - x_k)$ 可得 $x_{k+1} = x_k - \dfrac{f(x_k)}{f'(x_k)}$。牛顿法也是局部收敛的。当 $f''(\alpha) \neq 0$ 时,牛顿法的收敛阶是 2。如果起始点和未知解相差较大,可能导致收敛速度很慢或不收敛,例如 $f(x) = x^{20} - 1$ 和 $x_0 = 1/2$ (Gautschi, 2012)。

　　Brent 方法是一种综合了二分法、割线法以及逆二次插值的复杂方法。它具有二分法的可靠性和接近割线法的收敛速度。如果函数的导数未知,则 Brent 方法是首选方法。

　　SciPy 库的 optimize 模块定义了多个求解非线性方程的函数,它们的第一个参数都是 $f(x)$。bisect 函数实现了二分法,它的第二个和第三个参数分别是区间的下界和上界。Newton 函数实现了牛顿法和割线法,它的第二个参数是起始点。如果提供了 $f(x)$ 的导数作为 fprime 关键字实参,则使用牛顿法,否则使用割线法。brentq 函数实现了 Brent 方法,它的第二个和第三个参数分别是区间的下界和上界。程序11.6演示了如何使用这些函数求解方程 $e^x - 3x^3 - 6x^2 = 0$。程序11.7绘制的图11.3显示了牛顿法和割线法的前几次迭代过程。

程序 11.6　非线性方程求解

```
1  In[1]: from scipy import optimize as optm
2  In[2]: def f(x): return np.exp(x) - 3*x**3 - 6*x**2
3  In[3]: optm.bisect(f, 0, 1), optm.bisect(f, -1, 0)
4  Out[3]: (0.4638232777815574, -0.37544418741708796)
5  In[4]: fp = lambda x: np.exp(x) - 9*x**2 - 12*x
6  In[5]: optm.newton(f, 1, fprime = fp),
7         optm.newton(f, 0, fprime = fp)
8  Out[5]: (0.4638232777821511, -0.3754441874171241)
9  In[6]: optm.newton(f, 1), optm.newton(f, 0)
10 Out[6]: (0.4638232777821511, -0.3754441874171324)
11 In[7]: optm.brentq(f, 0, 1), optm.brentq(f, -1, 0)
12 Out[7]: (0.4638232777821511, -0.3754441874168658)
13 In[8]: optm.newton(lambda x: x**20-1, 0.5,
14                fprime = lambda x: 20*x**19)
15 Out[8]: RuntimeError: Failed to converge after 50 iterations, ...
```

程序 11.7　牛顿法和割线法

```
1  import numpy as np; import matplotlib.pyplot as plt
2  import sympy as sym
3
4  tol = 0.01; s_x = sym.symbols("x");
5  s_f = sym.exp(s_x) - 3*s_x**3 - 6*s_x**2
6  f = lambda x: sym.lambdify(s_x, s_f, 'numpy')(x)
7  fp = lambda x: sym.lambdify(s_x, sym.diff(s_f, s_x), 'numpy')(x)
8  lb = -1; ub = 0; xk = ub; x = np.linspace(lb, ub, 1000);
9
10 fig, axes = plt.subplots(1, 2, figsize=(8, 4), dpi = 300,
```

```
11                    constrained_layout=True)
12
13 def plot_x(i, x, n):
14     axes[i].plot([x, x], [0, f(x)], color='k', ls=':')
15     axes[i].plot(x, f(x), 'ko')
16     axes[i].text(x-0.05, -.1, r'$x_\%d$' \% n, fontsize=10)
17
18 axes[0].plot(x, f(x)); axes[0].axhline(0, ls=':', color='k')
19 for n in range(5):
20     xk_new = xk - f(xk) / fp(xk)
21     plot_x(0, xk, n)
22     axes[0].plot([xk, xk_new], [f(xk), 0], 'g-');
23     xk = xk_new; n += 1
24     print(n, xk_new)
25
26 axes[0].plot(xk, f(xk), 'ro', markersize=5)
27 axes[0].annotate(r"root $\approx$ \%.3f" \% xk, fontsize=12,
28                  family="serif", xy=(xk, f(xk)),
29                  xytext=(10, -20), textcoords='offset points',
30                  arrowprops=dict(arrowstyle='wedge'))
31 axes[0].set_title("Newton's method")
32 axes[0].set_xticks(np.linspace(lb, ub, 11))
33
34 axes[1].plot(x, f(x)); axes[1].axhline(0, ls=':', color='k')
35
36 xj = -1; xk = 0
37 plot_x(1, xj, 0)
38 for n in range(4):
39     xk_new = xk - f(xk) * (xk - xj) / (f(xk) - f(xj))
40     axes[1].plot([xk_new, xk], [0, f(xk)], 'g-');
41     axes[1].plot([xk_new, xj], [0, f(xj)], 'g-');
42     axes[1].plot([xk, xj], [f(xk), f(xj)], 'g-');
43     n += 1; plot_x(1, xk, n); xj = xk; xk = xk_new;
44     print(n, xk_new)
45
46 axes[1].plot(xk, f(xk), 'ro', markersize=5)
47 axes[1].annotate(r"root $\approx$ \%.3f" \% xk, fontsize=12,
48                  family="serif", xy=(xk, f(xk)),
49                  xytext=(-80, 20), textcoords='offset points',
50                  arrowprops=dict(arrowstyle='wedge'))
51 axes[1].set_title("Secant method")
52 axes[1].set_xticks(np.linspace(lb, ub, 11))
53 plt.show()
```

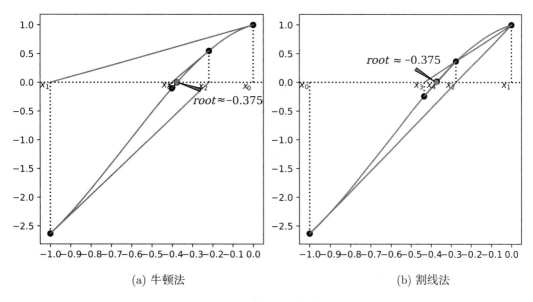

(a) 牛顿法   (b) 割线法

图 11.3 牛顿法和割线法

11.2.3 非线性方程组求解

10.5.1 小节已介绍了使用 SymPy 库的 nonlinsolve 函数求解非线性方程。大多数非线性方程组无法获得精确解,只能使用数值方法求近似解。含有 n 个变量的非线性方程组的一般形式为

$$f_1(x_1, x_2, \cdots, x_n) = 0$$
$$f_2(x_1, x_2, \cdots, x_n) = 0$$
$$\cdots$$
$$f_n(x_1, x_2, \cdots, x_n) = 0$$

定义 $\boldsymbol{f} = (f_1, f_2, \cdots, f_n)$ 是一个以 n 维向量 $\boldsymbol{x} = (x_1, x_2, \cdots, x_n)$ 为自变量的函数,它的函数值也是 n 维向量。以上方程组表示为 $\boldsymbol{f}(\boldsymbol{x}) = \boldsymbol{0}$。

对于一元函数使用的牛顿法可推广到 n 维向量函数。在第 k 次迭代时,使用线性函数 $\boldsymbol{f}(\boldsymbol{x}_k) + \boldsymbol{J_f}(\boldsymbol{x}_k)(\boldsymbol{x} - \boldsymbol{x}_k)$ 作为函数 $\boldsymbol{f}(\boldsymbol{x})$ 的近似。其中 $\boldsymbol{J_f}(\boldsymbol{x}_k)$ 是函数 $\boldsymbol{f}(\boldsymbol{x})$ 在 $\boldsymbol{x}_k$ 处的 Jacobian 矩阵,$[\boldsymbol{J_f}(\boldsymbol{x})]_{ij} = \dfrac{\partial f_i(\boldsymbol{x})}{\partial x_j}$。求解线性方程 $\boldsymbol{0} = \boldsymbol{f}(\boldsymbol{x}_k) + \boldsymbol{J_f}(\boldsymbol{x}_k)(\boldsymbol{x}_{k+1} - \boldsymbol{x}_k)$ 可得 $\boldsymbol{x}_{k+1} = \boldsymbol{x}_k - \boldsymbol{J_f}(\boldsymbol{x}_k)^{-1}\boldsymbol{f}(\boldsymbol{x}_k)$。为了避免求矩阵的逆,可以定义 $\Delta_k = \boldsymbol{x}_{k+1} - \boldsymbol{x}_k$,则每次迭代只需求解线性方程组 $\boldsymbol{J_f}(\boldsymbol{x}_k)\Delta_k = -\boldsymbol{f}(\boldsymbol{x}_k)$,然后设定 $\boldsymbol{x}_{k+1} = \boldsymbol{x}_k + \Delta_k$。

SciPy 库的 optimize 模块的 root 函数可求解非线性方程组,它的第一个参数是要求解的方程组。关键字实参 method 可指定多种求解方法,例如 "hybr"(MINPACK 实现的 Powell 方法)、"lm"(Levenberg-Marquardt 算法) 和 "broyden1"(近似计算 Jacobian 矩阵的 Broyden 方法) 等。对于前两种方法,可以通过关键字实参 jac 说明是否提供 Jacobian 矩阵。第三种方法无需提供 Jacobian 矩阵。

程序11.8演示了用以上方法求解非线性方程组：

$$3x - \cos(yz) - 0.5 = 0$$
$$4x^2 - 625y^2 + 2y - 1 = 0$$
$$\mathrm{e}^{-xy} + 20z - 9\pi = 0$$

第 5 行至第 7 行定义了一个列向量 f_mat, 它的每个分量是组成方程组的一个方程, 方程中的数学函数 (例如 cos) 由 SymPy 库定义。第 8 行使用 SymPy 计算了 Jacobian 矩阵

$$\begin{bmatrix} 3 & z\sin(yz) & y\sin(yz) \\ 8x & 2-1250y & 0 \\ -ye^{-xy} & -xe^{-xy} & 20 \end{bmatrix}$$

第 10 行至第 13 行定义了一个函数 f, 它返回一个列表, 其中的每个元素是组成方程组的一个方程。方程中需要求解的各变量 (x,y,z) 用一个数组 x 的各元素 (x[0],x[1],x[2]) 分别表示, 方程中的数学函数 (例如 cos) 由 NumPy 库定义。第 14 行至第 20 行定义了一个函数 f2, 它返回一个元组。其中的第一个元素是 f(x), 第二个元素是存储了 Jacobian 矩阵的二维数组。关键字实参 jac 设定为 True 时 root 函数的第一个实参是 f2, 否则是 f。

程序 11.8 非线性方程组求解

```
1  import numpy as np; import sympy as sym
2  from scipy import optimize as optm
3
4  x, y, z = sym.symbols("x, y, z")
5  f_mat = sym.Matrix([3*x - sym.cos(y*z) - 0.5,
6                      4*x**2 - 625*y**2 + 2*y - 1,
7                      sym.exp(-x*y) + 20*z - 9*sym.pi])
8  j = f_mat.jacobian(sym.Matrix([x, y, z]))
9
10 def f(x):
11     return [3*x[0] - np.cos(x[1]*x[2]) - 0.5,
12             4*x[0]**2 - 625*x[1]**2 + 2*x[1] - 1,
13             np.exp(-x[0]*x[1]) + 20*x[2] - 9*np.pi]
14 def f2(x):
15     f_j = np.array([
16             [3, x[2]*np.sin(x[1]*x[2]), x[1]*np.sin(x[1]*x[2])],
17             [8*x[0], 2-1250*x[1], 0],
18             [-x[1]*np.exp(-x[0]*x[1]),
19              -x[0]*np.exp(-x[0]*x[1]), 20] ])
20     return f(x), f_j
21
22 print(optm.root(f2, [1, 1, 1], jac=True, method='hybr'))
23 # x: array([0.49999684, 0.00319366, 1.36379647])
24 print(optm.root(f, [1, 1, 1], jac=False, method='hybr'))
25 # x: array([0.49999684, 0.00319366, 1.36379647])
26 print(optm.root(f2, [1, 1, 1], jac=True, method='lm'))
27 #  x: array([0.49999684, 0.00319366, 1.36379647])
```

```
28  print(optm.root(f, [1, 1, 1], jac=False, method='lm'))
29  # x: array([0.49999684, 0.00319366, 1.36379647])
30  print(optm.root(f, [1, 1, 1], method='broyden1'))
31  # x: array([0.49999738, 0.00319717, 1.36379671])
```

11.3　常微分方程求解

常微分方程指包含未知函数和其对于单个自变量的一阶或高阶导数的方程。常微分方程的阶数由方程中出现的最高阶导数确定。求解常微分方程的方法是对其进行解析积分或数值积分，一个 n 阶常微分方程在积分时会产生 n 个积分常数，需要指定 n 个边界条件才能确定所有积分常数。如果这些边界条件都位于自变量的同一个点上，称为初值问题。如果这些边界条件位于自变量的多个点上，称为边值问题。10.5.2 小节已介绍了使用 SymPy 库的 dsolve 函数求解一些常微分方程。很多常微分方程无法获得解析解，只能使用数值方法求解。

11.3.1　常微分方程的初值问题

常微分方程的初值问题的标准形式 (Gautschi, 2012) 是求解一个满足以下一阶常微分方程和初值条件的向量值函数 $\boldsymbol{y}(x) \in C^1[a,b]$：

$$\frac{\mathrm{d}\boldsymbol{y}}{\mathrm{d}x} = \boldsymbol{f}(x, \boldsymbol{y}), \quad a \leqslant x \leqslant b; \quad \boldsymbol{y}(a) = \boldsymbol{y}_0$$

出现了高阶导数的常微分方程可以通过引入新的变量转换为标准形式。例如牛顿第二运动定律

$$F(s) = m\frac{\mathrm{d}^2 s}{\mathrm{d}t^2}$$

可以转换为标准形式

$$\frac{\mathrm{d}\boldsymbol{y}}{\mathrm{d}t} = \boldsymbol{f}(t, \boldsymbol{y}), \quad \boldsymbol{y} = [s, v]^{\mathrm{T}}, \quad v = \frac{\mathrm{d}s}{\mathrm{d}t}$$

关于初值问题的解的基本定理是：若 $\boldsymbol{f}(x, \boldsymbol{y})$ 对于 $x \in [a,b]$ 连续，并且对于某种范数 $|\cdot|$ 满足 Lipschitz 条件：

$$|\boldsymbol{f}(x, \boldsymbol{y}) - \boldsymbol{f}(x, \boldsymbol{y}^*)| \leqslant L|\boldsymbol{y} - \boldsymbol{y}^*|, \quad \forall x \in [a,b], \quad \forall \boldsymbol{y} \in \mathbf{R}^d, \quad \forall \boldsymbol{y}^* \in \mathbf{R}^d$$

则以上初值问题对于所有 $\boldsymbol{y}_0 \in \mathbf{R}^d$ 存在唯一解 $\boldsymbol{y}(x)$。

初值问题的数值求解方法是在区间 $[a,b]$ 的一些离散的点 x_n 上计算 $\boldsymbol{y}(x_n)$ 的近似值 $\boldsymbol{u}_n$。这些点 x_n 满足条件：$a = x_0 < x_1 < \cdots < x_N < x_{N+1} = b$，通常设定相邻点之间具有相同的间距 h，即 $x_n = x_0 + nh$。求解方法可分为两类：单步 (one-step) 方法和多步 (multistep) 方法。

1. 单步方法

单步方法根据 $x_n, \boldsymbol{u}_n$ 和步长 $h = x_{n+1} - x_n$ 计算 $\boldsymbol{u}_{n+1}$，一般形式为

$$\boldsymbol{u}_{n+1} = \boldsymbol{u}_n + h\Phi(x_n, \boldsymbol{u}_n; h)$$

定义局部离散化误差 (local discretization error) $\boldsymbol{\tau}(x, \boldsymbol{u}; h) = \Phi(x, \boldsymbol{u}; h) - \dfrac{\boldsymbol{y}(x + h) - \boldsymbol{y}(x)}{h}$。若对于一种单步方法，$\lim\limits_{h \to 0} \boldsymbol{\tau}(x, \boldsymbol{u}; h) = \boldsymbol{0}$，则称其为一致的 (consistent)。若 $\boldsymbol{\tau}(x, \boldsymbol{u}; h) = O(h^p)$ 当 $h \to 0$，则称这种方法的阶 (order) 为 p。定义全局离散化误差 (global discretization error) $\boldsymbol{e}(x, h) = \boldsymbol{u}(x, h) - \boldsymbol{y}(x)$。若对于一种单步方法，$\lim\limits_{h \to 0} \boldsymbol{e}(x, \boldsymbol{u}; h) = \boldsymbol{0}$，则称其为收敛的 (convergent)(Stoer, Bulirsch, 2002)。

欧拉方法是一种简单的单步方法，仅使用一个点。欧拉方法的阶是 1。显式欧拉方法的公式是：$\boldsymbol{u}_{n+1} = \boldsymbol{u}_n + h\boldsymbol{f}(x_n, \boldsymbol{u}_n)$。隐式欧拉方法的公式是：$\boldsymbol{u}_{n+1} = \boldsymbol{u}_n + h\boldsymbol{f}(x_n, \boldsymbol{u}_{n+1})$。隐式方法需要通过迭代求解非线性方程，计算量大于显式方法，但具有更好的稳定性。

Runge-Kutta 方法使用多个点以提高计算结果的精确度。显式 Runge-Kutta 方法的定义是

$$\Phi(x_n, \boldsymbol{u}_n, h) = \sum_{s=1}^{r} \alpha_s \boldsymbol{k}_s$$

其中

$$\boldsymbol{k}_1(x_n, \boldsymbol{u}_n) = \boldsymbol{f}(x_n, \boldsymbol{u}_n), \quad \boldsymbol{k}_s(x_n, \boldsymbol{u}_n, h) = \boldsymbol{f}\left(x_n + \mu_s h, \boldsymbol{u}_n + h \sum_{j=1}^{r} \lambda_{sj} \boldsymbol{k}_j\right), \quad s = 2, 3, \cdots, r$$

公式中的系数的确定方式是：将局部误差的定义中的两项分别进行泰勒展开再合并 h 的各次幂的同类项，然后使得尽可能多的 h 的低次幂项的系数为 0，以最大化阶。例如显式 4 阶 Runge-Kutta 方法的公式是

$$\Phi(x_n, \boldsymbol{u}_n, h) = \frac{1}{6}(\boldsymbol{k}_1 + 2\boldsymbol{k}_2 + 2\boldsymbol{k}_3 + \boldsymbol{k}_4)$$

其中

$$\boldsymbol{k}_1(x_n, \boldsymbol{u}_n) = \boldsymbol{f}(x_n, \boldsymbol{u}_n)$$
$$\boldsymbol{k}_2(x_n, \boldsymbol{u}_n, h) = \boldsymbol{f}\left(x_n + \frac{1}{2}h, \boldsymbol{u}_n + \frac{1}{2}h\boldsymbol{k}_1\right)$$
$$\boldsymbol{k}_3(x_n, \boldsymbol{u}_n, h) = \boldsymbol{f}\left(x_n + \frac{1}{2}h, \boldsymbol{u}_n + \frac{1}{2}h\boldsymbol{k}_2\right)$$
$$\boldsymbol{k}_4(x_n, \boldsymbol{u}_n, h) = \boldsymbol{f}(x_n + h, \boldsymbol{u}_n + h\boldsymbol{k}_3)$$

隐式 Runge-Kutta 方法的定义是

$$\Phi(x_n, \boldsymbol{u}_n, h) = \sum_{s=1}^{r} \alpha_s \boldsymbol{k}_s(x_n, \boldsymbol{u}_n, h)$$

其中

$$\boldsymbol{k}_s(x_n, \boldsymbol{u}_n, h) = \boldsymbol{f}\left(x_n + \mu_s h, \boldsymbol{u}_n + h \sum_{j=1}^{r} \lambda_{sj} \boldsymbol{k}_j\right), \quad s = 1, 2, \cdots, r$$

半隐式 Runge-Kutta 方法的定义和隐式方法基本相同，唯一的区别是第二个公式中的求和项的下标 j 范围改为从 1 到 s。隐式方法和半隐式方法都需要求解非线性方程组以确定 $\boldsymbol{k}_s$，计算量大于显式方法，但具有更好的稳定性。

　　单步方法的步长 h 如果太大, 则局部离散化误差过大, 导致计算结果不准确。步长 h 如果太小, 则需要计算的步数太多, 导致计算代价太大, 并且舍入误差也会随着步数的增加不断积累。为了最优化步长, Runge-Kutta-Fehlberg 方法在每一步使用两种阶数 (4 阶和 5 阶) 的 Runge-Kutta 方法, 根据当前步的估计误差动态调整下一步的步长。

2. 多步方法

线性多步方法的一般形式是

$$\boldsymbol{u}_{n+k} + \alpha_{k-1}\boldsymbol{u}_{n+k-1} + \cdots + \alpha_0\boldsymbol{u}_n = h(\beta_k\boldsymbol{f}_{n+k} + \beta_{k-1}\boldsymbol{f}_{n+k-1} + \cdots + \beta_0\boldsymbol{f}_n)$$
$$n = 0, 1, 2, \cdots, N - k$$
$$\boldsymbol{f}_r = \boldsymbol{f}(x_r, \boldsymbol{u}_r), \quad x_r = a + rh, \quad r = 0, 1, 2, \cdots, N$$

其中 $\alpha_i(0 \leqslant i \leqslant k-1)$ 和 $\beta_i(0 \leqslant i \leqslant k)$ 是给定的系数。若 α_0 和 β_0 不同时为 0, 则以上公式称为 k 步方法。若 β_k 为 0, 即需要计算的 $\boldsymbol{u}_{n+k}$ 只出现在公式的左边, 则以上公式称为显式的 (explicit), 否则称为隐式的 (implicit)。在获得相同的计算精确度的前提下, 隐式方法可以比显式方法使用更大的步长 h, 但需要通过迭代求解非线性方程。使用线性多步方法时需要借助其他方法 (如单步法) 初始化 $\boldsymbol{u}_i(0 \leqslant i \leqslant k-1)$。

　　初值问题的积分形式是

$$\boldsymbol{y} = \boldsymbol{y}_0 + \int_a^b \boldsymbol{f}(x, \boldsymbol{y})\mathrm{d}x$$

将公式中的积分项用通过 k 个点 $x_{n+i}(0 \leqslant i \leqslant k-1)$ 的拉格朗日插值多项式的积分代替即可得到 Adams-Bashforth 方法。

$$\boldsymbol{u}_{n+k} = \boldsymbol{u}_{n+k-1} + \sum_{i=0}^{k-1}\left[\int_{x_{n+k-1}}^{x_{n+k}} L_i(x)\mathrm{d}x\right]\boldsymbol{f}(x_{n+i}, \boldsymbol{u}_{n+i}) = h\sum_{i=0}^{k-1}\beta_{k,i}\boldsymbol{f}(x_{n+i}, \boldsymbol{u}_{n+i})$$

其中

$$\beta_{k,i} = \int_0^1 \prod_{j=0, j\neq i}^{k-1}\left(\frac{t+k-1-j}{i-j}\right)\mathrm{d}t, \quad i = 0, 1, \cdots, k-1$$

Adams-Bashforth 方法的隐式形式, 即选取的 k 个点 $x_{n+i}(1 \leqslant i \leqslant k)$ 包含了 x_{n+k}, 称为 Adams-Moulton 方法

$$\boldsymbol{u}_{n+k} = \boldsymbol{u}_{n+k-1} + h\sum_{i=1}^{k}\beta_{k,i}\boldsymbol{f}(x_{n+i}, \boldsymbol{u}_{n+i})$$

其中

$$\beta_{k,i} = \int_0^1 \prod_{j=0, j\neq i}^{k-1}\left(\frac{t+k-1-j}{i-j}\right)\mathrm{d}t, \quad i = 1, 2, \cdots, k$$

Adams-Bashforth-Moulton 方法先使用 Adams-Bashforth 方法 (显式方法) 得到 $\boldsymbol{u}_{n+k}$ 的近似, 再以其作为 Adams-Moulton 方法 (隐式方法) 的初始值, 后者通过多次迭代对其进行修正, 获得较为精确的计算结果。与 Adams-Bashforth-Moulton 方法类似的显式方法和隐式方法的组合称为预测器修正器 (Predictor-Corrector) 方法。

BDF(Backward Differentiation Formula) 通过求解方程 $\boldsymbol{P}'(x_{n+k}) = \boldsymbol{f}(x_{n+k}, \boldsymbol{P}(x_{n+k}))$ 来确定 $\boldsymbol{y}_{n+k}$，其中 $\boldsymbol{P}$ 是通过 $k+1$ 个点 $x_{n+i}(0 \leqslant i \leqslant k)$ 的插值多项式函数 (Corriou, 2012)。

3. 刚性微分方程

以下右边给出了左边常微分方程的通解 $(x \geqslant 0)$，其中 C_1 和 C_2 是积分常数，参数 λ_1 和 λ_2 都是负数。

$$\begin{pmatrix} y_1'(x) \\ y_2'(x) \end{pmatrix} = \begin{pmatrix} \dfrac{\lambda_1 + \lambda_2}{2} & \dfrac{\lambda_1 - \lambda_2}{2} \\ \dfrac{\lambda_1 - \lambda_2}{2} & \dfrac{\lambda_1 + \lambda_2}{2} \end{pmatrix} \begin{pmatrix} y_1 \\ y_2 \end{pmatrix}, \quad \begin{cases} y_1(x) = C_1 \mathrm{e}^{\lambda_1 x} + C_2 \mathrm{e}^{\lambda_2 x} \\ y_2(x) = C_1 \mathrm{e}^{\lambda_1 x} - C_2 \mathrm{e}^{\lambda_2 x} \end{cases}$$

显式欧拉方法在第 n 步得到的结果是：$\boldsymbol{u}_n = [C_1(1+h\lambda_1)^n + C_2(1+h\lambda_2)^n, C_1(1+h\lambda_1)^n - C_2(1+h\lambda_2)^n]^{\mathrm{T}}$。当 $n \to +\infty$ 时，$(1+h\lambda_1)^n$ 和 $(1+h\lambda_2)^n$ 都收敛到 0 的条件是 $|1+h\lambda_1| < 1$ 和 $|1 + h\lambda_2| < 1$。若 λ_1 和 λ_2 存在较大数量级差异，例如设定 $\lambda_1 = -1, \lambda_2 = -10000$，则在通解中含 $\mathrm{e}^{\lambda_2 x}$ 的项和含 $\mathrm{e}^{\lambda_1 x}$ 的项相比几乎可以忽略，但是数值求解的步长却必须限定为 $h < 2/|\lambda_2| = 0.0002$。这类常微分方程称为刚性 (stiff)，特点是 $d \times d$ 的矩阵 $\boldsymbol{f}_{\boldsymbol{y}(x,\boldsymbol{y})}$ 存在多个实部为负数且存在较大数量级差异的特征值。

在初值问题 $\boldsymbol{y}' = \boldsymbol{A}\boldsymbol{y}, \boldsymbol{y}(0) = \boldsymbol{y}_0$ 中，$\boldsymbol{A}$ 是一个常数矩阵。该问题的数值解满足条件 $\boldsymbol{u}_{n+1} = \boldsymbol{g}(h\boldsymbol{A})\boldsymbol{u}_n$，其中函数 $\boldsymbol{g}(\boldsymbol{z})$ 仅依赖于使用的方法。若 $\boldsymbol{A}$ 的所有特征值的实部为负数，则该问题的解析解在 $x \to +\infty$ 时收敛到 $\boldsymbol{0}$，而数值解在 $n \to +\infty$ 时收敛到 $\boldsymbol{0}$ 的条件是 $\boldsymbol{A}$ 的每个特征值 λ_j 都满足 $|\boldsymbol{g}(h\lambda_j)| < 1$。对于一种数值求解方法，定义其绝对稳定区域 (region of absolute stability) 为 $RAS = \{z \in C| \quad |\boldsymbol{g}(z)| < 1\}$，其中 C 表示复平面。RAS 和复平面的左半平面 $C_- = \{z \in C| \quad \mathrm{Re}(z) < 0\}$ 的交集范围越大，则该方法越适用于刚性常微分方程。若一种方法的 RAS 包含 C_-，则称其为绝对稳定的 (absolutely stable)。对于显式欧拉方法，$\boldsymbol{g}(\boldsymbol{z}) = 1 + \boldsymbol{z}$，因此 $RAS = \{z \in C| \quad |1 + z| < 1\}$。对于隐式欧拉方法，$\boldsymbol{g}(\boldsymbol{z}) = 1/(1 - \boldsymbol{z})$，因此 $RAS = \{z \in C| \quad |1 - z| > 1\} \supset C_-$。隐式欧拉方法是绝对稳定的，显式欧拉方法则不是。多步方法中不存在超过 2 阶的绝对稳定方法，不超过 6 阶的 BDF 方法具有较好的稳定性 (Stoer, Bulirsch, 2002)。

11.3.2 初值问题的数值求解方法

SciPy 库的 integrate 模块定义的 solve_ivp 函数使用数值方法求解初值问题：

$$\frac{\mathrm{d}\boldsymbol{y}}{\mathrm{d}t} = \boldsymbol{f}(t, \boldsymbol{y}), \quad t_0 \leqslant x \leqslant t_f, \quad \boldsymbol{y}(t_0) = \boldsymbol{y}_0$$

它的第一个参数 fun 是方程的右边表达式，第二个参数 t_span 是一个包含 t_0 和 t_f 的元组，第三个参数 y0 是 $\boldsymbol{y}_0$，第四个参数 method 指定求解方法 (表11.1)，第五个参数 t_eval 指定一个取值范围在 t_span 内的数组表示返回的求解结果的自变量值。

表 11.1　**method 参数可指定的求解方法** (前三种仅适用于非刚性微分方程,后两种适用于刚性微分方程)

方法名称	方法含义
RK45	显式 Runge-Kutta 方法,误差控制基于 4 阶方法,步长基于 5 阶方法
RK23	显式 Runge-Kutta 方法,误差控制基于 2 阶方法,步长基于 3 阶方法
DOP853	显式 8 阶 Runge-Kutta 方法,精确度高于前两种方法
Radau	隐式 Radau IIA 5 阶 Runge-Kutta 方法
BDF	隐式多步可变阶方法

Holling-Tanner 模型 (Lynch, 2018) 是一种描述捕食者 (predator) 和食饵 (prey) 的数量变化情况的模型:

$$
\begin{aligned}
\frac{\mathrm{d}x}{\mathrm{d}t} &= x\left(1 - \frac{x}{7}\right) - \frac{6xy}{7+7x} \\
\frac{\mathrm{d}y}{\mathrm{d}t} &= 0.2y\left(1 - \frac{Ny}{x}\right)
\end{aligned}
$$

方程中 $x(t) \neq 0$ 和 $y(t)$ 分别表示捕食者和食饵在时刻 t 的数量。$x(1 - \frac{x}{7})$ 表示在无捕食者时食饵数量的增长速率。$\frac{6xy}{7+7x}$ 表示捕食者对食饵的捕食效果。$0.2y(1 - \frac{Ny}{x})$ 表示当 x 个食饵可以最多支撑 x/N 个捕食者时捕食者数量的增长速率。当 $N = 0.5$ 时,不论 x 和 y 的初值如何,捕食者和食饵的数量变化情况都会呈现周期性的增长和减少,如图11.4(b) 所示。图11.4(a) 显示了相平面 (phase plane) 上 $x(t)$ 和 $y(t)$ 的轨迹最终形成了一个稳定极限环 (stable limit cycle)。

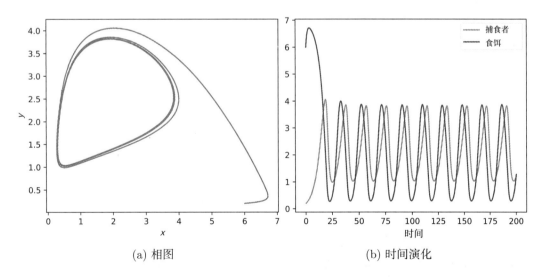

(a) 相图　　　　　　　　　　　　　(b) 时间演化

图 11.4　Holling-Tanner 模型

程序11.9的第 4 行至第 7 行定义了表示 Holling-Tanner 模型的函数。第 9 行定义的变量 tmax 和 n 分别表示时间上界和点数,x0 和 y0 分别表示捕食者和食饵的初始数量。第 11 行调用 solve_ivp 函数进行求解,返回值 ht.y 是一个二维数组,它的第一行和第二行分别存储了 $x(t)$ 和 $y(t)$。

程序 11.9　Holling-Tanner 模型

```
1   import numpy as np; from scipy.integrate import solve_ivp
2   import matplotlib.pyplot as plt
3
4   def Holling_Tanner(t, X):
5       x, y = X
6       return np.array([ x*(1 - x/7) - 6*x*y/(7 + 7*x),
7                         0.2*y*(1 - 0.5*y/x) ])
8
9   tmax = 200; n = 10000; x0, y0 = 6, 0.2
10  t = np.linspace(0, tmax, n)
11  ht = solve_ivp(Holling_Tanner, [0, tmax], [x0, y0], t_eval = t)
12  x = ht.y[0]; y = ht.y[1]
13
14  fig, (ax1, ax2) = plt.subplots(1, 2, figsize=(9, 4),
15                              constrained_layout=True)
16
17  ax1.plot(x, y, color = 'g')
18  ax1.set_xlabel('x'); ax1.set_ylabel('y')
19  ax1.set_title('Phase portrait')
20
21  ax2.plot(t, y, 'r-', label = 'predator')
22  ax2.plot(t, x, 'b-', label = 'prey')
23  ax2.set_xlabel('time'); ax2.set_ylabel('')
24  ax2.legend(loc='best'); ax2.set_title("Time evolution")
25  plt.show()
```

洛伦兹方程 (Lorenz equation)(Lynch, 2018) 是描述对流流体运动的一个简化模型：

$$\frac{\mathrm{d}x}{\mathrm{d}t} = \sigma(y - x)$$

$$\frac{\mathrm{d}y}{\mathrm{d}t} = rx - y - xz$$

$$\frac{\mathrm{d}z}{\mathrm{d}t} = xy - bz$$

方程中 x 表示对流翻转的速率 (风速)，y 表示水平方向的温度变化，z 表示竖直方向的温度变化，σ 表示与流体黏度相关的 Prandtl 数，r 表示与温差相关的 Rayleigh 数，b 是一个尺度因子。对于某些参数值，方程的解显示了混沌 (chaos) 现象。图11.5展示了由两组参数值生成的三维相空间的两个轨迹，其特点是轨迹以不可预测的方式环绕两个吸引子 (attractor)，环绕的具体形式对初值条件敏感，但环绕的总体形式和初值条件无关。程序11.10调用 solve_ivp 函数对两组参数值分别进行求解，返回值 f1.y 和 f2.y 都是二维数组，它们的第一行、第二行和第三行分别存储了 $x(t), y(t)$ 和 $z(t)$。

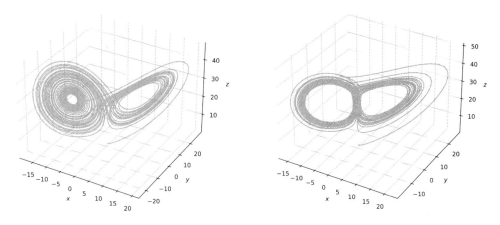

图 11.5　洛伦兹吸引子

程序 11.10　洛伦兹吸引子

```
1  import numpy as np; from scipy.integrate import solve_ivp
2  import matplotlib.pyplot as plt
3
4  def Lorenz(t, X, sigma, beta, rho):
5      x, y, z = X
6      dx_dt = -sigma * (x - y)
7      dy_dt = rho * x - y - x * z
8      dz_dt = -beta * z + x * y
9      return dx_dt, dy_dt, dz_dt
10
11 tmax, n = 40, 4000
12 x0, y0, z0 = 0, 1, 1.05; sigma, beta, rho = 10, 2.667, 28
13 t = np.linspace(0, tmax, n)
14 f1 = solve_ivp(Lorenz, [0, tmax], [x0, y0, z0], t_eval = t,
15             args=(sigma, beta, rho))
16 f2 = solve_ivp(Lorenz, [0, tmax], [x0, y0, z0], t_eval = t,
17             args=(2*sigma, 0.5*beta, rho))
18
19 fig, (ax1, ax2) = plt.subplots(1, 2, figsize=(12,5),
20                       constrained_layout=True,
21                       subplot_kw={'projection':'3d'})
22 for ax, xyz, c in [(ax1, f1.y, 'r'), (ax2, f2.y, 'g')]:
23     x, y, z = xyz
24     ax.plot(x, y, z, c, alpha=0.5)
25     ax.set_xlabel('$x$'); ax.set_ylabel('$y$')
26     ax.set_zlabel('$z$')
27 plt.show()
```

11.3.3 边值问题的数值求解方法

求解边值问题的基本方法有两种:打靶法 (shooting method) 和有限差分法 (finite difference method)(Stoer, Bulirsch, 2002; Kong et al., 2021)。打靶法将边值问题转换为多个初值问题进行求解。有限差分法用差商近似计算导数,将边值问题转换为线性方程组进行求解。

使用打靶法求解以下二阶常微分方程的边值问题:

$$y'' = f(x, y, y'), \quad y(a) = \alpha, \quad y(b) = \beta$$

设 $y'(a) = s$,则以条件 $y'(a) = s$ 和 $y(a) = \alpha$ 可以求解一个初值问题,用 $F(x, s)$ 表示它的解。原问题转换为一个代数方程,即求解满足方程 $F(b, s) = \beta$ 的 s,可以使用二分法和牛顿法等方法迭代求解,在求解过程中对每个 s 的迭代值都需要求解一个对应的初值问题。得到代数方程的解 $s = t$ 以后再以条件 $y'(a) = t$ 和 $y(a) = \alpha$ 求解初值问题,即可得到边值问题的解。

使用有限差分法求解以下二阶常微分方程的边值问题:

$$-y'' + q(x)y = g(x), \quad y(a) = \alpha, \quad y(b) = \beta$$

在区间 $[a, b]$ 上选取 $n+2$ 个等间距的点: $a = x_0 < x_1 < \cdots < x_n < x_{n+1} = b$,相邻两个点之间的间距 $h = (b-a)/(n+1)$。在点 $x_j(j = 1, \cdots, n)$ 处使用中心差分公式近似计算二阶导数

$$y''(x_j) \approx \frac{y(x_{j+1}) - 2y(x_j) + y(x_{j-1})}{h^2}$$

可得到如下的线性方程组:

$$\frac{1}{h^2} \begin{pmatrix} 2 + g(x_1)h^2 & -1 & & 0 \\ -1 & 2 + g(x_2)h^2 & \ddots & \\ & \ddots & \ddots & -1 \\ 0 & & -1 & 2 + g(x_n)h^2 \end{pmatrix} \begin{pmatrix} u_1 \\ u_2 \\ \vdots \\ u_n \end{pmatrix} = \begin{pmatrix} g(x_1) + \dfrac{\alpha}{h^2} \\ g(x_2) \\ \vdots \\ g(x_{n-1}) \\ g(x_n) + \dfrac{\beta}{h^2} \end{pmatrix}$$

求解该线性方程组得到的向量 $(u_1, u_2, \cdots, u_n)^{\mathrm{T}}$ 即为 $y(x_1), y(x_2), \cdots, y(x_n)$ 的近似值。

图11.6显示了以下边值问题的求解结果:

$$-y'' + 400y = 800x - 400\cos^2 \pi x - 2\pi^2 \cos 2\pi x, \quad y(0) = 0, \quad y(1) = 2$$

它的解析解是

$$y(x) = 2x + \frac{\mathrm{e}^{-20}}{1 + \mathrm{e}^{-20}} \mathrm{e}^{20x} + \frac{1}{1 + \mathrm{e}^{-20}} \mathrm{e}^{-20x} - \cos^2 \pi x$$

图11.6(a) 中用圆点标示了打靶法的求解结果, 图11.6(b) 中用圆点标示了有限差分法的求解结果。两个子图中的曲线绘制了解析解的函数图像。

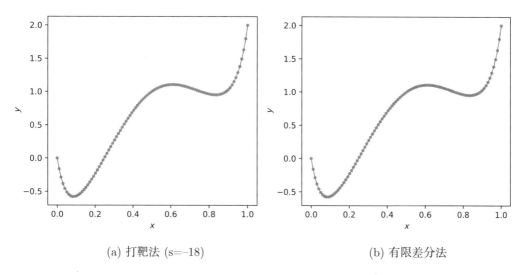

(a) 打靶法 (s=-18)　　　　　　　　　　(b) 有限差分法

图 11.6　打靶法和有限差分法求解边值问题

　　程序11.11的第 16 行至第 28 行定义的函数 shooting 实现了打靶法。第 18 行至第 21 行定义的函数 F 以条件 $y'(0) = y_1$ 和 $y(0) = 0$ 求解一个初值问题，其返回值是 $y(-1)$ 和 2 的差。第 23 行调用 SciPy 库的 optimize 模块的 fsolve 函数求解方程 F(x)=0,提供的参数分别是函数 F 和对于 x 的初始估计值 5。fsolve 函数的返回值是一个列表,它的第一个元素是方程 F(x)=0 的解。第 30 行至第 57 行定义的函数 finite_difference 实现了有限差分法。

程序 11.11　打靶法和有限差分法求解边值问题

```
1   from scipy.optimize import fsolve
2   from scipy.integrate import solve_ivp
3   import matplotlib.pyplot as plt
4   import numpy as np
5
6   f = lambda x, y: \
7           np.array([y[1], -800 * x + 400 * y[0] +
8                     400 * np.cos(np.pi*x) ** 2 +
9                     2 * np.pi ** 2 * np.cos(2 * np.pi*x)])
10
11  def y(x):
12      c = -20; ec = np.exp(c)
13      return 2 * x + ec * np.exp(-c * x) / (1 + ec) + \
14          np.exp(c * x) / (1 + ec) - np.cos(np.pi*x) ** 2
15
16  def shooting(n, ax): # 打靶法
17      y0 = 0; ab = [0, 1]; x_eval = np.linspace(0, 1, n)
18      def F(y1): # 求解一个初值问题
19          sol = solve_ivp(f, ab, [y0, y1], t_eval = x_eval)
20          y = sol.y[0]
```

```
21        return y[-1] - 2
22
23    s, = fsolve(F, 5); print(s)
24    res = solve_ivp(f, ab, [y0, s], t_eval = x_eval)
25    ax.set_title('shooting s=%.2f ' % s)
26    ax.plot(res.t, res.y[0], 'r.');
27    ax.plot(x_eval, y(x_eval), 'g', lw=1)
28    return res
29
30 def finite_difference(n, ax): # 有限差分法
31    def q(x): return 400
32    def g(x): return 800 * x - 400 * np.cos(np.pi*x) ** 2 - \
33                 2 * np.pi ** 2 * np.cos(2 * np.pi*x)
34
35    a = 0; b = 1; h = (b - a) / (n + 1); h2 = h * h
36    ya = 0; yb = 2
37    x_eval = np.linspace(0, 1, n + 2)
38
39    A = np.zeros((n, n))
40    A[0, 1] = A[n-1, n-2] = -1;
41    A[0, 0] = 2 + q(x_eval[1]) * h2
42    A[n-1, n-1] = 2 + q(x_eval[n]) * h2
43    for i in range(1, n - 1):
44        A[i, i-1] = A[i, i+1] = -1
45        A[i, i] = 2 + q(x_eval[i+1]) * h2
46    A /= h2
47
48    b = np.zeros(n)
49    b[0] = g(x_eval[1]) + ya / h2
50    b[n-1] = g(x_eval[n]) + yb / h2
51    b[1:n-1] = g(x_eval[2:n])
52
53    u = np.linalg.solve(A, b)
54    v = np.hstack((np.hstack(([ya], u)), [yb]))
55    ax.set_title('finite_difference'); ax.plot(x_eval, v, 'r.')
56    ax.plot(x_eval, y(x_eval), 'g', lw=1)
57    return v
58
59 fig, axes = plt.subplots(1, 2, figsize=(9, 4), dpi = 300)
60 for i in (0, 1):
61    axes[i].set_xlabel('x'); axes[i].set_ylabel('y')
62 fig.tight_layout(); plt.show()
63
64 shooting(100, axes[0])
```

```
65  finite_difference(98, axes[1])
```

11.4   实验 11：SciPy 库简介

实验目的

本实验的目的是掌握使用 SciPy 库进行插值、代数方程求解和常微分方程求解的方法。

实验内容

1. 使用一元三次样条函数对函数 $y = (5\sin(\frac{3x}{8}) + 3)\cos(\frac{-x^2}{9})$ 上横坐标由数组 np.linspace(0, 10, num=21, endpoint=True) 指定的 21 个数据点进行插值。绘制这些数据点和插值函数的曲线，并标注图例。

2. 使用 optimize 模块的 root 函数求解以下非线性方程组，选择 Levenberg-Marquardt 算法并设置关键字实参 jac 为 True。

$$y\sin(x) = 4 \tag{11.2}$$
$$xy - x = 5 \tag{11.3}$$

答案：[1.6581955 4.015326]。

3. 使用 solve_ivp 函数求解实验 10 中实验内容 3，t_eval 参数是 np.linspace(0, 10, 1000)。绘制数值解的数据点和解析解的曲线，并标注图例。

第 12 章 统 计 计 算

本章简要介绍如何使用 SciPy 库的 stats 模块和 Statsmodels 库 (Seabold, Perktold, 2010; StatsmodelsDoc) 解决统计计算问题,内容包括:
- 计算概率分布的函数和特征;
- 生成服从指定分布的随机数;
- 对随机现象进行模拟;
- 通过抽样对关于总体分布的参数值的假设进行检验;
- 根据观测数据构建和拟合线性回归模型。

12.1 概 率 分 布

scipy.stats 提供了统计计算使用的类和函数, 包括概率分布和假设检验等。表12.1和表12.2分别列出了描述离散概率分布和连续概率分布的一些常用函数和特征,包括 PMF(离散概率分布的概率质量函数)、PDF(连续概率分布的概率密度函数)、CDF(累积分布函数)、Survival Function(生存函数)、PPF(百分比点函数) 和 Moments(矩) 等。连续概率分布的参数 L 和 S 分别表示位置和尺度。对于正态分布,位置 (location) 是期望,尺度参数 (scale) 是标准差。

表 12.1 离散概率分布的函数和特征

函数 (特征) 名称	定义
PMF	$p(x_k) = P(X = x_k)$
CDF	$F(x) = P(X \leqslant x) = \sum\limits_{x_k \leqslant x} p(x_k)$
	$F(x_k) - F(x_{k-1}) = p(x_k)$
Survival Function	$S(x) = 1 - F(x) = P(X > x)$
PPF	$G(q) = F^{-1}(q)$

续表

函数 (特征) 名称	定义
Moments	非中心矩 $\mu'_m = E(X^m) = \sum\limits_k x_k^m p(x_k)$
	中心矩 $\mu_m = E[(X - \mu)^m] = \sum\limits_k (x_k - \mu)^m p(x_k)$
	期望 mean $\mu = \mu'_1 = E(X) = \sum\limits_k x_k p(x_k)$
	方差 variance $\mu_2 = E[(X - \mu)^2]$ $= \sum\limits_{x_k} x_k^2 p(x_k) - \mu^2$
	偏度 skewness $\gamma_1 = \mu_3/\mu_2^{3/2}$
	峰度 kurtosis $\gamma_2 = \mu_4/\mu_2^2 - 3$

表 12.2　连续概率分布的函数和特征

函数 (特征) 名称	定义 (标准形式)	定义 ($X = L + SY$)
CDF	$F(x) = \int_{-\infty}^{x} f(x)\mathrm{d}x$	$F(x; L, S) = F(\dfrac{x - L}{S})$
PDF	$f(x) = F'(x)$	$f(x; L, S) = \dfrac{1}{S} f(\dfrac{x - L}{S})$
Survival Function	$S(x) = 1 - F(x)$	$S(x; L, S) = S(\dfrac{x - L}{S})$
PPF	$G(q) = F^{-1}(q)$	$G(x; L, S) = L + SG(q)$
Moments	非中心矩 $\mu'_n = E(Y^n)$	$E(X^n)$
	中心矩 $\mu_n = E[(X - \mu)^n]$	$E[(X - \mu_X)^n]$
	期望 mean μ	$L + S\mu$
	方差 variance μ_2	$S^2\mu_2$
	偏度 skewness $\gamma_1 = \mu_3/\mu_2^{3/2}$	γ_1
	峰度 kurtosis $\gamma_2 = \mu_4/\mu_2^2 - 3$	γ_2

　　程序12.1获取 scipy.stats 提供的离散概率分布和连续概率分布的类的列表。每个类都有文档说明。

程序 12.1　离散和连续概率分布

```
1  In[1]: from scipy import stats
2  In[2]: dist_discrete = [d for d in dir(stats)
3            if isinstance(getattr(stats, d), stats.rv_discrete)]
4  In[3]: len(dist_discrete), dist_discrete
5  Out[3]: (16, ['bernoulli',...'binom', ..., 'poisson',
6            'randint',...])
7  In[4]: dist_continuous = [d for d in dir(stats)
8            if isinstance(getattr(stats, d), stats.rv_continuous)]
9  In[5]: len(dist_continuous), dist_continuous
10 Out[5]: (101, ['chi2',...,'gamma',...,'norm',...,'t',...
11           'uniform', ...])
12 In[6]: print(stats.norm.__doc__)
13 Out[6]: A normal continuous random variable.
14     ......
```

程序12.2演示了用指定参数创建一个期望为 3 和标准差为 2 的正态分布并输出一些函数值。In[6] 行的 interval 函数返回一个区间，该区间内的 PDF 曲线和 x 轴之间围成的区域的面积为指定的实参值 0.95，并且该区域在中位数两侧的子区域的面积相同。In[7] 行的 ppf 函数对于实参列表中的每一个表示分位数的元素返回对应的 CDF 的自变量值。In[8] 行的 rvs 函数生成指定数量的服从该分布的随机数。

程序 12.2　创建一个正态分布并输出一些函数值

```
1  In[1]: from scipy import stats; x = stats.norm(3, 2)
2  In[2]: x.mean(), x.median(), x.var(), x.std(), x.stats()
3  Out[2]: (3.0, 3.0, 4.0, 2.0, (array(3.), array(4.)))
4  In[3]: [x.moment(n) for n in range(1, 5)]
5  Out[3]: [3.0, 13.0, 62.99999999999999, 344.99999999999994]
6  In[4]: x.pdf([2, 3, 4])
7  Out[4]: array([0.17603266, 0.19947114, 0.17603266])
8  In[5]: x.cdf([2, 3, 4])
9  Out[5]: array([0.30853754, 0.5   , 0.69146246])
10 In[6]: x.interval(0.95)
11 Out[6]: (-0.9199279690801081, 6.919927969080108)
12 In[7]: x.ppf([0.025, 0.975])
13 Out[7]: array([-0.91992797, 6.91992797])
14 In[8]: x.rvs(4)
15 Out[8]: array([3.56471374, 4.62667751, 4.02484388, 1.50417612])
```

程序12.3绘制了四个不同参数的正态分布的 PDF(图12.1)。

程序 12.3　四个不同参数的正态分布的 PDF

```
1  import numpy as np; from scipy import stats
2  import matplotlib.pyplot as plt
3
4  fig, ax = plt.subplots(figsize=(6, 4), dpi = 300)
5
6  k = np.linspace(-5, 5, 1000)
7  pd1 = stats.norm(loc=0, scale=0.4)
8  pd2 = stats.norm(loc=0, scale=1.0)
9  pd3 = stats.norm(loc=0, scale=2.2)
10 pd4 = stats.norm(loc=-2, scale=0.7)
11
12 ax.set_title('Normal distribition - PDF');
13 ax.set_xlabel('X'); ax.set_ylabel('P(X)');
14 ax.plot(k, pd1.pdf(k), 'r'); ax.plot(k, pd2.pdf(k), 'g');
15 ax.plot(k, pd3.pdf(k), 'b'); ax.plot(k, pd4.pdf(k), 'y');
16 ax.legend([r"\mu=0, \sigma=0.4", r"\mu=0, \sigma=1.0",\
17          r"\mu=0, \sigma=2.2", r"\mu=-2, \sigma=0.7"])
18 plt.show()
```

程序12.4绘制了六个概率分布的 PDF(PMF)、CDF、SF 和 PPF(图12.2)(Johansson,

2019)。PDF(PMF) 曲线和 x 轴之间围成的区域的面积是 0.95，左、右边界的 x 值分别是 CDF 的 0.025 分位数和 0.975 分位数。

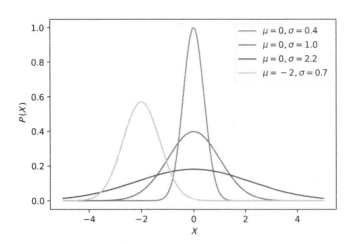

图 12.1　四个不同参数的正态分布的 PDF

程序 12.4　六个概率分布的 PDF(PMF)、CDF、SF 和 PPF

```
1   import numpy as np; import matplotlib.pyplot as plt
2   from scipy import stats
3
4   def plot_distribution(X, i, label):
5       x_min_999, x_max_999 = X.interval(0.999)
6       x999 = np.linspace(x_min_999, x_max_999, 1000)
7       x_min_95, x_max_95 = X.interval(0.95)
8       x95 = np.linspace(x_min_95, x_max_95, 1000)
9
10      axes = axs[i, :]
11      if hasattr(X.dist, "pdf"): # 连续概率分布
12          axes[0].plot(x999, X.pdf(x999), label="PDF")
13          axes[0].fill_between(x95, X.pdf(x95), alpha=0.25)
14      else: # 离散概率分布
15          x999_int = np.unique(x999.astype(int))
16          axes[0].bar(x999_int, X.pmf(x999_int), label="PMF")
17      axes[1].plot(x999, X.cdf(x999), label="CDF")
18      axes[1].plot(x999, X.sf(x999), label="SF")
19      axes[2].plot(X.cdf(x999), x999, label="PPF")
20
21      for ax in axes: ax.legend()
22      axes[0].set_ylabel(label)
23
24  fig, axs = plt.subplots(6, 3, figsize=(8, 11), dpi = 300)
25
26  X = stats.binom(20, 0.4); plot_distribution(X, 0, "Binomial")
```

```
27   X = stats.poisson(10); plot_distribution(X, 1, "Poisson")
28   X = stats.uniform(); plot_distribution(X, 2, "Uniform")
29   X = stats.t(20); plot_distribution(X, 3, "Student's t")
30   X = stats.lognorm(0.5); plot_distribution(X, 4, "Log Normal")
31   X = stats.beta(5, 2); plot_distribution(X, 5, "Beta")
32   fig.tight_layout(); plt.show()
```

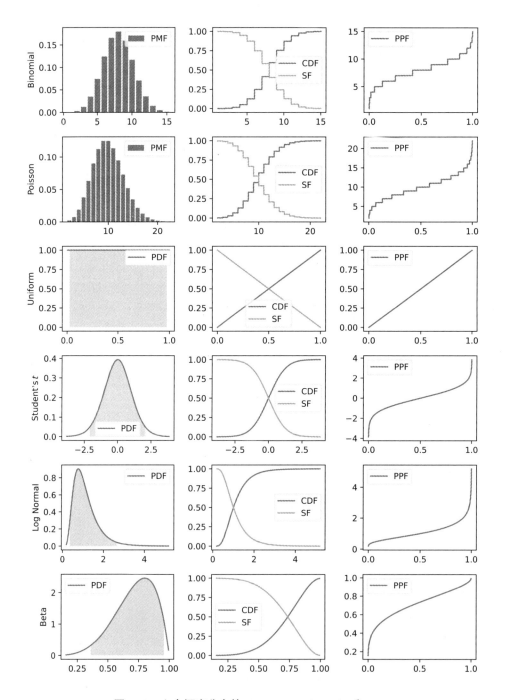

图 12.2   六个概率分布的 PDF(PMF)、CDF、SF 和 PPF

程序12.5调用 plot_dist_samples 函数绘制了三个概率分布的 PDF 以及从中抽样得到的随机数的直方图 (图12.3)(Johansson, 2019)。第 6 行调用 linspace 函数的实参 *x_lim 表示列出元组 x_lim 的每个元素作为实参。第 7 行至第 8 行调用 hist 函数绘制数组 X_samples 的直方图，density=True 表示通过归一化使得直方图与 x 轴之间围成的面积为 1 以便于和 PDF 进行比较，bins=75 表示绘制 75 个竖条，rwidth=0.85 表示每个竖条的相对宽度为 0.85。

程序 12.5　三个概率分布的 PDF 以及从中抽样得到的随机数的直方图

```
1  import numpy as np; import matplotlib.pyplot as plt
2  from scipy import stats
3
4  def plot_dist_samples(X, X_samples, title=None, ax=None):
5      x_lim = X.interval(.99)
6      x = np.linspace(*x_lim, num=100)
7      ax.hist(X_samples, label="samples", density=True,
8              bins=75, rwidth=0.85)
9      ax.plot(x, X.pdf(x), 'r', label="PDF", lw=3)
10     ax.set_xlim(*x_lim); ax.legend()
11     if title: ax.set_title(title)
12
13 fig, axes = plt.subplots(1, 3, figsize=(10, 3))
14 N = 2000
15 X = stats.t(7.0)
16 plot_dist_samples(X, X.rvs(N), "Student's t dist.", ax=axes[0])
17 X = stats.chi2(5.0)
18 plot_dist_samples(X, X.rvs(N), r"$\chi^2$ dist.", ax=axes[1])
19 X = stats.expon(0.5)
20 plot_dist_samples(X, X.rvs(N), "exponential dist.", ax=axes[2])
21 fig.tight_layout(); plt.show()
```

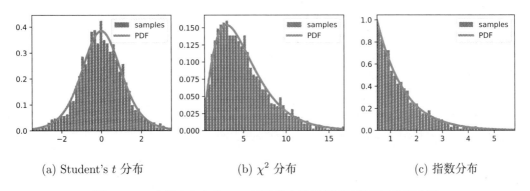

(a) Student's t 分布　　　　(b) χ^2 分布　　　　(c) 指数分布

图 12.3　三个概率分布的 PDF 以及从中抽样得到的随机数的直方图

12.2 随机数和模拟

程序12.6演示了生成随机数的方法。random 模块的 uniform(a,b) 函数可生成服从区间 [a,b) 内的均匀分布的随机数，这些随机数构成的序列由随机数种子确定。随机数种子的默认值为当前时间。如果需要程序在每次运行时生成相同序列的随机数，需要设定随机数种子为同一个数值。In[1] 行调用 random 模块的 seed 函数设置随机数种子为 42。NumPy库的 random 模块提供了多个生成随机数的函数。In[3] 行调用 NumPy 库的 random 模块的 seed 函数设置随机数种子为 26。rand 函数可生成服从区间 [0,1) 内的均匀分布的随机数：若不提供参数，生成一个随机数；若提供一个或多个整数作为参数，生成一个由它们指定形状的数组，该数组的每个元素是一个随机数。randint 函数生成一个指定形状的数组，由服从某一区间内的均匀分布的随机整数组成，区间的范围 [low,high) 由参数 low 和 high 指定，数组的形状由参数 size 指定。randn 函数生成服从标准正态分布的随机数，用法和 rand函数类似。

程序 12.6 离散和连续概率分布

```
1  In[1]: import random; random.seed(42)
2  In[2]: rands = [random.uniform(-1,1) for i in range(4)]; rands
3  Out[2]: [0.2788535969157675, -0.9499784895546661,
4          -0.4499413632617615, -0.5535785237023545]
5  In[3]: import numpy as np; np.random.seed(26); np.random.rand()
6  Out[3]: 0.30793495262497084
7  In[4]: r = np.random.rand(4); r
8  Out[4]: array([0.51939148, 0.76829766, 0.78922074, 0.87056206])
9  In[5]: r = np.random.rand(2, 2); r
10 Out[5]: array([[0.18792139, 0.26950525],
11               [0.49619214, 0.73912175]])
12 In[6]: r = np.random.randint(low=-4, high=5, size=5); r
13 Out[6]: array([0, 4, 1, 3, 2])
14 In[7]: np.random.randint(low=10, high=20, size=(2, 4))
15 Out[7]: array([[18, 12, 15, 10],
16               [12, 13, 13, 13]])
17 In[8]: np.random.randn(2, 3)
18 Out[8]: array([[ 1.46032212, 0.79185191, 0.77784432],
19               [-1.5919855 , 0.73033189, 1.29484354]])
```

很多现象具有不确定性，例如微观粒子的运动、遗传与变异、股票价格的波动等。生成随机数的一个用途是用计算机程序对随机现象进行模拟。

赌徒破产 (Gambler's Ruin)(Lanchier, 2017) 是一个经典的随机过程模型。这里假定赌徒和资产为无穷大的庄家对赌。赌徒的初始资产为 x。当赌徒的资产达到目标值 $N(N$ 满足 $0 \leqslant x \leqslant N)$ 或者变为 0(即破产) 时赌博过程结束。在每一轮赌博中，赌注为 1 并且赌徒获胜的概率为 p。设 $p_x = P(\text{ruin}|x)$ 表示赌徒以资产 x 开始赌博并最终破产的条件概率。考察第一轮赌博的两种结果：获胜则资产变为 $x+1$，失败则资产变为 $x-1$。可

得出方程：$p_x = P(\text{ruin}|x) = P(\text{ruin}|x+1)p + P(\text{ruin}|x-1)(1-p)$。由此可得递推公式：$p_x = p_{x+1}p + p_{x-1}(1-p)$。代入边界条件 $p_0 = 1$ 和 $p_N = 0$ 后经演算可得结果：

$$p_x = \begin{cases} 1 - \dfrac{1 - ((1-p)/p)^x}{1 - ((1-p)/p)^N}, & \text{若 } p \neq 0.5 \\ 1 - \dfrac{x}{N}, & \text{若 } p = 0.5 \end{cases}$$

　　程序12.7的 gamble 函数利用从二项分布生成的随机数模拟了 1000 次赌博过程来估算 $p = 0.49$ 时的破产概率，连续十次的输出结果依次为：0.608, 0.588, 0.602, 0.583, 0.596, 0.594, 0.608, 0.597, 0.595 和 0.605。它们的平均值 0.5976 和理论计算值 0.5987 很接近。

　　图12.4包含三个子图，这些子图绘制在由大小相同的方块构成的阵列上，每个子图的位置和大小通过其所占据的方块的行号和列号的范围指定。第一个子图绘制了 p_x 与 p 的关系，可见在 p 接近 0.5 时曲线非常陡峭，即 p 的微小变动导致 p_x 的大幅变动。当 p 从 0.5 逐渐减小时，破产的概率 p_x 急剧增加。其余两个子图分别绘制了两次赌博过程的资产变化情况，它们分别是从资产达到目标值和破产这两种情况的所有赌博过程中选取的轮次最多的例子。

程序 12.7　赌徒破产

```python
1  import numpy as np
2  import matplotlib as mpl; import matplotlib.pyplot as plt
3
4  def gamble(x, N, p):
5      # 模拟1000次赌博过程
6      x0 = x # x0表示初始资产
7      s_win = [] # 记录资产达到目标值的例子中轮次最多的过程
8      s_ruin = [] # 记录破产的例子中轮次最多的过程
9      win = 0 # 资产达到目标值的次数
10     ruin = 0 # 破产的次数
11     for k in range(0, 1000): # 模拟1000次
12         w = [x] # w记录一次赌博过程的资产变化情况
13         while x != N and x != 0:
14             r = np.random.binomial(1, p, 1)
15             # r等于1表示获胜，r等于0表示失败
16             x += 1 if r == 1 else -1
17             # 获胜则资产增加1，否则资产减小1
18             w.append(x)
19         if x == N:
20             win += 1 # 资产达到目标值
21             if len(w) > len(s_win): s_win = w.copy()
22         else:
23             ruin += 1 # 破产
24             if len(w) > len(s_ruin): s_ruin = w.copy()
25         x = x0
26     return (ruin / (ruin + win)), s_win, s_ruin
27
```

```python
28  x = 10 # 初始资产
29  N = 20 # 资产的目标值
30  P, s_win, s_ruin = gamble(x, N, 0.49)
31  print(P)
32
33  p = np.linspace(0.1, 0.9, 100)
34  c = (1 - p) / p
35  px = 1 - (1 - c**x) / (1 - c**N)
36
37  fig = plt.figure(figsize=(12, 8), dpi = 300)
38  gs = mpl.gridspec.GridSpec(2, 2)
39
40  ax0 = fig.add_subplot(gs[0, :]) # 占据了索引值为0的整个行
41  ax0.plot(p, px)
42  ax0.xaxis.set_major_locator(mpl.ticker.MaxNLocator(20))
43  ax0.xaxis.set_minor_locator(mpl.ticker.MaxNLocator(100))
44  ax0.yaxis.set_major_locator(mpl.ticker.MaxNLocator(10))
45  ax0.yaxis.set_minor_locator(mpl.ticker.MaxNLocator(50))
46  ax0.grid(color="grey", which="major", axis='x', linestyle='-',
47          linewidth=0.5)
48  ax0.grid(color="grey", which="minor", axis='x', linestyle='-',
49          linewidth=0.25)
50  ax0.grid(color="grey", which="major", axis='y', linestyle='-',
51          linewidth=0.5)
52  ax0.grid(color="grey", which="minor", axis='y', linestyle='-',
53          linewidth=0.25)
54  ax0.set_title("Probability of Gambler's Ruin vs. Probability" +
55              " of Winning One Round (x = 10, N = 20)")
56
57  ax1 = fig.add_subplot(gs[1, 0]) # 行索引值为1, 列索引值为0
58  ax1.plot(np.arange(len(s_win)), s_win)
59  ax1.yaxis.set_major_locator(mpl.ticker.MaxNLocator(21))
60  ax1.set_title("Asset vs. Number of Rounds (x = 10, N = 20)")
61
62  ax2 = fig.add_subplot(gs[1, 1]) # 行索引值为1, 列索引值为0
63  ax2.plot(np.arange(len(s_ruin)), s_ruin)
64  ax2.yaxis.set_major_locator(mpl.ticker.MaxNLocator(21))
65  ax2.set_title("Asset vs. Number of Rounds (x = 10, N = 20)")
66  fig.tight_layout(); plt.show()
```

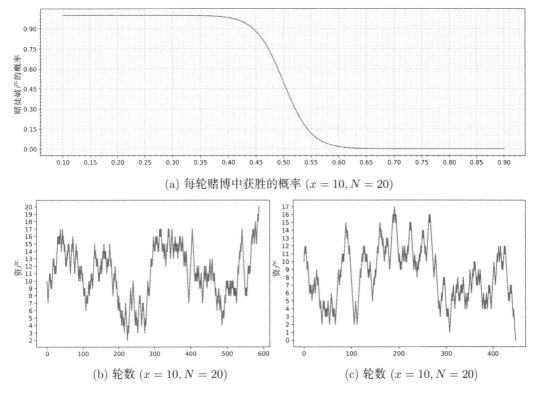

(a) 每轮赌博中获胜的概率 $(x = 10, N = 20)$

(b) 轮数 $(x = 10, N = 20)$　　　　　(c) 轮数 $(x = 10, N = 20)$

图 12.4　赌徒破产

12.3　假设检验

假设检验 (hypothesis testing) 是一种统计推断方法 (Devore, Berk, 2011)。统计学中的假设是对参数值或总体分布的判断。假设检验根据从总体中抽样得到的样本的计算结果对两个相互对立的假设做出决策。两个假设分别称为原假设 H_0(null hypothesis) 和备选假设 H_a(alternative hypothesis)。

检验统计量 (test statistic) 是样本数据的函数，服从特定的概率分布。在检验统计量的取值范围中确定一个非空子集称为拒绝域。如果根据样本数据计算的检验统计量的值落入了拒绝域则拒绝原假设并接受备选假设，否则不能拒绝原假设。不能拒绝原假设并不是肯定原假设成立，只是说明当前样本数据没有提供充分的拒绝原假设的证据。

由于抽样的随机性，做出以上决策时难免发生错误。第 I 类错误是在原假设为真的情况下拒绝原假设，第 II 类错误则是在原假设为假的情况下接受原假设。由于实践中犯第 I 类错误导致的后果更严重，需要确保犯第 I 类错误的概率不超过一个主观选定的值 α，称为显著性水平 (significance level)。拒绝域的选取方式是使得检验统计量落入其中的概率为 α。α 通常取值为 $0.05, 0.01$ 或更小的值。如果检验统计量的值落入了拒绝域，则认为发生了小概率事件，因此有充分理由拒绝原假设。置信区间是拒绝域的补集，即检验统计量落入置信区间的概率为 $1 - \alpha$。

以 z 检验为例说明假设检验的计算过程。当总体服从标准差为 σ 的正态分布时，z 检验对总体的未知期望进行检验。原假设 H_0 为 $\mu = \mu_0$，这里 μ_0 是一个常数。和 H_0 对立的 H_a 可以根据需要选取三种不同的形式：$\mu \neq \mu_0$, $\mu < \mu_0$, $\mu > \mu_0$。这里选取 H_a 为 $\mu \neq \mu_0$。

用 $X_1, \cdots, X_n$ 表示一个从总体中抽样得到的样本，其中包含 n 个个体。假定 H_0 为真，则样本均值 $\overline{X}$ 服从正态分布 $N(\mu_0, \sigma/\sqrt{n})$。选取将 $\overline{X}$ 标准化后得到的统计量 z 作为检验统计量：$z = \dfrac{(\overline{X} - \mu_0)}{\sigma/\sqrt{n}}$。$z$ 服从标准正态分布。如果样本均值太大或太小，都有充分理由拒绝原假设。拒绝域的形式为 $(-\infty, -c] \cup [c, +\infty)$，其中 c 满足 $\alpha = P(z \geqslant c \text{ 或 } z \leqslant -c)$。用 $\Phi(c)$ 表示 $P(z \leqslant c)$，则 $\alpha = \Phi(-c) + 1 - \Phi(c) = 2(1 - \Phi(c))$。由此可得 $c = z_{\alpha/2}$，拒绝域为 $(-\infty, -z_{\alpha/2}] \cup [z_{\alpha/2}, +\infty)$，其中 $z_{\alpha/2}$ 表示标准正态分布的 $\alpha/2$ 分位数。如果将显著性水平 α 定为 0.05，则拒绝域为 $(-\infty, -1.96] \cup [1.96, +\infty)$。

显著性水平是一个主观选定的值。为了更客观地报告假设检验的结果，可以使用 P 值。P 值表示在假定 H_0 成立的前提下，检验统计量的取值比当前样本计算值更加否定 H_0 的概率。例如从一个样本计算的 z 值为 1.96，则根据本例中拒绝域的形式可计算 P 值为 $P(z \geqslant 1.96 \text{ 或 } z \leqslant -1.96) = 2(1 - \Phi(1.96)) = 0.05$。$P$ 值越小，说明当前样本已经提供了越充分的拒绝 H_0 的证据。得出 P 值以后可以无需再计算拒绝域。如果 P 值小于或等于显著性水平 α 则拒绝 H_0，否则不能拒绝 H_0。

这里列举几种常用的假设检验类型和使用方法 (表12.3)。

表 12.3　几种常用的假设检验

名称和统计量	原假设 H_0	备选假设 H_a	拒绝域
z 检验 $z = \dfrac{(\overline{x} - \mu_0)}{\sigma/\sqrt{n}}$	$\mu = \mu_0$	$\mu \neq \mu_0$	$(-\infty, -z_{\alpha/2}] \cup [z_{\alpha/2}, +\infty)$
		$\mu > \mu_0$	$[z_\alpha, +\infty)$
		$\mu < \mu_0$	$(-\infty, -z_\alpha]$
单样本 t 检验 $t = \dfrac{(\overline{x} - \mu_0)}{s/\sqrt{n}}$	$\mu = \mu_0$	$\mu \neq \mu_0$	$(-\infty, -t_{\alpha/2, n-1}] \cup [t_{\alpha/2, n-1}, +\infty)$
		$\mu > \mu_0$	$[t_{\alpha, n-1}, +\infty)$
		$\mu < \mu_0$	$(-\infty, -t_{\alpha, n-1}]$
双样本 z 检验 $z = \dfrac{(\overline{x} - \overline{y} - \delta_0)}{\sqrt{\dfrac{\sigma_1^2}{m} + \dfrac{\sigma_2^2}{n}}}$	$\mu_1 - \mu_2 = \delta_0$	$\mu_1 - \mu_2 \neq \delta_0$	$(-\infty, -z_{\alpha/2}] \cup [z_{\alpha/2}, +\infty)$
		$\mu_1 - \mu_2 > \delta_0$	$[z_\alpha, +\infty)$
		$\mu_1 - \mu_2 < \delta_0$	$(-\infty, -z_\alpha]$
双样本 t 检验 $t = \dfrac{(\overline{x} - \overline{y} - \delta_0)}{\sqrt{\dfrac{s_p^2}{m} + \dfrac{s_p^2}{n}}}$	$\mu_1 - \mu_2 = \delta_0$	$\mu_1 - \mu_2 \neq \delta_0$	$(-\infty, -t_{\alpha/2, m+n-2}] \cup [-t_{\alpha/2, m+n-2}, +\infty)$
		$\mu_1 - \mu_2 > \delta_0$	$[t_{\alpha, m+n-2}, +\infty)$
		$\mu_1 - \mu_2 < \delta_0$	$(-\infty, -t_{\alpha, m+n-2}]$
配对 t 检验 $t = \dfrac{(\overline{d} - \delta_0)}{s_D/\sqrt{n}}$	$\mu_D = \delta_0$	$\mu_D \neq \delta_0$	$(-\infty, -t_{\alpha/2, n-1}] \cup [t_{\alpha/2, n-1}, +\infty)$
		$\mu_D > \delta_0$	$[t_{\alpha, n-1}, +\infty)$
		$\mu_D < \delta_0$	$(-\infty, -t_{\alpha, n-1}]$

(1) z 检验：当总体服从标准差为 σ 的正态分布时，z 检验从总体中抽取一个样本对总

体的未知期望进行检验。

(2) 单样本 t 检验：当总体服从标准差未知的正态分布时，单样本 t 检验从总体中抽取一个样本对总体的未知期望进行检验，公式中的 s 是样本标准差。

(3) 双样本 z 检验：当两个总体服从标准差分别为 σ_1 和 σ_2 的正态分布时，双样本 z 检验从它们中各抽取一个样本，对两个总体的未知期望的差进行检验。两个样本的大小分别为 m 和 n。

(4) 双样本 t 检验：当两个总体服从标准差未知但相同的正态分布时，双样本 t 检验从它们中各抽取一个样本，对两个总体的未知期望的差进行检验。两个样本的大小分别为 m 和 n。公式中的 s_p 满足 $s_p^2 = \dfrac{m-1}{m+n-2}s_1^2 + \dfrac{n-1}{m+n-2}s_2^2$，其中 s_1 和 s_2 分别是两个样本的样本标准差。

(5) 配对 t 检验：配对 t 检验对同一组大小为 n 的个体在不同情况下的观测值所属分布的未知期望的差进行检验。设两组观测值分别为 X_i 和 $Y_i(1 \leqslant i \leqslant n)$，假设 $D_i = X_i - Y_i$ 服从正态分布，则可对样本 D_i 进行单样本 t 检验。

scipy.stats 提供了进行多种假设检验的函数。ttest_1samp 函数进行单样本 t 检验。关键字参数 alternative 的默认值为 two-sided，即 H_0 为 $\mu = \mu_0$ 且 H_a 为 $\mu \neq \mu_0$。如果将其设为 greater，则 H_a 为 $\mu > \mu_0$。如果将其设为 less，则 H_a 为 $\mu < \mu_0$。图12.5绘制了以上三种情形下根据从样本计算得到的 t 统计量的值计算 P 值的方法。第一种情形下，P 值等于两个尾部区域的面积，这两个区域都位于 t 分布的 PDF 和 x 轴之间，x 值的取值范围分别为 $(-\infty, -|t|]$ 和 $[|t|, +\infty)$。第二种情形下，P 值等于 x 值的取值范围为 $[t, +\infty)$ 的尾部区域的面积。第三种情形下，P 值等于 x 值的取值范围为 $(-\infty, t]$ 的尾部区域的面积。

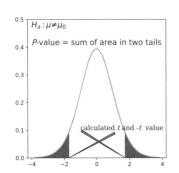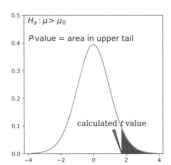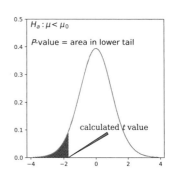

图 12.5 单样本 t 检验中的 P 值

程序12.8演示了基于两组大小均为 40 的样本进行的单样本 t 检验。当检验值 4.0 恰好等于正态总体的均值时 P 值较大，而当检验值 1.0 与正态总体的均值相差较大时 P 值很小。

程序 12.8 单样本 t 检验

```
1  In[1]: from scipy import stats; import numpy as np
2  In[2]: rng = np.random.default_rng()
3  # 创建随机数生成器，可以提供一个整数实参作为种子，也可以缺省
4  In[3]: rvs = stats.norm.rvs(loc=4, scale=10, size=(40, 2),
```

```
5                    random_state=rng)
6    In[4]: stats.ttest_1samp(rvs, 4.0)
7    Out[4]: Ttest_1sampResult(statistic=array([0.52078101,
8      0.45723463]), pvalue=array([0.60546376, 0.65003933]))
9    In[5]: stats.ttest_1samp(rvs, 1.0)
10   Out[5]: Ttest_1sampResult(statistic=array([2.33735525,
11     2.3660094 ]), pvalue=array([0.0246469 , 0.02304528]))
12   In[6]: stats.ttest_1samp(rvs, 1.0, alternative='less')
13   Out[6]: Ttest_1sampResult(statistic=array([2.33735525,
14     2.3660094 ]), pvalue=array([0.98767655, 0.98847736]))
15   In[7]: stats.ttest_1samp(rvs, 1.0, alternative='greater')
16   Out[7]: Ttest_1sampResult(statistic=array([2.33735525,
17     2.3660094 ]), pvalue=array([0.01232345, 0.01152264]))
18   In[8]: stats.ttest_1samp(rvs, [4.0, 1.0])
19   Out[8]: Ttest_1sampResult(statistic=array([0.52078101,
20     2.3660094 ]), pvalue=array([0.60546376, 0.02304528]))
```

　　程序12.9演示了使用 ttest_ind 函数进行双样本 t 检验。关键字参数 equal_var 的默认值为 True，即假定两个总体的方差相同。如果这一条件不成立，将其设定为 False，则执行 Welch 检验。关键字参数 alternative 的默认值为 two-sided，即 H_0 为 $\mu_1 = \mu_2$ 且 H_a 为 $\mu_1 \neq \mu_2$。如果将其设为 greater，则 H_a 为 $\mu_1 > \mu_2$。如果将其设为 less，则 H_a 为 $\mu_1 < \mu_2$。

程序 12.9　双样本 t 检验

```
1    In[1]: rvs1 = stats.norm.rvs(loc=4, scale=10, size=400,
2                           random_state=rng)
3    In[2]: rvs2 = stats.norm.rvs(loc=4, scale=10, size=200,
4                           random_state=rng)
5    In[3]: rvs3 = stats.norm.rvs(loc=8, scale=20, size=200,
6                           random_state=rng)
7    In[4]: stats.ttest_ind(rvs1, rvs2)
8    Out[4]: Ttest_indResult(statistic=0.47568430594388683,
9                        pvalue=0.634473019722014)
10   In[5]: stats.ttest_ind(rvs1, rvs3, equal_var=False)
11   Out[5]: Ttest_indResult(statistic=-2.375285510987052,
12                        pvalue=0.018247576389730322)
13   In[6]: stats.ttest_ind(rvs2, rvs3, equal_var=False)
14   Out[6]: Ttest_indResult(statistic=-2.5030356212394462,
15                        pvalue=0.012812946996671242)
16   In[7]: stats.ttest_ind(rvs2, rvs3, equal_var=False,
17                        alternative='greater')
18   Out[7]: Ttest_indResult(statistic=-2.5030356212394462,
19                        pvalue=0.9935935265016644)
```

　　程序12.10演示了使用 ttest_rel 函数进行配对 t 检验。这个例子比较同一个班级在两次考试中的平均成绩是否存在显著不同。

程序 12.10　配对 t 检验

```
1  In[1]: exam_1 = np.array([79, 100, 93, 75, 84, 107, 66, 86, 103,
2      81, 83, 89, 105, 84, 86, 86, 112, 112, 100, 94])
3  In[2]: exam_2 = np.array([92, 100, 76, 97, 72, 79, 94, 71, 84,
4      76, 82, 57, 67, 78, 94, 83, 85, 92, 76, 88])
5  In[3]: (t, pVal) = stats.ttest_rel (exam_1, exam_2); (t, pVal)
6  Out[3]: (2.3040209271929544, 0.032682085532223897)
7  In[4]: stats.ttest_rel(exam_1, exam_2, alternative='less')
8  Out[4]: Ttest_relResult(statistic=2.3040209271929544,
9                         pvalue=0.9836589572338881)
10 In[5]: stats.ttest_rel(exam_1, exam_2, alternative='greater')
11 Out[5]: Ttest_relResult(statistic=2.3040209271929544,
12                         pvalue=0.016341042766111948)
```

12.4　线 性 回 归

　　线性回归 (linear regression) 是一种统计模型, 描述了因变量和一个或多个自变量之间的带有不确定性的线性依赖关系。线性回归的用途是可以根据构建的模型从给定的自变量值预测因变量值。

　　只有一个自变量的简单线性回归模型 (Devore, Berk, 2011) 定义为 $Y = \beta_0 + \beta_1 x + \epsilon$。因变量 Y 是一个随机变量, 它的每次观测值是自变量 x 的线性函数和一个随机偏差 ϵ 的叠加, 后者服从正态分布 $N(0, \sigma^2)$, 其中方差 σ^2 和 x 无关。给定观测到的 n 个数据对 $(x_1, y_1), \cdots, (x_n, y_n)$, 最小二乘原理给出的估计为

$$\hat{\beta_1} = \frac{\sum\limits_{i=1}^{n}(x_i - \overline{x})(y_i - \overline{y})}{\sum\limits_{i=1}^{n}(x_i - \overline{x})^2}, \quad \hat{\beta_0} = \overline{y} - \hat{\beta_1}\overline{x}, \quad \hat{\sigma}^2 = \frac{SSE}{n-2}$$

其中 $SSE = \sum\limits_{i=1}^{n}(y_i - \hat{y_i})^2 = \sum\limits_{i=1}^{n} y_i^2 - \hat{\beta_0}\sum\limits_{i=1}^{n} y_i - \hat{\beta_1}\sum\limits_{i=1}^{n} x_i y_i$ 称为残差平方和 (residual sum of squares)。

　　决定系数 (coefficient of determination) 是一个衡量线性回归模型拟合数据的效果的指标, 定义为 $r^2 = 1 - SSE/SST$, 其中 $SST = \sum\limits_{i=1}^{n}(y_i - \overline{y})^2 = \sum\limits_{i=1}^{n} y_i^2 - (\sum\limits_{i=1}^{n} y_i)^2/n$ 称为总平方和 (total sum of squares)。决定系数表示在解释因变量随自变量的变化时, 回归模型能够说明的部分所占的比例。决定系数的取值范围是区间 $[0,1]$, 它的值越高说明模型拟合数据的效果越好。

　　有 k 个自变量的多元回归模型定义为 $Y = \beta_0 + \beta_1 x_1 + \cdots + \beta_k x_k + \epsilon$。给定观测到的 n 个数据对 $([x_{11}, \cdots, x_{1k}], y_1), \cdots, ([x_{n1}, \cdots, x_{nk}], y_n)$, 使用矩阵定义的线性回归方程为

$$\begin{bmatrix} y_1 \\ \vdots \\ y_n \end{bmatrix} = \boldsymbol{y} = \boldsymbol{X}\boldsymbol{\beta} + \boldsymbol{\epsilon} = \begin{bmatrix} 1 & x_{11} & \dots & x_{1k} \\ \vdots & \vdots & & \vdots \\ 1 & x_{n1} & \dots & x_{nk} \end{bmatrix} \begin{bmatrix} \beta_0 \\ \beta_1 \\ \vdots \\ \beta_k \end{bmatrix} + \begin{bmatrix} \epsilon_1 \\ \vdots \\ \epsilon_n \end{bmatrix}$$

$\boldsymbol{X}$ 称为设计矩阵 (design matrix)。最小二乘原理给出的估计为 $\hat{\boldsymbol{\beta}} = (\boldsymbol{X}^{\mathrm{T}}\boldsymbol{X})^{-1}\boldsymbol{X}^{\mathrm{T}}\boldsymbol{y}$。决定系数 $r^2 = 1 - SSE/SST$，其中 $SSE = (\boldsymbol{y} - \hat{\boldsymbol{y}})^{\mathrm{T}}(\boldsymbol{y} - \hat{\boldsymbol{y}})$，$SST = (\boldsymbol{y} - \overline{\boldsymbol{y}})^{\mathrm{T}}(\boldsymbol{y} - \overline{\boldsymbol{y}})$。

程序12.11演示了使用 numpy.linalg 模块的 lstsq 函数求解回归模型 $Y = \beta_0 + \beta_1 x_1 + \beta_2 x_2 + \beta_3 x_1 x_2 + \epsilon$。

程序 12.11　使用 numpy.linalg.lstsq 函数求解线性回归

```
 1  In[1]: import numpy as np
 2  In[2]: y = np.array([11, 13, 17, 19, 23])
 3  In[3]: x1 = np.array([1, 3, 5, 7, 9])
 4  In[4]: x2 = np.array([2, 4, 6, 8, 10])
 5  In[5]:X = np.vstack([np.ones(5), x1, x2, x1*x2]).T; X
 6  Out[5]:
 7  array([[ 1., 1., 2., 2.],
 8         [ 1., 3., 4., 12.],
 9         [ 1., 5., 6., 30.],
10         [ 1., 7., 8., 56.],
11         [ 1., 9., 10., 90.]])
12  In[6]: np.linalg.lstsq(X, y, rcond=None)[0]
13  Out[6]: array([ 6.10238095, -2.49761905, 3.6047619 ,
14                  0.03571429])
```

根据观测数据设计一个线性回归模型时，如果模型的决定系数较低就需要修改模型，即重新计算设计矩阵 $\boldsymbol{X}$。Statsmodels 库实现了多种统计模型，包括线性回归、方差分析、多元统计分析和时间序列分析等。使用 Patsy 公式语言定义 Statsmodels 库的线性回归模型可以自动计算设计矩阵，因此在修改模型时更加便捷。安装 Statsmodels 库的命令是 "conda install statsmodels"。

程序12.12的 In[3] 行创建了一个字典，将变量名映射到对应的 NumPy 数组。In[4] 行创建了一个 pandas 模块的 DataFrame 对象，它存储了所有的输入数据。In[5] 行计算设计矩阵，并指定返回类型为 pandas 模块的 DataFrame。In[7] 行使用 OLS 函数创建了线性回归模型，然后使用 fit 函数对其进行拟合。In[8] 行将 DataFrame 格式的数据转换成 NumPy 数组。

程序 12.12　使用 statsmodels.OLS 函数求解线性回归

```
 1  In[1]: import patsy; import pandas as pd
 2  In[2]: import statsmodels.api as sm
 3  In[3]: data = {"y": y, "x1": x1, "x2": x2}
 4  In[4]: df_data = pd.DataFrame(data)
 5  In[5]: y, X = patsy.dmatrices("y ~ 1 + x1 + x2 + x1:x2", df_data,
```

```
6                    return_type="dataframe")
7  In[6]: X
8  Out[6]:
9  Intercept x1   x2  x1:x2
10 0      1.0 1.0  2.0   2.0
11 1      1.0 3.0  4.0  12.0
12 2      1.0 5.0  6.0  30.0
13 3      1.0 7.0  8.0  56.0
14 4      1.0 9.0 10.0  90.0
15 In[7]: model = sm.OLS(y, X); result = model.fit(); result.params
16 Out[7]:
17 Intercept  6.102381
18 x1        -2.497619
19 x2         3.604762
20 x1:x2      0.035714
21 dtype: float64
22 In[8]: np.array(X)
23 Out[8]:
24 array([[ 1.,  1.,  2.,  2.],
25        [ 1.,  3.,  4., 12.],
26        [ 1.,  5.,  6., 30.],
27        [ 1.,  7.,  8., 56.],
28        [ 1.,  9., 10., 90.]])
```

表12.4列出了 Patsy 公式语言 (https://patsy.readthedocs.io/en/latest/) 的常用语法 (Johansson, 2019)。

表 12.4　Patsy 公式语言的常用语法

语法	含义和示例
lhs ~ rhs	~ 用来分隔模型方程的左边和右边。例: y ~ x 等价于 y ~ 1 + x,其中 1 表示常数项
var1 : var2	两个变量的交互项。例: u : v 等价于 uv
var1 + var2	+ 用来连接两个变量形成并集。例: y ~ u + v 等价于 y ~ 1 + u + v
var1 * var2	两个变量的所有低阶项和交互项。例: u * v 等价于 u + v + uv
var1 – var2	–用来连接两个变量形成差集。例: y ~ u*v – u:v 等价于 y ~ 1 + u + v
f(expr)	将 Python 函数 f 作用于参数 expr。例: np.log(u), np.cos(u+v)
I(expr)	将 expr 中的运算符解释为数学运算符。例: I(u*v) 解释为 u 和 v 的乘积

程序12.13演示了一些使用 Patsy 公式语言定义线性回归模型的实例。

程序 12.13　使用 Patsy 公式语言定义线性回归模型

```
1  In[1]: import patsy; from collections import defaultdict
2  In[2]: data = {k: np.array([]) for k in ["y", "u", "v", "w"]}
3  In[3]: patsy.dmatrices("y ~ u", data=data)[1].
4                    design_info.term_names
```

```
5  Out[3]: ['Intercept', 'x']
6  In[4]: patsy.dmatrices("y ~ u + v", data=data)[1].
7                    design_info.term_names
8  Out[4]: ['Intercept', 'u', 'v']
9  In[5]: patsy.dmatrices("y ~ u * v", data=data)[1].
10                   design_info.term_names
11 Out[5]: ['Intercept', 'u', 'v', 'u:v']
12 In[6]: patsy.dmatrices("y ~ u * v * w", data=data)[1].
13                   design_info.term_names
14 Out[6]: ['Intercept', 'u', 'v', 'u:v', 'w', 'u:w', 'v:w', 'u:v:w']
15 In[7]: patsy.dmatrices("y ~ u * v * w - u:v:w", data=data)[1].
16                   design_info.term_names
17 Out[7]: ['Intercept', 'u', 'v', 'u:v', 'w', 'u:w', 'v:w']
18 In[8]: patsy.dmatrices("y ~ np.log(u) + v", data=data)[1].
19                   design_info.term_names
20 Out[8]: ['Intercept', 'np.log(u)', 'v']
21 In[9]: patsy.dmatrices(
22            "y ~ I(u**2) * I(v**2) - I(u**2) : I(v**2) + u*v",
23            data=data)[1].design_info.term_names
24 Out[9]: ['Intercept', 'I(u ** 2)', 'I(v ** 2)', 'u', 'v', 'u:v']
25 In[10]: z = lambda x, y: np.exp(x * np.cos(y))
26 In[11]: patsy.dmatrices("y ~ z(u, v) + w", data=data)[1].
27                   design_info.term_names
28 Out[11]: ['Intercept', 'z(u, v)', 'w']
```

程序12.14的第 5 行定义了一个基于自变量 x1 和 x2 的二次多项式函数作为真实模型。第 7 行根据随机生成的自变量值计算对应的因变量值,然后在第 9 行叠加服从正态分布的随机偏差以模拟观测值。接着用复杂度从低到高的四个模型依次进行拟合并输出决定系数。前三个模型的决定系数都较低。第四个模型的决定系数接近 1,说明拟合效果较好。

本例中真实模型是已知的,而实践中真实模型通常是未知的。在模型中增加自变量的数量会导致决定系数不断增加,但是过多的变量可能导致过度拟合 (overfitting),即模型不仅反映了因变量和自变量之间的依赖关系,还反映了数据的随机噪声。过度拟合的模型在预测时的可靠性会降低。

程序 12.14　使用 statsmodels.OLS 函数求解线性回归

```
1 import numpy as np; import pandas as pd;
2 import statsmodels.formula.api as smf
3 N = 100; x1 = np.random.randn(N); x2 = np.random.randn(N)
4 data = pd.DataFrame({"x1": x1, "x2": x2})
5 def y_true(x1, x2):
6     return 1 - 2 * x1 + 3 * x2 - 4 * x1 * x2 + 5 * x1 * x1 - \
7           6 * x2 * x2
8 data["y_true"] = y_true(x1, x2)
9 e = 0.5 * np.random.randn(N)
```

```
10  data["y"] = data["y_true"] + e
11  model = smf.ols("y ~ x1 + x2", data)
12  result = model.fit(); print(result.rsquared)
13  # 0.09565811939497781
14  model2 = smf.ols("y ~ x1 + x2 + x1*x2", data)
15  result2 = model2.fit(); print(result2.rsquared)
16  # 0.24221627351061392
17  model3 = smf.ols("y ~ x1 + x2 + x1*x2 + I(x1*x1)", data)
18  result3 = model3.fit(); print(result3.rsquared)
19  # 0.4870266918203333
20  model4 = smf.ols("y ~ x1 + x2 + x1*x2 + I(x1*x1) + I(x2*x2)", data)
21  result4 = model4.fit(); print(result4.rsquared)
22  # 0.9985494123373723
23  print(result4.summary())
```

程序12.14的输出结果 (图12.6) 包含了模型中需要求解的参数值及其显著性水平为 0.05 的置信区间和多种假设检验的结果。如果拟合的效果较好,则决定系数 (R-squared) 应接近 1 且残差应服从正态分布。残差服从正态分布的依据有:偏度 (skew) 接近 0,峰度 (kurtosis) 接近 3,Omnibus 检验的 P 值不太小,Jarque-Bera 检验的 P 值也不太小。

```
                            OLS Regression Results
==============================================================================
Dep. Variable:                    y   R-squared:                       0.999
Model:                          OLS   Adj. R-squared:                  0.998
Method:               Least Squares   F-statistic:                 1.294e+04
Date:              Fri, 02 Jun 2023   Prob (F-statistic):          9.85e-132
Time:                      17:36:33   Log-Likelihood:                -68.198
No. Observations:               100   AIC:                             148.4
Df Residuals:                    94   BIC:                             164.0
Df Model:                         5
Covariance Type:          nonrobust
==============================================================================
                 coef    std err          t      P>|t|      [0.025      0.975]
------------------------------------------------------------------------------
Intercept      1.0253      0.071     14.436      0.000       0.884       1.166
x1            -2.0328      0.057    -35.483      0.000      -2.147      -1.919
x2             2.9453      0.048     60.862      0.000       2.849       3.041
x1:x2         -3.9374      0.064    -61.391      0.000      -4.065      -3.810
I(x1 * x1)     4.9816      0.046    108.945      0.000       4.891       5.072
I(x2 * x2)    -6.0000      0.033   -182.064      0.000      -6.065      -5.935
==============================================================================
Omnibus:                      2.621   Durbin-Watson:                   1.934
Prob(Omnibus):                0.270   Jarque-Bera (JB):                2.535
Skew:                        -0.383   Prob(JB):                        0.282
Kurtosis:                     2.854   Cond. No.                         3.23
==============================================================================
```

图 12.6　程序12.14的输出结果

在某些问题中因变量的取值不连续,例如因变量 y 取值为 1 和 0 分别表示某一事件发生和不发生。这种情形下线性回归模型不适用。设 x 为唯一自变量,需要预测给定 x 值时事件发生的概率:$p(x) = P(y = 1|x)$。由于 $p(x)$ 的取值范围是 $[0,1]$,所以使用 logit 函数

$f(t) = \log \dfrac{t}{1-t}$ 对其变换以后作为线性回归模型的因变量，这样得到的回归模型称为单个自变量的 logistic 回归模型。

$$\log \frac{p(x)}{1 - p(x)} = \beta_0 + \beta_1 x + \epsilon$$

若问题有 k 个自变量 $x_1, \cdots, x_k$，则 k 个自变量的 logistic 回归模型为

$$\log \frac{p(x_1, \cdots, x_k)}{1 - p(x_1, \cdots, x_k)} = \beta_0 + \beta_1 x_1 + \cdots + \beta_k x_k + \epsilon$$

1986 年 1 月 28 日，美国挑战者号航天飞机在进行第 10 次太空任务时，因为右侧固态火箭推进器上面的一个 O 形环失效而导致的连锁反应，在升空后 73 秒时爆炸解体[①]。程序12.15根据历次发射时的 O 形环失效事件和温度数据构建了一个 logistic 回归模型，它可以对于给定的温度 (自变量) 预测 O 形环失效的概率。第 4 行至第 5 行调用 genfromtxt 函数从一个 CSV 文件 (程序12.16) 中读取数据并保存在一个二维数组 data 中，参数 skip_header=1 表示忽略文件最开始的 1 行，参数 usecols=[1, 2] 表示只读取索引值为 1 和 2 的两列，参数 delimiter=',' 表示数据之间的分隔符为 "," 。CSV 文件中从第 2 行开始的每行包括三个元素，即日期、温度和是否失效 (1 表示失效)。第 6 行先调用 isnan 函数返回一个布尔数组，该数组中对应于 data 中索引值为 1 的列中有 "nan" (表示不是一个数) 出现的那些行的元素为 True，其他行的数据为 False；然后使用对这个数组进行非运算的结果对 data 进行索引，再将索引的结果覆盖 data。第 6 行的作用是去除了 data 中索引值为 1 的列中有 "nan" 出现的那些行。第 10 行调用 Statsmodels 库的 logit 函数构建 logistic 回归模型。logit 函数的第一个参数是一个 n 行 1 列的二维数组，存储了 n 个因变量数据 (即是否失效)。logit 函数的第二个参数是设计矩阵，它的第一列全为 1，第二列包含了 n 个自变量数据 (即温度)。第 11 行对模型进行拟合并输出结果。

图12.7显示了程序12.15的输出结果。对应于温度的系数 β_1 的假设检验 $H_0 : \beta_1 = 0$ 和 $H_a : \beta_1 \neq 0$ 的 P 值为 0.032。在 0.05 显著性水平上可以拒绝该假设，表明温度对于 O 形环失效发挥重要作用。事故当天的温度为 31 华氏度，代入公式 $P(y = 1|x) \approx \dfrac{e^{15.043-0.232x}}{1 + e^{15.043-0.232x}}$ 得到的计算结果为 0.99961，这说明当天 O 形环的失效几乎是必然的。

程序 12.15　logistic 回归模型预测 O 形环失效的概率

```
1   import numpy as np
2   import statsmodels.api as sm
3   inFile = 'D:/Python/dat/challenger_data.csv'
4   data = np.genfromtxt(inFile, skip_header=1, usecols=[1, 2],
5                        delimiter=',')
6   data = data[~np.isnan(data[:, 1])]
7   n = data.shape[0]
8   x = np.hstack((np.ones(n).reshape(n, 1),
9           data[:,0].reshape(n, 1)))
10  logit_mod = sm.Logit(data[:,1], x)
11  logit_res = logit_mod.fit(); print(logit_res.summary())
```

———————————————————————————————————————
[①] https://byuistats.github.io/Statistics-Notebook/Analyses/Logistic%20Regression/Examples/challengerLogisticReg.html.

程序 12.16   challenger_data.csv

```
1   Date,Temperature,Damage Incident
2   04/12/1981,66,0
3   11/12/1981,70,1
4   3/22/82,69,0
5   6/27/82,80,NA
6   01/11/1982,68,0
7   04/04/1983,67,0
8   6/18/83,72,0
9   8/30/83,73,0
10  11/28/83,70,0
11  02/03/1984,57,1
12  04/06/1984,63,1
13  8/30/84,70,1
14  10/05/1984,78,0
15  11/08/1984,67,0
16  1/24/85,53,1
17  04/12/1985,67,0
18  4/29/85,75,0
19  6/17/85,70,0
20  7/29/85,81,0
21  8/27/85,76,0
22  10/03/1985,79,0
23  10/30/85,75,1
24  11/26/85,76,0
25  01/12/1986,58,1
26  1/28/86,31,Challenger Accident
```

```
Optimization terminated successfully.
        Current function value: 0.441635
        Iterations 7
                    Logit Regression Results
==============================================================================
Dep. Variable:                    y   No. Observations:                   23
Model:                        Logit   Df Residuals:                       21
Method:                         MLE   Df Model:                            1
Date:                Sat, 29 Jul 2023   Pseudo R-squ.:                  0.2813
Time:                      15:55:38   Log-Likelihood:                -10.158
converged:                     True   LL-Null:                       -14.134
Covariance Type:          nonrobust   LLR p-value:                  0.004804
==============================================================================
                 coef    std err          z      P>|z|      [0.025      0.975]
------------------------------------------------------------------------------
const         15.0429      7.379      2.039      0.041       0.581      29.505
x1            -0.2322      0.108     -2.145      0.032      -0.444      -0.020
==============================================================================
```

图 12.7   程序 12.15 的输出结果

第 13 章　最优化方法

在科学研究、工程技术、经济管理等众多领域，很多问题都可以归结为一个数学模型：在一些条件限制下，通过合理决策寻求最优化 (最大化或最小化) 一个或多个目标。解决这些最优化问题的数学分支称为最优化理论和方法。最优化问题的三个基本要素是目标函数、决策变量和约束条件。目标函数是要实现的目标的数学表示。决策变量是决策的数学表示，也是目标函数的自变量。约束条件是对决策变量的取值范围的限制，包括两类：等式约束条件和不等式约束条件。满足所有约束条件的决策变量的取值范围称为可行域。基于给定的数学模型，最优化方法通过执行合适的算法在可行域内寻找可以最优化目标函数的决策变量值，称为最优解。

根据决策变量的取值是连续的还是离散的，最优化问题可分为两类：连续最优化问题和离散最优化问题。以下通过两个实例说明。

(1) 纸箱问题 (Sioshansi, Conejo, 2017)：给定一些硬纸板，需要制作一个纸箱。要求有两点：① 在其表面积不超过 S 的条件下最大化其体积 V；② 纸箱的底面和顶面需要使用三层硬纸板。在这个问题中，决策变量是纸箱的长度 (l)、宽度 (w) 和高度 (h)；约束条件是 $l > 0, w > 0, h > 0, 2wh + 2lh + 6wl \leqslant S$；需要最大化的目标函数是 $V = lwh$。决策变量的取值是连续的，这是一个连续最优化问题。

(2) 旅行推销员 (traveling salesman) 问题 (Kleinberg, Tardos, 2006)：有一个推销员要到 N 个城市去推销商品，其中任意两个城市之间都有道路连接。对于推销员的旅程的要求有两点：① 推销员从某座城市出发，最后必须回到那座城市；② 除了出发城市，其他城市只能到达一次。在这个问题中，决策变量是旅程中从当前城市要前往的下一座城市。需要最小化的目标函数是整个旅程的长度。由于决策变量的取值是离散的，这是一个离散最优化问题，也是一个著名的 NP 完全问题。

连续最优化问题可分为两类：线性最优化问题和非线性最优化问题。线性最优化问题的目标函数和约束条件均为决策变量的线性函数。非线性最优化问题的目标函数或约束条件是决策变量的非线性函数。本章讨论如下的连续最优化问题：对于一个连续可微目标函数 f，求解其在可行域 $\Omega \subseteq \mathbf{R}^n$ 内的局部极小值：

$$\min_{\boldsymbol{x} \in \Omega} f(\boldsymbol{x}), \Omega = \{\boldsymbol{x} | \boldsymbol{x} \in \mathbf{R}^n, \, c_i(\boldsymbol{x}) = 0 \, (i = 1, 2, \cdots, n), \, c_i(\boldsymbol{x}) \geqslant 0 \, (i = n+1, n+2, \cdots, n+m)\}$$

约束条件包括 n 个等式约束条件 $c_i(\boldsymbol{x}) = 0 \, (i = 1, 2, \cdots, n)$ 和 m 个不等式约束条件 $c_i(\boldsymbol{x}) \geqslant 0 \, (i = n+1, n+2, \cdots, n+m)$，这些约束条件函数 $c_i(\boldsymbol{x}) \, (i = 1, 2, \cdots, n+m)$ 连续可微。线性最优化问题都包含约束条件。非线性最优化问题可分为两类：无约束非线性最

优化问题 $(m = n = 0$，即 $\Omega = \mathbf{R}^n$) 和约束非线性最优化问题 $(m + n > 0)$。如果一个实际问题中需要对目标函数 $g(\boldsymbol{x})$ 求极大值，则设定 $f(\boldsymbol{x}) = -g(\boldsymbol{x})$ 即可转换为符合以上描述的问题。

$\boldsymbol{x}^* \in \Omega$ 称为 f 的一个局部极小点，如果 $\boldsymbol{x}^*$ 在 Ω 中的一个邻域内取得局部极小值，即满足条件 $\exists \epsilon > 0, \forall \boldsymbol{x} \in \Omega, |\boldsymbol{x} - \boldsymbol{x}^*| \leqslant \epsilon \Rightarrow f(\boldsymbol{x}) \geqslant f(\boldsymbol{x}^*)$，其中 $|\cdot|$ 表示某种范数，例如欧式距离。$\boldsymbol{x}^* \in \Omega$ 称为 f 的一个全局极小点，如果 $\boldsymbol{x}^*$ 在 Ω 内取得极小值，即满足条件 $\forall \boldsymbol{x} \in \Omega, f(\boldsymbol{x}) \geqslant f(\boldsymbol{x}^*)$。如果 f 在凸集 Ω 内是一个凸函数，则 f 的局部极小值也是全局极小值。一般情况下，f 在 Ω 内可能存在多个局部极小值，需要找到所有局部极小值并通过比较才能确定全局极小值。

本章简要介绍连续最优化方法的原理，内容包括：
- 非线性最优化问题的解析求解方法；
- 非线性最优化问题的数值求解方法；
- 线性最优化问题的求解方法；
- 混合整数线性最优化问题的求解方法。

本章还将介绍 SciPy 库的 optimize 模块和 Pyomo 软件包的基本用法。

13.1 非线性最优化问题的解析求解方法

13.1.1 无约束非线性最优化问题的解析求解方法

在无约束非线性最优化问题中，局部极小点满足以下的最优性条件 (Nocedal, Wright, 2006)。

- 一阶必要条件：若 $\boldsymbol{x}^*$ 是 f 的一个局部极小点，则 f 在 $\boldsymbol{x}^*$ 处的梯度为零：$\nabla f(\boldsymbol{x}^*) = \boldsymbol{0}$。梯度为零的点称为驻点 (stationary point)，可能为局部极小点、局部极大点或鞍点。鞍点的特点是：从该点出发，沿着某个方向函数值增大而沿着另外一个方向函数值减小。

- 二阶必要条件：若 $\boldsymbol{x}^*$ 是 f 的一个局部极小点，且 f 在 $\boldsymbol{x}^*$ 的一个开邻域内具有连续的二阶导数，则 f 在 $\boldsymbol{x}^*$ 处的梯度 $\nabla f(\boldsymbol{x}^*) = \boldsymbol{0}$ 并且 f 在 $\boldsymbol{x}^*$ 处的 Hessian 矩阵 $\nabla^2 f(\boldsymbol{x}^*)$ 半正定。

- 二阶充分条件：若 f 在 $\boldsymbol{x}^*$ 的一个开邻域内具有连续的二阶导数，并且 $\nabla f(\boldsymbol{x}^*) = \boldsymbol{0}$ 和 $\nabla^2 f(\boldsymbol{x}^*)$ 正定，则 $\boldsymbol{x}^*$ 是一个严格局部极小点，严格是指不存在等于的情形：$\exists \epsilon > 0, \forall \boldsymbol{x} \in \Omega, |\boldsymbol{x} - \boldsymbol{x}^*| \leqslant \epsilon, \boldsymbol{x} \neq \boldsymbol{x}^* \Rightarrow f(\boldsymbol{x}) > f(\boldsymbol{x}^*)$。

- 如果 f 在凸集 Ω 内是一个凸函数，即在 Ω 内的每个点的 Hessian 矩阵都是半正定的，则任何局部极小点也是全局极小点。

根据最优性条件中的一阶必要条件，可通过求解梯度为零的方程 (组) 找到所有的驻点，然后使用其他条件判断其是否为局部或全局极小点。以下通过两个例子说明。

例 13.1 线性回归模型需要最小化 $SSE: g(\boldsymbol{\beta}) = |\boldsymbol{y} - \boldsymbol{X}\boldsymbol{\beta}|^2 = (\boldsymbol{y} - \boldsymbol{X}\boldsymbol{\beta})^\mathrm{T}(\boldsymbol{y} - \boldsymbol{X}\boldsymbol{\beta})$。

当矩阵 $\boldsymbol{X}^{\mathrm{T}}\boldsymbol{X}$ 可逆时,求解方程

$$\frac{\mathrm{d}g(\boldsymbol{\beta})}{\mathrm{d}\boldsymbol{\beta}} = \frac{\mathrm{d}}{\mathrm{d}\boldsymbol{\beta}}(\boldsymbol{y} - \boldsymbol{X}\boldsymbol{\beta})^{\mathrm{T}}(\boldsymbol{y} - \boldsymbol{X}\boldsymbol{\beta}) = \frac{\mathrm{d}}{\mathrm{d}\boldsymbol{\beta}}(\boldsymbol{y}^{\mathrm{T}}\boldsymbol{y} - \boldsymbol{\beta}^{\mathrm{T}}\boldsymbol{X}^{\mathrm{T}}\boldsymbol{y} - \boldsymbol{y}^{\mathrm{T}}\boldsymbol{X}\boldsymbol{\beta} + \boldsymbol{\beta}^{\mathrm{T}}\boldsymbol{X}^{\mathrm{T}}\boldsymbol{X}\boldsymbol{\beta}) = 0$$

使用向量求导公式

$$\frac{\mathrm{d}(\boldsymbol{A}\boldsymbol{x})}{\mathrm{d}\boldsymbol{x}} = \boldsymbol{A}^{\mathrm{T}}, \quad \frac{\mathrm{d}(\boldsymbol{x}^{\mathrm{T}}\boldsymbol{A})}{\mathrm{d}\boldsymbol{x}} = \boldsymbol{A}, \quad \frac{\mathrm{d}(\boldsymbol{x}^{\mathrm{T}}\boldsymbol{A}\boldsymbol{x})}{\mathrm{d}\boldsymbol{x}} = \boldsymbol{A}\boldsymbol{x} + \boldsymbol{A}^{\mathrm{T}}\boldsymbol{x}$$

进行化简得到 $-\boldsymbol{X}^{\mathrm{T}}\boldsymbol{y} - \boldsymbol{X}^{\mathrm{T}}\boldsymbol{y} + \boldsymbol{X}^{\mathrm{T}}\boldsymbol{X}\boldsymbol{\beta} + (\boldsymbol{X}^{\mathrm{T}}\boldsymbol{X})^{\mathrm{T}}\boldsymbol{\beta} = \boldsymbol{0}$,求得 $\hat{\boldsymbol{\beta}} = (\boldsymbol{X}^{\mathrm{T}}\boldsymbol{X})^{-1}\boldsymbol{X}^{\mathrm{T}}\boldsymbol{y}$。$g(\boldsymbol{\beta})$ 的 Hessian 矩阵 $\boldsymbol{X}^{\mathrm{T}}\boldsymbol{X}$ 是一个常量且半正定,因此它是一个凸函数,驻点 $\hat{\boldsymbol{\beta}}$ 也是一个全局极小点。

例 13.2 以下三个二元多项式函数各有一个驻点:

$$f(x, y) = x^2 + 2xy + 3y^2 + 4x + 5y + 6$$
$$g(x, y) = x^2 - 2xy - 3y^2 + 4x + 5y + 6$$
$$h(x, y) = -x^2 - 2xy - 3y^2 + 4x + 5y + 6$$

程序13.1生成的图13.1的三个子图分别显示了这三个函数在其驻点附近的曲面。第 5 行至第 7 行在 SymPy 中定义了这三个函数。程序的输出结果显示在程序13.2。$f(x, y)$ 的驻点处的 Hessian 矩阵的两个特征值都是正数,即 Hessian 矩阵是正定的,因此它是局部极小点。$g(x, y)$ 的驻点处的 Hessian 矩阵的两个特征值分别是负数和正数,即 Hessian 矩阵是不定的,因此它是鞍点。$h(x, y)$ 驻点处的 Hessian 矩阵的两个特征值都是负数,即 Hessian 矩阵是负定的,因此它是局部极大点。

程序 13.1 不同类型的驻点

```
1   import numpy as np; import sympy as sym
2   import matplotlib as mpl; import matplotlib.pyplot as plt
3
4   x, y = sym.symbols("x, y"); xy = (x, y)
5   f = x**2 + 2*x*y + 3*y**2 + 4*x + 5*y + 6
6   g = x**2 - 2*x*y - 3*y**2 + 4*x + 5*y + 6
7   h = -x**2 - 2*x*y - 3*y**2 + 4*x + 5*y + 6
8
9   def title_and_labels(ax, title, rx, ry):
10      ax.set_title(title); ax.set_xlabel("x")
11      ax.set_ylabel("y"); ax.set_zlabel("z")
12      ax.set_xticks(np.linspace(rx-w, rx+w, 3))
13      ax.set_yticks(np.linspace(ry-w, ry+w, 3))
14
15  k = 0; w = 0.1; ea = [(3, -165),(7, -149),(4, 15)]
16  titles = ["local minimum", "saddle point", "local maximum"]
17  fig, axes = plt.subplots(1, 3, figsize=(15, 5),
18                      subplot_kw={'projection': '3d'})
19
```

```
20  for z in (f,g,h):
21      jacs = [z.diff(u) for u in xy] # 梯度向量
22      hess = [[z.diff(u, v) for u in xy] for v in xy] # Hessian矩阵
23      sol = list(sym.nonlinsolve(jacs, x, y))[0] # 求解唯一驻点
24      print(sol, end = ' ')
25      rx, ry = float(sol[0]), float(sol[1])
26      hess_v = sym.Matrix(hess).subs(([x, rx], [y, ry]))
27      print(hess_v.eigenvals()) # 输出驻点处的Hessian矩阵的特征值
28      rx, ry = float(sol[0]), float(sol[1])
29      xr = np.linspace(rx-w, rx+w, 100)
30      yr = np.linspace(ry-w, ry+w, 100)
31      X, Y = np.meshgrid(xr, yr)
32      f = sym.lambdify([x, y], z); Z = f(X, Y)
33      norm = mpl.colors.Normalize(vmin = Z.min(), vmax = Z.max())
34      p = axes[k].plot_surface(X, Y, Z, rcount=20, ccount=20,
35                          norm=norm, cmap=mpl.cm.hot)
36      # 绘制驻点附近的曲面
37      title_and_labels(axes[k], titles[k], rx, ry)
38      axes[k].view_init(elev=ea[k][0], azim=ea[k][1])
39      k += 1
40  fig.tight_layout(); plt.show()
```

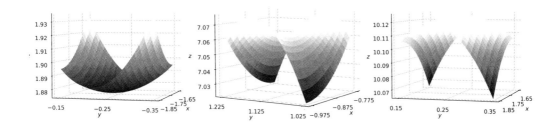

(a) 局部极小点　　　　　　　　(b) 鞍点　　　　　　　　(c) 局部极大点

图 13.1　不同类型的驻点

程序 13.2　程序13.1的输出结果

```
1  (-7/4, -1/4) {4 - 2*sqrt(2): 1, 2*sqrt(2) + 4: 1}
2  (-7/8, 9/8) {-2*sqrt(5) - 2: 1, -2 + 2*sqrt(5): 1}
3  (7/4, 1/4) {-4 - 2*sqrt(2): 1, -4 + 2*sqrt(2): 1}
```

13.1.2　约束非线性最优化问题的解析求解方法

在约束非线性最优化问题中,设 $\boldsymbol{x}^*$ 是目标函数 f 的可行域内的一个点,即 $c_i(\boldsymbol{x}^*) = 0\,(i = 1, 2, \cdots, n)$, $c_i(\boldsymbol{x}^*) \geqslant 0\,(i = n+1, n+2, \cdots, n+m)$。定义集合 $T = \{i|c_i(\boldsymbol{x}^*) = 0,\ n+1 \leqslant i \leqslant n+m\}$,集合 $S = \{i|1 \leqslant i \leqslant n\} \cup T$。设 $S = \{s_1, s_2, \cdots, s_k\}$,定义矩阵 $\boldsymbol{G}(\boldsymbol{x}^*) = (\nabla c_{s_1}(\boldsymbol{x}^*), \nabla c_{s_2}(\boldsymbol{x}^*), \cdots, \nabla c_{s_k}(\boldsymbol{x}^*))^{\mathrm{T}}$。定义拉格朗日函数 $\boldsymbol{L}(\boldsymbol{x}, \boldsymbol{\lambda}) = f(\boldsymbol{x}) - \sum_{i=1}^{n+m} \lambda_i c_i(\boldsymbol{x})$,其中 $\lambda_i\ (i = 1, 2, \cdots, n+m)$ 称为拉格朗日乘子。局部极小点满足以下的最优性条件 (Nocedal, Wright, 2006)。

- 一阶必要条件:若 $\boldsymbol{x}^*$ 是一个局部极小点,并且组成 $\boldsymbol{G}(\boldsymbol{x}^*)$ 的所有行向量线性无关,则存在满足以下三个条件的拉格朗日乘子 $\lambda_i^*\ (i = 1, 2, \cdots, n+m)$:

  (1) $\nabla_{\boldsymbol{x}} \boldsymbol{L}(\boldsymbol{x}^*, \boldsymbol{\lambda}^*) = \nabla f(\boldsymbol{x}^*) - \sum_{i=1}^{n+m} \lambda_i^* \nabla c_i(\boldsymbol{x}^*) = \boldsymbol{0}$;

  (2) $\lambda_i^* \geqslant 0, i = n+1, n+2, \cdots, n+m$;

  (3) $\lambda_i^* c_i(\boldsymbol{x}^*) = 0, i = n+1, n+2, \cdots, n+m$。

- 二阶必要条件:若 $\boldsymbol{x}^*$ 是一个局部极小点并且矩阵 $\boldsymbol{G}(\boldsymbol{x}^*)$ 的所有行向量线性无关,设 $\boldsymbol{\lambda}^*$ 为一阶必要条件定义的拉格朗日乘子向量,则 $\forall \boldsymbol{d} \in \{\boldsymbol{w}|\boldsymbol{G}(\boldsymbol{x}^*)\boldsymbol{w} = \boldsymbol{0}\}$(符号 $\forall$ 表示对于所有的), 不等式 $\boldsymbol{d}^{\mathrm{T}} \nabla_{\boldsymbol{xx}}^2 \boldsymbol{L}(\boldsymbol{x}^*, \boldsymbol{\lambda}^*) \boldsymbol{d} \geqslant 0$ 成立。

- 二阶充分条件:若对于点 $\boldsymbol{x}^*$ 存在拉格朗日乘子向量 $\boldsymbol{\lambda}^*$ 使得一阶必要条件列举的三个条件都满足,并且对于 $\forall \boldsymbol{d} \in \{\boldsymbol{w}|\boldsymbol{G}(\boldsymbol{x}^*)\boldsymbol{w} = \boldsymbol{0}, \boldsymbol{w} \neq \boldsymbol{0}\}$ 不等式 $\boldsymbol{d}^{\mathrm{T}} \nabla_{\boldsymbol{xx}}^2 \boldsymbol{L}(\boldsymbol{x}^*, \boldsymbol{\lambda}^*) \boldsymbol{d} > 0$ 成立,则 $\boldsymbol{x}^*$ 是 f 的一个严格局部极小点。

程序13.3演示了如何求解以下两个问题。

例 13.3　以 $x+y+z=1$ 和 $x^2+y^2+z^2 \leqslant 1$ 为约束条件,计算函数 $f(x, y, z) = y+z$ 的局部极小点。

例 13.4　以 $l > 0, w > 0, h > 0, 2wh + 2lh + 6wl \leqslant 450$ 为约束条件, 计算函数 $f(l, w, h) = lwh$ 的局部极大点。

例 13.3 问题有一个等式约束条件和一个不等式约束条件。输出结果 (程序13.4) 显示例 13.3 问题的解有两个,即 $(-1/3, 2/3, 2/3, 1/3, -1/2)$ 和 $(1, 0, 0, 1, 1/2)$。第一个解的拉格朗日乘子 $\lambda_2^* = -\dfrac{1}{2} < 0$,这违反了一阶必要条件规定的拉格朗日乘子需要满足的第二个条件。对于第二个解计算二阶充分条件中的 $\boldsymbol{d}=(0, -d3, d3)$。$\boldsymbol{d} \neq \boldsymbol{0}$ 的条件要求 d3 $\neq$ 0,因此 2*d3**2 > 0,即二阶充分条件满足,$(1, 0, 0, 1, 1/2)$ 是一个严格局部极小点。

在例 13.4 问题中,设满足所有约束条件的体积最大的纸箱的长度为 l、宽度为 w、高度为 h,则 $2wh + 2lh + 6wl = S$ 必然成立。用反证法证明:若 $2wh + 2lh + 6wl < S$,则存在 $\Delta w > 0$ 使得 $2(w + \Delta w)h + 2lh + 6(w + \Delta w)l < S$,即保持长度和高度不变将宽度增加 Δw 使得表面积仍然不违反约束条件,这样得到的纸箱的体积为 $l(w + \Delta w)h > lwh$,导致矛盾 (Sioshansi, Conejo, 2017)。因此原问题的不等式约束条件 $2wh + 2lh + 6wl \leqslant S$ 可转换为等式约束条件 $2wh + 2lh + 6wl = S$。输出结果 (程序13.4) 显示例 13.4 问题的解有两个,即 $(-5, -5, -15, -5/4)$ 和 $(5, 5, 15, 5/4)$。第一个解的长度、宽度和高度都是负数,被排除。对于第二个解计算二阶充分条件中的 $\boldsymbol{d}=(-d2 - d3/3, d2, d3)$。$\boldsymbol{d} \neq \boldsymbol{0}$ 的条件要求 d2 $\neq$ 0 或者 d3 $\neq$ 0,因此 5 * (9 * d2**2 + 3 * d2 * d3 + d3 ** 2)/3 > 0,即二阶充分条件满足,

$(5, 5, 15, 5/4)$ 是一个严格局部极小点。

程序 13.3 约束非线性最优化问题的解析求解方法

```
1   import sympy as sym
2
3   class ParameterMismatchError(Exception):
4       def __init__(self, num1, num2):
5           self.message = num1 + ' does not match ' + num2
6
7
8
9   def minz(f, c_eqs, c_ineqs, lambdas, X, D):
10      # 使用Sympy求解一阶必要条件定义的非线性方程组，f表示目标函数，c_eqs表示由等式约束
11      # 条件函数组成的列表，c_ineqs表示由不等式约束条件函数组成的列表，lambdas表示由拉
12      # 格朗日乘子组成的列表，X表示由决策变量组成的列表，D表示由二阶充分条件中的向量d的
13      # 各分量组成的列表
14
15      if len(c_eqs) + len(c_ineqs) != len(lambdas):
16          raise ParameterMismatchError(
17              'number of lambdas', 'number of contraints')
18
19      if len(X) != len(D):
20          raise ParameterMismatchError(
21              'dimension of X', 'dimension of D')
22
23      lagrange = f; i = 0; eqns = []
24      # lagrange表示拉格朗日函数。列表eqns保存由所有的等式约束条件、一阶必要条件的第三个
25      # 条件和第一个条件所定义的方程组
26      for c in c_eqs: # 等式约束条件
27          lagrange -= lambdas[i] * c
28          eqns.append(c); i += 1
29      n = len(X) + i # n表示X的长度和等式约束条件的数量之和
30      for c in c_ineqs:
31          lagrange -= lambdas[i] * c
32          eqns.append(lambdas[i] * c)
33          # 一阶必要条件的第三个条件
34
35      def jac(f): return [f.diff(u) for u in X]
36      eqns += jac(lagrange) # 一阶必要条件的第一个条件
37
38      results = sym.nonlinsolve(eqns, *X, *lambdas)
39      # 求解eqns表示的非线性方程组，得到X的各元素和lambdas的各元素，*X表示列出X的各元素，
40      # *lambdas表示列出lambdas的各元素
41      print(results) # results是一个列表，它的每个元素是一组解
42
```

```
43     hess = [[lagrange.diff(u, v) for u in X] for v in X]
44     # 计算拉格朗日函数的Hessian矩阵
45
46     for r in results:
47         # 检查results中的每个解是不是局部极小点
48         if n < len(r): # 检查不等式约束条件的乘子
49             if min(r[n:]) < 0: continue
50             # 排除违反了一阶必要条件的第二个条件的解
51         print(r)
52         i = 0; subsX = []
53         for u in X:
54             subsX.append([u, r[i]])
55             i += 1
56         # subsX是一个嵌套列表, 它的每个元素是一个由决策变量和其在当前解中的对应值组成的列表
57         subsA = subsX.copy()
58         # subsA在subsX的基础上添加了每个拉格朗日乘子和其在当前解中的对应值
59         i = len(X)
60         for l in lambdas:
61             subsA.append([l, r[i]])
62             i += 1
63         print(subsX, subsA)
64
65         c_jacs = []
66         for c in c_eqs:
67             c_jacs.append(jac(c))
68         for c in c_ineqs:
69             if (c.subs(subsX) == 0):
70                 c_jacs.append(jac(c))
71         G = sym.Matrix(c_jacs).subs(subsX)
72         # 计算G(x*)并保存在变量G中
73
74         sols = sym.linsolve(G * sym.Matrix(D), *D)
75         # 求解集合{w|G(x*)w = 0, w ≠ 0}并保存在sols中
76         hess_v = sym.Matrix(hess).subs(subsA)
77
78         for s in sols:
79             s_m = sym.Matrix(s)
80             print((s, sym.factor((s_m.T * hess_v * s_m).det())))
81             # 对于sols中的每个向量d计算dᵀ∇²ₓₓL(x*,λ*)d
82
83 try:
84     x, y, z = sym.symbols("x, y, z"); X = (x, y, z)
85     d1, d2, d3 = sym.symbols("d1, d2, d3");
86     lambda1, lambda2 = sym.symbols("lambda1, lambda2")
```

```
37    f = y + z; c1 = x + y + z - 1; c2 = 1 - x*x - y*y - z*z
38    minz(f, [c1], [c2], [lambda1, lambda2], X, (d1, d2, d3))
39
90    l, w, h = sym.symbols("l, w, h"); X = (l, w, h)
91    f = -h*w*l
92    c1 = 450 - 2*w*h - 2*l*h - 6*w*l
93    minz(f, [c1], [], [lambda1], X, (d1, d2, d3))
94 except ParameterMismatchError as ex:
95    print(ex.message)
```

程序 13.4　程序13.3的输出结果

```
1  {(-1/3, 2/3, 2/3, 1/3, -1/2), (1, 0, 0, 1, 1/2)}
2  (1, 0, 0, 1, 1/2)
3  [[x, 1], [y, 0], [z, 0]] [[x, 1], [y, 0], [z, 0],
4   [lambda1, 1], [lambda2, 1/2]]
5  ((0, -d3, d3), 2*d3**2)
6  {(-5, -5, -15, -5/4), (5, 5, 15, 5/4)}
7  (-5, -5, -15, -5/4)
8  [[l, -5], [w, -5], [h, -15]] [[l, -5], [w, -5], [h, -15],
9   [lambda1, -5/4]]
10 ((-d2 - d3/3, d2, d3), -5*(9*d2**2 + 3*d2*d3 + d3**2)/3)
11 (5, 5, 15, 5/4)
12 [[l, 5], [w, 5], [h, 15]] [[l, 5], [w, 5], [h, 15],
13  [lambda1, 5/4]]
14 ((-d2 - d3/3, d2, d3), 5*(9*d2**2 + 3*d2*d3 + d3**2)/3)
```

13.2　非线性最优化问题的数值求解方法

很多非线性最优化问题无法使用解析方法求解,只能通过数值方法迭代求解。迭代的基本过程是从一个可行域的一个起始点出发,在每次迭代时从当前位置移动到一个新的位置,直到终止条件满足。终止条件可以是迭代次数达到了一个预定的上限,或者是梯度的范数小于一个预定的阈值等 (Sioshansi, Conejo, 2017)。在第 k 次迭代时,从当前位置 x_k 移动到点 x_{k+1} 的基本策略有两种:线搜索 (line search) 和信赖域 (trust region)。

(1) 线搜索策略首先选择移动的方向 d_k,然后沿这个方向进行步长为 α_k 的移动,α_k 通过最小化一元函数 $f(x_k + \alpha_k d_k)$ 获得。

(2) 信赖域策略利用收集到的信息在点 x_k 的附近构造一个函数 m_k(通常为二次函数)作为 f 的近似,然后在 x_k 的 δ-邻域求解极小点 x^*,即满足条件 $|x^* - x_k| \leqslant \delta$ 和 $\forall x, |x - x_k| \leqslant \delta \Rightarrow f(x) \geqslant f(x^*)$,其中 δ 称为信赖域半径。如果 f 在 x^* 的函数值相对于点 x_k 的函数值没有发生符合预期的下降,则缩小 δ 并重新求解 x^*。如果发生了符合预期的下降,则设定 x_{k+1} 为 x^*,然后进行下一次迭代。如果不仅发生了符合预期的下降,而且 x^* 位于信赖域的边界,则增加 δ。

无约束非线性最优化问题的基本迭代方法包括最速下降法、非线性共轭梯度法、牛顿法和拟牛顿法。这四种方法都可以使用线搜索策略。除了非线性共轭梯度法,其余三种方法都可以使用信赖域策略 (Nocedal, Wright, 2006)。

(1) 最速下降法在第 k 次迭代时选择的移动方向为 $\boldsymbol{x}_k$ 处函数值下降最快的方向,即负梯度方向 $-\nabla f(\boldsymbol{x}_k)$。这种方法的优点是仅需计算梯度而不需计算 Hessian 矩阵。缺点是收敛速度较慢,在满足特定条件时收敛阶可达到 1。

(2) 非线性共轭梯度法是用于最优化凸二次函数的线性共轭梯度法的推广,迭代公式为 $\boldsymbol{x}_{k+1} = \boldsymbol{x}_k + \alpha_k \boldsymbol{d}_k$ 和 $\boldsymbol{d}_{k+1} = -\nabla f(\boldsymbol{x}_{k+1}) + \beta_{k+1}\boldsymbol{d}_k$,其中 β_{k+1} 的取值保证 $\boldsymbol{d}_{k+1}$ 和 $\boldsymbol{d}_k$ 共轭,例如 Fletcher-Reeves 方法:$\beta_{k+1} = \dfrac{\nabla f(\boldsymbol{x}_{k+1})^{\mathrm{T}}\nabla f(\boldsymbol{x}_{k+1})}{\nabla f(\boldsymbol{x}_k)^{\mathrm{T}}\nabla f(\boldsymbol{x}_k)}$。非线性共轭梯度法的优点是收敛速度快于最速下降法以及无需存储矩阵,因此适用于解决规模较大的问题。

(3) 牛顿法在第 k 次迭代时使用 f 在 $\boldsymbol{x}_k$ 处进行二阶泰勒展开得到的二次函数 $f(\boldsymbol{x}_k) + (\boldsymbol{x}-\boldsymbol{x}_k)^{\mathrm{T}}\nabla f(\boldsymbol{x}_k) + \dfrac{1}{2}(\boldsymbol{x}-\boldsymbol{x}_k)^{\mathrm{T}}\nabla^2 f(\boldsymbol{x}_k)(\boldsymbol{x}-\boldsymbol{x}_k)$ 作为其近似。若 $\nabla^2 f(\boldsymbol{x}_k)$ 正定,设定 $\boldsymbol{x}_{k+1}$ 为此二次函数的极小点 $\boldsymbol{x}_k - (\nabla^2 f(\boldsymbol{x}_k))^{-1}\nabla f(\boldsymbol{x}_k)$,然后进行下一次迭代。为了避免求矩阵的逆,可以定义 $\boldsymbol{s}_k = \boldsymbol{x}_{k+1} - \boldsymbol{x}_k$,则每次迭代只需求解线性方程组 $\nabla^2 f(\boldsymbol{x}_k)\boldsymbol{s}_k = -\nabla f(\boldsymbol{x}_k)$ 得到 $\boldsymbol{s}_k$,然后设定 $\boldsymbol{x}_{k+1} = \boldsymbol{x}_k + \boldsymbol{s}_k$。牛顿法的优点是收敛速度较快,在满足特定条件时收敛阶至少为 2。一个缺点是局部收敛,需要针对 Hessian 矩阵非正定的情形进行改进。另一个缺点是每次迭代都需要计算 Hessian 矩阵和求解线性方程组,当 n 较大时耗费较大的时间和空间开销。牛顿共轭梯度法是一种适用于解决大规模问题的非精确牛顿法,它利用共轭梯度法迭代求解线性方程组 $\nabla^2 f(\boldsymbol{x}_k)\boldsymbol{s}_k = -\nabla f(\boldsymbol{x}_k)$ 并且无需直接计算和存储 Hessian 矩阵。

(4) 为减少计算代价,拟牛顿法对牛顿法进行改进,在每次迭代时根据梯度信息更新一个对称矩阵 $\boldsymbol{B}$ 作为 Hessian 矩阵的近似,通过求解线性方程组 $\boldsymbol{B}_k\boldsymbol{s}_k = -\nabla f(\boldsymbol{x}_k)$ 得到 $\boldsymbol{s}_k$。在第 k 次迭代时计算的 $\boldsymbol{B}_{k+1}$ 需要满足割线方程 $\boldsymbol{B}_{k+1}\boldsymbol{s}_k = \boldsymbol{y}_k$,其中 $\boldsymbol{s}_k = \boldsymbol{x}_{k+1} - \boldsymbol{x}_k$,$\boldsymbol{y}_k = \nabla f(\boldsymbol{x}_{k+1}) - \nabla f(\boldsymbol{x}_k)$。更新矩阵 $\boldsymbol{B}_k$ 的公式有多种,其中最为著名的是 SR1(symmetric-rank-one) 公式:

$$\boldsymbol{B}_{k+1} = \boldsymbol{B}_k + \frac{(\boldsymbol{y}_k - \boldsymbol{B}_k\boldsymbol{s}_k)(\boldsymbol{y}_k - \boldsymbol{B}_k\boldsymbol{s}_k)^{\mathrm{T}}}{(\boldsymbol{y}_k - \boldsymbol{B}_k\boldsymbol{s}_k)^{\mathrm{T}}\boldsymbol{s}_k}$$

和 BFGS(Broyden, Fletcher, Goldfarb, and Shanno) 公式:

$$\boldsymbol{B}_{k+1} = \boldsymbol{B}_k - \frac{\boldsymbol{B}_k\boldsymbol{s}_k\boldsymbol{s}_k^{\mathrm{T}}\boldsymbol{B}_k}{\boldsymbol{s}_k^{\mathrm{T}}\boldsymbol{B}_k\boldsymbol{s}_k} + \frac{\boldsymbol{y}_k\boldsymbol{y}_k^{\mathrm{T}}}{\boldsymbol{y}_k^{\mathrm{T}}\boldsymbol{s}_k}$$

在实现 BFGS 公式时也可以更新一个对称矩阵 $\boldsymbol{H}$ 作为 Hessian 矩阵的逆的近似,从而直接计算 $\boldsymbol{s}_k = -\boldsymbol{H}_k\nabla f(\boldsymbol{x}_k)$:

$$\boldsymbol{H}_{k+1} = (\boldsymbol{I} - \rho_k\boldsymbol{s}_k\boldsymbol{y}_k^{\mathrm{T}})\boldsymbol{H}_k(\boldsymbol{I} - \rho_k\boldsymbol{y}_k\boldsymbol{s}_k^{\mathrm{T}}) + \rho_k\boldsymbol{s}_k\boldsymbol{s}_k^{\mathrm{T}}, \quad \rho_k = \frac{1}{\boldsymbol{y}_k^{\mathrm{T}}\boldsymbol{s}_k}$$

这样可以避免求解线性方程组。

适合大规模约束非线性最优化问题的数值求解方法包括序列二次规划 (sequential quadratic programming, SQP) 和内点法 (interior-point methods)。序列二次规划在第 k

次迭代时求解一个子问题以获得搜索方向 $\boldsymbol{p}_k$:

$$\min_{\boldsymbol{p}\in\Omega_k}\frac{1}{2}\boldsymbol{p}^{\mathrm{T}}\nabla^2_{\boldsymbol{xx}}\boldsymbol{L}(\boldsymbol{x}^k,\lambda^k)\boldsymbol{p}+\nabla f(\boldsymbol{x}^k)^{\mathrm{T}}\boldsymbol{p}$$
$$\Omega_k=\{\boldsymbol{p}|\nabla c_i(\boldsymbol{x_k})^{\mathrm{T}}\boldsymbol{p}+c_i(\boldsymbol{x_k})=0\,(i=1,2,\cdots,n),$$
$$\nabla c_i(\boldsymbol{x_k})^{\mathrm{T}}\boldsymbol{p}+c_i(\boldsymbol{x_k})\geqslant 0\,(i=n+1,n+2,\cdots,n+m)\}$$

内点法在每次迭代时求解一个子问题

$$\min_{\boldsymbol{x}\in\Omega,\boldsymbol{s}} f(\boldsymbol{x})-\mu\sum_{i=1}^{n}\log s_i$$
$$\Omega=\{\boldsymbol{x}|c_i(\boldsymbol{x})=0\,(i=1,2,\cdots,n),\,c_i(\boldsymbol{x})-s_{i-n}=0\,(i=n+1,n+2,\cdots,n+m)\}$$

其中 $s_i>0$ 称为松弛变量。引入松弛变量可将不等式约束条件转换为等式约束条件。当 s_i 接近 0 时,目标函数的第二项 $-\mu\sum_{i=1}^{n}\log s_i$ 的不断增长产生一种障碍,从而保证不等式约束条件成立。随着迭代次数的增加,μ 逐渐向 0 接近,子问题的解最终收敛到最优解。

    SciPy 库的 optimize 模块的 minimize 函数提供了一个通用的接口进行无约束和约束最优化计算。它的第一个参数是要求解极小点的函数,第二个参数是起始点。关键字实参 method 指定使用的最优化算法。关键字实参 jac, hess 和 hessp 分别指定梯度、Hessian 矩阵和一个计算 Hessian 矩阵与任意向量的乘积的函数。minimize 函数的运行结果包括多项信息,其中"fun"表示收敛到的极小值,"nit"表示迭代次数,数组"x"表示收敛到的极小点。

    牛顿共轭梯度法是一种最优化算法,可通过两种策略实现:线搜索和信赖域。线搜索牛顿共轭梯度法、信赖域牛顿共轭梯度法和信赖域 krylov 子空间方法都适用于规模较大的最优化问题。在使用这些方法时,既可提供 Hessian 矩阵,也可提供一个计算 Hessian 矩阵与任意向量的乘积的函数。对于规模较大的问题,存储和计算 Hessian 矩阵耗费较多的时间和较大的空间。这些算法仅需要 Hessian 矩阵和任意向量的乘积,当 Hessian 矩阵较为稀疏时 (例如 Rosenbrock 函数) 可以定义一个函数返回预先计算的乘积,从而减少时间和空间开销。

    程序13.5演示了使用无约束非线性最优化问题的数值求解方法计算函数 $z=(x^7-y^6+x^5-y^4+x^3-y^2+x-1)\mathrm{e}^{-x^2-y^2}$ 的极小值。图13.2中加号表示起始点,圆点表示最终收敛到的局部极小点。可见起始点的位置对于收敛到的极小点的位置有很大影响。

程序 13.5   无约束非线性最优化问题的数值求解方法

```
1  import numpy as np; from scipy import optimize as optm;
2  import sympy as sym; import matplotlib.pyplot as plt
3
4  x, y = sym.symbols("x, y"); xy = (x, y)
5  f_sym = (x**7 - y**6 + x**5 - y**4 + x**3 - y**2 + x - 1) * \
6          sym.exp(-x**2 -y**2)
7  jac_sym = [f_sym.diff(u) for u in xy]
8  hess_sym = [[f_sym.diff(u, v) for u in xy] for v in xy]
9  # jac_sym表示梯度, hess_sym表示Hessian矩阵
0  def take_array_as_arg(f):
```

```
11       # 将f的两个自变量存储在一个数组中
12       return lambda x: np.array(f(x[0], x[1]))
13
14  f_ = sym.lambdify(xy, f_sym, 'numpy')
15  f_a = take_array_as_arg(f_)
16  jac_ = sym.lambdify(xy, jac_sym, 'numpy')
17  jac_a = take_array_as_arg(jac_)
18  hess_ = sym.lambdify(xy, hess_sym, 'numpy')
19  hess_a = take_array_as_arg(hess_)
20
21  def plot_minimizer(start, ax):
22       # 从每个起始点出发使用BFGS拟牛顿法计算极小值并绘制等高线图
23       x_opt = optm.minimize(f_a, start, method='BFGS', jac = jac_a)
24       c = ax.contour(X, Y, f_(X, Y), 50, cmap=plt.cm.RdBu)
25       ax.plot(*start, 'g+', markersize=5)
26       ax.plot(x_opt.x[0], x_opt.x[1], 'ro', markersize=5)
27       ax.set_xlabel(r"x"); ax.set_ylabel(r"y")
28       plt.colorbar(c, ax=ax)
29       return ax
30
31  starts = [(-1.5, 1.5), (-1, 1.5), (0, -0.2), (-1, -2),
32            (0.1, -0.9), (0.5, 2.3)]
33  # starts列表存储了六个起始点的坐标
34  x_ = y_ = np.linspace(-3, 3, 256); X, Y = np.meshgrid(x_, y_)
35  fig, axes = plt.subplots(2, 3, figsize=(12, 6))
36  for i in range(len(starts)):
37       plot_minimizer(starts[i], axes[i//3, i%3])
38
39  fig.tight_layout()
40
41  def get_hessp(x, p):
42       H = np.array(hess_(x[0], x[1]))
43       return H.dot(p)
44
45  optm.minimize(f_a, (0.1, 0.3), method='BFGS', jac = jac_a,
46               options={'gtol': 1e-8})
47  # 使用BFGS拟牛顿法从起始点(0.1, 0.3)出发计算极小点, gtol选项用来指定迭代终止时梯度
48  # 范数必须小于的数值。结果显示极小值为-3.4991690399798148, 迭代次数为11, 极小点坐标
49  # 为(-1.73450121e+00, 2.61727718e-12)
50
51  optm.minimize(f_a, (0.1, 0.3), method='Newton-CG', jac = jac_a,
52               hess = hess_a, options={'xtol': 1e-8})
53  # 使用线搜索牛顿共轭梯度法进行最优化, xtol选项用来指定迭代终止时解的平均相对误差必须
54  # 小于的数值。通过参数hess提供了Hessian矩阵
```

```
55  optm.minimize(f_a, (0.1, 0.3), method='Newton-CG', jac = jac_a,
56              hessp = get_hessp, options={'xtol': 1e-8})
57  # 使用线搜索牛顿共轭梯度法进行最优化。通过参数hessp提供了一个计算Hessian矩阵与任意向
58  # 量的乘积的函数get\_hessp
59  optm.minimize(f_a, (0.1, 0.3), method='trust-ncg', jac = jac_a,
60              hess = hess_a, options={'gtol': 1e-8})
61  # 使用信赖域牛顿共轭梯度法计算极小点
62  optm.minimize(f_a, (0.1, 0.3), method='trust-krylov', jac = jac_a,
63              hess = hess_a, options={'gtol': 1e-8})
64  # 使用信赖域krylov子空间方法进行最优化，这种方法相对于信赖域牛顿共轭梯度法的优点是在
65  # Hessian矩阵非正定的情形时可减少迭代次数
66  plt.show()
```

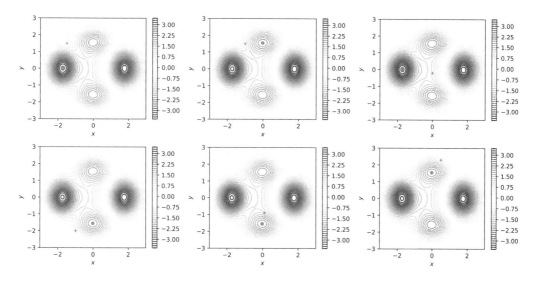

图 13.2　无约束非线性最优化问题的数值求解方法

程序13.6演示了使用信赖域内点法求解约束非线性最优化问题。图13.3(a) 显示了从五个起始点出发对以下问题的计算结果，圆点表示起始点，加号表示最终收敛到的局部极小点。

$$\min_{(x,y)\in\Omega} (x^7 - y^6 + x^5 - y^4 + x^3 - y^2 + x - 1)\mathrm{e}^{-x^2-y^2}$$
$$\Omega = \{(x,y)| -2 \leqslant x \leqslant 2, -2 \leqslant y \leqslant 2, y \leqslant -0.2x + 1.5, \ y \geqslant 0.3x + 0.3,$$
$$y \leqslant 1.5\sin(7x+2) + 0.4, \ y \geqslant 0.2(0.9x - 0.3)^2 - 0.1\}$$

从程序13.6的输出结果 (程序13.7) 可发现以下现象：即使起始点不在可行域内，也可以收敛到可行域内的局部极小点，例如从 (1.75 –1.75) 出发收敛到 (0.711 1.358)。本问题的可行域由多个互不连通的区域组成，从一个区域内的起始点出发可以收敛到另一个区域内的局部极小点，例如从 (1.75 –1.75) 出发收敛到 (–1.195 0.278)。

程序 13.6　约束非线性最优化问题的数值求解方法

```
1  import numpy as np; from scipy import optimize as optm
2  import sympy as sym; import matplotlib.pyplot as plt
3
4  def take_array_as_arg(f):
5      return lambda x: np.array(f(x[0], x[1]))
6  def f1(x,y):
7      return (x**7 - y**6 + x**5 - y**4 + x**3 - y**2 + x - 1) * \
8              np.exp(-x**2 - y**2)
9  def f2(x,y):
10     return np.sin(x + 2 * y) * np.cos(2 * x - y)
11
12 x, y = sym.symbols("x, y"); xy = (x, y)
13 fig, ax = plt.subplots(1, 2, figsize=(10, 4.5))
14 for k in range(2):
15     if k == 0:
16         f_sym = (x**7 - y**6 + x**5 - y**4 + x**3 - y**2 + \
17                  x - 1) * sym.exp(-x**2 - y**2)
18         f = f1
19     else:
20         f_sym = sym.sin(x + 2 * y) * sym.cos(2 * x - y)
21         f = f2
22
23     f_J_sym = [f_sym.diff(u) for u in xy]
24     f_H_sym = [[f_sym.diff(u, v) for u in xy] for v in xy]
25
26     f_a = take_array_as_arg(sym.lambdify(xy, f_sym, 'numpy'))
27     f_J_a = take_array_as_arg(sym.lambdify(xy, f_J_sym, 'numpy'))
28     f_H_a = take_array_as_arg(sym.lambdify(xy, f_H_sym, 'numpy'))
29
30     x1 = np.linspace(-2, 2, 256); y1 = np.linspace(-2, 2, 256)
31     X,Y = np.meshgrid(x1, y1)
32
33     C = ax[k].contour(X, Y, f(X, Y), 10, colors='k')
34     ax[k].clabel(C, inline=1, fontsize=5)
35     ax[k].contourf(X, Y, f(X, Y), 10, alpha=.75,
36                    cmap=plt.cm.RdBu)
37     ax[k].plot(x1, -0.2*x1 + 1.5, color='m')
38     ax[k].plot(x1, 0.3*x1 + 0.3, color='b')
39     ax[k].plot(x1, 1.5 * np.sin(7*x1+2) + 0.4, color='y')
40     ax[k].plot(x1, 0.2 * (0.9*x1-0.3)**2 - 0.1, color='c')
41
42     bounds = optm.Bounds([-2, -2], [2.0, 2.0])
43
```

```
44        linear = optm.LinearConstraint([[0.2, 1], [0.3, -1]],
45                [-np.inf, -np.inf], [1.5, -0.3])
46
47     def cons_f(x):
48        return [-1.5*np.sin(7*x[0]+2) + x[1],
49                0.2 * (0.9*x[0]-0.3)**2 - x[1]]
50     def cons_J(x):
51        return [[-10.5*np.cos(7*x[0]+2), 1],
52                [0.36 * (0.9*x[0]-0.3), -1]]
53     def cons_H(x, v):
54        return v[0]*np.array([[73.5*np.sin(7*x[0]+2), 0], \
55                [0, 0]]) + v[1]*np.array([[0.324, 0], [0, 0]])
56     nonlinear = optm.NonlinearConstraint(cons_f,
57                [-np.inf, -np.inf], [0.4, 0.1], jac=cons_J, hess=cons_H)
58
59     starts = [(-1.85, 1.5), (-1, 0.75), (0, 0.5), (0.75, 1.0),
60                (1.75, -1.75)]
61
62     for i in range(len(starts)):
63        ax[k].plot(*starts[i], 'g+', markersize=5)
64        res = optm.minimize(f_a, starts[i],
65                method='trust-constr', jac=f_J_a, hess=f_H_a,
66                constraints=[linear, nonlinear],
67                options={'verbose': 0}, bounds=bounds)
68        p = res.x
69        print('(%4.2f %4.2f) -> (%6.3f %6.3f) %6.3f' %
70                (*starts[i], *p, f_a(p)))
71        ax[k].plot(p[0], p[1], 'ro', markersize=5)
72
73 plt.tight_layout(); plt.show()
```

程序 13.7　程序13.6的输出结果

```
1    (-1.85 1.50) -> (-1.195 0.278) -2.197
2    (-1.00 0.75) -> (-1.195 0.278) -2.197
3    (0.00 0.50) -> (-0.037 1.507) -2.080
4    (0.75 1.00) -> ( 0.711 1.358) -1.066
5    (1.75 -1.75) -> ( 0.711 1.358) -1.066
6    (-1.85 1.50) -> (-0.942 1.257) -1.000
7    (-1.00 0.75) -> (-0.942 1.257) -1.000
8    (0.00 0.50) -> (-0.942 1.257) -1.000
9    (0.75 1.00) -> ( 0.932 1.314) -0.346
10   (1.75 -1.75) -> ( 1.545 0.763) -0.048
```

图13.3(b) 显示了从五个起始点出发对以下问题的计算结果, 圆点表示起始点, 加号表

示最终收敛到的局部极小点。

$$\min_{(x,y)\in\Omega}\ \sin(x+2y)\cos(2x-y)$$

Ω 的定义和前一个问题相同。从输出结果13.7观察到的现象和前一个问题类似。

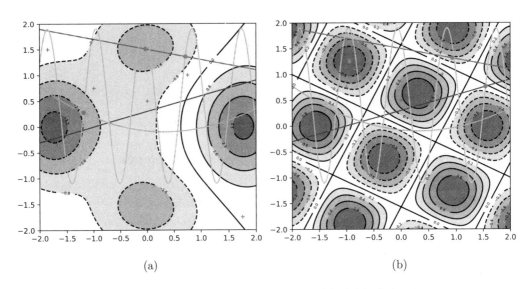

(a)   (b)

图 13.3　约束非线性最优化问题的数值求解方法

　　程序13.6的第 64 行至第 67 行调用 minimize 函数：method=`'trust-constr'` 表示使用信赖域内点法；jac 和 hess 分别指定梯度和 Hessian 矩阵；constraints 指定一个列表，由线性约束条件和非线性约束条件组成；bounds 表示可行域的下界和上界。本例中的线性约束条件可以写成以下标准形式：

$$\begin{bmatrix} -\infty \\ -\infty \end{bmatrix} \leqslant \begin{bmatrix} 0.2 & 1 \\ 0.3 & -1 \end{bmatrix} \begin{bmatrix} x \\ y \end{bmatrix} \leqslant \begin{bmatrix} 1.5 \\ -0.3 \end{bmatrix}$$

第 44 行至第 45 行基于这一形式创建了一个 LinearConstraint 对象。本例中的非线性约束条件可以写成以下标准形式：

$$\begin{bmatrix} -\infty \\ -\infty \end{bmatrix} \leqslant \begin{bmatrix} -1.5\sin(7x+2)+y \\ 0.2(0.9x-0.3)^2-y \end{bmatrix} \leqslant \begin{bmatrix} 0.4 \\ 0.1 \end{bmatrix}$$

第 47 行至第 57 行基于这一形式创建了一个 NonlinearConstraint 对象，cons_f 函数定义了约束条件，cons_J 函数定义了约束条件的梯度，cons_H 函数定义了约束条件的 Hessian 矩阵的线性组合。

　　借助求解局部极小点的方法，全局优化在由给定的各自变量的上下界所定义的区域内计算目标函数的全局极小点。 程序13.8演示了使用四种全局优化方法在正方形区域 $[-100,100]\times[-100,100]$ 内求解 eggholder 函数

$$e(x,y)=(-y+47)\sin(\sqrt{|y+\frac{x}{2}+47|})-x\sin(\sqrt{|x-(y+47)|})$$

的全局极小点。这四种方法是差分进化 (differential_evolution)、双重退火 (dual_annealing)、单纯同调 (shgo, simplicial homology global optimization) 和 sobol 单纯同调 (shgo_sobol)。第四种方法返回找到所有局部极小点，从中可以确定全局极小点。运行结果表明四种方法在这个问题中都找到了全局极小点 (89.7988,100) 和对应的极小值–227.1231。图 13.4(a) 显示了函数的三维表面图。图 13.4(b) 显示了函数的二维灰度图，每个像素点的明暗程度反映了该点处的函数值大小，图中的圆点显示第四种方法找到的局部极小点，用三叉符号标示的四种方法找到的全局极小点重合在一起。

程序 13.8　全局优化

```
1   import numpy as np; from scipy import optimize as optm;
2   import matplotlib.pyplot as plt
3
4   N = 100; r = 29
5   def e(x):
6       return (-(x[1] + 47) *
7               np.sin(np.sqrt(abs(x[0]/2 + (x[1] + 47)))) -
8                x[0] * np.sin(np.sqrt(abs(x[0] - (x[1] + 47)))))
9
10  bounds = [(-N, N), (-N, N)]
11  x = np.arange(-N, N+1); y = np.arange(-N, N+1)
12  xgrid, ygrid = np.meshgrid(x, y)
13  xy = np.stack([xgrid, ygrid])
14  fig = plt.figure(figsize=(13, 6))
15  gs = fig.add_gridspec(1, 2)
16  ax1 = fig.add_subplot(gs[0, 0], projection='3d')
17  ax1.view_init(45, -45)
18  ax1.plot_surface(xgrid, ygrid, e(xy), cmap='terrain')
19  ax1.set_xlabel('x'); ax1.set_ylabel('y')
20  ax1.set_zlabel('e(x, y)')
21
22  results = dict()
23  results['DE'] = optm.differential_evolution(e, bounds)
24  results['DA'] = optm.dual_annealing(e, bounds)
25  results['shgo'] = optm.shgo(e, bounds)
26  results['shgo_sobol'] = optm.shgo(e, bounds, n=200, iters=5,
27                          sampling_method='sobol')
28
29  ax2 = fig.add_subplot(gs[0, 1])
30  im = ax2.imshow(e(xy), interpolation='bilinear',
31              origin='lower', cmap='gray')
32  ax2.set_xlabel('x'); ax2.set_ylabel('y')
33  ax2.set_xlim([-4, (N+2)*2]); ax2.set_ylim([-4, (N+2)*2])
34
35  def plot_point(res, marker='+', color=None):
```

```
36      ax2.plot(N+res.x[0], N+res.x[1], marker=marker, color=color,
37              ms=10)
38  plot_point(results['DE'], color='g', marker='1')
39  plot_point(results['DA'], color='b', marker='2')
40  plot_point(results['shgo'], color='r', marker='3')
41  plot_point(results['shgo_sobol'], color='y', marker='4')
42
43  min = 1e10; p = [0,0]
44  for i in range(results['shgo_sobol'].xl.shape[0]):
45      ax2.plot(N + results['shgo_sobol'].xl[i, 0],
46              N + results['shgo_sobol'].xl[i, 1], 'ro', ms=2)
47      v = e([results['shgo_sobol'].xl[i, 0],
48          results['shgo_sobol'].xl[i, 1]])
49      if v < min:
50          min = v; p = results['shgo_sobol'].xl[i]
51  print(p, min) # [ 89.79881536 100.   ] -227.1231059205501
52  plt.show()
53
54  for method in ['DE', 'DA', 'shgo']:
55      p = results[method].x
56      print(method, p, e(p))
57  # DE [ 89.79881536 100.   ] -227.1231059205501
58  # DA [ 89.79881536 100.   ] -227.1231059205501
59  # shgo [ 89.79881536 100.   ] -227.1231059205501
```

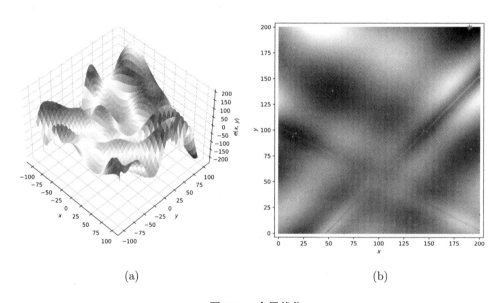

(a)   (b)

图 13.4　全局优化

13.3 线性最优化问题的求解方法

线性最优化问题 (也称为线性规划问题, linear program) 的目标函数和约束条件均为决策变量的线性函数。线性最优化问题有可能无解, 例如可行域为空集, 或者由于决策变量的取值无界而导致目标函数在需要最优化的方向上的取值也无界。若一个线性最优化问题的可行域是非空集, 则它是一个多胞体 (polytope), 即由若干 $\mathbf{R}^n$ 中的超平面 (二维平面中为直线, 三维空间中为平面) 围成的凸流通集, 可能有界也可能无界。如果线性最优化问题存在最优解, 则至少有一个最优解是多胞体的一个顶点 (Nocedal, Wright, 2006)。

图13.5(a) 绘制了以下问题的可行域和目标函数的等高线图:

$$\max_{(x,y)\in\Omega} 4x+3y, \quad \Omega = \{(x,y)|0\leqslant x\leqslant 16, 0\leqslant y\leqslant 15, 3x+y\geqslant 9, x+2y\leqslant 40\}$$

可行域是以六个圆点为顶点的多边形。目标函数的等高线是多条互相平行的直线, 其中直线 $4x+3y=100$ 和可行域的交集是多边形的一个顶点 (16,12)。易知点 (16,12) 是该问题的最优解。图13.5(b) 绘制了以下问题的可行域和目标函数的等高线图:

$$\max_{(x,y)\in\Omega} x+2y, \quad \Omega = \{(x,y)|0\leqslant x\leqslant 16, 0\leqslant y\leqslant 15, 3x+y\geqslant 9, x+2y\leqslant 40\}$$

这个问题的可行域与前一个问题相同, 区别在于目标函数。目标函数的等高线也是多条互相平行的直线, 其中直线 $x+2y=40$ 和可行域的交集是多边形上的一条边, 即两个顶点 (10,15) 和 (16,12) 之间的线段。易知这条线段上的所有点都是该问题的最优解。

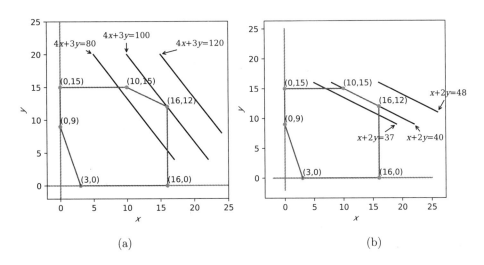

图 13.5　线性最优化问题

求解线性最优化问题的方法称为线性规划 (linear programming)。适于求解大规模问题的线性规划方法包括单纯形法 (simplex mcthod) 和内点法。单纯形法的求解过程是从可行域的某个顶点出发开始迭代, 每次迭代到达一个相邻的并且使得目标函数值改善的顶点,

直至找不到这样的顶点为止。内点法的求解过程是从可行域内部的某个点出发，每次迭代时求解一个子问题

$$\min_{\boldsymbol{x} \in \Omega, \boldsymbol{s}} f(\boldsymbol{x}) - \mu \sum_{i=1}^{n} \log s_i$$

$$\Omega = \{\boldsymbol{x} | c_i(\boldsymbol{x}) = 0 \, (i = 1, 2, \cdots, n), \, c_i(\boldsymbol{x}) - s_{i-n} = 0 \, (i = n+1, n+2, \cdots, n+m)\}$$

其中 $s_i > 0$ 称为松弛变量。引入松弛变量可将不等式约束条件转换为等式约束条件。当 s_i 接近 0 时，目标函数的第二项 $-\mu \sum_{i=1}^{n} \log s_i$ 的不断增长产生一种障碍，从而保证不等式约束条件成立。随着迭代次数的增加，μ 逐渐向 0 接近，子问题的解最终收敛到最优解。以 N 和 M 分别表示决策变量的个数和约束条件的个数，单纯形法在最坏情形下的时间复杂度是 N 的指数函数，实验测量得出的结论是 $T \approx 0.18 \min\{M, N\}^{1.42}$ (Vanderbei, 2014)。内点法在最坏情形下的时间复杂度是 N 的多项式函数。

SciPy 库的 optimize 模块的 linprog 函数提供了一个通用的接口求解线性最优化问题，默认方法是 "interior-point"(内点法)。可使用关键字参数 method 指定的其他方法有 "highs"(运行速度最快)、"revised simplex"(改进的单纯形法，比内点法更精确) 和 "simplex"(单纯形法)。该函数的要求是问题需要转换为以下的标准形式：

$$\min_{\boldsymbol{x} \in \Omega} \boldsymbol{c}^{\mathrm{T}} \boldsymbol{x}, \quad \Omega = \{\boldsymbol{x} | \boldsymbol{l} \leqslant \boldsymbol{x} \leqslant \boldsymbol{u}, \, \boldsymbol{A}_{ub} \boldsymbol{x} \leqslant \boldsymbol{b}_{ub}, \, \boldsymbol{A}_{eq} \boldsymbol{x} = \boldsymbol{b}_{eq}\}$$

程序13.9演示了使用 linprog 函数求解以下问题：

$$\max_{(x,y,z) \in \Omega} x - 3z$$

$$\Omega = \{(x, y, z) | x \geqslant -3, 4 \leqslant y \leqslant 10, z \leqslant 10, 3x - 2y - z \geqslant 10,$$

$$5x + 7y - 6z \leqslant 30, 4x + 8y - 5z = -16\}$$

将原问题转换为符合 linprog 函数的要求的标准形式：

$$\min_{(x,y,z)} \begin{bmatrix} -1 & 0 & 3 \end{bmatrix} \begin{bmatrix} x \\ y \\ z \end{bmatrix}$$

其中 $\begin{bmatrix} x \\ y \\ z \end{bmatrix}$ 满足

$$\begin{bmatrix} -3 \\ 4 \\ -\infty \end{bmatrix} \leqslant \begin{bmatrix} x \\ y \\ z \end{bmatrix} \leqslant \begin{bmatrix} +\infty \\ 10 \\ 10 \end{bmatrix}$$

$$\begin{bmatrix} -3 & 2 & -1 \\ 5 & 7 & -6 \end{bmatrix} \begin{bmatrix} x \\ y \\ z \end{bmatrix} \leqslant \begin{bmatrix} -10 \\ 30 \end{bmatrix}$$

$$\begin{bmatrix} 4 & 8 & -9 \end{bmatrix} \begin{bmatrix} x \\ y \\ z \end{bmatrix} = -16$$

程序 13.9　使用 linprog 函数求解线性最优化问题

```
1  import numpy as np
2  from scipy.optimize import linprog
3  c = np.array([-1, 0, 3])
4  A_ub = np.array([[-3, 2, 1], [5, 7, -6]])
5  b_ub = np.array([-10, 30])
6  A_eq = np.array([[4, 8, -9]]); b_eq = np.array([-16])
7  x_bounds = (-3, np.inf); y_bounds = (4, 10)
8  z_bounds = (-np.inf, 10)
9  bounds = [x_bounds, y_bounds, z_bounds]
10 result = linprog(c, A_ub=A_ub, b_ub=b_ub, A_eq=A_eq,
11              b_eq=b_eq, bounds=bounds, method='highs')
12 print(result.message)
13 # Optimization terminated successfully.
14 print(result.x, c @ result.x)
15 # [9.13043478 4.      9.39130435] 19.043478260869563
```

13.4　混合整数线性最优化问题的求解方法

混合整数线性最优化问题 (也称为混合整数线性规划, mixed integer linear program) 是一类特殊的线性最优化问题, 特殊性体现在某些决策变量必须取整数值。混合整数线性规划问题的一般形式是

$$\min\{z = cx + hy : (x,y) \in S\}, \quad S = \{(x,y) \in \mathbf{Z}_+^n \times \mathbf{R}_+^p : Ax + Gy \leqslant b\}$$

其中 c 和 h 分别是包含 n 个分量和 p 个分量的行向量, 需要求解的 x 和 y 分别是包含 n 个分量和 p 个分量的列向量, A 和 G 分别是 $m \times n$ 和 $m \times p$ 的矩阵。这里约定: 问题存在有限最小值; 满足所有约束条件的 (x,y) 称为可行解, 简称为解; 使得目标函数值 (以下简称为 z 值) 达到有限最小值的解称为最优解。以上问题的一个特例是 $p = 0$, 此时的问题称为纯整数线性规划问题 (pure integer linear program)。

混合整数线性规划问题 (以下简称为整数问题) 的自然线性松弛 (natural linear relaxation, 以下简称为松弛) 是

$$\min\{z = cx + hy : (x,y) \in P\}, \quad P = \{(x,y) \in \mathbf{R}_+^n \times \mathbf{R}_+^p : Ax + Gy \leqslant b\}$$

它和整数问题的区别在于: 需要求解的向量 x 的各分量的取值范围在整数问题中是非负整数值, 在松弛中是非负实数值。松弛的某个解若满足 $x \in \mathbf{Z}_+^n$, 则称为松弛的整数解。由于整数问题的可行域是松弛的可行域的子集, 以下性质成立:

性质 13.1　设整数问题在 (x^*, y^*) 取得最小值 z^* 并且松弛在 (x^0, y^0) 取得最小值 z^0, 则 $z^0 \leqslant z^*$。

性质 13.2　若松弛无解 (infeasible), 即松弛的可行域为空集, 则整数问题也无解。

性质 13.3 若松弛的最优解同时是整数解,则这个解也是整数问题的最优解。

此外,向一个线性最优化问题 (以下简称为原问题) 添加新的约束得到的新问题的可行域是原问题的可行域的子集,因此以下性质成立:

性质 13.4 设原问题在 (x^1, y^1) 取得最小值 z^1 并且新问题在 (x^2, y^2) 取得最小值 z^2,则 $z^1 \leqslant z^2$。

若一个混合整数线性规划问题的可行域是一个由有限个元素组成的集合,理论上可以通过穷举所有元素获得最优解。对于大多数实际问题,混合整数线性规划问题的基本求解方法是分支定界法 (Branch-and-Bound) 和切割平面法 (Cutting Plane)(Conforti et al., 2014)。它们的共同特点是在求解过程中不断添加约束条件,这些约束条件通过改变松弛的可行域来去除松弛的非整数最优解,最终得到的松弛的最优解就是整数问题的最优解。

13.4.1 分支定界法

若一个线性最优化问题 (以下简称为现有问题) 存在最优解 (x^0, y^0),并且向量 x^0 的某个分量 $x_j^0 (1 \leqslant j \leqslant n)$ 取非整数值,则可以向现有问题分别添加两个约束条件 $x_j \leqslant \lfloor x_j^0 \rfloor$ 和 $x_j \geqslant \lceil x_j^0 \rceil$,得到两个新问题,这个过程称为分支。分支去除了现有问题的部分可行域,即 x_j 满足 $\lfloor x_j^0 \rfloor < x_j < \lceil x_j^0 \rceil$ 的部分,这部分不包含现有问题的整数解。因此,现有问题的整数解的集合等于两个新问题的整数解的并集。若现有问题存在最优整数解 (x^*, y^*),则它必定是两个新问题之一的最优整数解。分支定界法在求解过程中不断向现有问题添加上述约束条件生成两个新问题,新问题又可以作为现有问题生成两个新问题,这些问题形成了一种树状结构。分支定界法在求解过程中还记录和更新一个变量 z^b,它表示当前已经找到的原始整数问题的一个解的 z 值。用 z^c 表示现有问题的最优解的 z 值,现有问题的任何整数解的 z 值必定大于或等于 z^c,z^c 可看成现有问题的整数解的下界,这就是定界的含义。若 $z^c < z^b$,则现有问题的可行域有可能包含 z 值小于 z^b 的整数解,需要从现有问题分支以便进一步求解。当某些条件满足时,无需从现有问题分支,分为以下 3 种情形:

(1) 现有问题的最优解是整数解,因此也是原始整数问题的一个可行解。用 z^c 表示其 z 值,若 $z^c < z^b$,则将 z^b 更改为 z^c。

(2) 现有问题无解。

(3) 现有问题的最优解不是整数解,并且其 z 值 (用 z^c 表示) 满足 $z^c > z^b$。因为分支不改变现有问题的整数解的集合,通过分支不可能找到 z 值小于 z^c(更不可能小于 z^b) 的整数解。

以下描述使用分支定界法求解最大化问题

$$\max\{z = x + y : (x, y) \in S\}$$
$$S = \{(x, y) | 17x + 32y \leqslant 136, 32x + 15y \leqslant 120, x \in \mathbf{Z}_+, y \in \mathbf{Z}_+\}$$

的过程 (图13.6)。

首先将问题转换为最小化问题

$$\min\{z = -x - y : (x, y) \in S\}$$

$$S = \{(x,y)|17x + 32y \leqslant 136, 32x + 15y \leqslant 120, x \in \mathbf{Z}_+, y \in \mathbf{Z}_+\}$$

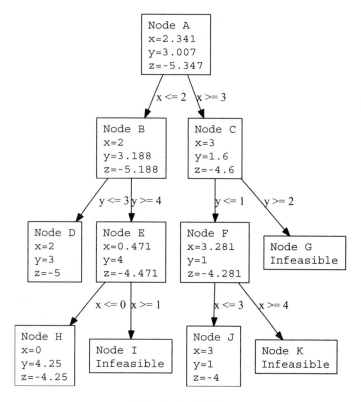

图 13.6　分支定界法

然后定义问题的松弛

$$\min\{z = -x - y : (x,y) \in S\}$$
$$S = \{(x,y)|17x + 32y \leqslant 136, 32x + 15y \leqslant 120, x \in \mathbf{R}_+, y \in \mathbf{R}_+\}$$

节点 A 显示了松弛的最优解。节点 B 和节点 C 都是节点 A 的子节点,从节点 A 到节点 B 的有向边上标注了 $x \leqslant 2$,表示节点 B 显示的是向节点 A 对应的问题 (即松弛) 添加约束条件 $x \leqslant 2$ 得到的新问题

$$\min\{z = -x - y : (x,y) \in S\}$$
$$S = \{(x,y)|17x + 32y \leqslant 136, 32x + 15y \leqslant 120, x \in \mathbf{R}_+, y \in \mathbf{R}_+, x \leqslant 2\}$$

的最优解。

从节点 B 到节点 D 的有向边上标注了 $y \leqslant 3$,表示节点 D 显示的是向节点 B 对应的问题添加约束条件 $y \leqslant 3$ 得到的新问题

$$\min\{z = -x - y : (x,y) \in S\}$$
$$S = \{(x,y)|17x + 32y \leqslant 136, 32x + 15y \leqslant 120, x \in \mathbf{R}_+, y \in \mathbf{R}_+, x \leqslant 2, y \leqslant 3\}$$

的最优解。其他节点的含义以此类推。

分支定界法的求解过程就是生成和遍历这些节点的过程。这一过程并非是唯一确定的,因为在中间步骤可以有多种选择,例如选择哪个变量进行分支,从哪个变量的哪个分支生成子节点等。图13.6显示的是从节点 A 选择变量 x 进行分支的情形,如果选择变量 y 进行分支会得到其他过程。不同的求解过程的计算量存在差别,目前并没有适用于所有混合整数线性规划问题的最佳选择策略 (Sioshansi, Conejo, 2017)。这里列举两种过程。

(1) 从节点 A 生成节点 B,再从节点 B 生成节点 D。由于节点 D 表示整数解,不再分支,给 z^b 赋初值为–5。从节点 D 上溯到其父节点 (节点 B),再从节点 B 生成节点 E。由于节点 E 的 z 值–4.471 大于 $z^b = -5$,无需分支。从节点 E 上溯到其父节点 (节点 B),再从节点 B 上溯到其父节点 (节点 A),再从节点 A 生成节点 C。由于节点 C 的 z 值–4.6 大于 $z^b = -5$,无需分支。求解过程到此结束,最优解是节点 D。需要求解 5 个线性最优化问题。

(2) 从节点 A 生成节点 C。访问节点 C,从节点 C 生成节点 F。访问节点 F,从节点 F 生成节点 J。由于节点 J 表示整数解,不再分支,给 z^b 赋初值为–4。从节点 J 上溯到其父节点 (节点 F),从节点 F 生成节点 K。节点 K 无解,无需分支。从节点 K 上溯到其父节点 (节点 F),再从节点 F 上溯到其父节点 (节点 C)。从节点 C 生成节点 G。节点 G 无解,无需分支。从节点 G 上溯到其父节点 (节点 C),再从节点 C 上溯到其父节点 (节点 A)。从节点 A 生成节点 B,再从节点 B 生成节点 D。由于节点 D 表示整数解,不再分支。由于节点 D 的 z 值–5 小于当前 $z^b = -4$,将 z^b 更改为–5。从节点 D 上溯到其父节点 (节点 B),再从节点 B 生成节点 E。由于节点 E 的 z 值–4.471 大于 $z^b = -5$,无需分支。求解过程到此结束,最优解是节点 D。需要求解 9 个线性最优化问题。

13.4.2 Pyomo

Pyomo(Python Optimization Modeling Objects, http://www.pyomo.org/) 是一个 Python 开源软件包,支持以面向对象的建模语言 (例如 AMPL) 表示多种类型的最优化问题,包括线性规划、非线性规划和整数规划等。Pyomo 借助于最优化求解器求解这些问题。glpk 是一个开源的单线程线性规划和整数规划求解器,适用于中小规模的问题。COIN-OR CBC 是一个多线程混合整数线性规划求解器,适用于中等以上规模的问题。COIN-OR Ipopt 是一个开源的基于内点法的无整数约束的非线性规划求解器,适用于大规模的问题。COIN-OR Bonmin 是一个开源的非线性整数规划求解器。安装 Pyomo 和 glpk 的命令,如程序 13.10 所示。

程序 13.10　安装 Pyomo 和 glpk 的命令

```
1  conda install -c conda-forge pyomo
2  conda install -c conda-forge glpk
```

程序13.11演示了使用 Pyomo 求解以下问题:

$$\max\{z = x + y : (x, y) \in S\}$$
$$S = \{(x, y)|17x + 32y \leqslant 136, 32x + 15y \leqslant 120, x \in \mathbf{Z}_+, y \in \mathbf{Z}_+\}$$

如果将第 4 行和第 5 行的"NonNegativeIntegers"改为"NonNegativeReals",则得到该问题

的松弛

$$\max\{z = x + y : (x, y) \in S\}$$
$$S = \{(x, y) | 17x + 32y \leqslant 136, 32x + 15y \leqslant 120, x \in \mathbf{Z}_+, y \in \mathbf{R}_+\}$$

的解 "Objective =-9.10 (x, y) = (6.35, 2.75)"。上一节的整数问题的最优解 $(2, 3)$ 可以从松弛的最优解 $(2.341, 3.007)$ 取整得到。但是这个整数问题的最优解 $(5, 3)$ 不等于松弛的最优解 $(6.35, 2.75)$ 的取整结果。

程序 13.11　Pyomo

```
1  from pyomo.environ import *
2
3  model = ConcreteModel()
4  model.x = Var(domain=NonNegativeIntegers)
5  model.y = Var(domain=NonNegativeIntegers)
6  model.objective = Objective(expr = -model.x - model.y,
7                              sense=minimize)
8  model.constraint1 = Constraint(
9      expr = 17 * model.x + 32 * model.y <= 196
10 )
11 model.constraint2 = Constraint(
12     expr = 5 * model.x + 3 * model.y <= 40
13 )
14 SolverFactory('glpk').solve(model).write()
15 model.pprint()
16 print('\nObjective = %8.2f (x, y) = (%6.2f, %6.2f)' %\
17     (model.objective(), model.x(), model.y()))
18 # Objective =  -8.00 (x, y) = ( 5.00, 3.00)
```

13.5　实验 12：最优化方法

实验目的

本实验的目的是掌握使用 SciPy 库和 Pyomo 库求解最优化问题的方法。

实验内容

1. 使用 SciPy 库的 optimize 模块的 minimize 函数以 (0,0,0) 为起始点求解以下问题：

$$\min\{f(x, y, z) = -x^3 + y^3 - 2xz^2 : (x, y, z) \in S\}$$
$$S = \{(x, y, z) \in \mathbf{R}^3 | 2x + y^2 + z - 5 = 0, -5x^2 + y^2 + z \leqslant -2, -x \leqslant 0, -y \leqslant 0, -z \leqslant 0\}$$

2. 使用 SciPy 库的 optimize 模块的 linprog 函数求解以下问题：

$$\max\{z = 3x + 4y : (x, y) \in S\}$$
$$S = \{(x, y)|3x - y \leqslant 12, 7x + 11y \leqslant 88, x \in \mathbf{R}_+, y \in \mathbf{R}_+\}$$

3. 使用 Pyomo 求解以下问题：

$$\max\{z = 3x + 4y : (x, y) \in S\}$$
$$S = \{(x, y)|3x - y \leqslant 12, 7x + 11y \leqslant 88, x \in \mathbf{Z}_+, y \in \mathbf{Z}_+\}$$

第 14 章　机 器 学 习

机器学习的一种定义是可以从经验中学习如何完成某一任务的计算机程序，并且其完成任务的性能随着经验的增加而提升 (Mitchell, 1997)，经验的一般形式是数据集。基于任务的类型，机器学习主要包括两类：有监督学习 (supervised learning) 和无监督学习 (unsupervised learning)。提供给有监督学习的数据集中的每组输入数据都需要指定对应的输出结果，有监督学习的任务是学习从输入到输出的映射。

Scikit-learn(Pedregosa et al., 2011; Scikit-learnDoc) 是一个 Python 扩展库，它包含的类包括两大类别：转换器 (transformer) 和估计器 (estimator)。转换器运行各种预处理操作，将输入数据转换为适合机器学习的形式，包括标准化、编码类别型 (categorical) 特征、填充缺失数据等。估计器实现了多种有监督学习和无监督学习算法。

本章简要介绍机器学习的基本原理和 Scikit-learn 库。安装 Scikit-learn 库的命令是"conda install scikit-learn"。

14.1　有监督学习

有监督学习的任务是学习从输入向量 $x \in \mathbf{R}^d$ 到输出值 y 的映射并生成一个模型 $f(x; \theta)$，这里经验的形式是由 n 个输入-输出数据对 $\{(x_i, y_i)\}_{i=1}^{n}$ 组成的训练数据集，每个输入向量 (也称为特征向量) 包含一个数据对象在 d 个特征上的取值，θ 是模型包含的可以调节的并且不依赖于训练数据集的参数 (也称为超参数) 构成的向量。有监督学习生成的模型的用途是对任意特征向量 x 预测其输出值 y。根据 y 的取值范围，有监督学习可划分为两类：分类 (classification) 和回归 (regression)。

• 在分类问题中，y 称为标签 (label)，表示不同的类别，其取值范围是一些互不相同的整数。在两类别分类问题中，$y_i \in \{1, -1\}$ 或者 $y_i \in \{0, 1\}$。在包含 C 个类别的多类别分类问题中，$y_i \in \{0, 1, \cdots, C-1\}$ 或者 $y_i \in \{1, 2, \cdots, C\}$。例如：

－鸢尾花 (Iris) 数据集是一个包含 150 个特征向量的分类数据集。每个特征向量包含 4 个分量，分别描述一株鸢尾花的以下特征：萼片长度、萼片宽度、花瓣长度和花瓣宽度。标签是 3 类鸢尾花中的某一类：Setosa、Versicolor 或 Virginica。

－乳腺癌 (breast_cancer) 数据集是一个包含 569 个特征向量的分类数据集。每个特征向量包含 30 个描述乳腺癌图像特征的分量。标签是恶性或良性。

－手写数字 (digits) 数据集是一个包含 1797 个特征向量的分类数据集。每个特征向量包含 64 个分量,每个分量是一个 8×8 大小的手写数字图像的一个像素值。标签是 10 个数字。

● 在回归问题中, y 称为目标 (target),其取值范围是实数集 **R**。例如波士顿房价 (boston_house) 数据集是一个包含 506 个特征向量的回归数据集。每个特征向量包含 13 个分量,包括人均犯罪率、住宅用地比例、每个住宅的平均房间数等。目标是房价中位数。

为了评估有监督学习生成的模型的预测性能,需要使用一种定量指标。定义经验风险 (empirical risk) 为模型在训练数据集上的平均预测误差 (Murphy, 2022):

$$ER(\boldsymbol{\theta}) = \frac{1}{n} \sum_{i=1}^{n} loss(y_i, f(\boldsymbol{x}_i; \boldsymbol{\theta}))$$

其中损失函数 $loss(y, f(\boldsymbol{x}; \boldsymbol{\theta}))$ 计算真实值 y 和模型对特征向量 $\boldsymbol{x}$ 的预测值 $\hat{y} = f(\boldsymbol{x}; \boldsymbol{\theta})$ 之间的误差。

对于分类问题,通常定义 $loss(y, \hat{y}) = I(y, \hat{y})$,其中函数 $I(u, v)$ 定义如下:若 $u = v$,令 $I(u, v) = 0$;若 $u \neq v$,令 $I(u, v) = 1$。在很多实际问题中,真实模型未知并且数据的采集过程本身存在随机性,需要在模型的输出结果中反映这些不确定性。因此,输出结果不应当是单个数值,而是一个条件概率分布 $p(y = c|\boldsymbol{x}; \boldsymbol{\theta}) = f_c(\boldsymbol{x}; \boldsymbol{\theta})$,表示特征向量 $\boldsymbol{x}$ 属于类别 c 的概率。这就要求 $0 \leqslant f_c \leqslant 1$ 并且 $\sum_{c=1}^{C} f_c = 1$。如果实际输出结果不满足这一要求,可以通过 softmax 变换将其变换为概率分布:$p(y = c|\boldsymbol{x}; \boldsymbol{\theta}) = softmax(f_c) = \mathrm{e}^{f_c} / \sum_{j=1}^{C} \mathrm{e}^{f_j}$。对于回归问题,通常定义 $loss(y, \hat{y})$ 为以下形式:$loss(y, \hat{y}) = (y - \hat{y})^2$。

统计学中的频率学派 (frequentist statistics) 将随机抽样得到的数据 $\mathcal{D}$ 视为随机变量,一个参数估计器 (estimator) 根据 $\mathcal{D}$ 对于未知参数 $\boldsymbol{\theta}$ 的真实值 $\boldsymbol{\theta}^*$ 的估计值 $\hat{\boldsymbol{\theta}}$ 依赖于分布 $p(\mathcal{D}|\boldsymbol{\theta}^*)$。估计器的偏差定义为估计值的数学期望与真实值的差:$bias(\hat{\boldsymbol{\theta}}) = E[\hat{\boldsymbol{\theta}}(\mathcal{D})] - \boldsymbol{\theta}^*$。估计器的方差定义为 $Var(\hat{\boldsymbol{\theta}}) = E[\hat{\boldsymbol{\theta}}(\mathcal{D})^2] - E[\hat{\boldsymbol{\theta}}(\mathcal{D})]^2$。估计值的均方误差 (mean squared error) 定义为 $MSE(\hat{\boldsymbol{\theta}}) = E[(\hat{\boldsymbol{\theta}} - \boldsymbol{\theta}^*)^2] = Var(\hat{\boldsymbol{\theta}}) + [bias(\hat{\boldsymbol{\theta}})]^2$。偏差方差的权衡 (bias-variance tradeoff) 提示:为了最小化均方误差,需要综合考虑估计器的偏差和方差。

确定参数取值的常用方法是最大似然性估计 (maximum likelihood estimation, MLE),即参数的取值应最大化训练数据集的条件概率:$\hat{\boldsymbol{\theta}}_{\mathrm{MSE}} = \arg\max_{\boldsymbol{\theta}} p(\mathcal{D}|\boldsymbol{\theta}^*)$。假定训练数据集中的各数据满足独立同分布 (independent and identically distributed) 条件,最大似然性估计表示为

$$\hat{\boldsymbol{\theta}}_{\mathrm{MSE}} = \arg\max_{\boldsymbol{\theta}} \sum_{i=1}^{n} \log p(y_i|f(\boldsymbol{x}_i; \boldsymbol{\theta})) = \arg\min_{\boldsymbol{\theta}} - \sum_{i=1}^{n} \log p(y_i|f(\boldsymbol{x}_i; \boldsymbol{\theta}))$$

其中最后一项中的目标函数称为负对数似然性 (negative log likelihood, NLL)。线性回归模型 $y = \boldsymbol{w}^{\mathrm{T}} \boldsymbol{x} + \epsilon$ 的假设是条件概率服从正态分布:$p(y|f(\boldsymbol{x}; \boldsymbol{\theta})) = N(y|\boldsymbol{w}^{\mathrm{T}} \boldsymbol{x}, \sigma^2)$。假定 σ^2 是常数,最小化 NLL 等同于最小化残差平方和 (residual sum of squares, RSS) 或最小化均方误差:

$$RSS(\boldsymbol{w}) = \sum_{i=1}^{n} (y_i - \boldsymbol{w}^{\mathrm{T}} \boldsymbol{x}_i)^2, \qquad MSE(\boldsymbol{w}) = \frac{1}{n} RSS(\boldsymbol{w}) = \frac{1}{n} \sum_{i=1}^{n} (y_i - \boldsymbol{w}^{\mathrm{T}} \boldsymbol{x}_i)^2$$

使用一种有监督学习方法基于训练数据集生成预测模型的过程称为模型拟合 (model fitting) 或训练 (training)。模型拟合可定义为一个以模型的参数向量 $\boldsymbol{\theta}$ 为决策变量对经验风险进行最小化的问题：

$$\hat{\boldsymbol{\theta}} = \arg\min_{\boldsymbol{\theta}} ER(\boldsymbol{\theta}) = \arg\min_{\boldsymbol{\theta}} \frac{1}{n} \sum_{i=1}^{n} loss(y_i, f(\boldsymbol{x}_i; \boldsymbol{\theta}))$$

仅对经验风险进行最小化可能会导致模型在训练数据集上的预测性能较好，但模型在不属于训练数据集的新数据上的预测性能较差，这种现象称为过度拟合 (overfitting)。过度拟合发生的原因是：过于复杂的模型反映了训练数据集中不属于数据的真实性质的因素 (如随机噪声)。解决过度拟合的主要方法是正则化 (regularization)，即在最小化的目标函数中添加一个惩罚项，对过于复杂的模型进行惩罚：

$$\hat{\boldsymbol{\theta}} = \arg\min_{\boldsymbol{\theta}} \frac{1}{n} \sum_{i=1}^{n} loss(y_i, f(\boldsymbol{x}_i; \boldsymbol{\theta})) + \lambda C(\boldsymbol{\theta})$$

其中 $\lambda \geqslant 0$ 称为正则化参数；$C(\boldsymbol{\theta})$ 是某种模型复杂度的度量，一种常见形式是 $C(\boldsymbol{\theta}) = -\log p(\boldsymbol{\theta})$，其中 $p(\boldsymbol{\theta})$ 表示 $\boldsymbol{\theta}$ 的先验概率。例如，岭回归 (ridge regression) 是一种对线性回归的正则化，设定 $p(\boldsymbol{w}) = \prod_j N(w_j|0, \tau^2)$，则

$$\hat{\boldsymbol{w}} = \arg\min_{\boldsymbol{w}} (RSS(\boldsymbol{w}) + \frac{\sigma^2}{\tau^2} \sum_j w_j^2)$$

即正则化惩罚绝对值较大的系数。

使用正则化需要确定 λ 的合适取值。λ 太小易导致过度拟合，λ 太大易导致欠拟合 (underfitting)。一种常用方法是将整个数据集划分为两部分：训练集 (约占 80%) 和验证集 (约占 20%)。使用多个 λ 值在训练集上训练得到多个模型。然后在验证集上分别计算这些模型的预测性能，最终选取使得预测性能最优的 λ 值。如果数据集的规模较小，验证集的规模也较小，这种估计方法不够可靠。为了应对这种情形，可以使用交叉验证 (cross-validation, CV)。基本的交叉验证方法是 k 折交叉验证 (k-fold CV)，即将数据集 $\mathcal{D}$ 划分为 k 个大小相同的子集：$\mathcal{D} = \mathcal{D}_1 \cup \mathcal{D}_2 \cup \cdots \cup \mathcal{D}_k$。对于 $i = 1, 2, \cdots, k$，选取 $\mathcal{D}_i$ 作为验证集，将其余 $k-1$ 个子集用于模型训练，然后在测试集上计算预测性能。这样对于每个 λ 值可得 k 个预测性能数据，用它们的平均值作为对应于这个 λ 值的预测性能，最终选取使得预测性能最优的 λ 值。交叉验证的优点是充分利用了所有数据。

14.1.1　支持向量机

支持向量机 (support vector machine) 是一种用于分类和回归的有监督学习方法。

支持向量机求解分类问题的方法是在高维空间中构造超平面或超平面集，将属于不同类别的特征向量分隔开。对于标签为 $\{-1, 1\}$ 的两类别分类问题，根据由 $\boldsymbol{w} \in \mathbf{R}^d$ 和 $b \in \mathbf{R}$ 所决定的超平面进行分类的规则是：对特征向量 $\boldsymbol{x}$ 赋予标签 $\text{sign}(\boldsymbol{w}^{\mathrm{T}}\phi(\boldsymbol{x}) + b)$，其中非线性函数 ϕ 将特征向量映射到一个高维空间。

为了确保每个特征向量的分类结果都正确, 需要满足条件: 若训练数据集中的 n 个特征向量是线性可分的, 即存在 $\boldsymbol{w}$ 和 b 使得 $y_i(\boldsymbol{w}^{\mathrm{T}}\phi(\boldsymbol{x}_i) + b) > 0(i = 1, \cdots, n)$, 则特征向量 $\boldsymbol{x}_i$ 与超平面的距离为

$$dist(\boldsymbol{x}_i) = \frac{|\boldsymbol{w}^{\mathrm{T}}\phi(\boldsymbol{x}_i) + b|}{\|\boldsymbol{w}\|} = \frac{y_i(\boldsymbol{w}^{\mathrm{T}}\phi(\boldsymbol{x}_i) + b)}{\|\boldsymbol{w}\|}$$

在 n 个特征向量中, 设 x_k 与超平面的距离最短, 支持向量机需要最大化 $dist(\boldsymbol{x}_k)$。将 $\boldsymbol{w}$ 和 b 同时乘以一个因子使得 $y_k(\boldsymbol{w}^{\mathrm{T}}\phi(\boldsymbol{x}_k) + b) = 1$, 则需要最大化的目标函数是 $\frac{1}{\|\boldsymbol{w}\|}$, 即需要求解以下约束最优化问题:

$$\min_{\boldsymbol{w},b} \frac{1}{2}\|\boldsymbol{w}\|^2$$

其中 $y_i(\boldsymbol{w}^{\mathrm{T}}\phi(\boldsymbol{x}_i) + b) \geqslant 1, \ i = 1, \cdots, n$ 以确定 $\boldsymbol{w}$ 和 b。

若训练数据集中的 n 个特征向量不是线性可分的, 则不存在满足所有约束条件的可行解, 此时需要引入松弛变量 $\xi_i \geqslant 0(i = 1, \cdots, n)$ 并修改约束条件, 求解以下约束最优化问题:

$$\min_{\boldsymbol{w},b,\boldsymbol{\xi}} \frac{1}{2}\|\boldsymbol{w}\|^2 + C\sum_{i=1}^{n}\xi_i$$

其中 $y_i(\boldsymbol{w}^{\mathrm{T}}\phi(\boldsymbol{x}_i) + b) \geqslant 1 - \xi_i(\xi_i \geqslant 0, i = 1, \cdots, n)$, 目标函数的第二项对违反原约束条件的特征向量进行惩罚, 惩罚的力度由参数 C 调节 (Murphy, 2022)。该问题的对偶问题是一个二次最优化问题:

$$\min_{\boldsymbol{\alpha}} \frac{1}{2}\boldsymbol{\alpha}^{\mathrm{T}}\boldsymbol{Q}\boldsymbol{\alpha} - \sum_{i=1}^{n}\alpha_i$$

其中 $\sum_{i=1}^{n} y_i\alpha_i = 0(0 \leqslant \alpha_i \leqslant C, i = 1, \cdots, n)$, $\boldsymbol{Q}$ 是一个 $n \times n$ 的半正定矩阵, $Q_{ij} = y_iy_jK(\boldsymbol{x}_i, \boldsymbol{x}_j), K(\boldsymbol{x}_i, \boldsymbol{x}_j) = \phi(\boldsymbol{x}_i)^{\mathrm{T}}\phi(\boldsymbol{x}_j)$ 是核函数。核函数的常用形式有:

- 线性: $K(\boldsymbol{x}, \boldsymbol{x}') = \boldsymbol{x}^{\mathrm{T}}\boldsymbol{x}'$;
- 多项式: $K(\boldsymbol{x}, \boldsymbol{x}') = (\gamma\boldsymbol{x}^{\mathrm{T}}\boldsymbol{x}' + r)^d$;
- 径向基函数: $K(\boldsymbol{x}, \boldsymbol{x}') = \mathrm{e}^{(-\gamma\|\boldsymbol{x}^{\mathrm{T}} - \boldsymbol{x}'\|^2)}$;
- sigmoid: $K(\boldsymbol{x}, \boldsymbol{x}') = \tanh(\gamma\boldsymbol{x}^{\mathrm{T}}\boldsymbol{x}' + r)$。

通过 SMO 算法求解对偶问题可得 $\tilde{\boldsymbol{w}}$ 和 $\tilde{b}$。所有满足条件 $y_i(\tilde{\boldsymbol{w}}\phi(\boldsymbol{x}_i) + \tilde{b}) = 1$ 的特征向量 $\boldsymbol{x}_i$ 称为支持向量, 用 SV 表示它们的索引值组成的集合, 则分类规则是对特征向量 $\boldsymbol{x}$ 赋予标签:

$$\mathrm{sign}(\sum_{i \in SV} \alpha_iy_iK(\boldsymbol{x}_i, \boldsymbol{x}) + \tilde{b})$$

SVC、NuSVC 和 LinearSVC 是实现支持向量机分类的三个类, 可进行两类别和多类别分类。SVC 和 NuSVC 类似, 但在接受的参数上略有不同。LinearSVC 仅支持线性核函数。使用 SVC 类的常用参数如下:

- C 的默认值是 1, 取值必须是正数。C 的值和正则化的强度成反比。如果训练数据集包含较多噪声, 应减小 C 的值以防止过度拟合。
- kernel 的默认值是 "rbf" (径向基函数), 取值可以是 "linear" (线性)、"poly" (多项式)、"sigmoid" 或 "precomputed", 也可以是一个计算核矩阵的 Python 函数。

- degree 的默认值是 3,取值指定"poly"核的次数。
- gamma 的默认值是"scale",取值指定"rbf"核、"poly"核和"sigmoid"核的 γ。
- coef0 的默认值是 0,取值指定"poly"核和"sigmoid"核的 r。
- probability 的默认值是 False,若设定为 True 则使用 5 折交叉验证估计属于每个类的概率值。
- class_weight 的默认值是 None,取值可以是一个字典或"balanced"。如果类别分布不均衡,提供一个将每个类别 i 映射到其权重 class_weight[i] 的字典可将每个类别的 C 值乘以对应的权重 class_weight[i]。若设定为"balanced"则自动将每个类别的权重设定为与该类别在训练数据集中的频数成反比。
- cache_size 表示核缓存大小,默认值是 200(MB)。如果数据集规模较大,应设置为更大的值,如 500(MB) 或 1000(MB)。

如果特征向量中各个特征的取值范围存在较大差异,则应对数据进行预处理。例如通过变换使所有特征的取值范围统一为 [0,1] 或 [−1,+1],或者通过标准化 (standardize) 使每个特征的平均值为 0 并且方差为 1。

程序14.1使用四种不同的支持向量机基于鸢尾花数据集的每个特征向量的前两个特征进行分类,并绘制了决策边界 (图14.1)。前两种都使用线性核函数。虽然它们的决策边界都是线性的,但存在差异,原因有两个方面:处理多类别分类的方式不同;最小化的目标函数的形式不同。

程序 14.1　鸢尾花数据集

```
1  import matplotlib.pyplot as plt
2  from sklearn import svm, datasets
3  from sklearn.inspection import DecisionBoundaryDisplay
4
5  iris = datasets.load_iris()
6  X = iris.data[:, :2]; y = iris.target #
7  C = 1.0
8  clfs = (
9      svm.SVC(kernel="linear", C=C),
10     svm.LinearSVC(C=C, max_iter=10000),
11     svm.SVC(kernel="rbf", gamma=0.7, C=C),
12     svm.SVC(kernel="poly", degree=3, gamma="auto", C=C),
13 )
14 models = (clf.fit(X, y) for clf in clfs)
15 titles = (
16     "SVC with linear kernel",
17     "LinearSVC (linear kernel)",
18     "SVC with RBF kernel",
19     "SVC with polynomial kernel",
20 )
21
22 fig, axes = plt.subplots(2, 2, figsize=(5, 5), dpi = 300)
```

```
23  X0, X1 = X[:, 0], X[:, 1]; cw = plt.cm.coolwarm
24  for model, title, ax in zip(models, titles, axes.flatten()):
25      disp = DecisionBoundaryDisplay.from_estimator(
26          model, X, response_method="predict", cmap=cw,
27          alpha=0.8, ax=ax,
28          xlabel=iris.feature_names[0],
29          ylabel=iris.feature_names[1],
30      )
31      ax.scatter(X0, X1, c=y, cmap=cw, s=20, edgecolors="k")
32      ax.set_xticks(()); ax.set_yticks(()); ax.set_title(title)
33  fig.tight_layout(); plt.show()
```

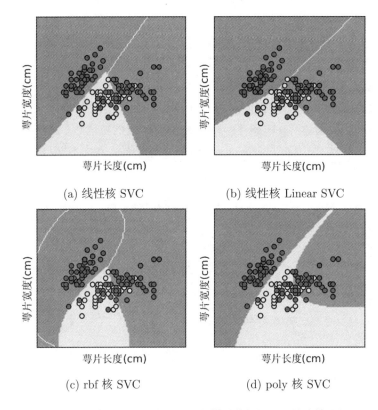

(a) 线性核 SVC   (b) 线性核 Linear SVC

(c) rbf 核 SVC   (d) poly 核 SVC

图 14.1 四种不同的支持向量机在鸢尾花数据集上的决策边界

程序14.2实现了一个读取数据和进行预处理的模块。

程序 14.2 读取数据和进行预处理的模块

```
1  from sklearn import datasets, preprocessing
2  from sklearn.model_selection import train_test_split
3  import pandas as pd
4
5  class UnknownDataSetError(Exception):
6      def __init__(self, message):
7          self.message = message
```

```
8
9  def get_data(name, test_prop = 0.4, prepr = False):
10     # 读取一个数据集并进行预处理。形参name指定数据集的名称,形参test_prop指定属于测试
11     # 集的数据所占比例,形参prepr表示是否需要对特征向量的各分量进行标准化,有些算法对
12     # 不同特征在尺度上的差异敏感,此时需要将,提供给prepr的实参的值设为True
13
14
15
16     if name == "iris":
17         X, y = datasets.load_iris(return_X_y=True)
18     elif name == "breast_cancer":
19         X, y = datasets.load_breast_cancer(return_X_y=True)
20     elif name == "digits":
21         X, y = datasets.load_digits(return_X_y=True)
22     elif name == "boston_house":
23         dataset = pd.read_csv("boston_house.csv")
24         X, y = dataset.iloc[:, :-1], dataset.iloc[:, -1]
25     else:
26         raise UnknownDataSetError()
27
28     X_train, X_test, y_train, y_test = train_test_split(X, y, \
29         test_size=test_prop, random_state=0)
30     # 将数据集随机划分为训练集和测试集,其中属于测试集的数据所占比例由形参test_prop指定。
31     # 由于划分过程取决于随机性状态,将关键字参数random_state的值设置为一个整数(例如0),
32     # 可以设定一致的状态,以确保反复运行得到的划分结果一致
33
34     if not prepr: return X_train, X_test, y_train, y_test
35     scaler = preprocessing.StandardScaler().fit(X_train)
36     # 创建了preprocessing模块的StandardScaler类的对象
37     X_train_transformed = scaler.transform(X_train)
38     # 对训练集中的特征向量进行标准化
39     X_test_transformed = scaler.transform(X_test)
40     # 对测试集中的特征向量进行标准化
41     return X_train_transformed, X_test_transformed, \
42         y_train, y_test
```

程序14.3评估 SVC 在鸢尾花数据集上的分类性能。在一些分类问题中,各类别的分布不均衡。此时为了评估分类方法的性能,应使用 StratifiedKFold 类提供的分层 k 折交叉验证,可以确保交叉验证的每个子集中的类别分布和整个数据集的类别分布一致。

程序 14.3 SVC 对鸢尾花数据集的分类

```
1  from sklearn import svm, datasets
2  from sklearn.metrics import confusion_matrix, \
3      classification_report
4  from sklearn.model_selection import cross_val_score
```

```
5   from sklearn.pipeline import make_pipeline
6   from get_data import get_data
7
8   X, y = datasets.load_iris(return_X_y=True)
9   print(X.shape, y.shape) # (150, 4) (150,)
10  X_train_transformed, X_test_transformed, y_train, y_test \
11      = get_data('iris', test_prop = 0.4, prepr = True)
12
13  clf = svm.SVC(C=1).fit(X_train_transformed, y_train)
14  # 使用一个SVC对象在训练集上拟合模型
15  y_pred = clf.predict(X_test_transformed)
16  # 使用该模型对测试集进行预测，预测结果保存在y_pred中
17  print(confusion_matrix(y_test, y_pred)) # 生成混淆矩阵
18  # [[16  0  0]
19  #  [ 0 22  1]
20  #  [ 0  3 18]]
21  # 该矩阵的行数和列数都是类别的个数，第i行第j列的元素表示测试集中属于第i个类别但被模型
22  # 赋予第j个类别的特征向量的个数
23  print(classification_report(y_test, y_pred)) # 生成分类报告
24  #              precision  recall f1-score  support
25
26  #           0      1.00    1.00     1.00       16
27  #           1      0.88    0.96     0.92       23
28  #           2      0.95    0.86     0.90       21
29
30  #    accuracy                       0.93       60
31  #   macro avg      0.94    0.94     0.94       60
32  # weighted avg     0.94    0.93     0.93       60
33  # 分类报告显示每个类别的查准率(precision)、查全率(recall)、F1(f1-score)和特征向量的个
34  # 数(support)。查准率定义为被模型赋予第i个类别的特征向量中实际属于第i个类别的特征向量
35  # 所占比例。例如对于类别1，查准率=22/(22+3)=0.88。查全率定义为实际属于第i个类别的特征
36  # 向量中被模型赋予第i个类别的特征向量所占的比例。例如对于类别1，查全率=22/(22+1)=0.96。
37  # F1定义为precision*recall/(precision+recall)。准确率(accuracy)定义为分类结果正确的
38  # 特征向量在所有特征向量中所占的比例，在本例中准确率=(16+22+18)/(16+22+18+1+3)=0.93。
39  # "macro avg"表示某一指标各类别的平均值。"weighted avg"表示某一指标各类别的加权平
40  # 均值，权重是各类别的特征向量的个数
41
42
43
44
45
46  print(clf.score(X_test_transformed, y_test)) # 0.9333333333333333
47  # 调用score函数输出分类准确率
48
```

```
49  clf = make_pipeline(preprocessing.StandardScaler(), svm.SVC(C=1))
50  # 生成一个流水线，先进行标准化再使用一个SVC类的对象进行分类。流水线是由多个转换器和
51  # 估计器组成的序列，序列中的成员依次对数据进行操作。流水线的最后一个成员可以是转换器
52  # 或估计器，其他成员必须是转换器
53  scores = cross_val_score(clf, X, y, cv=5)
54  # 将流水线应用于交叉验证并返回每折的准确率，关键字参数cv指定折数为5
55  print(scores, '%0.2f' % scores.mean(), '%0.2f' % scores.std())
56  # [0.96666667 0.96666667 0.96666667 0.93333333 1. ] 0.97 0.02
57  scores = cross_val_score(clf, X, y, cv=5, scoring='f1_macro')
58  # 使用关键字参数scoring指定返回的结果是每折的'f1_macro'
59  print(scores, '%0.2f' % scores.mean(), '%0.2f' % scores.std())
60  # [0.96658312 0.96658312 0.96658312 0.93333333 1. ] 0.97 0.02
```

SVR、NuSVR 和 LinearSVR 是实现支持向量机回归的三个类。SVR 和 NuSVR 类似，但在接受的参数上略有不同。LinearSVR 仅支持线性核函数。SVR 求解以下约束最优化问题：

$$\min_{\boldsymbol{w}, b, \boldsymbol{\xi}, \boldsymbol{\xi}^*} \frac{1}{2} \|\boldsymbol{w}\|^2 + C \sum_{i=1}^{n} (\xi_i + \xi_i^*)$$

其中 $y_i - \boldsymbol{w}^{\mathrm{T}} \phi(\boldsymbol{x}_i) - b \leqslant \epsilon + \xi_i$，$\boldsymbol{w}^{\mathrm{T}} \phi(\boldsymbol{x}_i) + b - y_i \leqslant \epsilon + \xi_i^*$，$\xi_i, \xi_i^* \geqslant 0, i = 1, \cdots, n$。目标函数的第二项对预测值与真实目标相差超过 ϵ 的特征向量进行惩罚，惩罚的力度由参数 C 调节。

程序14.4使用 SVR 对波士顿房价数据集进行回归。为了确定合理的正则化强度，使用了 16 个不同的 C 值并记录了训练集和测试集上的决定系数，结果显示在图14.2。训练集上的决定系数随 C 值的增长而单调增长。测试集上的决定系数一开始随 C 值的增长而单调增长，然后在 $C = 2^7$ 时达到峰值，之后单调减小。$C = 2^7$ 是对这一数据集合适的取值。在 $C > 2^7$ 时，训练集上的决定系数的趋势和测试集上的决定系数的趋势截然相反，可理解为发生了过度拟合。

程序 14.4　SVR 对波士顿房价数据集的回归

```
1   from sklearn import svm
2   import numpy as np; import matplotlib.pyplot as plt
3   from get_data import get_data
4
5   X_train_transformed, X_test_transformed, y_train, y_test \
6       = get_data('boston_house', test_prop = 0.4, prepr = True)
7
8   train_scores = []; test_scores = []
9   scores = []; x = np.arange(0, 16)
10  for k in x:
11      rgr = svm.SVR(C=2**k).fit(X_train_transformed, y_train)
12      train_scores.append(rgr.score(X_train_transformed, y_train))
13      test_scores.append(rgr.score(X_test_transformed, y_test))
14
15  fig, ax1 = plt.subplots(figsize=(4, 4), dpi = 300)
```

```
16  plt.xticks(x); plt.yticks(np.arange(0.55, 1.05, 0.05));
17  ax1.set_xlabel(r'$C=2^x$')
18  ax1.set_ylabel(r'$R^2$ coefficient of determination')
19  ax1.plot(x, train_scores, label='training data set')
20  ax1.plot(x, test_scores, linestyle='--',
21          label='testing data set')
22  plt.legend(); plt.grid(linestyle=':'); plt.show()
```

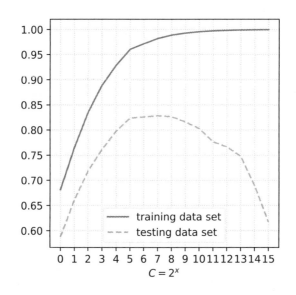

图 14.2   SVR 对波士顿房价数据集的回归

在使用 SVC、NuSVC、SVR、NuSVR、LinearSVC 和 LinearSVR 这 6 个类时提供的表示所有特征向量构成的矩阵的参数可以是属于 numpy.ndarray 类的稠密矩阵, 也可以是属于 scipy.sparse 模块中某个类的稀疏矩阵 (例如 scipy.sparse.csr_matrix)。

14.1.2 决策树

决策树 (decision tree) 是一种用于分类和回归的无参数有监督学习方法。决策树将特征向量所在的空间递归地划分为一些区域, 在每个区域定义一个由决策规则表示的局部模型。决策树生成的整个模型可以用一棵树表示。树是一种自顶向下通过递归定义的层次数据结构, 由一些节点和一些边组成。树有一个唯一的根节点, 位于最顶层。根节点可以有若干子节点位于其下方, 子节点又可以有自己的子节点位于其下方。在树的最底层, 一些节点没有自己的子节点, 这些节点称为叶节点。除了叶节点以外的其他节点都称为分支节点。每个分支节点和它的所有子节点之间都用一条边连接。树包含的每条边都连接了一个分支节点和它的一个子节点。根节点的层次定义为 1。对于每个分支节点,将其层次加上 1 得到的值设定为其子节点的层次。树的深度定义为从根节点到所有叶节点的路径中最长的路径所包含的边数。

生成一个决策树模型的过程是从根节点开始不断生成子节点的递归过程。对于树的任意一个节点 F,用 $index_F \subseteq \{1, \cdots, n\}$ 表示节点 F 所包含的训练数据集中的数据对的索引值的集合,用 $size(F)$ 表示这个集合的元素个数。开始时根节点包含了所有的数据对,以根节点为当前节点生成子节点。在递归过程中用 K 表示当前节点。对于节点 K,从所有 d 个特征中选取一个最优特征,用 m_K 表示其索引值。再从特征 m_K 的取值范围中为其选取一个最优阈值 t_K。基于 (m_K, t_K) 从节点 K 生成两个子节点 L 和 R。子节点 L 包含的数据对的索引值的集合是 $D_L = \{(\boldsymbol{x}_i, y_i)|i \in D_K, \boldsymbol{x}_{i,m_K} \leqslant t_K\}$。子节点 R 包含的数据对的索引值的集合是 $D_R = \{(\boldsymbol{x}_i, y_i)|i \in D_K, \boldsymbol{x}_{i,m_K} > t_K\}$。$m_K$ 和 t_K 通过求解以下最优化问题得到:

$$(m_K, t_K) = \arg\min_m \min_t \frac{size(L)}{size(K)}cost(L) + \frac{size(R)}{size(K)}cost(R)$$

对于包含 C 个类别的分类问题,以节点 F 为自变量的代价函数 $cost(F)$ 通常定义为 Gini 指标:

$$cost(F) = \sum_{c=1}^{C} p_{Fc}(1 - p_{Fc}), \quad p_{Fc} = \frac{1}{size(F)}\sum_{i \in index_F} I(y_i = c)$$

对于回归问题,以节点 F 为自变量的代价函数 $cost(F)$ 通常定义为

$$cost(F) = \frac{1}{size(F)}\sum_{i \in index_F} (y_i - \bar{y})^2, \quad \bar{y} = \frac{1}{size(F)}\sum_{i \in index_F} y_i$$

递归的终结条件包括:树的深度达到指定上限;叶节点包含的数据对的个数达到指定下限;叶节点包含的所有数据对属于同一类别。

决策树方法的主要优点包括:生成的模型容易理解;对不同属性的取值范围的差异不敏感;自动进行特征选择;拟合速度快,适用于大规模数据集。主要缺点包括:构建模型时在每个节点上进行局部最优化,不能保证获得全局最优解,因此预测性能不如其他方法;自顶向下的构建过程导致模型不稳定,输入数据的较小变化导致模型结构的较大变化,即模型的方差较大;容易导致过度拟合,需要通过剪枝、设置深度上限、设置叶节点大小 (即包含的数据对的个数) 的下限等方法控制复杂度。

程序14.5的第 7 行至第 8 行使用 DecisionTreeClassifier 对鸢尾花数据集进行分类,参数 max_depth 指定分类树的最大深度,输出结果是文本格式的分类树。图14.3显示了层次结构的分类树,每个节点标注了该节点的最优特征和最优阈值、Gini 指标、到达该节点的数据对的个数 (samples) 和属于各类别的数据对的个数 (value)。第 25 行至第 26 行使用 DecisionTreeRegressor 对波士顿房价数据集进行回归。

程序 14.5　决策树用于分类和回归

```
1  from sklearn import tree, datasets
2  from get_data import get_data
3
4  X_train, X_test, y_train, y_test \
5      = get_data('iris', test_prop = 0.4, prepr = False)
6  iris = datasets.load_iris()
7  clf = tree.DecisionTreeClassifier(max_depth=3, random_state=1)
```

```
 8   clf = clf.fit(X_train, y_train)
 9   print(clf.score(X_test, y_test)) # 分类准确率是0.95
10   print(tree.export_text(clf, feature_names=iris['feature_names']))
11   # |--- petal width (cm) <= 0.75
12   # |    |--- class: 0
13   # |--- petal width (cm) > 0.75
14   # |    |--- petal length (cm) <= 5.05
15   # |    |    |--- petal width (cm) <= 1.75
16   # |    |    |    |--- class: 1
17   # |    |    |--- petal width (cm) > 1.75
18   # |    |    |    |--- class: 2
19   # |    |--- petal length (cm) > 5.05
20   # |    |    |--- class: 2
21   tree.plot_tree(clf, feature_names=iris['feature_names'])
22
23   X_train, X_test, y_train, y_test \
24       = get_data('boston_house', test_prop = 0.4, prepr = False)
25   rgr = tree.DecisionTreeRegressor(max_depth=3, random_state=1)
26   rgr = rgr.fit(X_train, y_train)
27   print(rgr.score(X_test, y_test)) # 决定系数是0.8013916502035618
```

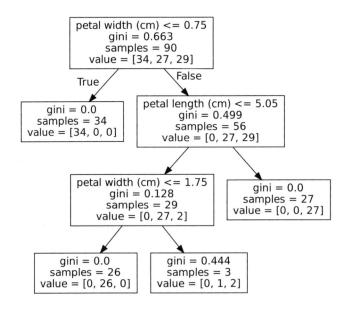

图 14.3　分类树

14.1.3 集成方法

为了提升决策树的预测性能,集成方法 (ensemble methods) 通过以下两种方式组合多个决策树模型 (以下简称模型) 的预测结果:

- 平均 (averaging) 方式:构建多个互相独立的模型,通过减小方差来提升性能;

- 提升 (boosting) 方式:依次构建多个互相依赖的模型,通过减小偏差来提升性能。

随机森林方法是一种实现了平均方式的集成方法,所构建的模型的数量由参数 n_estimators 指定。它在每个决策树模型的构建过程中引入以下两种随机性:

- 拟合每个模型的训练数据集是从完整的训练数据集中通过有放回随机抽样得到的;

- 在当前节点选取一个最优特征的选择范围可以是所有特征, 也可以是从所有特征的集合中随机抽取的一个子集,其大小由参数 max_features 指定。

随机森林方法的预测结果是所有模型的预测结果的平均值。引入这两种随机性有时会略微增大偏差,但通常减小方差的幅度更大,因此预测性能得到提升。参数 n_estimators 指定模型的数量。随着参数 n_estimators 的值不断变大,预测性能也不断变好,但当其超过一个临界值之后,预测性能不会再有明显变化。参数者 max_features 的值越低,方差减小得越多,但是偏差增大得也越多。通常在回归问题中设定 max_features=None(考虑所有的特征), 在分类问题设定 max_features=sqrt(子集大小是特征个数的平方根)。n_jobs 参数实现树的并行构建和预测结果的并行计算。如果设置 n_jobs=k,则计算任务被划分为 k 个作业并运行在机器的 k 个核上。如果设置 n_jobs=-1,则使用机器的所有核。

程序14.6的第 7 行至第 8 行使用 RandomForestClassifier 对鸢尾花数据集进行分类。第 13 行至第 14 行使用 RandomForestRegressor 对波士顿房价数据集进行回归。

程序 14.6 随机森林方法用于分类和回归

```
1  from sklearn.ensemble import RandomForestClassifier, \
2      RandomForestRegressor
3  from get_data import get_data
4
5  X_train, X_test, y_train, y_test \
6      = get_data('breast_cancer', test_prop = 0.4, prepr = False)
7  clf = RandomForestClassifier(n_estimators=50, random_state=1)
8  clf = clf.fit(X_train, y_train)
9  print(clf.score(X_test, y_test)) # 分类准确率是0.9605263157894737
0
1  X_train, X_test, y_train, y_test \
2      = get_data('boston_house', test_prop = 0.4, prepr = False)
3  rgr = RandomForestRegressor(n_estimators=50, random_state=1)
4  rgr = rgr.fit(X_train, y_train)
5  print(rgr.score(X_test, y_test)) # 决定系数是0.8313578793167815
```

梯度提升 (gradient boosting) 方法是一种实现了提升方式的集成方法,以梯度下降的

方式最小化经验风险。迭代公式如下:

$$
f_m(\boldsymbol{x}) = \begin{cases} \arg\min\limits_{F} \sum\limits_{i=1}^{n} loss(y_i, F(\boldsymbol{x}_i)), & \text{若 } m = 0 \\ f_{m-1}(\boldsymbol{x}) + \nu F_m(\boldsymbol{x}), & \text{若 } 1 \leqslant m \leqslant M \end{cases}
$$

其中 $F_m = \arg\min\limits_{F} \sum\limits_{i=1}^{n} (r_{im} - F(\boldsymbol{x}_i))^2, r_{im} = -\left(\dfrac{\partial loss(y_i, f(\boldsymbol{x}_i))}{\partial f(\boldsymbol{x}_i)} \right)_{f(\boldsymbol{x}_i) = f_{m-1}(\boldsymbol{x}_i)}$ 。参数 n_estimators 指定模型的数量。公式中的 ν 表示学习速率,由参数 learning_rate 指定,通常设置为较小值,如 0.1。每棵树的大小可以通过设置树的深度 max_depth 来控制,也可以通过设置最大叶节点数 max_leaf_nodes 来控制。

程序14.7的第 7 行至第 9 行使用 GradientBoostingClassifier 对鸢尾花数据集进行分类。第 14 行至第 16 行使用 GradientBoostingRegressor 对波士顿房价数据集进行回归。

程序 14.7　梯度提升方法用于分类和回归

```
1  from sklearn.ensemble import GradientBoostingClassifier, \
2     GradientBoostingRegressor
3  from get_data import get_data
4
5  X_train, X_test, y_train, y_test \
6     = get_data('breast_cancer', test_prop = 0.4, prepr = False)
7  clf = GradientBoostingClassifier(n_estimators=100,
8          learning_rate=1.0, max_depth=1, random_state=1)
9  clf = clf.fit(X_train, y_train)
10 print(clf.score(X_test, y_test)) # 分类准确率是0.9780701754385965
11
12 X_train, X_test, y_train, y_test \
13    = get_data('boston_house', test_prop = 0.4, prepr = False)
14 rgr = GradientBoostingRegressor(n_estimators=100,
15          learning_rate=1.0, max_depth=1, random_state=1)
16 rgr = rgr.fit(X_train, y_train)
17 print(rgr.score(X_test, y_test)) # 决定系数是0.7508739531871363
```

XGBoost(Chen, Guestrin, 2016) 在多个方面对梯度提升进行了改进:最小化的目标函数是经验风险加上一个正则化项 $\Omega(f) = \gamma J + \dfrac{\lambda}{2} \sum\limits_{j=1}^{J} w_j^2$,其中 J 是叶节点的个数,$\gamma \geqslant 0$ 和 $\lambda \geqslant 0$ 是正则化系数;在迭代过程的每一步,计算目标函数的二阶近似 (而不是一阶近似);像随机森林那样从一个随机的特征子集中为内部节点选取一个最优特征;使用多种方法提高在大规模数据集上的运行效率。

程序14.8的第 7 行至第 9 行使用 XGBClassifier 对鸢尾花数据集进行分类。第 14 行至第 16 行使用 XGBRegressor 对波士顿房价数据集进行回归。

程序 14.8　XGBoost 用于分类和回归

```
1  import xgboost as xg # conda install py-xgboost
2  from sklearn.metrics import accuracy_score, r2_score
3  from get_data import get_data
```

```
 4
 5  X_train, X_test, y_train, y_test \
 6      = get_data('breast_cancer', test_prop = 0.4, prepr = False)
 7  clf = xg.XGBClassifier(n_estimators = 50, seed = 1)
 8  clf.fit(X_train, y_train)
 9  y_pred = clf.predict(X_test)
10  print(accuracy_score(y_test, y_pred)) # 分类准确率是0.9692982456140351
11
12  X_train, X_test, y_train, y_test \
13      = get_data('boston_house', test_prop = 0.4, prepr = False)
14  rgr = xg.XGBRegressor(n_estimators = 50, seed = 1)
15  rgr.fit(X_train, y_train)
16  y_pred = rgr.predict(X_test)
17  print(r2_score(y_test, y_pred)) # 决定系数是0.7859369895919663
```

14.1.4　神经网络

支持向量机使用指定的非线性特征提取函数 ϕ 将特征向量映射到一个高维空间：$f(\boldsymbol{x}; \boldsymbol{\theta}) = \boldsymbol{w}^{\mathrm{T}}\phi(\boldsymbol{x}) + b, \boldsymbol{\theta} = (\boldsymbol{w}, b)$。一种对其进行扩展的方式是给特征提取函数配备自己的参数：$f(\boldsymbol{x}; \boldsymbol{\theta}) = \boldsymbol{w}^{\mathrm{T}}\phi(\boldsymbol{x}; \boldsymbol{\theta}_2) + b, \boldsymbol{\theta} = (\boldsymbol{\theta}_1, \boldsymbol{\theta}_2), \boldsymbol{\theta}_1 = (\boldsymbol{w}, b)$。这些参数的值可以通过在训练数据集上的拟合自动计算。多层感知机 (multilayer perceptron, MLP) 的原理就是组合 L 个以上形式的函数：$f(\boldsymbol{x}; \boldsymbol{\theta}) = f_L(f_{L-1}(\cdots(f_1(\boldsymbol{x}))\cdots))$，其中 $f_l(\boldsymbol{x}) = f_l(\boldsymbol{x}; \boldsymbol{\theta}_l)$ 是第 l 层的函数。多层感知机假定特征向量的维度是固定的，这样的输入数据称为结构化数据或表格数据。深度神经网络 (deep neural networks, DNN) 是多层感知机的扩展，把多种可微函数组合成一个有向无环图。DNN 不仅可以学习结构化数据，也可以学习非结构化数据。例如：卷积神经网络 (convolutional neural networks, CNN) 用于图像处理；循环神经网络 (recurrent neural networks, RNN) 用于自然语言处理；图神经网络 (graph neural networks, GNN) 用于图计算 (Murphy, 2022)。DNN 在近几年得到迅速发展，其主要原因有：用于拟合 DNN 模型的计算效率较高的 GPU 的性价比不断提升；以 ImageNet 为代表的大规模人工标注数据集的不断出现避免了有大量参数的 DNN 模型在训练过程中出现过度拟合。很多公司都发布了开源的 DNN 软件库，例如 Tensorflow(Google)、PyTorch(Facebook)、MXNet(Amazon) 和 MindSpore(华为) 等。

多层感知机由一个输入层、一个或多个隐藏层和一个输出层构成。每层包含一些节点，称为神经元。位于相邻两层的任意两个神经元 i 和 j 之间存在连接，连接的权值用 w_{ij} 表示。多层感知机的训练过程是一个基于梯度下降的迭代过程。开始时用取值范围较小的随机数初始化所有权值。在第 k 次迭代时，输入层读取的特征向量 $\boldsymbol{x}$ 经过每个隐藏层的变换得到输出值 $\hat{y}$。分类问题需要最小化的目标函数是平均交叉熵，两类别分类问题的损失函数定义如下：

$$loss(\hat{y}, y, W) = -y\ln\hat{y} - (1-y)\ln(1-\hat{y}) + \alpha\|W\|_2^2$$

其中第二项是 L2-正则化项，用以惩罚复杂模型。回归问题需要最小化的目标函数是均方

差,损失函数定义如下:

$$loss(\hat{y}, y, W) = \frac{1}{2}||\hat{y} - y||_2^2 + \alpha||W||_2^2$$

其中第二项是 L2-正则化项,用以惩罚复杂模型。从输出层开始反向用 F 关于 W 的梯度逐层更新所有权重:$W^{k+1} = W^k - \epsilon\nabla loss_W^k$,其中 $\epsilon > 0$ 是学习速率。然后开始下一次迭代,直至迭代次数达到设定的上限或 F 的变化小于设定的下限。

scikit-learn 提供的 MLPClassifier 类和 MLPRegressor 类实现了基于 MLP 的分类和回归,但它们不支持使用 GPU,因此不适用于大规模数据集。如果特征向量中各个特征的取值范围存在较大差异,应对数据进行预处理。例如通过变换使所有特征的取值范围统一为 [0,1] 或 [–1,+1],或者通过标准化使每个特征的平均值为 0 并且方差为 1。训练算法有三种选择:SGD(Stochastic Gradient Descent)、Adam、L-BFGS。L-BFGS 收敛较快,适用于小规模数据集。Adam 适用于大规模数据集。若学习速率的取值合适,SGD 的性能超过其余两种。

程序14.9的第 6 行至第 8 行使用 MLPClassifier 对鸢尾花数据集进行分类。第 13 行至第 15 行使用 MLPRegressor 对波士顿房价数据集进行回归。参数 max_iter 指定最大迭代次数。参数 hidden_layer_sizes 指定各隐藏层的神经元数量。

程序 14.9　多层感知机用于分类和回归

```
1  from sklearn.neural_network import MLPClassifier, MLPRegressor
2  from get_data import get_data
3
4  X_train, X_test, y_train, y_test \
5      = get_data('breast_cancer', test_prop = 0.4, prepr = True)
6  clf = MLPClassifier(alpha=0.0001, max_iter=1000,
7                    hidden_layer_sizes=(4, 2), random_state=1)
8  clf = clf.fit(X_train, y_train)
9  print(clf.score(X_test, y_test)) # 分类准确率是0.9736842105263158
10
11 X_train, X_test, y_train, y_test \
12     = get_data('boston_house', test_prop = 0.4, prepr = True)
13 rgr = MLPRegressor(alpha=0.0001, max_iter=5000,
14                   hidden_layer_sizes=(4, 2), random_state=1)
15 rgr = rgr.fit(X_train, y_train)
16 print(rgr.score(X_test, y_test)) # 决定系数是0.8216160464191486
```

14.2　无监督学习

无监督学习中经验的形式是 n 个输入数据点 $\{\boldsymbol{x}_i\}_{i=1}^n$。聚类 (clustering) 是一种常用的无监督学习,其目标是将输入数据划分为一些簇 (cluster),每个簇由一些相似的数据组成。主成分分析 (principal components analysis, PCA) 是另一种无监督学习,其目标是将包含一些互相关联的变量的数据集投射到一个低维空间中以降低维度，并且尽量多地保留数据的变化。

14.2.1 聚类

1. K-Means

K-Means 是一个通过迭代求解的聚类算法，需要预先指定簇的个数 K。每个簇 C_j 由其质心 (centroid)$\boldsymbol{\mu}_j$ 代表，定义为分配给该簇的所有数据点的均值：$\boldsymbol{\mu}_j = \dfrac{1}{n_j} \sum\limits_{i:z_i=j} \boldsymbol{x}_i$，其中 n_j 表示分配给簇 C_j 的数据点的个数，z_i 表示第 i 个数据点所属的簇的编号。给定一些需要聚类的数据点，开始时随机选取 K 个数据点作为 K 个簇的质心。在迭代过程中的每一步，对于每个数据点，计算其与各质心之间的距离，再把它分配给与其距离最近的质心所代表的簇：$z_i' = \arg\min\limits_{j}\|\boldsymbol{x}_i - \boldsymbol{\mu}_j\|^2$。然后对于每个簇重新计算其质心，进行下一次迭代。用 $SS(C_j) = \sum\limits_{\boldsymbol{p}\in C_j} (\|\boldsymbol{p} - \boldsymbol{\mu}_j\|^2)$ 表示簇 C_j 的簇内平方和，迭代过程最小化的目标函数是所有簇的簇内平方和 (within-cluster sum-of-squares) 的总和：$\sum\limits_{j=1}^{K} SS(C_j) = \sum\limits_{i=1}^{n} \|\boldsymbol{x}_i - \boldsymbol{\mu}_{z_i}\|^2$。迭代过程的终止条件是目标函数的变化小于预先指定的阈值。

K-Means 的优点是适用于大规模数据集，缺点是假定簇具有凸的各向同性的形状。K-Means 通常收敛到目标函数的一个局部最小值，聚类结果依赖于随机初始化。K-Means++ 是对 K-Means 的改进，它将初始的 K 个质心设置为尽可能相互远离，相对随机初始化得到更好的结果。MiniBatchK-Means 是 K-Means 算法的变体，它在每次迭代中不使用整个数据集而是使用从其随机抽样得到的子集 (称为小批量，mini-batch) 来减少计算时间。MiniBatchK-Means 的收敛速度比 K-Means 快，但是聚类结果的质量会下降。

2. 聚集聚类

聚集聚类 (agglomerative clustering) 是通过不断合并簇构建聚类结果的聚类算法。开始时，每个数据点构成一个簇。重复执行以下步骤直至所有簇都合并在一起：从当前所有簇中选择距离最近的两个簇进行合并。聚类结果是一种层次结构，可以用树表示。用 $dist(\boldsymbol{p}, \boldsymbol{q})$ 表示两个数据点 $\boldsymbol{p}$ 和 $\boldsymbol{q}$ 之间的距离，它可以有几种定义：余弦 (cosine)、欧式 (L2 或 euclidean)、街区 (L1 或 cityblock)，或预先计算。L1 距离适用于稀疏特征向量，余弦距离不随尺度的变化而改变。用 $dist(C_u, C_v)$ 表示两个簇 C_u 和 C_v 之间的距离，它可以有几种定义：

- 单连接 (single linkage)：两个簇中距离最近的两个数据点之间的距离，即

$$\min_{\boldsymbol{p}\in C_u, \boldsymbol{q}\in C_v} dist(\boldsymbol{p}, \boldsymbol{q})$$

- 完全连接 (complete linkage)：两个簇中距离最远的两个数据点之间的距离，即

$$\max_{\boldsymbol{p}\in C_u, \boldsymbol{q}\in C_v} dist(\boldsymbol{p}, \boldsymbol{q})$$

- 平均连接 (average linkage)：两个簇中所有数据点之间的距离的平均值，即

$$\frac{1}{n_{\boldsymbol{p}}n_{\boldsymbol{q}}} \sum_{\boldsymbol{p}\in C_u} \sum_{\boldsymbol{q}\in C_v} dist(\boldsymbol{p}, \boldsymbol{q})$$

● Ward：两个簇在合并后得到的簇 $C_{u \oplus v}$ 的簇内平方和与合并前的两个簇的簇内平方和之和的差值，即

$$SS(C_{u \oplus v}) - (SS(C_u) + SS(C_v))$$

用 Ward 使得簇的大小更均衡，但仅限于欧式距离。对于非欧式距离，可以使用平均连接。单连接的计算代价较低，适用于大规模数据集。单连接也适用于非球形数据。使用聚集聚类时可以添加以矩阵形式描述的连通性约束 (connectivity constraints)，即仅允许邻近的簇合并。

3. DBSCAN

DBSCAN 算法将簇视为被低密度区域分隔开的高密度区域。簇由核心点和非核心点组成。一个数据点被定义为核心点，如果至少存在 min_samples 个其他的数据点与它的距离不超过 eps，min_samples 和 eps 都是参数。两个数据点互为邻居，如果它们之间的距离不超过 eps。一个数据点被定义为非核心点，如果它不满足核心点的要求但是它的某个邻居是核心点。一个数据点被定义为局外点 (outlier)，如果它既不是核心点，也不是非核心点。

簇可以通过一个递归过程构建：从一个核心点开始，把它所有的属于核心点的邻居加入簇中，再从簇中的其他核心点开始重复上述过程。参数 eps 的取值非常关键：如果取值太小，大多数数据点不会被加入簇中；如果取值太大，可能会导致相近的多个簇被合并成一个。DBSCAN 的优点是适用于任意形状的簇。当以相同的顺序输入所有的数据点时，DBSCAN 总是形成相同的簇。然而，当以不同的顺序输入所有的数据点时，结果可能不相同，例如当一个非核心点到两个属于不同簇的核心点的距离都小于 eps 时。

聚类演示

程序14.10演示了使用这几种聚类算法在四个人工合成的数据集上的聚类结果，结果显示在图14.4。聚类得到的每个簇的数据点用相同颜色表示。

程序 14.10　聚类演示

```
1  import numpy as np; import matplotlib.pyplot as plt
2  from sklearn import cluster, datasets
3  from sklearn.preprocessing import StandardScaler
4  from itertools import cycle, islice
5
6  np.random.seed(0); n_samples = 500
7  circles = datasets.make_circles( # 两个叠加了噪声的同心圆环
8      n_samples=n_samples, factor=0.5, noise=0.05, random_state=1
9  )
10 moons = datasets.make_moons( # 叠加了噪声的月牙形
11     n_samples=n_samples, noise=0.05, random_state=1
12 )
13 # blobs with varied variances
14 varied = datasets.make_blobs( # 服从正态分布的数据点
15     n_samples=[50, 120, 100, 230],
```

```
16        cluster_std=[1.0, 1.6, 0.8, 2.9],
17        random_state=1
18    )
19    # Anisotropicly distributed data 非各向同性的数据点
20    X, y = datasets.make_blobs(n_samples=n_samples, random_state=1)
21    transformation = [[0.6, -0.6], [-0.4, 0.8]]
22    aniso = (np.dot(X, transformation), y)
23
24    plt.figure(figsize=(6, 6.2)); plot_num = 1
25
26    datasets = [circles, moons, varied, aniso]
27
28    for i_dataset, dataset in enumerate(datasets):
29        X, y = dataset
30        X = StandardScaler().fit_transform(X)
31
32        mb_kmeans = cluster.MiniBatchKMeans(n_clusters=3)
33
34        ward = cluster.AgglomerativeClustering(
35            linkage="ward", n_clusters=3
36        )
37
38        avg_agglom = cluster.AgglomerativeClustering(
39            linkage="average", n_clusters=3
40        )
41
42        dbscan = cluster.DBSCAN(eps=0.2)
43
44        algorithms = (
45            ("MiniBatch\nKMeans", mb_kmeans),
46            ("Ward", ward),
47            ("Agglomerative\nClustering", avg_agglom),
48            ("DBSCAN", dbscan)
49        )
50
51        for name, algorithm in algorithms:
52            algorithm.fit(X)
53            if hasattr(algorithm, "labels_"):
54                y_pred = algorithm.labels_.astype(int)
55            else:
56                y_pred = algorithm.predict(X)
57
58            plt.subplot(len(datasets), len(algorithms), plot_num)
59            if i_dataset == 0: plt.title(name, size=10)
```

```
60
61          colors = np.array(list(islice(cycle(
62                          ["#984ea3", 'r','b','g','c','m']),
63                          int(max(y_pred) + 1))))
64          # add black color for outliers (if any)
65          colors = np.append(colors, ["#000000"])
66          plt.scatter(X[:, 0], X[:, 1], s=5, color=colors[y_pred])
67          plt.xlim(-2.5, 2.5); plt.ylim(-2.5, 2.5)
68          plt.xticks(()); plt.yticks(())
69          plot_num += 1
70
71  plt.tight_layout(); plt.show()
```

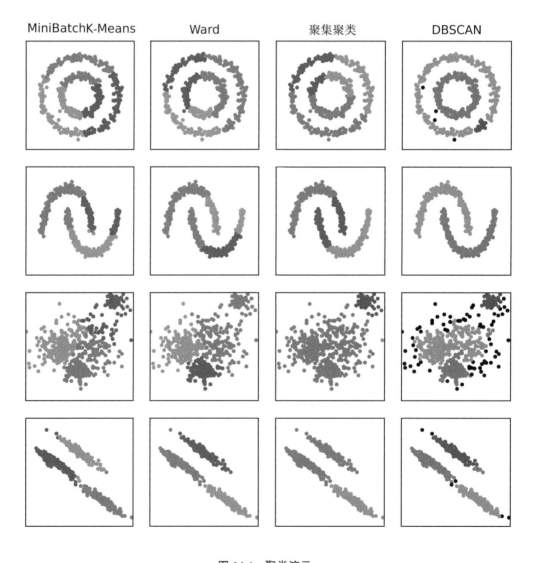

图 14.4　聚类演示

5. 评价指标

有些评价聚类结果的指标需要人工标注的真实结果,例如兰德指数 (Rand index)。兰德指数定义为:$RI = \dfrac{a+b}{C_n^2}$,其中 a 表示聚类结果中属于同一个簇并且在真实结果中也属于同一个簇的点对的个数,b 表示聚类结果中不属于同一个簇并且在真实结果中也不属于同一个簇的点对的个数,C_n^2 表示所有点对的个数。兰德指数的取值范围是 $[0,1]$,取值越接近 1,聚类结果越准确。兰德指数的缺陷是随机聚类结果的兰德指数接近 0 的可能性很低。为了弥补这个缺陷,校准兰德指数 (adjusted Rand index) 定义为:$ARI = \dfrac{RI - E(RI)}{\max(RI) - E(RI)}$,其中 E 表示数学期望。兰德指数和校准兰德指数的优点是不对簇的结构做任何假设,可评价任何聚类算法。

很多实际问题并没有人工标注的真实结果。以下列举两种不需要真实结果的指标:轮廓 (silhouette) 系数和 Calinski-Harabasz 指标。

- 一个数据点 i 的轮廓系数定义为:$s_i = (b_i - a_i)/\max(a_i, b_i)$,其中 a_i 表示 i 与同一个簇中所有其他点之间的平均距离,b_i 表示 i 与其他所有簇的距离的最小值,这里定义一个数据点和一个簇的距离为该点和簇中所有点之间的距离的平均值。一个簇的轮廓系数定义为簇中所有点的轮廓系数的平均值。一个聚类结果的轮廓系数定义为所有点的轮廓系数的平均值。轮廓系数的取值范围是 $[-1,1]$。当簇中的数据点密度较高、形状为凸的并且簇之间分隔较好时轮廓系数的值较大。

- 一个聚类结果的 Calinski-Harabasz 指标定义为:$s = \dfrac{\text{tr}(B_K)}{\text{tr}(W_K)} \times \dfrac{n-K}{K-1}$,其中 K 表示簇的个数,n 表示数据点的个数,$\text{tr}(W_K)$ 表示簇内分散 (dispersion) 矩阵的迹:$W_K = \sum\limits_{j=1}^{K} \sum\limits_{\boldsymbol{x} \in C_j} (\boldsymbol{x} - \boldsymbol{\mu}_j)(\boldsymbol{x} - \boldsymbol{\mu}_j)^{\text{T}}$,$\text{tr}(B_K)$ 表示簇间分散矩阵的迹:$B_K = \sum\limits_{j=1}^{K} n_j (\boldsymbol{\mu}_j - \boldsymbol{\mu})(\boldsymbol{\mu}_j - \boldsymbol{\mu})^{\text{T}}$,其中 $\boldsymbol{\mu}_j$ 表示簇 C_j 的质心,$\boldsymbol{\mu}$ 表示所有数据点的质心。当簇中的数据点密度较高、形状为凸的并且簇之间分隔较好时该指标的值较大。

14.2.2 主成分分析

当一个数据集包含一些相关变量时,主成分分析 (principal component analysis, PCA) 可在尽量保留数据变化的前提下降低其维度。其实现方式是把数据集中的原始变量转换为一组新的变量,称为主成分。每个主成分都是原始变量的线性组合。这些主成分互相之间是不相关的,并且按照各自保留的数据变化的幅度从大到小排列。排在前面的几个主成分保留了大部分的数据变化,它们的个数就是新的维度 (Jolliffe, 2002)。

设数据集的原始变量是 $\boldsymbol{x} = (x_1, \cdots, x_p)^{\text{T}}$,求解得到的第 k 个主成分是 $z_k = \boldsymbol{\alpha}_k^{\text{T}} \boldsymbol{x}$。

对 z_1 的要求是:$\boldsymbol{\alpha}_1$ 是单位向量;z_1 的方差最大化。即 z_1 是以下约束最优化问题的解:

$$\max_{\boldsymbol{\alpha}_1 \in \Omega} \text{var}(\boldsymbol{\alpha}_1^{\text{T}} \boldsymbol{x}), \quad \Omega = \{\boldsymbol{\alpha}_1 | \boldsymbol{\alpha}_1^{\text{T}} \boldsymbol{\alpha}_1 = 1\}$$

假定已知 $\boldsymbol{x}$ 的协方差矩阵 $\boldsymbol{\Sigma}$,则 $\text{var}(\boldsymbol{\alpha}_1^{\text{T}} \boldsymbol{x}) = \boldsymbol{\alpha}_1^{\text{T}} \boldsymbol{\Sigma} \boldsymbol{\alpha}_1$。该问题的拉格朗日函数是

$$\boldsymbol{L}(\boldsymbol{\alpha}_1, \lambda) = \boldsymbol{\alpha}_1^{\text{T}} \boldsymbol{\Sigma} \boldsymbol{\alpha}_1 - \lambda(\boldsymbol{\alpha}_1^{\text{T}} \boldsymbol{\alpha}_1 - 1)$$

其中 λ 是拉格朗日乘子。求解方程 $\nabla_{\boldsymbol{\alpha}_1} \boldsymbol{L}(\boldsymbol{\alpha}_1, \lambda) = 0$ 可得 $(\boldsymbol{\Sigma} - \lambda \boldsymbol{I}_p)\boldsymbol{\alpha}_1 = 0$,其中 $\boldsymbol{I}_p$

表示 p 阶单位矩阵。因此 λ 是 $\boldsymbol{\Sigma}$ 的一个特征值，$\boldsymbol{\alpha}_1$ 是对应的特征向量。为了最大化 $\text{var}(\boldsymbol{\alpha}_1^{\text{T}}\boldsymbol{x}) = \boldsymbol{\alpha}_1^{\text{T}}\boldsymbol{\Sigma}\boldsymbol{\alpha}_1 = \boldsymbol{\alpha}_1^{\text{T}}\lambda\boldsymbol{\alpha}_1 = \lambda\boldsymbol{\alpha}_1^{\text{T}}\boldsymbol{\alpha}_1 = \lambda$，$\lambda$ 应等于 $\boldsymbol{\Sigma}$ 的最大特征值 λ_1。

对 z_2 的要求是：$\boldsymbol{\alpha}_2$ 是单位向量；z_2 与 z_1 不相关；z_2 的方差最大化。即 z_2 是以下约束最优化问题的解：

$$\max_{\boldsymbol{\alpha}_2 \in \Omega} \text{var}(\boldsymbol{\alpha}_2^{\text{T}}\boldsymbol{x}), \quad \Omega = \{\boldsymbol{\alpha}_2 | \boldsymbol{\alpha}_2^{\text{T}}\boldsymbol{\alpha}_2 = 1, \ \text{cov}(\boldsymbol{\alpha}_2^{\text{T}}\boldsymbol{x}, \boldsymbol{\alpha}_1^{\text{T}}\boldsymbol{x}) = 0\}$$

由于 $\text{cov}(\boldsymbol{\alpha}_2^{\text{T}}\boldsymbol{x}, \boldsymbol{\alpha}_1^{\text{T}}\boldsymbol{x}) = \boldsymbol{\alpha}_2^{\text{T}}\boldsymbol{\Sigma}\boldsymbol{\alpha}_1 = \boldsymbol{\alpha}_2^{\text{T}}\lambda_1\boldsymbol{\alpha}_1 = \lambda_1\boldsymbol{\alpha}_2^{\text{T}}\boldsymbol{\alpha}_1$，该问题的拉格朗日函数是

$$\boldsymbol{L}(\boldsymbol{\alpha}_2, \lambda) = \boldsymbol{\alpha}_2^{\text{T}}\boldsymbol{\Sigma}\boldsymbol{\alpha}_2 - \lambda(\boldsymbol{\alpha}_2^{\text{T}}\boldsymbol{\alpha}_2 - 1) - \phi\boldsymbol{\alpha}_2^{\text{T}}\boldsymbol{\alpha}_1$$

其中 λ 和 ϕ 是拉格朗日乘子。用 $\boldsymbol{\alpha}_1^{\text{T}}$ 乘以方程 $\nabla_{\boldsymbol{\alpha}_1}\boldsymbol{L}(\boldsymbol{\alpha}_1, \lambda) = 0$ 的左、右两边，化简后可得 $\phi = 0$。因此 $(\boldsymbol{\Sigma} - \lambda\boldsymbol{I}_p)\boldsymbol{\alpha}_2 = 0$，即 λ 是 $\boldsymbol{\Sigma}$ 的一个特征值。为了最大化 $\text{var}(\boldsymbol{\alpha}_2^{\text{T}}\boldsymbol{x}) = \boldsymbol{\alpha}_2^{\text{T}}\boldsymbol{\Sigma}\boldsymbol{\alpha}_2 = \boldsymbol{\alpha}_2^{\text{T}}\lambda\boldsymbol{\alpha}_2 = \lambda\boldsymbol{\alpha}_2^{\text{T}}\boldsymbol{\alpha}_2 = \lambda$，$\lambda$ 应等于 $\boldsymbol{\Sigma}$ 的除了 λ_1 以外的最大特征值 λ_2，$\boldsymbol{\alpha}_2$ 是对应的特征向量。以此类推，可得对于 $k = 1, 2, \cdots, p$，$\boldsymbol{\alpha}_k$ 是对应于 $\boldsymbol{\Sigma}$ 的第 k 大的特征值 λ_k 的特征向量，并且 $\text{var}(\boldsymbol{\alpha}_k^{\text{T}}\boldsymbol{x}) = \lambda_k$。选取 q 使得 $\sum\limits_{m=1}^{q} \lambda_m \geqslant \theta \sum\limits_{m=1}^{p} \lambda_m$，其中 θ 是一个预先选定的阈值 (取值范围通常为区间 $[0.7, 0.9]$)，则主成分 $\{z_m | m = 1, \cdots, q\}$ 保留了大部分的数据变化。若 q 相对 p 较小，则降维的效果明显。

在实际问题中，若协方差矩阵 $\boldsymbol{\Sigma}$ 未知，可根据输入数据计算样本协方差矩阵 $\boldsymbol{S}$ 以代替 $\boldsymbol{\Sigma}$。基于 n 个输入数据点 $\{\boldsymbol{x}_i\}_{i=1}^n$ 构建一个矩阵 $\boldsymbol{W}$，对于 $i = 1, \cdots, n$，矩阵 $\boldsymbol{W}$ 的第 i 行是 p 维行向量 $\boldsymbol{x}_i$。对矩阵 $\boldsymbol{W}$ 进行变换得到矩阵 $\boldsymbol{X}$，使得 $\boldsymbol{X}_{ij} = \boldsymbol{W}_{ij} - \dfrac{1}{n}\sum\limits_{k=1}^{n} \boldsymbol{W}_{kj}$。再基于矩阵 $\boldsymbol{X}$ 计算样本协方差矩阵 $\boldsymbol{S} = \dfrac{1}{n-1}\boldsymbol{X}^{\text{T}}\boldsymbol{X}$。一种效率较高的计算 PCA 的方式是利用 $\boldsymbol{X}$ 的奇异值分解 $\boldsymbol{A} = \boldsymbol{U}\boldsymbol{L}\boldsymbol{V}^{\text{T}}$。$\boldsymbol{L}$ 和 $\boldsymbol{V}$ 分别提供了 $\boldsymbol{X}^{\text{T}}\boldsymbol{X}$ 的各特征值的平方根和对应的特征向量。

程序14.11演示了使用 PCA 类进行主成分分析。PCA 类的参数 n_components 指定主成分的数量，参数 svd_solver 指定求解方法：full 表示完整精确的 SVD；randomized 适用于仅需要前面几个主成分的情形，计算效率更高。

程序 14.11　主成分分析

```
1  import numpy as np
2  from sklearn.decomposition import PCA
3  from sklearn.preprocessing import StandardScaler
4  from sklearn import svm
5  from sklearn.pipeline import make_pipeline
6  from sklearn.metrics import accuracy_score
7  from get_data import get_data
8
9  np.random.seed(0)
10 n = 1000; X = np.zeros((n, 6))
11 X[:,0] = (np.random.randn(n) + 10) * 100
12 X[:,1] = (np.random.randn(n) - 20) * 50
13 X[:,2] = (np.random.randn(n) + 8) * 20
```

```
14  X[:,3] = X[:,0] + np.random.randn(n)* 7 - 8
15  X[:,4] = X[:,1] + np.random.randn(n)* 5 - 6
16  X[:,5] = X[:,2] + np.random.randn(n)* 3 - 4
17  # 以上生成了1000个特征向量，每个特征向量包含6个分量，其中前3个分量是3个相互独立的服从
18  # 不同参数的正态分布的随机变量的取样值，后3个分量分别是在前3个分量上叠加了一个幅度较小
19  # 的噪声而生成的
20
21  pca = PCA(svd_solver='full').fit(X)
22  print(np.round(pca.components_[0], decimals=4))
23  # [-0.7058 0.0139 0.0053 -0.7081 0.0133 0.0041]，输出结果是第一个主成分的线性组合系数
24
25  print(np.round(pca.explained_variance_ratio_, decimals=4))
26  # [7.82e-01 1.87e-01 2.93e-02 1.00e-03 5.00e-04 2.00e-04]，输出结果显示了6个主成分
27  # 可解释的方差占总方差的比例
28  print(np.round(np.cumsum(pca.explained_variance_ratio_),
29      decimals=4))
30  # [0.782 0.969 0.9983 0.9993 0.9998 1. ]，输出结果是上述结果的累积值。前3个主成分可
31  # 解释的方差占总方差的比例是0.9983，即维度可由6降低为3
32
33
34  X_train, X_test, y_train, y_test \
35      = get_data('digits', test_prop = 0.4, prepr = False)
36
37  scaler = StandardScaler(); clf = svm.SVC()
38  scl_clf = make_pipeline(scaler, clf)
39  scl_clf.fit(X_train, y_train)
40  pred_test = scl_clf.predict(X_test)
41  print("%.4f" % accuracy_score(y_test, pred_test)) # 0.9819
42  # 输出了使用SVC对手写数字数据集的原始特征向量进行分类的准确率
43
44  for n in range(10, 70, 10):
45      scl_pca_clf = make_pipeline(scaler, PCA(n_components=n), clf)
46      scl_pca_clf.fit(X_train, y_train)
47      pred_test = scl_pca_clf.predict(X_test)
48      print("%d:%.4f" % (n, accuracy_score(y_test, pred_test)),
49          end=' ')
50  # 10:0.9374 20:0.9750 30:0.9819 40:0.9805 50:0.9819 60:0.9819，对原始特征向量使用
51  # 主成分分析得到不同数量的主成分，然后输出了使用SVC对这些主成分进行分类的准确率。仅
52  # 使用前10个主成分时，分类准确率是0.9374。随着主成分的数量不断增长，分类准确率也不断
53  # 提高。使用前50个主成分的准确率达到了0.9819。
54
```

第 15 章　图　算　法

图是一种重要的离散结构,计算机科学和很多应用领域中的问题都可以用图表示和求解。本章简要介绍图的一些常用算法的原理,内容包括:
- 广度优先搜索和深度优先搜索;
- 有向图的强连通分量;
- 拓扑排序;
- 最小生成树;
- 最短路径。

本章还介绍实现图算法的两个扩展库的基本用法。

15.1　图的基本概念

图是一个二元组 $G = (V, E)$,其中 V 是顶点 (vertex) 的集合,E 是连接两个顶点的边 (edge) 的集合。图可分为两大类:有向图和无向图。有向图中离开顶点 u 进入顶点 v 的边由有序顶点对 (u, v) 表示。图15.1(a) 显示了一个有向图 $G_1 = (V_1, E_1)$,其中 $V_1 = \{a, b, c, d, e, f\}$,$E_1 = \{(a, b), (b, c), (b, d), (c, a), (c, d), (e, f), (f, d), (f, e)\}$。若一个有向图中存在边 (u, v),则称顶点 v 与顶点 u 邻接。在 G_1 中,顶点 d 与顶点 f 邻接但顶点 f 不与顶点 d 邻接。无向图中连接顶点 u 和顶点 v 的边由集合 $\{u, v\}(u \neq v)$ 表示,或由两个有序顶点对 (u, v) 和 (v, u) 表示。图15.1(b) 显示了一个无向图 $G_2 = (V_2, E_2)$,其中 $V_2 = \{a, b, c, d, e, f\}$,$E_2 = \{\{a, b\}, \{a, c\}, \{b, c\}, \{b, d\}, \{c, d\}, \{c, f\}, \{e, f\}\}$。若一个无向图中存在边 $\{u, v\}$,则称顶点 v 与顶点 u 邻接并且顶点 u 与顶点 v 邻接。

对于两个图 $G_1 = (V_1, E_1)$ 和 $G_2 = (V_2, E_2)$:若 $V_1 \subseteq V_2$ 并且 $E_1 \subseteq E_2$,则称 G_1 是 G_2 的子图 (subgraph),用 $G_1 \subseteq G_2$ 表示;若 $V_1 = V_2$ 并且 $E_1 \subseteq E_2$,则称 G_1 是 G_2 的生成子图 (spanning subgraph)。图15.1(c) 显示的无向图 G_3 是 G_2 的一个生成子图。给定一个 V 的子集 V',由 V' 诱导的 G 的子图 G' 定义为 (V', E'),其中 $E' = \{(u, v) \in E : u \in V', v \in V'\}$。

有向图中一个顶点的出度 (out-degree) 定义为图中离开该顶点的边的个数,入度 (in-degree) 定义为图中进入该顶点的边的个数,度数 (degree) 定义为出度和入度之和。在图 G_1 中,顶点 b 的入度和出度分别是 1 和 2,其度数是 3。无向图中一个顶点的度数定义为图中连接该顶点的边的个数。在图 G_2 中,顶点 c 的度数是 4。一个顶点 u 的度数用 $\deg(u)$ 表示。

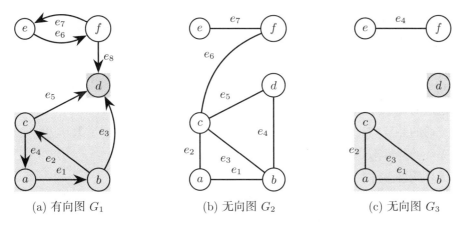

(a) 有向图 G_1　　　　　(b) 无向图 G_2　　　　　(c) 无向图 G_3

图 15.1　有向图和无向图

在图 $G = (V, E)$ 中, 从顶点 u 出发到达顶点 v 的一条长度为 k 的路径 (path) 是一个顶点序列 $w_0, w_1, \cdots, w_k$, 其中 $w_0 = u, w_k = v$ 并且 $(w_{i-1}, w_i) \in E$ 对于 $i = 1, \cdots, k$ 成立。该路径包含顶点 $w_0, w_1, \cdots, w_k$ 和边 $(w_0, w_1), (w_1, w_2), \cdots, (w_{k-1}, w_k)$。对于满足条件 $0 \leqslant i \leqslant j \leqslant k$ 的 i 和 j, 由顶点序列 $w_i, w_{i+1}, \cdots, w_j$ 构成的路径称为由顶点序列 $w_0, w_1, \cdots, w_k$ 构成的路径的子路径 (subpath)(Cormen et al., 2009)。一条路径的长度定义为其包含的边的个数。若存在从顶点 u 到顶点 v 的路径 p, 则称从 u 出发经路径 p 可以到达 v。若一条路径包含的所有顶点中不出现重复的顶点, 则称该路径是简单的。在有向图中, 若由顶点序列 $w_0, w_1, \cdots, w_k$ 构成的路径包含至少一条边并且 w_0 和 w_k 相同, 则称该路径为环 (cycle)。在无向图中, 若由顶点序列 $w_0, w_1, \cdots, w_k$ 构成的路径满足条件 $k \geqslant 3$ 并且 w_0 和 w_k 相同, 则称该路径为环 (cycle)。若由顶点序列 $w_0, w_1, \cdots, w_k$ 构成的环所包含的顶点中除了 w_0 以外不出现重复的顶点, 则称该环是简单的。在图 G_1 中, 顶点序列 a, b, d, f 不构成一条路径; 顶点序列 a, b, c 构成一条长度为 2 的路径, 该路径是简单的路径, 不是一个环; 顶点序列 a, b, c, a 构成一条长度为 3 的路径, 该路径不是简单的路径, 是一个简单的环; 顶点序列 a, b, c, a, b, d 构成一条长度为 5 的路径, 该路径不是简单的路径, 也不是一个环。

在一个无向图中, 若对于任意两个顶点 u 和 v 都存在从顶点 u 出发到达顶点 v 的路径, 则称该无向图是连通的 (connected)。对于两个无向图 H 和 G, H 称为 G 的极大连通子图若 H 满足以下条件: H 是 G 的子图; H 是连通的; 若存在满足条件 $H \subseteq H' \subseteq G$ 的连通图 H', 则必有 $H = H'$。一个无向图 G 的极大连通子图称为它的连通分量 (connected component)。一个无向图是连通的当且仅当它只有一个连通分量。在一个有向图中, 若对于任意两个顶点 u 和 v 都存在从顶点 u 出发到达顶点 v 的路径, 则称该有向图是强连通的 (strongly connected)。一个有向图的极大强连通子图称为它的强连通分量, 这里极大的含义和无向图的情形相同。一个无向图是强连通的当且仅当它只有一个强连通分量。图 G_1 不是强连通的, 因为不存在从顶点 a 出发到达顶点 f 的路径。图15.1(a) 标注了三个强连通分量。图 G_2 是连通的。图 G_3 不是连通的, 因为不存在从顶点 a 出发到达顶点 f 的路径。图15.1(c) 标注了三个连通分量。

连通无环无向图称为自由树 (free tree)。不连通无环无向图称为森林,它的每个连通分量是一棵自由树。关于自由树的以下命题互相等价:

(1) $G = (V, E)$ 是一棵自由树;

(2) 对于 G 中的任意两个顶点 u 和 v,存在一条唯一的简单路径从 u 出发到达 v;

(3) G 是连通的,但是从 G 中移除任意一条边后得到的图是不连通的;

(4) G 是连通的并且 $|E| = |V| - 1$,其中 $|V|$ 和 $|E|$ 分别表示顶点的个数和边的个数;

(5) G 是无环的并且 $|E| = |V| - 1$;

(6) G 是无环的,但是向 G 中添加任意一条边后得到的图是有环的。

包含一个唯一的根节点的自由树称为有根树 (rooted tree),有根树中的顶点称为节点 (node)。在一棵以 r 为根节点的有根树 T 中,从 r 出发到达节点 x 的唯一简单路径上的任意节点 y 称为 x 的祖先 (ancestor)。若一个节点 y 是一个节点 x 的祖先,则称 x 是 y 的子孙 (descendant)。每个节点都是它自己的祖先,也是它自己的子孙。以节点 x 为根节点的子树定义为由 x 的所有子孙诱导的树。设从 r 出发到达节点 x 的唯一简单路径上的最后一条边是 (y, x),则称节点 x 是节点 y 的孩子 (child) 并且节点 y 是节点 x 的双亲 (parent)。根节点是有根树中唯一没有双亲的节点。若两个节点具有相同的双亲,则称它们互为兄弟 (siblings)。有根树中没有孩子的节点称为叶节点或外部节点 (leaf or external node)。有根树中有孩子的节点称为内部节点 (internal node)。图15.2(a) 显示了一个以节点 a 为根节点的有根树 T_1。节点 g 的双亲是节点 c。节点 g 的孩子包括节点 l 和节点 m,它们互为兄弟。节点 g 的祖先包括节点 a、节点 c 和节点 g。节点 g 的子孙包括节点 g、节点 l、节点 m 和节点 n。T_1 中的叶节点包括节点 e、节点 f、节点 l、节点 n、节点 h、节点 i、节点 j 和节点 k。

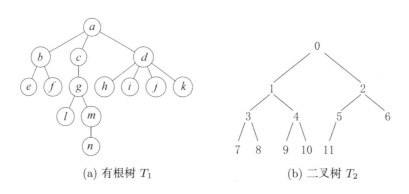

(a) 有根树 T_1 (b) 二叉树 T_2

图 15.2 树

一个节点的度数 (degree) 定义为它的孩子的个数。一个节点的深度 (depth) 定义为从根节点出发到达该节点的唯一简单路径的长度。深度相同的节点构成树的一层。一个节点的高度 (height) 定义为从该节点出发向下到达某个叶节点的最长简单路径的长度。有根树的高度定义为根节点的高度,它等于深度最大的节点的深度。

有序树 (ordered tree) 定义为每个节点的孩子都有序排列的有根树。二叉树是每个节点的度数不超过 2 的有序树。对于二叉树中一个度数为 2 的节点,它的两个孩子分别称为左孩子和右孩子,以左孩子和右孩子为根节点的两棵子树分别称为左子树和右子树。图15.2(a)

显示了一棵有根树 T_1：节点 d 的度数是 4。节点 n 的深度是 4。节点 c 的高度是 3。T_1 的高度是 4。图15.2(b) 显示了一棵二叉树 T_2：节点 5 的左孩子是节点 11，节点 5 没有右孩子。完全二叉树是一种特殊类型的二叉树，节点的填充次序是从上到下和从左到右。除了最下一层以外的其余各层都被节点完全填充。最下一层如果没有被节点完全填充，则按照从左到右的次序被节点填充。可以按照填充次序给完全二叉树中的所有节点从 0 开始编号。T_2 是一棵完全二叉树，每个节点标注的数值是其编号。完全二叉树具有以下性质：

- 高度为 h 的完全二叉树的节点数量位于闭区间 $[2^h, 2^{h+1} - 1]$ 内。因此，包含 n 个节点的完全二叉树的高度是 $\lfloor \log(n) \rfloor = O(\log(n))$。

- 对于完全二叉树中编号为 i 的节点：如果它有左孩子，则左孩子的编号是 $2i + 1$；如果它有右孩子，则右孩子的编号是 $2i + 2$；如果它有双亲，则双亲的编号是 $\lfloor (i - 1)/2 \rfloor$。

图的常用表示方法有两种：邻接表的集合 (a collection of adjacency lists) 和邻接矩阵 (adjacency matrix)。用 $|V|$ 和 $|E|$ 分别表示图的顶点的个数和边的个数。邻接表的集合是为每个顶点创建一个列表，其中存储了与该顶点邻接的所有顶点。有向图的每条边进入的顶点在这些邻接表中出现一次，所以存储有向图的邻接表所需空间是 $|E|$。无向图的每条边可以看成是方向相反的两条边，所以存储有向图的邻接表所需空间是 $2|E|$。此外，存储指向这些邻接表的指针需要空间 $|V|$。因此，邻接表的集合所需存储空间是 $O(|E| + |V|)$。邻接矩阵的大小是 $|V| \times |V|$，所需存储空间是 $O(|V|^2)$。若图中存在边 (u, v)，则邻接矩阵 A 中的元素 $A[u, v]$ 的值为 1，反之则值为 0。以下比较这两种表示方法。对于满足条件 $|E| \ll |V|^2$ 的稀疏图，前者所需空间小于后者。访问与一个给定顶点 u 邻接的所有顶点，前者需要时间 $O(\deg(u))$，而后者需要时间 $O(|V|)$。给定两个顶点 u 和 v 需要判断是否存在边 (u, v)，前者需要时间 $O(\deg(u))$，而后者需要时间 $O(1)$。

15.2 图的基本算法

15.2.1 图的搜索

图的搜索是从一个顶点出发访问所有可以到达的顶点的过程。这一过程中的每个步骤是从当前顶点出发发现与其邻接的一个未访问的顶点。在搜索过程中需要记录已经访问的顶点以避免重复访问。对于一个连通的无向图或强连通的有向图，一次搜索可以确保访问所有顶点。对于不满足以上连通性条件的图，为了进行完全搜索 (即访问所有顶点)，需要通过循环检查是否存在未访问的顶点，若存在则从该顶点出发进行一次搜索，直至所有顶点都已被访问。

每一次搜索可以构建一个图。开始时该图仅包含出发顶点。在搜索过程中，每当从当前顶点 u 发现一个与其邻接的未访问的顶点 v，就将边 (u, v) 和顶点 v 添加到图中。易知这样构建的图满足以下两个条件：连通；边数比顶点数少 1。因此每一次搜索构建的图是一棵以出发顶点为根节点的有根树。对于一个连通无向图的完全搜索得到一棵有根树，对于一个不连通无向图的完全搜索得到由多棵有根树构成的森林。对于一个强连通的有向图的完全搜索得到一棵有根树,对于一个非强连通的有向图的完全搜索得到一棵有根树或多棵有根树构成的森林。

图的搜索有两种基本方法:广度优先搜索和深度优先搜索。两者的共同点是每当访问一个顶点时,记录与其相邻的所有未访问的顶点,然后从中选择一个继续访问。两者的区别是选择下一个顶点进行访问的方式不同:前者访问最先记录的顶点,而后者访问最后记录的顶点。在实现方式上,广度优先搜索使用队列记录待访问的顶点,而深度优先搜索使用栈记录待访问的顶点。

● 队列 (queue) 是一种"先进先出"的有序容器。基于列表实现的队列的特点是:如果需要向一个队列添加新元素,只能将其添加到索引值最大的元素 (称为队尾) 的后面,称为入队;如果需要移除一个队列中已有的元素,只能移除索引值最小的元素 (称为队头) 并将剩余元素向前移动一个位置,称为出队。例如对于队列 [1,2,3],队头元素 1 出队后变为 [2,3],4 入队后变为 [2,3,4]。

● 栈 (stack) 是一种"后进先出"的有序容器。基于列表实现的栈的特点是:如果需要向一个栈添加新元素,只能添加到索引值最大的元素 (称为栈顶) 的后面,称为入栈;如果需要移除一个栈中已有的元素,只能移除栈顶元素,称为出栈。例如对于栈 [1,2,3],栈顶元素 3 出栈后变为 [1,2],4 入栈后变为 [1,2,4]。

如果基于列表实现队列,则对于长度为 n 的队列,出队所需时间是 $O(n)$。标准库的 collections 模块的 deque 类基于双向链表实现了双端队列,它是队列和栈的泛化。基于 deque 类可实现线程安全的入队 (append)、出队 (popleft)、入栈 (append) 和出栈 (pop) 等运算,并且它们所需时间都接近于 $O(1)$。程序15.1和15.2分别演示了队列和栈的基本运算。

程序 15.1　队列	程序 15.2　栈

```
1  from collections import deque
2  queue = deque([1,2,3])
3  u = queue.popleft() # u的值为1
4  print(queue) # deque([2, 3])
5  queue.append(4)
6  print(queue) # deque([2, 3, 4])
```

```
1  from collections import deque
2  stack = deque([1,2,3])
3  u = stack.pop() # u的值为3
4  print(stack) # deque([1, 2])
5  stack.append(4)
6  print(stack) # deque([1, 2, 4])
```

以下通过程序和运行实例介绍广度优先搜索和深度优先搜索。

程序15.3的 breadth_first 函数对无向图 G_4 进行广度优先搜索 (图 15.3)。breadth_first 函数内部的 bfs 函数完成从顶点 s 出发的一次搜索。广度优先搜索的特点是访问的顶点按次序分为若干层 $L_0, L_1, \cdots, L_k$,其中 $L_j (0 \leqslant j \leqslant k)$ 包含从出发顶点经一条长度为 j 的路径能够到达的所有顶点 (Kleinberg, Tardos, 2006)。对无向图 G_4 进行广度优先搜索依次访问的顶点是:a,b,c,d,e,i,h,f,g,j。其中 $L_0 = \{a\}$, $L_1 = \{b,c,d\}$, $L_2 = \{e,i,h\}$, $L_3 = \{f,g,j\}$。

程序 15.3　广度优先搜索

```
1  from collections import deque
2  G4 = {'a':['b','c','d'], 'b':['a','d','e','i'], 'c':['a','d'],
3       'd':['a','b','c','h'], 'e':['b','f','g'],
4       'f':['e','g'], 'g':['e','f','i'], 'h':['d','i','j'],
```

```
 5          'i':['g','h'], 'j':['h']
 6    } # 字典G4表示无向图G4，它的每个元素将一个顶点映射到该顶点的邻接表
 7
 8    def breadth_first(G):
 9        def bfs(G, s): # s是本次搜索的出发顶点
10            queue = deque([s]) # queue是一个队列，其初始值仅包含顶点s
11            tree = {s:[]} # 字典tree记录了从s出发的搜索构建的有根树
12            nodes.add(s) # 已访问s，将其添加到nodes中
13            while queue: # 若队列非空则继续迭代
14                u = queue.popleft()      # 令队头顶点出队作为当前顶点
15                for v in G[u]:           # 检查u的邻接表中的所有顶点
16                    if not v in nodes:  # 若未访问v
17                        print('%s -> %s' % (u, v)) # 从u出发访问了v
18                        queue.append(v)  # 令v入队
19                        tree[u].append(v) # 向有根树添加顶点v和边(u,v)
20                        tree[v] = []      # v映射到的值初始化为空列表
21                        nodes.add(v)      # 已访问v，将其添加到nodes中
22            return tree                  # 返回从s出发的搜索构建的有根树
23        nodes = set() # 集合nodes记录了已经访问的顶点
24        forest = [] # 列表forest存储了每次调用bfs函数构建的有根树
25        for u in G:                      # 检查图G的每个顶点u
26            if not u in nodes:           # 若未访问u
27                tree = bfs(G, u) # 从u出发进行一次搜索构建了有根树tree
28                forest.append(tree)      # 将tree追加到forest中
29        return forest
30
31    breadth_first(G4)
```

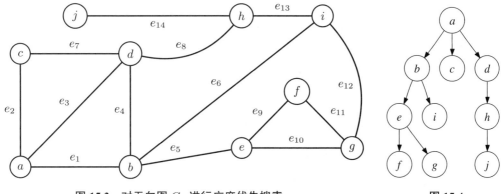

图 15.3　对无向图 G_4 进行广度优先搜索　　　　图 15.4

表 15.1 自上而下显示了 breadth_first 函数的运行过程，其中第 1 列和第 2 列分别显示了 bfs 函数中的变量 u 和 v 的值，第 3 列显示了队列中存储的所有顶点，第 4 列显示了第 17 行的输出结果。图 15.4 绘制了广度优先搜索树，每条边的箭头从 u 指向 v。

表 15.1

u	v	队列	输出	说明
		['a']		初始状态
'a'		[]		顶点 a 出队
'a'	'b'	['b']	a -> b	顶点 b 入队
'a'	'c'	['b','c']	a -> c	顶点 c 入队
'a'	'd'	['b','c','d']	a -> d	顶点 d 入队
'b'		['c','d']		顶点 b 出队
'b'	'e'	['c','d','e']	b -> e	顶点 e 入队
'b'	'i'	['c','d','e','i']	b -> i	顶点 i 入队
'c'		['d','e','i']		顶点 c 出队
'd'		['e','i']		顶点 d 出队
'd'	'h'	['e','i','h']	d -> h	顶点 h 入队
'e'		['i','h']		顶点 e 出队
'e'	'f'	['i','h','f']	e -> f	顶点 f 入队
'e'	'g'	['i','h','f','g']	e -> g	顶点 g 入队
'i'		['h','f','g']		顶点 i 出队
'h'		['f','g']		顶点 h 出队
'h'	'j'	['f','g','j']	h -> j	顶点 j 入队
'f'		['g','j']		顶点 f 出队
'g'		['j']		顶点 g 出队
'j'		[]		顶点 j 出队

程序15.4的 depth_first_stack 函数对无向图 G_4 进行深度优先搜索 (图 15.5)。depth_first_stack 函数内部的 dfs 函数完成从顶点 s 出发的一次搜索。dfs 函数的运行过程是 while 语句实现的迭代:若栈非空则令栈顶元素为正在访问的当前顶点 u。当栈为空时 dfs 函数返回 tree。程序15.4的 depth_first 函数通过递归对无向图 G_4 进行深度优先搜索。depth_first 函数的结构与 depth_first_stack 函数类似,主要区别在于递归无需进行栈的相关操作,程序更加简洁。入栈、出栈和记录状态 (变量 n 和列表 adj) 由函数调用自动完成。深度优先搜索的特点是不断向图的深处搜索,只有当已经访问了与当前顶点邻接的所有顶点时才退回到比当前顶点深度更小的顶点。对无向图 G_4 进行深度优先搜索依次访问的顶点是: a,b,d,c,h,i,g,e,f,j。

程序 15.4　深度优先搜索

```
1  from collections import deque
2  G4 = {'a':['b','c','d'], 'b':['a','d','e','i'], 'c':['a','d'],
3       'd':['a','b','c','h'], 'e':['b','f','g'],
4       'f':['e','g'], 'g':['e','f','i'], 'h':['d','i','j'],
5       'i':['g','h'], 'j':['h']
6  }
7
8  def depth_first_stack(G):
```

```
9     def dfs(G, s): # s是本次搜索的出发顶点
10        stack = deque([s]) # stack是一个栈，其初始值仅包含顶点s
11        tree = {s:[]} # 字典tree记录了从s出发的搜索构建的有根树
12        nodes.add(s) # 已访问s，将其添加到nodes中
13        n = 0 # 变量n表示栈顶元素的索引值
14        adj = [0] * len(G)
15        # 列表adj的索引值为i的元素adj[i]记录了栈中索引值为i的顶点的邻接表中下一个需要
16        # 检查的顶点在邻接表中的索引值
17        while stack: # 若栈非空
18            u = stack[n] # 令栈顶元素为正在访问的当前顶点u
19            added = False
20            # added记录从u出发是否发现了一个未访问的顶点v
21            for i in range(adj[n], len(G[u])):
22                # 在u的邻接表中从索引值adj[n]开始检查顶点v
23                v = G[u][i]
24                if not v in nodes:  # 若未访问v
25                    print('%s -> %s' % (u, v))
26                    stack.append(v) # 令v入栈
27                    tree[u].append(v) # 向有根树添加顶点v和边(u,v)
28                    tree[v] = []      # v映射到的值初始化为空列表
29                    nodes.add(v)      # 已访问v，将其添加到nodes中
30                    adj[n] = i + 1    # 已检查索引值为i的顶点
31                    n += 1            # v入栈以后需要修改n
32                    added = True
33                    break
34            if not added:         # 从u出发找不到未访问的顶点
35                stack.pop()       # 令u出栈
36                n -= 1            # u出栈以后需要修改n
37        return tree               # 返回从s出发的搜索构建的有根树
38    nodes = set(); forest = []
39    for u in G:                   # 检查图G的每个顶点u
40        if not u in nodes:        # 若未访问u
41            tree = dfs(G, u)      # 从u出发进行一次搜索构建了有根树tree
42            forest.append(tree)   # 将tree追加到forest中
43    return forest

45 def depth_first(G):
46    def dfs(G, s):
47        tree[s] = []
48        nodes.add(s)
49        for u in G[s]:
50            if not u in nodes:
51                print('%s -> %s' % (s, u))
52                tree[s].append(u)
```

```
53              tree[u] = []
54              nodes.add(u)
55              dfs(G, u)           # 递归调用，从u出发进行搜索
56          return tree
57      nodes = set(); forest = []
58      for u in G:
59          if not u in nodes:
60              tree = {}
61              tree = dfs(G, u)
62              forest.append(tree)
63      return forest
64
65  depth_first_stack(G4)
66  depth_first(G4)
```

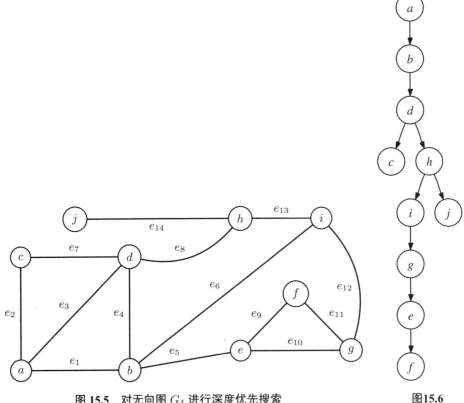

图 15.5 对无向图 G_4 进行深度优先搜索   图15.6

表 15.2 自上而下显示了 depth_first_stack 函数的运行过程，其中第 1 列和第 2 列分别显示了 dfs 函数中的变量 u 和 v 的值，第 3 列显示了栈中存储的所有顶点，第 4 列显示了第 25 行的输出结果。图 15.6 绘制了深度优先搜索树，每条边的箭头从 u 指向 v。

表 15.2

u	v	栈	输出	说明
		['a']		初始状态
'a'	'b'	['a','b']	a -> b	顶点 b 入栈
'b'	'd'	['a','b','d']	b -> d	顶点 d 入栈
'd'	'c'	['a', 'b', 'd', 'c']	d -> c	顶点 c 入栈
'c'		['a', 'b', 'd']		顶点 c 出栈
'd'	'h'	['a', 'b', 'd', 'h']	d -> h	顶点 h 入栈
'h'	'i'	['a', 'b', 'd', 'h', 'i']	h -> i	顶点 i 入栈
'i'	'g'	['a', 'b', 'd', 'h', 'i', 'g']	i -> g	顶点 g 入栈
'g'	'e'	['a', 'b', 'd', 'h', 'i', 'g', 'e']	g -> e	顶点 e 入栈
'e'	'f'	['a', 'b', 'd', 'h', 'i', 'g', 'e', 'f']	e -> f	顶点 f 入栈
'f'		['a', 'b', 'd', 'h', 'i', 'g', 'e']		顶点 f 出栈
'e'		['a','b', 'd', 'h', 'i', 'g']		顶点 e 出栈
'g'		['a', 'b', 'd', 'h', 'i']		顶点 g 出栈
'i'		['a', 'b', 'd', 'h']		顶点 i 出栈
'h'	'j'	['a', 'b', 'd', 'h', 'j']	h -> j	顶点 j 入栈
'j'		['a', 'b', 'd', 'h']		顶点 j 出栈
'h'		['a', 'b', 'd']		顶点 h 出栈
'd'		['a', 'b']		顶点 d 出栈
'b'		['a']		顶点 b 出栈
'a'		[]		顶点 a 出栈

15.2.2　拓扑排序

解决某些问题的过程中需要完成多个任务,这些任务之间存在依赖关系,需要确定一个完成这些任务的先后次序以满足这些依赖关系。例如计算机专业的本科生需要学习多门专业课程,某些课程存在预修要求,培养计划需要确定这些课程的合理学习次序。为了求解完成次序,可用一个图表示这些任务和它们之间的依赖关系。图中的每个顶点表示一个任务,每条有向边 (u,v) 表示任务 u 必须在任务 v 之前完成。这样得到的图是一个有向无环图 (directed acyclic graph, DAG),因为如果存在环,则环上的那些顶点表示的任务将无法被完成。拓扑排序就是生成一个由有向无环图的所有顶点组成的序列,该序列满足的条件是:对于图中的每条有向边 (u,v),u 在这一序列中的位置先于 v。因此,拓扑排序的输出结果是一个满足任务之间的依赖关系的完成次序。

易知需要第一个完成的任务所对应的顶点的入度为 0。若一个有向图无环,则必存在一个入度为 0 的顶点。以下用反证法证明。假设一个有向无环图的所有顶点的入度都至少是 1。任意选取一个顶点 u,则存在顶点 v 满足 $(v,u) \in E(G)$。对于顶点 v,存在顶点 w 满足 $(w,v) \in E(G)$。由此可以生成一个序列 $x_1, x_2, x_3, \cdots = u, v, w, \cdots$。由于图的顶点个数是有限的,这一序列中必存在某个重复的顶点 y。设 y 第一次和第二次出现的序号分别是 i 和 j,则序列 $x_i, x_{i+1}, \cdots, x_j$ 构成一个环,导致矛盾。

根据以上结论,给定一个有向无环图 G,通过检查每个顶点的入度必定可以找到某个入度为 0 的顶点 u。将 u 和从 u 出发的所有边删除以后得到有向图 G'。以上删除操作不会新生成一个环,所以 G' 仍然是一个有向无环图,以上结论也适用于 G'。G' 的顶点个数比 G 的顶点个数少 1。若 G' 的顶点数不为 1,则把 G' 当作 G 并重复以上过程,直至删除所有顶点。这些依次删除的顶点构成的序列就是对 G 进行拓扑排序的结果 (Kleinberg, Tardos, 2006; Hetland, 2010)。

程序15.5的 topo_sort 函数对有向无环图 G_5 进行拓扑排序 (图 15.7)。

程序 15.5 拓扑排序

```
1  from collections import deque
2  G5 = {'a':['c','d'], 'b':['a','d'], 'c':['d'], 'd':['h'], 'e':['b'],
3      'f':[], 'g':['e','f','i'], 'h':['j'], 'i':['f','h'], 'j':[]
4  }
5
6  def topo_sort(G, pop):
7      deg_in = dict((u, 0) for u in G) # deg_in将每个顶点映射到其入度
8      for u in G:
9          for v in G[u]:
10             deg_in[v] += 1
11     vtx_din_0 = deque([u for u in G if deg_in[u] == 0])
12     # 双端队列vtx_din_0存储了当前所有入度为0的顶点
13     seq = [] # 列表seq存储拓扑排序的结果
14     while vtx_din_0: # 若vtx_din_0非空，则继续迭代
15         u = pop(vtx_din_0) # 从vtx_din_0中移除一个顶点u
16         seq.append(u) # 将u追加到seq中
17         for v in G[u]:
18             deg_in[v] -= 1 # 修改与u邻接的所有顶点的入度
19             if deg_in[v] == 0:
20                 vtx_din_0.append(v)
21                 # 将新发现的入度为0的顶点追加到vtx_din_0中
22     if len(seq) != len(G): print("A cycle exists.")
23     # 若结果未能包含图的所有顶点，则报告图中有环
24     return seq
25
26  def queue_pop(S): return S.popleft()
27  print(topo_sort(G5, queue_pop))
28  # 以popleft函数作为形参remove对应的实参，其效果是将vtx_din_0看成一个队列
29
30  # ['g', 'e', 'i', 'b', 'f', 'a', 'c', 'd', 'h', 'j']
31
32  def stack_pop(S): return S.pop()
33  print(topo_sort(G5, stack_pop))
34  # 以pop函数作为形参remove对应的实参，其效果是将vtx_din_0看成一个栈
35
```

```
36  # ['g', 'i', 'f', 'e', 'b', 'a', 'c', 'd', 'h', 'j']
37
38  # 以上生成的两个序列都满足拓扑排序的要求
```

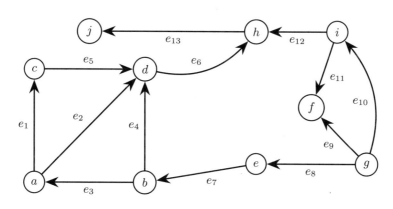

图 15.7　有向无环图 G_5

15.2.3　有向图的强连通分量

计算一个有向图 G 的强连通分量的算法包括以下步骤:

(1) 对 G 进行完全深度优先搜索,记录每个顶点的结束次序得到一个序列。这里一个顶点结束的含义定义为该顶点的邻接表已被检查完毕。

(2) 计算 G 的转置 G^{T},即将 G 中所有边的方向反转得到的图。

(3) 将序列中的顶点的次序反转,以反转得到的次序对 G^{T} 进行完全深度优先搜索。输出每次搜索访问的所有顶点,它们构成一个强连通分量包含的顶点集合。

算法的正确性证明 (Cormen et al., 2009) 篇幅较长,以下陈述要点:

(1) 对于图 G 的两个不同的强连通分量 C_1 和 C_2,若存在离开 C_1 中某个顶点进入 C_2 中某个顶点的边,则不存在离开 C_2 中某个顶点进入 C_1 中某个顶点的边。

(2) 若图 G 中存在边 (u,v),则 u 在序列中的位置后于 v。

(3) 对于图 G 的两个不同的强连通分量 C_1 和 C_2,若存在离开 C_1 中某个顶点进入 C_2 中某个顶点的边,则出现在序列中的 C_1 中的最后一个顶点的位置后于出现在序列中的 C_2 中的最后一个顶点的位置。

(4) 设反转得到的次序中的第一个顶点是 u,则在 G^{T} 中不存在离开 u 所在的强连通分量进入其他强连通分量的边。因此以 u 为出发顶点进行深度优先搜索访问的顶点只属于 u 所在的强连通分量。

(5) 设反转得到的次序中的第一个不属于 u 所在的强连通分量的顶点是 v,则在 G^{T} 中所有离开 v 所在的强连通分量进入其他强连通分量的边只能进入 u 所在的强连通分量,而后者已经生成。因此以 v 为出发顶点进行深度优先搜索访问的顶点只属于 v 所在的强连通分量。

(6) 基于以上结论对已经生成的强连通分量的个数进行归纳可证明算法的正确性。

程序15.6的 strongly_connected_components 函数计算有向图 G_6 的强连通分量 (图 15.8)。

程序 15.6　强连通分量

```
1   G6 = {'a':['d'], 'b':['a'], 'c':['a'], 'd':['b','c'],
2        'e':['b','g'], 'f':['e'], 'g':['f'],
3        'h':['d','i','j'], 'i':['b','g','h'], 'j':[]
4   }
5
6   def strongly_connected_components(G):
7       def dfs1(G, s):
8           # 以s为出发顶点对G进行深度优先搜索，并将每个顶点的结束次序存储在列表order中
9
10          nodes.add(s)
11          for u in G[s]:
12              if not u in nodes:
13                  dfs1(G, u)
14          order.append(s)
15          return order
16
17      def transpose(G):
18          # 计算G的转置
19          G_T = {}
20          for u in G: G_T[u] = set()
21          for u in G:
22              for v in G[u]:
23                  G_T[v].add(u)
24          return G_T
25
26      def dfs2(G, s, component):
27          # 以s为出发顶点对G进行深度优先搜索，并将访问的顶点存储在component中
28
29          nodes.add(s)
30          for u in G[s]:
31              if not u in nodes:
32                  dfs2(G, u, component)
33          component.append(s)
34          return component
35
36      nodes = set(); order=[]
37      for u in G:
38          if not u in nodes:
39              dfs1(G, u)
40      print(order) # 所有顶点的结束次序
41      # ['b', 'c', 'd', 'a', 'f', 'g', 'e', 'i', 'j', 'h']
```

```
42
43      G_T = transpose(G)
44
45      nodes = set()
46      for i in range(len(order)):
47          u = order[-1-i] # 次序反转
48          if not u in nodes:
49              print('%s : ' % u, end=' ')
50              print(dfs2(G_T, u, []))
51
52  strongly_connected_components(G6)
53  # 分别从h, j, e, a这四个顶点出发进行的搜索可得G6的四个强连通分量包含的顶点集合
54
55  # h : ['i', 'h']
56  # j : ['j']
57  # e : ['g', 'f', 'e']
58  # a : ['d', 'c', 'b', 'a']
```

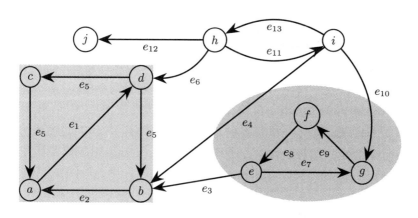

图 15.8 有向图 G_6

15.3 最小生成树

若一个图的每条边都有一个取值范围为实数的权值,这样的图称为带权图。给定一个连通无向带权图 $G = (V, E)$,每条边 (u, v) 的权值 $w(u, v)$ 是一个正实数,最小生成树问题求解一个 G 的连通生成子图 T,T 需要满足的条件是 T 包含的所有边的权值的总和 $w(T)$ 达到最小值,这样的 T 可能有一个也可能有多个。由问题的定义可知,问题的解 T 是连通的并且不能包含环,所以是一棵树。设 G 包含 n 个顶点,则 T 包含 $n-1$ 条边。

最小生成树问题来源于一些实际问题,例如架设通信线路问题。该问题的描述是:需要在若干城市之间架设通信线路,使得任意两个城市之间可以通信;每两个城市之间架设线路都有一定代价;为了最小化总代价,需要确定在哪些城市之间架设线路。用顶点表示城市,

用连接两个顶点的边的权值表示在两个城市之间架设线路的代价,则架设通信线路问题的模型是最小生成树问题。

Kruskal 算法和 Prim 算法都可以求解最小生成树问题,它们具有以下共同点:

- 通过迭代逐步构建 T。每次迭代添加一条边到 T 的中间结果中。

- 添加的边是基于贪心法选取的。贪心法是一种逐步求解最优化问题的方法,其特点是在求解过程中的每一步都做出当前最优的选择。贪心法并不能保证对所有最优化问题都得到最优解,但是可以证明它适用于最小生成树问题。

用 T_k 表示第 $k(0 \leqslant k \leqslant n-1)$ 步构建的中间结果。在第 k 步需要选择一条边 e,将 e 添加到 T_{k-1} 中得到 T_k。用 S 表示 T_{k-1} 包含的所有顶点构成的集合,则 $V-S$ 非空。基于贪心法选取的边 $e = (u,v) \in E$ 需要满足条件:

$$e = (u,v) = \arg\min_{w(u,v)} u \in S, \; v \in V-S$$

即在所有连接 S 中的某个顶点和 $V-S$ 中的某个顶点的边中,e 的权值最小。

为了证明这两种算法的正确性,可通过归纳法证明树 T_{n-1} 是某棵最小生成树 T 的子图。归纳基是:T_0 是某棵最小生成树 T 的子图,显然成立。归纳假设是:T_{k-1} 是某棵最小生成树 T 的子图,需要证明在第 k 步通过添加边 $e = (u,v)$ 构建的中间结果 T_k 仍然是某棵最小生成树的子图。若 T 包含 e,则已证毕。若 T 不包含 e,则由于 T 是连通的,存在一条从顶点 u 到顶点 v 的路径 $u = p_0, p_1, \cdots, p_k = v$。由于 $u \in S$ 并且 $v \in V-S$,存在 $i(0 \leqslant i \leqslant k-1)$ 使得 $p_i \in S$ 并且 $p_{i+1} \in V-S$。根据 e 的选取方式可知 $w(u,v) \leqslant w(p_i, p_{i+1})$。从 T 中移除边 (p_i, p_{i+1}) 再添加边 (u,v) 得到 T'。易知 T' 的边数和 T 相同,为了证明 T' 是一棵树只需证明 T' 是连通的。设 a 和 b 是 G 的任意两个顶点。由于 T 是连通的,存在一条从 a 到 b 的路径 $r = q_0, q_1, \cdots, q_l = h$。若该路径不包含边 (p_i, p_{i+1}),则该路径在 T' 中仍然存在。若该路径包含边 (p_i, p_{i+1}),设 $q_j = p_i$ 并且 $q_{j+1} = p_{i+1}$,则 T' 中存在从 a 到 b 的路径 $r = q_0, q_1, \cdots, q_{j-1}, q_j = p_i, p_{i-1}, \cdots, u = p_0, p_k = v, p_{k-1}, \cdots, p_{i+1} = q_{j+1}, \cdots, q_l = h$。因此,$T'$ 是连通的。由于 $w(T') = w(T) + w(u,v) - w(p_i, p_{i+1}) \leqslant w(T)$,$T'$ 也是一棵最小生成树。由于 $T_{k-1} \subseteq T$,从 T' 和 T_k 的构建方式易知 $T_k \subseteq T'$,证毕。由于树 T_{n-1} 的边数和树 T 的边数相同,树 T_{n-1} 就是最小生成树 T。

图 15.9 是以上证明过程的示意图。图中菱形顶点属于 S,圆形顶点属于 $V-S$,虚线绘制的边表示属于 G 但不属于 T 或 T' 的边,标注了 T 的实线绘制的边表示属于 T 的边,标注了 T' 的实线绘制的边表示属于 T' 的边。假定第 k 步添加的边 $e = (u,v)$ 不属于 T,T 中存在一条从顶点 u 到顶点 v 的路径 u, p, z, y, q, v。从 T 中删除边 (z,y) 再添加边 (u,v) 得到 T'。T 中存在从 a 到 b 的路径 a, c, z, y, d, b,T' 中存在从 a 到 b 的路径 $a, c, z, p, u, v, q, y, d, b$。

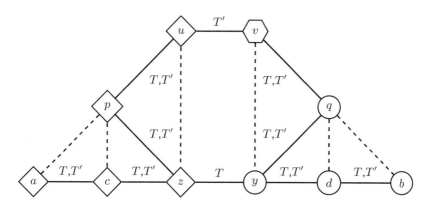

图 15.9　证明贪心法求解最小生成树的算法的正确性的示意图

15.3.1　Kruskal 算法

Kruskal 算法先将所有边按权值从小到大的次序排好序。T 的初始状态是包含所有顶点但不包含任何边的生成子图,也是一个森林,森林中的每棵树只包含一个根节点。每次迭代时依次检查一条边:若边的两个顶点属于同一棵树,则继续进行下一次迭代;否则添加该边,然后进行下一次迭代。添加一条边导致该边连接的两个顶点分属的两棵树合并为一棵树,森林中树的数量减少 1。检查完所有边以后迭代终止,此时森林变成一棵树,即最小生成树。

图 15.10(a) 显示了无向带权图 G_7,每条边的标签是其权值。图 15.10(b) 显示了 Kruskal 算法对 G_7 输出的最小生成树,每条边的标签是添加该边的次序的编号。表 15.3 的每行显示了运行过程中的一次迭代,前两列显示了当前检查的边所连接的两个顶点,第三列显示了其权值,第四列显示了本次迭代完成时每棵树包含的顶点的集合。

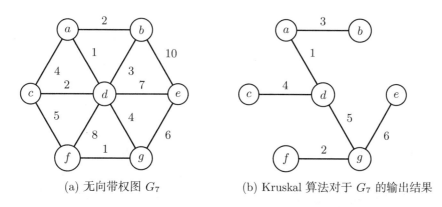

(a) 无向带权图 G_7　　　　(b) Kruskal 算法对于 G_7 的输出结果

图 15.10　Kruskal 算法求解最小生成树

Kruskal 算法的两个关键步骤是检查两个顶点是否属于同一棵树和合并两棵树。并查集 (Disjoint Set) 是一种可以高效实现这两个步骤的数据结构。并查集适用于实现集合演化问题:在演化过程的开始存在若干集合,每个集合包含一个元素,这些元素互不相同;在演化过程中的每一步,某两个集合合并成为一个集合。在 Kruskal 算法的运行过程中,每棵树包含的所有顶点组成一个集合。

表 15.3　Kruskal 算法对于 G_7 的运行过程

u	v	权值	T	说明
			{'a'},{'b'},{'c'},{'d'},{'e'},{'f'},{'g'}	初始状态
'a'	'd'	1	{'a','d'},{'b'},{'c'},{'e'},{'f'},{'g'}	添加
'f'	'g'	1	{'a','d'},{'b'},{'c'},{'e'},{'f','g'}	添加
'a'	'b'	2	{'a','b','d'},{'c'},{'e'},{'f','g'}	添加
'c'	'd'	2	{'a','b','c','d'},{'e'},{'f','g'}	添加
'b'	'd'	3	{'a','b','c','d'},{'e'},{'f','g'}	不添加
'a'	'c'	4	{'a','b','c','d'},{'e'},{'f','g'}	不添加
'd'	'g'	4	{'a','b','c','d','f','g'},{'e'}	添加
'c'	'f'	5	{'a','b','c','d','f','g'},{'e'}	不添加
'e'	'g'	6	{'a','b','c','d','e','f','g'}	添加
'd'	'e'	6	{'a','b','c','d','e','f','g'}	不添加
'd'	'f'	8	{'a','b','c','d','e','f','g'}	不添加
'b'	'e'	10	{'a','b','c','d','e','f','g'}	不添加

并查集实现了以下运算：

(1) 给定一个元素，查询它所在的集合；

(2) 给定两个元素，确定它们是否属于同一个集合；

(3) 给定两个属于不同集合的元素，合并它们各自分属的集合。

在并查集中，每个集合用一棵有根树表示，树中的每个节点对应集合中的一个元素。每棵树的唯一根节点是该树表示的集合的唯一代表元。给定一个元素 u，find(u) 运算返回 u 所在的集合的唯一代表元。对于任意两个元素 u 和 v，若 find(u) 等于 find(v) 则可确定它们属于同一个集合，否则它们属于不同集合。

find(u) 的实现方式是：从 u 对应的某棵树的节点出发沿着双亲方向向上不断前进直至树的根节点，然后返回根节点。从一棵有根树中的某个节点出发前往根节点的过程需要的时间和该节点的深度成正比。有根树的高度定义为根节点的高度，它等于深度最大的节点的深度。因此，尽可能降低树的高度有助于提升 find 的运行效率。并查集采用两种方式降低树的高度：

• 合并两棵树时，将高度较高的树的根节点设置为高度较低的树的根节点的双亲。图 15.11 中的有根树 R_1，R_2 和 R_3 的高度依次为 2，3 和 3。R_1 的高度小于 R_3 的高度，R_1 和 R_3 合并得到的 R_4 的高度和 R_3 的高度相同。R_2 的高度等于 R_3 的高度，R_2 和 R_3 合并得到的 R_5 的高度与 R_3 的高度相比增加 1。

• 路径压缩：运行 find(u) 时把从 u 出发到达根节点的路径上途经的所有节点记录下来。在到达根节点之后将这些节点的双亲设置为根节点。这样做虽然花费了一些时间，但是为以后对这些节点运行的 find 运算节省了时间。图 15.12 中对于有根树 R_6 运行 find(h) 的路径压缩结果是 R_7。h 在 R_6 和 R_7 中的深度分别为 3 和 1。

基于并查集实现的 Kruskal 算法的时间复杂度是 $O(|E|\log|V|)$(Cormen et al., 2009)。

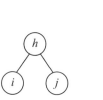
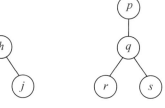
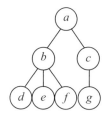

(a) 表示集合{h, i, j}
的有根树R_1

(b) 表示集合{p, q, r, s}
的有根树R_2

(c) 表示集合{a, b, c, d, e, f, g}
的有根树R_3

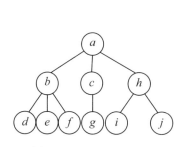
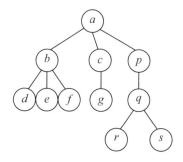

(d) R_1和R_3合并的结果R_4

(e) R_2和R_3合并的结果R_5

图 15.11   合并两棵树

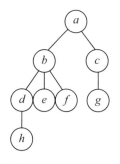
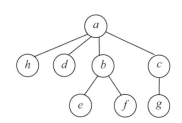

(a) 表示集合{a, b, c, d, e, f, g, h}的有根树R_6

(b) 在R_6中运行find(h)的路径压缩结果R_7

图 15.12   路径压缩

程序15.7的第 1 行至第 6 行定义了带权图 G_7。第 8 行至第 16 行定义的函数 find 查询形参 u 所在的树的根节点 ur。第 18 行至第 37 行定义的函数 Kruskal 实现了 Kruskal算法。

程序 15.7 Kruskal 算法求解最小生成树

```
1  G7 = {'a':{'b':2,'c':4,'d':1}, 'b':{'a':2,'d':3,'e':10},
2      'c':{'a':4,'d':2,'f':5},
3      'd':{'a':1,'b':3,'c':2,'e':7,'f':8,'g':4},
4      'e':{'b':10,'d':7,'g':6}, 'f':{'c':5,'d':8,'g':1},
5      'g':{'d':4,'e':6,'f':1}
6  } # 定义了带权图G7
```

```
 7
 8   def find(parent, u):      # 查询形参u所在的树的根节点
 9       buf = []              # 存储从u到根节点的路径上的所有节点
10       while parent[u] != u: # 是否已到达根节点?
11           buf.append(u)     # 在buf中记录u
12           u = parent[u]     # 移动到u的双亲节点
13       while buf:            # 若buf非空
14           v = buf.pop()     # 从buf中获取一个顶点v
15           parent[v] = u     # u是根节点，实现路径压缩
16       return u
17
18   def Kruskal(G):
19       E = [(G[u][v], u, v) for u in G for v in G[u] if u < v]
20       # E存储了每条边的权值和它连接的两个顶点
21       T = []                        # T记录最小生成树的边
22       parent = {u:u for u in G} # 将一个节点映射到其双亲节点
23       height = {u:0 for u in G} # 将每棵树的根节点映射到树的高度
24       for w, u, v in sorted(E): # 将所有边按权值排序
25           # w是该边的权值，u和v是该边连接的两个顶点
26           ur = find(parent, u); vr = find(parent, v)
27           # ur和vr分别是两个顶点在并查集中的对应节点所在的树的根节点
28           if ur == vr: continue # 若u和v在同一棵树中，则不能添加边
29           T.append((u, v))
30           # 添加边合并ur和vr分属的两棵树，将高度较高的树的根节点设置为高度较低的树的根节点
31           # 的双亲
32           if height[ur] > height[vr]:
33               parent[vr] = ur
34           else:
35               parent[ur] = vr
36               if height[ur] == height[vr]: height[vr] += 1
37       return T
38
39   print(Kruskal(G7))
40   # [('a', 'd'), ('f', 'g'), ('a', 'b'), ('c', 'd'), ('d', 'g'),
41   # ('e', 'g')]
```

15.3.2 Prim 算法

Prim 算法在开始时随机选取一个顶点作为 S 的初始值包含的顶点。T 的初始状态是仅包含该顶点的树。每次迭代时，对于 $V - S$ 中的每个顶点 v，记录所有连接 v 和 S 中的某个顶点的边中权值最小的边 (v, x_v)，其中 $x_v \in S$ 是该边的位于 S 中的顶点。从 $\{(v, x_v) | v \in V - S\}$ 中选取权值最小的边 $(\hat{v}, x_{\hat{v}})$ 添加到树中，然后将 $x_{\hat{v}}$ 添加到 S 中并从 $V - S$ 中移除 $x_{\hat{v}}$。$x_{\hat{v}}$ 的加入改变了 S，因此对于 $V - S$ 中与 $x_{\hat{v}}$ 邻接的顶点集合 K 需要更新 $\{(z, x_z) | z \in K\}$。然后进行下一次迭代。当 S 等于 V 时迭代终止，此时的 T 成为最小

生成树。

Prim 算法的关键步骤是从 $\{(v, x_v) | v \in V - S\}$ 中选取权值最小的边，这个集合在运行过程中不断被更新。优先队列是一种特殊的队列，元素出队的次序不是元素入队的次序而是元素的优先级次序。定义优先级为边的权值，则可实现这一关键步骤。二叉堆 (binary heap) 是一种可以高效实现优先队列的数据结构。设二叉堆包含 n 个元素，这些元素存储在索引值范围为 $[0, n-1]$ 的数组 a 中。二叉堆有两种类型：小顶堆和大顶堆。这里使用的小顶二叉堆满足的性质是：对于取值范围为闭区间 $[0, (n-3)/2]$ 的非负整数 k，不等式 $a[k] \leqslant a[2*k+1]$ 和 $a[k] \leqslant a[2*k+2]$ 都成立。将二叉堆的所有元素按照从上到下、从左到右的次序填充到一棵完全二叉树中，每个元素存储在一个节点中成为该节点的值，则以上性质要求每个节点的值不大于它的两个孩子节点的值，因此根节点 $a[0]$ 的值最小。从优先队列中出队一个元素需要将二叉堆的根节点删除，然后通过交换节点使得以上性质继续成立。二叉堆的优势体现在插入和删除的时间复杂度都是 $O(\log n)$。如果使用二叉堆实现优先队列，Prim 算法的时间复杂度是 $O(|E| \log |V|)$(Cormen et al., 2009)。在 Prim 算法的运行过程中，$V - S$ 中的每个顶点 v 对应了二叉堆中的一个节点，该节点存储了一个列表 $[priority, x_v, v]$，它记录了所有连接 v 和 S 中的某个顶点的边中权值最小的边 (v, x_v) 和该边的权值 $priority$。

图 15.13(a) 显示了无向带权图 G_7，每条边的标签是其权值。图 15.13(b) 显示了 Prim 算法对 G_7 输出的最小生成树，每条边的标签是添加该边的次序编号。表 15.4 的每行显示了运行过程中的一次迭代，前三列显示了当前删除的根节点所存储的列表的内容，第四列显示了本次迭代完成时最小生成树包含的顶点的集合 S，第五列显示了当前的二叉堆中的各节点。

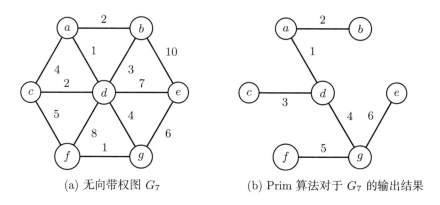

(a) 无向带权图 G_7　　　　　　(b) Prim 算法对于 G_7 的输出结果

图 15.13　Prim 算法求解最小生成树

表 15.4 **Prim** 算法对于 G_7 的运行过程

priority	x_v	v	S	二叉堆
				[[0, None, 'a'], [99, None, 'b'], [99, None, 'c'], [99, None, 'd'], [99, None, 'e'], [99, None, 'f'], [99, None, 'g']]
0	None	'a'	{'a'}	[[99, None, 'g'], [99, None, 'b'], [99, None, 'c'], [99, None, 'd'], [99, None, 'e'], [99, None, 'f']]
1	'a'	'd'	{'a','d'}	[[2, 'a', 'b'], [99, None, 'f'], [4, 'a', 'c'], [99, None, 'g'], [99, None, 'e']]
2	'a'	'b'	{'a','d','b'}	[[2, 'd', 'c'], [4, 'd', 'g'], [8, 'd', 'f'], [7, 'd', 'e']]
2	'd'	'c'	{'a','d','b','c'}	[[4, 'd', 'g'], [7, 'd', 'e'], [8, 'd', 'f']]
4	'd'	'g'	{'a','d','b','c','g'}	[[5, 'c', 'f'], [7, 'd', 'e']]
1	'g'	'f'	{'a','d','b','c','g','f'}	[[6, 'g', 'e']]
6	'g'	'e'	{'a','d','b','c','g','f','e'}	[]

图 15.14(a) 显示了二叉堆 [2,3,6,7,5,8]。二叉堆中节点的值表示一种优先级 (priority)，可以实现优先队列 (priority queue)。从小顶二叉堆中每次删除的节点是二叉堆中优先级最低的节点。优先级的具体含义由所解决的问题定义。

当二叉堆的结构发生变化时，需要通过交换节点使得以上性质继续成立。每次参与交换的两个节点属于两种情形之一：一个节点和位于其下方的孩子节点；一个节点和位于其上方的双亲节点。小顶二叉堆的基本运算有以下三种：

● 插入新节点：插入一个新节点时先将它放在二叉树中对应于 $a[n]$ 的位置。此时若性质不再满足，则从新节点开始通过交换节点使其向上移动，直至性质再次满足为止，交换的次数不超过树的高度。图 15.14 的 (b) 和 (c) 显示了插入节点 4 的过程。

● 删除根节点：删除根节点以后将 $a[n-1]$ 移动到根节点的位置。此时若性质不再满足，则从根节点开始通过交换节点使其不断向下移动，直至性质再次满足为止，交换的次数不超过树的高度。图 15.14 的 (d)、(e) 和 (f) 显示了删除根节点 2 的过程。

● 减小给定节点的优先级：找到给定节点的索引值并减小其优先级。此时若性质不再满足，则从该节点开始通过交换节点使其向上移动，直至性质再次满足为止，交换的次数不超过树的高度。图 15.14 的 (g)、(h) 和 (i) 显示了将节点 6 的值减小为 1 以后进行的向上交换节点过程。

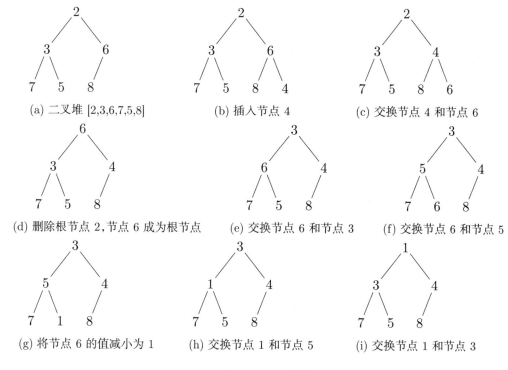

(a) 二叉堆 [2,3,6,7,5,8]　　　　(b) 插入节点 4　　　　(c) 交换节点 4 和节点 6

(d) 删除根节点 2,节点 6 成为根节点　　(e) 交换节点 6 和节点 3　　(f) 交换节点 6 和节点 5

(g) 将节点 6 的值减小为 1　　(h) 交换节点 1 和节点 5　　(i) 交换节点 1 和节点 3

图 15.14　二叉堆

程序15.8的第 8 行至第 71 行定义了 Heap 类,它实现了小顶二叉堆。第 73 行至第 91 行定义的函数 Prim 实现了 Prim 算法。

程序 15.8　Prim 算法求解最小生成树

```
1   G7 = {'a':{'b':2,'c':4,'d':1}, 'b':{'a':2,'d':3,'e':10},
2        'c':{'a':4,'d':2,'f':5},
3        'd':{'a':1,'b':3,'c':2,'e':7,'f':8,'g':4},
4        'e':{'b':10,'d':7,'g':6}, 'f':{'c':5,'d':8,'g':1},
5        'g':{'d':4,'e':6,'f':1}
6   } # 定义了带权图G7
7
8   class Heap:
9       def __init__(self, a):
10          self.n = len(a) # 二叉堆中节点的数量等于列表a的长度
11          self.v2i = {}
12          # self.v2i将一个顶点映射到其在二叉堆中的对应节点的索引值
13          self.a = self.heapify(a.copy(), self.n)
14          # 新建一个二叉堆,a中的每个元素对应二叉堆self.a中的一个节点
15
16      def go_up(self, a, k):
17          # 通过交换节点使索引值为k的节点不断向上移动
18          x = a[k]          # 暂存a[k]
19          j = (k-1) // 2 # 索引值为j的节点是索引值为k的节点的双亲
```

```
20          v2i = self.v2i
21          while j >= 0 and x < a[j]: # 性质未满足时继续迭代
22              a[k] = a[j] # 索引值为j的节点向下移动
23              v2i[a[j][2]] = k # 在v2i中更新索引值为j的节点的索引值
24              k = j; j = (j-1) // 2 # 向上移动
25          a[k] = x        # 性质已满足，将x填充到索引值为k的节点
26          v2i[x[2]] = k  # 在v2i中更新x的索引值
27
28      def go_down(self, a, k):
29          # 通过交换节点使索引值为k的节点不断向下移动
30          x = a[k]        # 暂存a[k]
31          j = 2*k+1       # 索引值为j的节点是索引值为k的节点的孩子
32          n = self.n; v2i = self.v2i
33          while j <= n-1:
34              if j < n-1: # 若j等于n-1，则索引值为k的节点没有右孩子
35                  if a[j] > a[j+1]: j += 1
36                      # j是两个孩子中值最小的孩子的索引值
37              if x <= a[j]: break # 性质已满足，退出循环
38              a[k] = a[j]         # 索引值为j的节点向上移动
39              v2i[a[j][2]] = k # 在v2i中更新索引值为j的节点的索引值
40              k = j; j = 2*k+1 # 向下移动
41          a[k] = x            # 性质已满足，将x填充到索引值为k的节点
42          v2i[x[2]] = k       # 在v2i中更新x的索引值
43
44      def heapify(self, a, n): # 将列表a转换为一个二叉堆
45          for i in range(n):
46              self.go_up(a, i) # 为索引值是i的元素找到合适的节点位置
47          return a
48
49      def dec_priority(self, w_v_z, v, z):
50          # 修改顶点z对应的节点所存储的列表
51          a = self.a; k = self.v2i[z] # k是顶点z对应的节点的索引值
52          a[k] = [w_v_z, v, z]
53          self.go_up(a, k) # 优先级减少了，通过交换节点使其向上移动
54
55      def heap_pop(self):
56          # 删除根节点
57          a = self.a; r = a[0]
58          del self.v2i[r[2]]      # 从v2i中删除根节点
59          a[0] = a[self.n - 1]   # 最后一个节点移动到根节点
60          self.n -= 1
61          self.go_down(a, 0)      # 新的根节点可能需要向下移动
62          return r
63
```

```
64      def is_empty(self):        # 二叉堆是否为空?
65          return self.n == 0
66
67      def get_priority(self, v): # 获得顶点v对应的节点的优先级
68          return self.a[self.v2i[v]][0]
69
70      def contains(self, v):      # 二叉堆中是否包含顶点v对应的节点?
71          return v in self.v2i
72
73  def Prim(G, p):
74      # 以顶点p作为初始顶点, 对图G运行Prim算法
75      lh = [[0, None, p]] # p的优先级为0
76      infinity = 99
77      # infinity表示其余顶点的优先级的初始值, 它必须超过所有边的权值
78      T = []                       # T存储了最小生成树的所有边
79      for u in G:
80          if u != p: lh.append([infinity, None, u])
81      h = Heap(lh) # 用列表lh初始化一个二叉堆
82      while not h.is_empty(): # 若二叉堆非空则继续迭代
83          priority, x_v, v = h.heap_pop() # 删除根节点
84          T.append((x_v, v))              # 添加边(x_v, v)到T中
85          for z, w_v_z in G[v].items(): # 遍历v的邻接表
86              # w_v_z是边(v,z)的权值
87              if h.contains(z):
88                  if w_v_z < h.get_priority(z):
89                      # 边(v,z)的权值小于z的优先级
90                      h.dec_priority(w_v_z, v, z) # 更新z的优先级
91      return T[1:]
92
93  print(Prim(G7, 'a'))
```

15.4 最 短 路 径

给定一个有向带权图 $G = (V, E)$, 每条边 (u, v) 的权值 $w(u, v)$ 是一个实数。设 G 包含 n 个顶点。对于 G 中的任意两个顶点 u 和顶点 v:

• 若存在至少一条从 u 出发到达 v 的路径, 则将所有这些路径的长度的最小值定义为从 u 出发到达 v 的最短路径长度 $\delta(u, v)$。若某条从 u 出发到达 v 的路径的长度等于 $\delta(u, v)$, 则称该路径为一条从 u 出发到达 v 的最短路径, 这样的最短路径可能有一条也可能有多条。

• 若从 u 出发到达 v 的路径不存在, 则定义 $\delta(u, v) = +\infty$。

最短路径问题分为以下 4 类:

(1) 单一起点最短路径问题:求解从给定的起点 s 出发到达 G 中所有其他顶点的最短路径;

(2) 单一终点最短路径问题:求解从 G 中所有其他顶点到达给定的终点 t 的最短路径;

(3) 单一起点和单一终点最短路径问题:求解从给定的起点 s 出发到达给定的终点 t 的最短路径;

(4) 所有顶点对最短路径问题:对于任意的一对顶点 u 和 v,求解从 u 出发到达 v 的最短路径。

将所有有向边的方向反转,第 (2) 类问题可转换为第 (1) 类问题。如果已经求解了第 (2) 类问题,则第 (3) 类问题的答案已知。已知的求解第 (3) 类问题的算法在最坏情形下的渐进时间复杂度和求解第 (2) 类问题的算法相同。以下介绍求解第 (1) 类问题的 Dijkstra 算法和 Bellman-Ford 算法以及求解第 (4) 类问题的 Johnson 算法。

15.4.1 Dijkstra 算法

Dijkstra 算法适用于权值非负的连通有向带权图上的单一起点最短路径问题。Dijkstra 算法的运行过程和 Prim 算法类似,可理解为构建了一棵最短路径树 T:

- 通过迭代逐步构建 T。T 的初始状态仅包含起点 p。每次迭代添加一条边到 T 的中间结果中。T 中的任意一个顶点 v 具有两个属性:$dist(v)$ 和 $pred(v)$。$dist(v)$ 的值等于 $\delta(p,v)$。$pred(v)$ 的值是从 p 出发到达 v 的一条最短路径上的倒数第二个顶点,即该路径的最后一条边是 $(pred(v),v)$。
- 添加的边是基于贪心法选取的。可以证明贪心法适用于本问题。

用 T_k 表示第 $k(0 \leqslant k \leqslant n-1)$ 步构建的中间结果。在第 k 步需要选择一条边 e,将 e 添加到 T_{k-1} 中得到 T_k。用 S 表示 T_{k-1} 包含的所有顶点构成的集合,则 $V-S$ 非空。基于贪心法选取的边 $e=(u,v) \in E$ 需要满足条件:

$$e=(u,v) = \underset{dist(u)+w(u,v)}{\arg\min} \quad u \in S \ , \ v \in V-S$$

即在所有连接 S 中的某个顶点 u 和 $V-S$ 中的某个顶点 v 的边中,$dist(u)+w(u,v)$ 的值最小。添加 e 以后,需要设定 $dist(v)=dist(u)+w(u,v)$ 和 $pred(v)=u$。

为了证明 Dijkstra 算法的正确性,可通过归纳法证明以下命题:对于 T_{n-1} 中的每个顶点 v,$dist(v)$ 的值等于 $\delta(p,v)$,并且 $pred(v)$ 的值是从 p 出发到达 v 的一条最短路径上的倒数第二个顶点。T_0 仅包含顶点 p,设定 $dist(p)=0$,归纳基显然成立。设命题对于 T_{k-1} 成立。需要证明命题对于第 k 步通过添加边 $e=(u,v)$ 构建的中间结果 T_k 仍然成立,为此只需证明对于新加入的顶点 v,$dist(v)=\delta(p,v)$ 并且 $pred(v)=u$ 是从 p 出发到达 v 的一条最短路径上的倒数第二个顶点。由于 u 是 T_{k-1} 的一个顶点,根据归纳假设 $dist(u)=\delta(p,u)$,即存在一条从 p 出发到达 u 的长度为 $dist(u)$ 的最短路径 P。构建一条从 p 出发到达 v 的路径 Q 如下:从 p 出发先沿着 P 到达 u,再从 u 出发沿着边 $e=(u,v)$ 到达 v。对于任意的一条路径 L,用 $length(L)$ 表示其长度。$length(Q)=dist(u)+w(u,v)=dist(v)$。因此从 p 出发到达 v 的最短路径的长度 $\delta(p,v)$ 满足 $\delta(p,v) \leqslant length(Q)=dist(v)$。假设 $\delta(p,v)<dist(v)$,则存在一条长度为 $\delta(p,v)$ 的从 p 出发到达 v 的路径 R。路径 R 的起点 p 在 T_{k-1} 中,而终点

v 不在 T_{k-1} 中。设路径 R 中最后一个位于 T_{k-1} 中的顶点是 z,z 的下一个顶点是 y。路径 R 可分为三段:从 p 出发到达 z 的路径 R_1,从 z 出发沿着边 (z,y) 到达 y 的路径 R_2,从 y 出发到达 v 的路径 R_3。若 y 等于 $v,length(R_3) = 0$;否则,由于边的权值非负,$length(R_3) \geqslant 0$。$length(R) = length(R_1) + length(R_2) + length(R_3) \geqslant length(R_1) + length(R_2)$。由于 z 在 T_{k-1} 中,$length(R_1) \geqslant \delta(p,z) = dist(z)$。因此,$length(R) \geqslant dist(z) + w(z,y)$。由边 $e = (u,v)$ 的选取方式可得:$dist(z) + w(z,y) \geqslant dist(u) + w(u,v) = dist(v)$。综合以上不等式可得 $length(R) \geqslant dist(v)$。这与以上假设矛盾。因此,$\delta(p,v) = dist(v)$。由于 $length(Q) = dist(v),Q$ 是一条从 p 出发到达 v 的最短路径,并且它的倒数第二个顶点是 $u = pred(v)$。证毕。由于 T_{n-1} 包含了 G 中的所有顶点,以上证明结果表明已经为所有顶点 v 确定了 $\delta(p,v)$。

图 15.15 显示了以上证明过程的示意图。图中菱形顶点属于 S,圆形顶点属于 $V - S$。第 k 步通过添加的边是 $e = (u,v)$。路径 P 是 p,f,u。路径 Q 是 p,f,u,v。路径 R 包含 $R_1 = p,h,z,R_2 = z,y$ 和 $R_3 = y,g,v$。

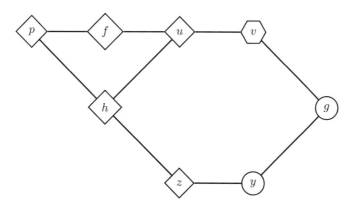

图 15.15 证明 Dijkstra 算法的正确性的示意图

图 15.16(a) 显示了有向带权图 G_8,每条边的标签是其权值。图 15.16(b) 显示了 Dijkstra 算法对 G_8 输出的最短路径树,每条边的标签是添加该边的次序编号。Dijkstra 算法的实现方式和 Prim 算法类似,$V - S$ 中的每个顶点 v 对应了二叉堆中的一个节点,该节点存储了一个列表 [priority, x_v, v]。区别在于 x_v 是 S 中的能够最小化 $dist(x_v) + w(x_v,v)$ 的顶点,priority 的值是 $dist(x_v) + w(x_v,v)$。假设存在从 p 出发到达其他所有顶点的路径,Dijkstra 算法的时间复杂度依赖于优先队列的实现方式:二叉堆为 $O(|E| \log |V|)$,Fibonacci 堆为 $O(|V| \log |V| + |E|)$ (Cormen et al., 2009)。表 15.5 的每行显示了运行过程中的一次迭代,前三列显示了当前删除的根节点所存储的列表的内容,第四列显示了本次迭代完成时最短路径树包含的顶点的集合 S,第五列显示了当前的二叉堆中的各节点。

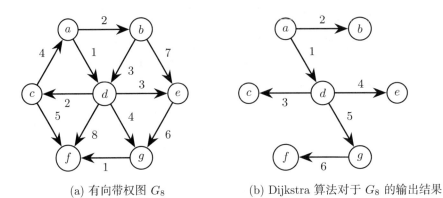

(a) 有向带权图 G_8 (b) Dijkstra 算法对于 G_8 的输出结果

图 15.16 Dijkstra 算法求解最短路径

表 15.5 Dijkstra 算法对于 G_8 的运行过程

priority	x_v	v	S	二叉堆
				[[0, None, 'a'], [99, None, 'b'], [99, None, 'c'], [99, None, 'd'], [99, None, 'e'], [99, None, 'f'], [99, None, 'g']]
0	None	'a'	{'a'}	[[99, None, 'g'], [99, None, 'b'], [99, None, 'c'], [99, None, 'd'], [99, None, 'e'], [99, None, 'f']]
1	'a'	'd'	{'a','d'}	[[2, 'a', 'b'], [99, None, 'f'], [99, None, 'c'], [99, None, 'g'], [99, None, 'e']]
2	'a'	'b'	{'a','d','b'}	[[3, 'd', 'c'], [4, 'd', 'e'], [9, 'd', 'f'], [5, 'd', 'g']]
3	'd'	'c'	{'a','d','b','c'}	[[4, 'd', 'e'], [5, 'd', 'g'], [9, 'd', 'f']]
4	'd'	'e'	{'a','d','b','c','e'}	[[5, 'd', 'g'], [8, 'c', 'f']]
5	'd'	'g'	{'a','d','b','c','e','g'}	[[8, 'c', 'f']]
6	'g'	'f'	{'a','d','b','c','e','g','f'}	[]

    程序15.9的第 1 行至第 4 行定义了带权图 G_8。第 6 行至第 33 行定义的函数 Dijkstra 实现了 Dijkstra 算法，其中使用了程序15.8定义的 Heap 类。根据最短路径树 T 的构建过程中依次添加的边，可以为每个顶点 v 生成一条从 p 到 v 的最短路径。

程序 15.9 Dijkstra 算法求解最短路径

```
1  G8 = {'a':{'b':2,'d':1}, 'b':{'d':3,'e':7},
2      'c':{'a':4,'f':5}, 'd':{'c':2,'e':3,'f':8,'g':4},
3      'e':{'g':6}, 'f':{}, 'g':{'f':1}
4  } # 定义了带权图G8
5
6  def Dijkstra(G, p):
```

```
7        # 以顶点p作为初始顶点，对图G运行Dijkstra算法
8        lh = [[0, None, p]] # p的优先级为0
9        infinity = 99
10       # infinity表示其余顶点的优先级的初始值，它的值必须超过从p出发到达其余各顶点的最短
11       # 路径的距离的最大值
12       pred = {} # pred表示前驱关系，pred[v] = u表示u是v的前驱，即从p出发到达v的最短路径
13       # 上的倒数第二个顶点
14       dist = {} # 将每个顶点v映射到从p出发到达v的最短路径的长度
15       edge = [] # 记录从p出发到达其余各顶点的最短路径的最后一条边
16       for u in G:
17           if u != p: lh.append([infinity, None, u])
18       h = Heap(lh) # 用列表lh初始化一个二叉堆
19       while not h.is_empty(): # 若二叉堆非空则继续迭代
20           priority, x_v, v = h.heap_pop() # 删除根节点
21           pred[v] = x_v # 从p出发到达v的最短路径的最后一条边是(x_v,v)
22           dist[v] = priority # 从p出发到达v的最短路径的长度是priority
23           edge.append((x_v, v))
24           for z, w_v_z in G[v].items():
25               if h.contains(z):
26                   # w_v_z是边(v,z)的权值
27                   dist_z = priority + w_v_z
28                   # 定义一条新路径为：从p出发沿着到达v的最短路径先到达v，再通过边(v,z)到达z。
29                   # dist_z表示新路径的长度
30                   if dist_z < h.get_priority(z):
31                       h.dec_priority(dist_z, v, z)
32                       # 新路径的长度更短，需要更新z的优先级
33       return edge[1:], dist, pred
34
35   edge, dist, pred = Dijkstra(G8, 'a')
36   print(edge)
37   # [('a', 'd'), ('a', 'b'), ('d', 'c'), ('d', 'e'), ('d', 'g'), ('g', 'f')]
38
39   path = {}; path['a'] = ['a']
40   # path将每个顶点v映射到从p出发到达v的最短路径的顶点序列
41   for x_v, v in edge:
42       path[v] = path[x_v] + [v]
43       print(v, dist[v], path[v])
44   # d 1 ['a', 'd']
45   # b 2 ['a', 'b']
46   # c 3 ['a', 'd', 'c']
47   # e 4 ['a', 'd', 'e']
48   # g 5 ['a', 'd', 'g']
49   # f 6 ['a', 'd', 'g', 'f']
```

如果图中有权值为负数的边，Dijkstra 算法的输出结果可能是错误的。图 15.17(a) 显示

了有向带权图 G_9,它和 G_8 的区别在于边 (b,d) 的权值从 3 改为 -3。图 15.17(b) 显示了有向带权图 G_{10},它和 G_8 的区别在于边 (a,c) 的权值从 4 改为 -4。Dijkstra 算法对于 G_9 和 G_{10} 的输出结果和对于 G_8 的输出结果相同。G_8 中从 a 到 d 的最短路径是 a,d,其长度是 1。G_9 中从 a 到 d 的最短路径是 a,b,d,其长度是 -1。G_{10} 中从 a 到 d 的最短路径不存在。G_{10} 中的环 a,b,d 的长度是 -1。对于任意的负整数 L,可以构造一条从 a 到 d 的长度为 $L-1$ 的路径 $\{a,b,d\}^{-L+2},a,d$,即沿着环 a,b,d 走 $-L+2$ 圈后再从 a 沿着边 (a,d) 到 d。

长度为负数的环称为负长度环。一般而言,如果一个图中包含负长度环,并且该环上的某个顶点出现在从顶点 u 到顶点 v 的一条路径中,则从 u 到 v 的最短路径不存在。

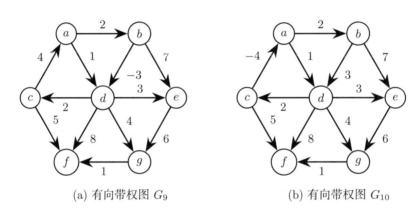

(a) 有向带权图 G_9 (b) 有向带权图 G_{10}

图 15.17　Dijkstra 算法不适用的情形

15.4.2　Bellman-Ford 算法

如果需要在一个包含权值为负数的边但不包含负长度环的有向带权图上求解单一起点最短路径问题,不能使用 Dijkstra 算法,但可以使用 Bellman-Ford 算法。Bellman-Ford 算法的依据是以下命题:如果一个有向带权图不包含负长度环,并且存在从顶点 p 到顶点 v 的一条路径,则必然存在从顶点 p 到顶点 v 的一条简单路径的最短路径。根据简单路径的定义,设 G 包含 n 个顶点,则存在从 p 到 v 的包含边数不超过 $n-1$ 的最短路径。

设路径 P 是在所有的从 p 到 v 的最短路径中包含边数最少的一条,以下用反证法证明 P 包含的边数不超过 $n-1$。假设 P 包含的边数超过 $n-1$,则 P 包含的顶点数超过 n,因此 P 中存在重复的顶点。P 中两个重复的顶点之间的部分构成一个环,去除该环得到的路径 P' 仍然是从 p 到 v 的一条路径。由于 G 不包含负长度环,$length(P') \leqslant length(P)$,即 P' 仍然是一条从 p 到 v 的最短路径。P' 包含的边数少于 P 包含的边数,与上述假设矛盾。

设 $D(i,v)$ 表示从 p 到 v 的包含边数不超过 i 的最短路径的长度。若从 p 到 v 的包含边数不超过 i 的最短路径的边数小于 i,则该路径也是从 p 到 v 的包含边数不超过 $i-1$ 的最短路径。若从 p 到 v 的包含边数不超过 i 的最短路径的边数等于 i,则可将该路径分为两部分:第一部分是从 p 到某个顶点 $v(v$ 与 p 邻接) 的包含边数为 $i-1$ 的路径,第二部分是边 (u,v)。用反证法容易证明第一部分必须是从 p 到顶点 v 的包含边数不超过 $i-1$ 的所有路径中的最短路径。v 可能与一个或多个顶点邻接,需要从分别以这些顶点作为倒数第二个

顶点的从 p 到 v 的路径中选取长度最短的一条。基于以上分析，Bellman-Ford 算法根据以下递归公式求解从 p 到 v 的最短路径的长度 $D(n-1,v)$：

$$D(i,v)=\begin{cases}0, & \text{若 } i=0, v=p\\+\infty, & \text{若 } i=0, v\neq p\\\min(D(i-1,v), \min_{u\in V}(D(i-1,u)+w(u,v))), & \text{若 } 1\leqslant i\leqslant n-1\end{cases}$$

用二维表格 D 记录 $D(i,v)$，得到迭代公式

$$D[i,v]=\begin{cases}0, & \text{若 } i=0, v=p\\+\infty, & \text{若 } i=0, v\neq p\\\min(D[i-1,v], \min_{u\in V}(D[i-1,u]+w(u,v))), & \text{若 } 1\leqslant i\leqslant n-1\end{cases}$$

程序15.10的 Bellman_Ford 函数根据迭代公式实现了 Bellman-Ford 算法。字典 pred 表示前驱关系，pred[v] = u 表示 u 是 v 的前驱，即从 p 出发到达 v 的最短路径上的倒数第二个顶点。从每个顶点开始沿着前驱关系向前追溯到起点 p 即可得到从 p 出发到达 v 的最短路径的逆序。Bellman-Ford 算法的时间复杂度是 $O(|E||V|)$(Cormen et al., 2009)。

在 Bellman-Ford 算法对一个有向带权图 G 的输出结果中，如果顶点之间的前驱关系构成的有向图存在环，则可以证明该环对应于 G 中包含的负长度环 (Kleinberg, Tardos, 2006)。例如程序15.10对于 G_{10} 的输出结果中，顶点 a,c 和 d 的前驱分别是 c,d 和 a，前驱关系构成的有向图存在的环 a,c,d 对应于 G_{10} 中的负长度环 a,c,d。

程序 15.10　Bellman-Ford 算法求解最短路径

```
1   G9 = {'a':{'b':2,'d':1}, 'b':{'d':-3,'e':7},
2        'c':{'a':4,'f':5}, 'd':{'c':2,'e':3,'f':8,'g':4},
3        'e':{'g':6}, 'f':{}, 'g':{'f':1}
4   }
5
6   G10 = {'a':{'b':2,'d':1}, 'b':{'d':3,'e':7},
7        'c':{'a':-4,'f':5}, 'd':{'c':2,'e':3,'f':8,'g':4},
8        'e':{'g':6}, 'f':{}, 'g':{'f':1}
9   }
10
11  def alpha_to_num(c):
12      # 将小写字母转换为相对于'a'的序号，例如从'b'得到1
13      return ord(c) - ord('a')
14
15  def num_to_alpha(k):
16      # 将相对于'a'的序号转换为小写字母，例如从1得到'b'
17      return chr(k + ord('a'))
18
19  infinity = 99 # 表示正无穷
20  def adjList_to_adjMatrix(G):
21      # 将邻接表的集合转换为邻接矩阵M。M[i][j]=infinity表示不存在从顶点i到顶点j的有向边，
22      # M[i][j]!=infinity表示从顶点i到顶点j的有向边的权值
```

```
23
24      n = len(G) # 顶点的数量
25      M = [[infinity]*n for i in range(n)]
26      for u in G:
27          M[alpha_to_num(u)][alpha_to_num(u)] = 0
28          for v, w_u_v in G[u].items():
29              M[alpha_to_num(u)][alpha_to_num(v)] = w_u_v
30      return M
31
32  def Bellman_Ford(G, p):
33      n = len(G)
34      pred = [0]*n # pred表示前驱关系，pred[v] = u表示u是v的前驱，即从p出发到达v的最短
35      # 路径上的倒数第二个顶点
36      p = alpha_to_num(p)
37      D = [[infinity]*n for i in range(n)]
38      D[0][p] = 0
39      # 从p到p的包含不超过0条边的最短路径的长度是0
40      for i in range(1, n):
41          for v in range(n):
42              dmin = D[i-1][v]
43              # dmin的初值是从p到v的包含不超过i-1条边的最短路径的长度
44              for u in range(n):
45                  if u == v or G[u][v] == infinity: continue
46                  d_puv = D[i-1][u] + G[u][v]
47                  if d_puv < dmin:
48                      dmin = d_puv; pred[v] = u
49                      # 找到更短的路径：沿着从p到u的包含不超过i-1条边的最短路径到达u，
50                      # 再从u沿着边(u,v)到达v
51              D[i][v] = dmin
52              # 记录从p到v的包含不超过i条边的最短路径的长度
53      return p, pred, D
54
55  def output(p, pred, D):
56      n = len(D); print(' '*8, end='')
57      for v in range(n): print('%04s' % num_to_alpha(v), end='')
58      print()
59      for i in range(n):
60          print('  %4d' % i, end='')
61          for v in range(n): print('%4d' % D[i][v], end='')
62          print()
63      path = [-1]*n # 记录从p到某个顶点的最短路径
64      for v in range(n):
65          if D[n-1][v] == infinity: continue
66          ne = 0; u = v
```

```
67          while u != p:
68              path[ne] = u; ne += 1
69              u = pred[u] # 从v开始向前追溯到起点p
70          path[ne] = p; ne += 1
71          print(num_to_alpha(v),         # 顶点v
72                D[n-1][v],               # 从p出发到达v的最短路径的长度
73                num_to_alpha(pred[v]),   # 顶点v的前驱
74                list(map(num_to_alpha, path[ne-1::-1]))))
75                # 从p出发到达v的最短路径
76
77  p, pred, D = Bellman_Ford(adjList_to_adjMatrix(G9), 'a')
78  output(p, pred, D)
79      #      a    b    c    d    e    f    g
80      # 0    0   99   99   99   99   99   99
81      # 1    0    2   99    1   99   99   99
82      # 2    0    2    3   -1    4    9    5
83      # 3    0    2    1   -1    2    6    3
84      # 4    0    2    1   -1    2    4    3
85      # 5    0    2    1   -1    2    4    3
86      # 6    0    2    1   -1    2    4    3
87  # a 0 a ['a']
88  # b 2 a ['a', 'b']
89  # c 1 d ['a', 'b', 'd', 'c']
90  # d -1 b ['a', 'b', 'd']
91  # e 2 d ['a', 'b', 'd', 'e']
92  # f 4 g ['a', 'b', 'd', 'g', 'f']
93  # g 3 d ['a', 'b', 'd', 'g']
94  p, pred, D = Bellman_Ford(adjList_to_adjMatrix(G10), 'a')
95  print(list(map(num_to_alpha, pred)))
96  # ['c', 'a', 'd', 'a', 'd', 'g', 'd']
```

15.4.3　Johnson 算法

求解所有顶点对最短路径问题的一种方法是从每个顶点出发求解单一起点最短路径问题。Johnson 算法是在 Dijkstra 算法和 Bellman-Ford 算法的基础上构建的求解所有顶点对最短路径问题的算法。Dijkstra 算法的时间复杂度低于 Bellman-Ford 算法，但不能适用于包含权值为负数的边的图。Johnson 算法的基本思想是采用合适的方式修改所有边的权值，使得这些权值变为非负，并且可以证明这种修改不会改变任意两个顶点之间的最短路径(Cormen et al., 2009)。

给定一个有向带权图 $G = (V, E)$，Johnson 算法的主要步骤如下：

(1) 基于 G 构造 G'，G' 包含的顶点包括 G 的所有顶点和一个新顶点 p。G' 包含的边包括 G 的所有边和新增加的从 p 到 G 的每个顶点的边，这些边的权值都是 0。

(2) 以 p 为起点运行 Bellman-Ford 算法。若该算法返回的结果表明 G 中存在负长度

环,则结束。

(3) 定义函数 $h(v)$:对于 G 的每个顶点 $v,h(v)$ 的值为 Bellman-Ford 算法返回的从 p 到 v 的最短路径的长度。

(4) 基于 G 构造 G'',G'' 具有和 G 相同的顶点和边。G'' 中每条边 (u,v) 的权值 $\hat{w}(u,v)$ 定义为 $\hat{w}(u,v) = w(u,v) + h(u) - h(v)$,其中 $w(u,v)$ 是 G 中边 (u,v) 的权值。G'' 中所有边的权值非负。

(5) 以 G'' 的每个顶点为起点运行 Dijkstra 算法,得到所有顶点对 u 和 v 之间的最短路径的长度 $\hat{\delta}(u,v)$。

(6) 计算 G 中所有顶点对 u 和 v 之间的最短路径的长度 $\delta(u,v) = \hat{\delta}(u,v)+h(v)-h(u)$。

如果使用二叉堆实现 Dijkstra 算法所需的优先队列,Johnson 算法的时间复杂度是 $O(|V||E|\log|V|)$。如果使用 Fibonacci 堆实现优先队列,Johnson 算法的时间复杂度是 $O(|V|^2\log|V| + |V||E|)$ (Cormen et al., 2009)。

图 15.18(a) 显示了在 $G = G_9$ 中添加顶点 p 和一些边以后得到的 G_9'。使用 Bellman-Ford 算法计算的 G_9' 中从 p 到各顶点的最短路径的长度为 [0, 0, −1, −3, 0, 0, 0, 0]。图 15.18(b) 显示了修改 G_9 中边的权值得到的 G_9'',图中所有边的权值非负。

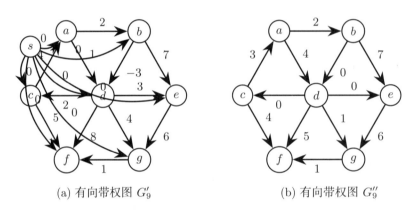

(a) 有向带权图 G_9' (b) 有向带权图 G_9''

图 15.18　Johnson 算法

15.5　实现图算法的两个扩展库

15.5.1　scipy.sparse.csgraph 模块

scipy.sparse.csgraph 模块提供了多种图算法的高效实现。这些算法包括:广度优先搜索、深度优先搜索、连通分量、最小生成树 (Kruskal 算法)、最短路径 (基于 Fibonacci 堆的 Dijkstra 算法、Bellman-Ford 算法、Floyd-Warshall 算法、Johnson 算法)、最大流 (Edmonds-Karp 算法) 和二部图匹配 (Hopcroft-Karp 算法) 等。

这些算法要求输入的图以邻接矩阵表示,可以是稠密矩阵 (嵌套列表或 NumPy 数组),也可以是 scipy.sparse 模块定义的稀疏矩阵。对于一个带权图中的任意两个顶点 u 和 v:若

图中存在从 u 到 v 的有向边,稠密矩阵中索引值为 $[u, v]$ 的元素设定为该边的权值;若图中不存在从 u 到 v 的有向边,稠密矩阵中索引值为 $[u, v]$ 的元素通常设定为 np.inf。在进行稠密矩阵和稀疏矩阵的相互转换时,需要用 null_value 关键字实参指明 np.inf 的含义。例如程序 15.11。

程序 15.11 稠密矩阵和稀疏矩阵的相互转换

```
1   import numpy as np
2   from scipy.sparse.csgraph import csgraph_from_dense,\
3                                     csgraph_to_dense
4   G = np.array([[np.inf, 0, -3 ], [1, np.inf, np.inf],
5                 [2, -4, np.inf]])
6   G_sparse = csgraph_from_dense(G, null_value=np.inf)
7   print(G_sparse.data)
8   # [ 0. -3. 1. 2. -4.]
9   G_dense = csgraph_to_dense(G_sparse, null_value=np.inf)
10  print(G_dense)
11  # [[inf 0. -3.]
12  #  [ 1. inf inf]
13  #  [ 2. -4. inf]]
```

程序15.12演示了使用 Dijkstra 函数和 Johnson 函数求解最短路径。其他函数的用法与此类似,可参考文档 (SciPyDoc)。

程序 15.12 求解最短路径

```
1   from scipy.sparse.csgraph import dijkstra, johnson
2
3   G9 = {'a':{'b':2,'d':1}, 'b':{'d':-3,'e':7},
4        'c':{'a':4,'f':5}, 'd':{'c':2,'e':3,'f':8,'g':4},
5        'e':{'g':6}, 'f':{}, 'g':{'f':1}
6   } # 定义了带权图 G9
7
8   G10 = {'a':{'b':2,'d':1}, 'b':{'d':3,'e':7},
9         'c':{'a':-4,'f':5}, 'd':{'c':2,'e':3,'f':8,'g':4},
10        'e':{'g':6}, 'f':{}, 'g':{'f':1}
11  } # 定义了带权图 G10
12
13  def alpha_to_num(c):
14      return ord(c) - ord('a')
15
16  import numpy as np; infinity = np.inf
17  def adjList_to_adjMatrix(G):
18      n = len(G);
19      M = [[infinity]*n for i in range(n)]
20      for u in G:
21          M[alpha_to_num(u)][alpha_to_num(u)] = 0
```

```
22          if G[u] == []: continue
23          for v, w_u_v in G[u].items():
24              M[alpha_to_num(u)][alpha_to_num(v)] = w_u_v
25      return M
26
27  G_m = adjList_to_adjMatrix(G9) # 转换成邻接矩阵
28  dist, pred = dijkstra(csgraph=G_m, directed=True,
29                  indices=0, return_predecessors=True)
30  # 运行Dijkstra算法，directed参数指定G_m是否是有向图，indices参数指定起点的索引值，
31  # return_predecessors参数指定是否需要返回每个顶点的前驱
32
33  print(dist) # 从索引值为0的顶点(即'a')到其他各顶点的最短距离
34  # [0. 2. 3. 1. 4. 6. 5.]
35  print(pred)
36  # [-9999   0   3   0   3   6   3]
37  # pred表示从'a'到其他各顶点的最短路径上的倒数第二个顶点的索引值，根据pred可以构建
38  # 所有的最短路径，-9999表示不存在
39
40
41  G_m = adjList_to_adjMatrix(G9)
42  dist, pred = johnson(csgraph=G_m, directed=True,
43                  indices=[0,1,3], return_predecessors=True)
44  # 运行Johnson算法，directed参数指定G_m是否是有向图，indices参数指定起点的索引值，可以
45  # 是表示多个起点的数组，若不提供indices参数，则输出从所有顶点为起点的最短路径的长度，
46  # return_predecessors参数指定是否需要返回每个顶点的前驱
47
48  print(dist)
49  # [[ 0. 2. 1. -1. 2. 4. 3.]
50  #  [ 3. 0. -1. -3. 0. 2. 1.]
51  #  [ 6. 8. 2. 0. 3. 5. 4.]]
52  # 从索引值分别为0，1和3的顶点到其他各顶点的最短距离
53  print(pred) # 含义与Dijkstra函数的输出结果类似
54  # [[-9999   0   3   1   3   6   3]
55  #  [   2 -9999   3   1   3   6   3]
56  #  [   2   0   3 -9999   3   6   3]]
57
58  G_m = adjList_to_adjMatrix(G10)
59  dist, pred = johnson(csgraph=G_m, directed=True,
60                  return_predecessors=True)
61  # ...... NegativeCycleError: Negative cycle detected on node 0
62  # 报错：$G_{10}$中存在包含顶点0的负长度环
```

15.5.2 NetworkX 库

NetworkX(NetworkXDoc) 是一个用 Python 语言开发的开源库,实现了常用的图算法与复杂网络分析算法。NetworkX 提供了丰富的功能,包括:从多种数据格式的文件中读取图;以多种数据格式将图存储在文件中;生成多种随机图;添加或删除顶点,添加或删除边;分析图结构;运行图算法;绘制图等。NetworkX 中定义的图的类型包括简单无向图 (Graph 类)、简单有向图 (DiGraph 类)、多重无向图 (MultiGraph 类) 和多重有向图 (MultiDiGraph 类),其中前两个类表示的图需要满足的条件是任意两个顶点之间的边的个数不超过 1。安装 NetworkX 库的命令是"conda install networkx"。

程序15.13演示了使用 NetworkX 对无向图 G_4 进行深度优先搜索和对有向带权图 G_8 求解单一起点最短路径问题 (图 15.19)。

程序 15.13   NetworkX

```
1  import networkx as nx
2
3  G4 = nx.Graph() # 创建一个空的简单无向图
4  list_of_edges = [('a', 'b'), ('a', 'c'), ('a', 'd'), ('b', 'a'),
5      ('b', 'd'), ('b', 'e'), ('b', 'i'), ('c', 'a'), ('c', 'd'),
6      ('d', 'a'), ('d', 'b'), ('d', 'c'), ('d', 'h'), ('e', 'b'),
7      ('e', 'f'), ('e', 'g'), ('f', 'e'), ('f', 'g'), ('g', 'e'),
8      ('g', 'f'), ('g', 'i'), ('h', 'd'), ('h', 'i'), ('h', 'j'),
9      ('i', 'g'), ('i', 'h'), ('j', 'h')]
10 G4.add_edges_from(list_of_edges) # 从列表list_of_edges中添加边到G4中
11 print(list(nx.dfs_edges(G4, source='a'))) # 输出深度优先搜索的边
12 # [('a', 'b'), ('b', 'd'), ('d', 'c'), ('d', 'h'), ('h', 'i'),
13 #  ('i', 'g'), ('g', 'e'), ('e', 'f'), ('h', 'j')]
14
15 G8 = nx.DiGraph() # 创建一个空的简单有向图
16 list_of_weighted_edges = [('a', 'b', 2), ('a', 'd', 1),
17     ('b', 'd', 3), ('b', 'e', 7), ('c', 'a', 4), ('c', 'f', 5),
18     ('d', 'c', 2), ('d', 'e', 3), ('d', 'f', 8), ('d', 'g', 4),
19     ('e', 'g', 6), ('g', 'f', 1)]
20 G8.add_weighted_edges_from(list_of_weighted_edges)
21 #从列表list_of_weighted_edges中添加带权边到G8中
22
23 p = nx.single_source_dijkstra_path(G8, source='a')
24 # Dijkstra算法求解从'a'出发到其他各顶点的最短路径
25 print(p)
26 # {'a': ['a'], 'b': ['a', 'b'], 'd': ['a', 'd'],
27 #  'c': ['a', 'd', 'c'], 'e': ['a', 'd', 'e'],
28 #  'f': ['a', 'd', 'g', 'f'], 'g': ['a', 'd', 'g']}
29
30 G9 = G8.copy() # 复制一个副本
```

```
31  G9['b']['d']['weight'] = -3 # 修改边('b','d')的权值为-3
32  print(nx.dijkstra_path(G9, source='a', target='d'))
33  # Dijkstra算法求解从'a'到'd'的最短路径是['a', 'd']
34  print(nx.bellman_ford_path(G9, source='a', target='d'))
35  # Bellman-Ford算法求解从'a'到'd'的最短路径是['a', 'b', 'd']
36
37  print(nx.negative_edge_cycle(G9)) # False表示不存在负长度环
38  G10 = G8.copy()
39  G10['c']['a']['weight'] = -4 # 修改边('c','a')的权值为-4
40  print(nx.negative_edge_cycle(G10)) # True表示存在负长度环
41  #print(nx.bellman_ford_path(G10, source='a', target='d'))
42  # 若运行以上语句则报错: Negative cycle detected.
43
44  import matplotlib.pyplot as plt
45  plt.figure(figsize = (8, 4))
46  plt.subplot(121)
47  nx.draw_networkx(G4, node_color='r', edge_color='g')
48  # 绘制G4, 顶点的颜色是红色, 边的颜色是绿色
49  plt.subplot(122)
50  layout = nx.spectral_layout(G8) # 根据图的拉普拉斯特征向量排列节点
51  nx.draw_networkx(G8, pos=layout, node_color='r')
52  labels = nx.get_edge_attributes(G8,'weight')
53  nx.draw_networkx_edge_labels(G8, pos=layout, font_color='b',
54                                edge_labels=labels)
55  # 用蓝色字体标注边的权值
56  plt.show() #
```

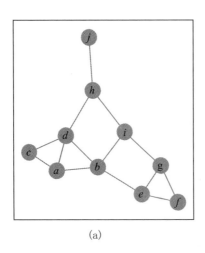

(a)

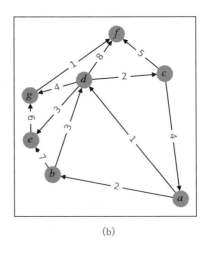

(b)

图 15.19 NetworkX 绘制的无向图 G_4(a) 和有向带权图 G_8(b)

参 考 文 献

Andrei N, 2022. Modern Numerical Nonlinear Optimization[M]. New York: Springer.

Chen T, Guestrin C, 2016. XGBoost: A Scalable Tree Boosting System[C]//Proceedings of the 22nd ACM Sigkdd International Conference on Knowledge Discovery and Data Mining: 785-794.

Conforti M, Cornuéjols G, Zambelli G, 2014. Integer Programming[M]. Cham: Springer.

Cormen T H, Leiserson C E, Rivest R L, et al., 2009. Introduction to Algorithms[M]. Cambridge: The MIT Press.

Corriou J-P, 2012. Numerical Methods and Optimization[M]. New York: Springer.

Cython Documentation, https://cython.readthedocs.io/en/stable/index.html.

Devore J L, Berk K N, 2011. Modern Mathematical Statistics with Applications[M]. New York: Springer.

Gautschi W, 2012. Numerical Analysis[M]. New York: Springer.

Gorelick M, Ozsvald I, 2017. Python 高性能编程 [M]. 胡世杰, 徐旭彬, 译. 北京: 人民邮电出版社.

Hetland M L, 2010. Python Algorithms: Mastering Basic Algorithms in the Python Language[M]. New York: Springer.

Hetland M L, 2017. Beginning Python[M]. New York: Springer.

Johansson R, 2019. Numerical Python[M]. New York: Springer.

Jolliffe I T, 2002. Pricipal Component Analysis[M]. 2nd ed. New York: Springer.

Kleinberg J, Tardos E, 2006. Algorithm Design[M]. London: Pearson Education Inc.

Kong Q K, Siauw T, Bayen A M, 2021. Python Programming and Numerical Methods: A Guide for Engineers and Scientists[M]. Amsterdam: Elsevier.

Lanchier N, 2017. Stochastic Modeling[M]. New York: Springer.

Lynch S, 2018. Dynamical Systems with Applications using Python[M]. New York: Springer.

Lyche T, 2019. Numerical Linear Algebra and Matrix Factorizations[M]. New York: Springer.

Mitchell T, 1997. Machine Learning[M]. New York: McGraw Hill.

Murphy K P, 2022. Probabilistic Machine Learning: An Introduction[M]. Cambridge: The MIT Press.

NetworkX Reference, https://networkx.org/documentation/stable/reference/index.html.

Nocedal J, Wright S J, 2006. Numerical Optimization[M]. New York: Springer.

NumPy Reference, https://numpy.org/doc/stable.

Pedregosa F, Varoquaux G, Gramfort A, et al., 2011. Scikit-learn: Machine Learning in Python[J]. Joural of Machine Learning Research, 12: 2825-2830.

Python Documentation, https://docs.python.org/.

Scikit-learn Documentation, https://scikit-learn.org/stable/user_guide.html.

SciPy Reference Guide, https://scipy.github.io/devdocs/index.html.

Seabold S, Perktold J, 2010. Statsmodels: Econometric and Statistical Modeling with Python[C]// Proceedings of the 9th Python in Science Conference.

Sedgewick R, Wayne K, 2011. Algorithms[M]. London: Pearson Education Inc.

Sioshansi R, Conejo A J, 2017. Optimization in Engineering: Models and Algorithms[M]. New York: Springer.

Statsmodels Documentation, https://www.statsmodels.org/stable/index.html.

Stoer J, Bulirsch R, 2002. Introduction to Numerical Analysis[M]. New York: Springer.

SymPy Documentation, https://docs.sympy.org/latest/index.html.

Vanderbei R J, 2014. Linear Programming[M]. New York: Springer.

汉斯·佩特·兰坦根, 2020. 科学计算基础编程: Python 版 [M]. 5 版. 张春元, 刘万伟, 毛晓光, 等译. 北京: 清华大学出版社.

熊惠民, 2010. 数学思想方法通论 [M]. 北京: 科学出版社.